D1748485

# Regelung und Diagnose von Fahrzeug-Antriebssträngen mit Zweimassenschwungrad

Zur Erlangung des akademischen Grades eines

**DOKTOR-INGENIEURS**

von der Fakultät für

Elektrotechnik und Informationstechnik

der Universität Karlsruhe (TH)

genehmigte

**DISSERTATION**

von

**Dipl.-Ing. Andreas Walter**

aus Pfullendorf

Tag der mündl. Prüfung: 03.06.2008
Hauptreferent: Prof. Dr.-Ing. U. Kiencke, Universität Karlsruhe (TH)
Korreferent: Prof. Dr. L. Guzzella, ETH Zürich

Berichte aus der Fahrzeugtechnik

Andreas Walter

# Regelung und Diagnose von Fahrzeug-Antriebssträngen mit Zweimassenschwungrad

Shaker Verlag
Aachen 2008

**Bibliografische Information der Deutschen Nationalbibliothek**
Die Deutsche Nationalbibliothek verzeichnet diese Publikation in der Deutschen
Nationalbibliografie; detaillierte bibliografische Daten sind im Internet über
http://dnb.d-nb.de abrufbar.

Zugl.: Karlsruhe, Univ., Diss., 2008

Copyright Shaker Verlag 2008
Alle Rechte, auch das des auszugsweisen Nachdruckes, der auszugsweisen
oder vollständigen Wiedergabe, der Speicherung in Datenverarbeitungs-
anlagen und der Übersetzung, vorbehalten.

Printed in Germany.

ISBN 978-3-8322-7607-2
ISSN 0945-0742

Shaker Verlag GmbH • Postfach 101818 • 52018 Aachen
Telefon: 02407 / 95 96 - 0 • Telefax: 02407 / 95 96 - 9
Internet: www.shaker.de • E-Mail: info@shaker.de

# Vorwort

Die vorliegende Arbeit entstand während meiner Tätigkeit als wissenschaftlicher Mitarbeiter am Institut für Industrielle Informationstechnik (IIIT) der Fakultät für Elektrotechnik und Informationstechnik der Universität Karlsruhe (TH).

Mein besonderer Dank gilt Herrn Prof. Dr.-Ing. Uwe Kiencke, Leiter des Instituts für Industrielle Informationstechnik, für die Initiierung und Betreuung dieser Arbeit sowie für die Übernahme des Hauptreferats. Für die Übernahme des Korreferats sowie das entgegengebrachte Interesse an dieser Arbeit möchte ich mich bei Herrn Prof. Dr. Lino Guzzella von der ETH Zürich bedanken.

Die Arbeit entstand im Rahmen eines Industriekooperationsprojekts mit der Firma LuK GmbH & Co. oHG in Bühl. Neben den zahlreichen Mitarbeiten mit denen ich im Laufe der Arbeit Kontakt hatte möchte ich besonders Herrn Dr. Stephen Jones, Herrn Bertrand Pennec, Herrn Thomas Winkler und Herrn Roland Seebacher für ihre fachliche und organisatorische Unterstützung danken.

Ein weiterer Dank gilt meinen Kollegen für das besondere Arbeitsklima am Institut. Dabei möchte ich speziell Herrn Dr. Stephan Brummund und Herrn Dr. Benedikt Merz für die zahlreichen fachlichen, philosophischen und heiteren Gespräche danken, welche ich in Zukunft sicherlich vermissen werde. Ohne die zahlreichen Studenten, welche im Rahmen von Studien- bzw. Diplomarbeiten einen wichtigen Beitrag geleistet haben, wäre eine Arbeit in diesem Umfang nicht möglich gewesen. Auch ihnen gebührt daher ein besonderer Dank. Frau Brigitte Chroszcz und Herrn Ulrich Seiller danke ich für die sehr sorgfältige Durchsicht des Manuskripts und wertvollen Korrekturvorschläge.

Abschließend möchte ich mich bei allen Menschen in meinem persönlichen Umfeld für den Rückhalt und Unterstützung während dieses Lebensabschnittes bedanken.

*Wer glaubt etwas zu sein, hat aufgehört etwas zu werden.*
(Sokrates)

Karlsruhe, im Mai 2008                                                 Andreas Walter

# Inhaltsverzeichnis

**Vorwort**     i

**1 Einleitung**     1
- 1.1 Stand der Technik .................... 2
- 1.2 Problemstellung und Zielsetzung ........... 4
- 1.3 Gliederung dieser Arbeit ................ 4

**2 Der Hubkolbenmotor**     7
- 2.1 Grundlagen ........................ 7
    - 2.1.1 Aufbau ...................... 7
    - 2.1.2 Arbeitsprozess .................. 9
    - 2.1.3 Arbeitsprinzip .................. 12
    - 2.1.4 Ladungswechsel ................. 15
    - 2.1.5 Einspritzsysteme ................. 18
    - 2.1.6 Leistung und Wirkungsgrad .......... 21
- 2.2 Motordynamik ...................... 24
    - 2.2.1 Drehmomentenbilanz an der Kurbelwelle ... 24
    - 2.2.2 Kinematik des Kurbeltriebes .......... 25
    - 2.2.3 Drehmoment des Arbeitsgases ........ 26
    - 2.2.4 Kompressions-/Expansionsmoment ...... 28
    - 2.2.5 Massenmoment ................. 32
    - 2.2.6 Motorreibung ................... 37
- 2.3 Modellierung der Verbrennung ............ 39
    - 2.3.1 Mittelwertmodelle ................ 39
    - 2.3.2 Empirische Modelle ............... 41
    - 2.3.3 Thermodynamische Modellbildung ...... 43
    - 2.3.4 Brennverlauf ................... 47
    - 2.3.5 Wandwärmeverluste .............. 51
    - 2.3.6 Fazit ........................ 52
- 2.4 Modellbildung und Simulation ............. 53
    - 2.4.1 Modellstruktur .................. 53
    - 2.4.2 Systemtechnische Betrachtung ........ 54
    - 2.4.3 Simulationsumgebung ............. 56
    - 2.4.4 Simulationsergebnisse ............. 57
- 2.5 Messwerterfassung ................... 58

|  |  |  |
|---|---|---|
| 2.5.1 | Drehzahl | 59 |
| 2.5.2 | Zylinderdruck | 63 |
| 2.5.3 | Motormoment | 64 |

## 3 Das Zweimassenschwungrad 65
3.1 Entwicklungshintergrund und Motivation . . . . . . . . . . . . 65
3.2 Funktionsprinzip . . . . . . . . . . . . . . . . . . . . . . . . . 68
    3.2.1 Elementare Bauform . . . . . . . . . . . . . . . . . . . 68
    3.2.2 Schwingungsisolation . . . . . . . . . . . . . . . . . . . 69
    3.2.3 Bogenfedercharakteristik . . . . . . . . . . . . . . . . . 74
    3.2.4 Erweiterte Bauformen . . . . . . . . . . . . . . . . . . 82
3.3 Modellbildung und Simulation . . . . . . . . . . . . . . . . . . 85
    3.3.1 Systemtechnische Modellierung . . . . . . . . . . . . . 85
    3.3.2 Modellierung der Bogenfeder . . . . . . . . . . . . . . 87
    3.3.3 Modellierung des Innendämpfers . . . . . . . . . . . . 88
    3.3.4 Modellierung der Reibsteuerscheibe . . . . . . . . . . . 88

## 4 Der Antriebsstrang 91
4.1 Struktur und Systemdynamik . . . . . . . . . . . . . . . . . . 91
    4.1.1 Topologischer Aufbau . . . . . . . . . . . . . . . . . . 91
    4.1.2 Funktionsbeschreibung der Komponenten . . . . . . . . 93
4.2 Modellbildung . . . . . . . . . . . . . . . . . . . . . . . . . . 98
    4.2.1 Lineares Modell . . . . . . . . . . . . . . . . . . . . . 98
    4.2.2 Lineares Modell reduzierter Ordnung . . . . . . . . . . 101
    4.2.3 Parametrierung . . . . . . . . . . . . . . . . . . . . . . 104
    4.2.4 Identifikation . . . . . . . . . . . . . . . . . . . . . . . 106
    4.2.5 Validierung . . . . . . . . . . . . . . . . . . . . . . . . 107
4.3 Kupplung . . . . . . . . . . . . . . . . . . . . . . . . . . . . . 108
    4.3.1 Geöffnete Kupplung . . . . . . . . . . . . . . . . . . . 110
    4.3.2 Geschlossene Kupplung . . . . . . . . . . . . . . . . . 110
    4.3.3 Schleifende Kupplung . . . . . . . . . . . . . . . . . . 111

## 5 Rekonstruktion des direkt indizierten Motordrehmoments 113
5.1 Lineares ZMS Modell . . . . . . . . . . . . . . . . . . . . . . 114
5.2 Invertierung des linearen ZMS-Modells . . . . . . . . . . . . . 118
5.3 Erweiterung des Arbeitsbereichs . . . . . . . . . . . . . . . . 125
    5.3.1 Lokal lineare Neuro–Fuzzy–Modelle . . . . . . . . . . . 125
    5.3.2 Parametrierung der lokalen linearen Modelle . . . . . . 130
    5.3.3 Strukturoptimierung . . . . . . . . . . . . . . . . . . . 135
    5.3.4 Schätzung des dynamischen ZMS-Verhaltens . . . . . . 138
    5.3.5 Schätzung des Motormoments . . . . . . . . . . . . . 142
5.4 Erweiterung der lokalen Modellstruktur . . . . . . . . . . . . . 144

|  |  |  |  |
|---|---|---|---|
| | 5.4.1 | Erhöhung der Ordnung des linearen Modells | 144 |
| | 5.4.2 | Modifikation der lokalen Modellstruktur | 146 |
| 5.5 | Validierung | | 147 |
| | 5.5.1 | Variation diverser ZMS-Bauformen | 147 |
| | 5.5.2 | Vergleich mit realen Messdaten | 149 |
| 5.6 | Langzeitadaption | | 155 |
| | 5.6.1 | Fertigungstoleranzen und Alterungseffekte des ZMS | 155 |
| | 5.6.2 | Schätzwertkorrektur durch Torsionsnachführung | 157 |
| 5.7 | Diskretisierung im Zeit- und Wertebereich | | 159 |
| | 5.7.1 | Diskretisierung der lokalen linearen Modelle im Zeitbereich | 159 |
| | 5.7.2 | Positionsalgorithmus des linearen Schätzmodells | 162 |
| | 5.7.3 | Geschwindigkeitsalgorithmus des linearen Schätzmodells | 164 |
| 5.8 | Hardwareimplementierung | | 167 |
| | 5.8.1 | DSP-Hardwareumgebung | 167 |
| | 5.8.2 | Implementierung der Gewichtungsfunktionen | 170 |
| | 5.8.3 | Rechenzeitoptimierung durch Modelldeaktivierung | 172 |
| | 5.8.4 | Reinitialisierung inaktivierter lokal linearer Modelle | 174 |
| | 5.8.5 | Korrektur additiver und multiplikativer Schätzfehler | 174 |
| | 5.8.6 | Rechenzeitanalyse | 176 |

## 6 Motormanagement — 181

| | | | |
|---|---|---|---|
| 6.1 | Leerlaufregelung | | 182 |
| | 6.1.1 | Aufgabe der Leerlaufregelung | 182 |
| | 6.1.2 | Konventionelle Ansätze | 182 |
| | 6.1.3 | Subharmonische Schwingungen | 185 |
| | 6.1.4 | Modifizierter PI-Leerlaufregler | 191 |
| | 6.1.5 | Modellbasierte Leerlauf-Regelung im Zustandsraum | 194 |
| | 6.1.6 | Robuste Leerlauf-Regelung | 198 |
| 6.2 | Zylindergleichstellung | | 205 |
| | 6.2.1 | Aufgabe der Zylindergleichstellung | 205 |
| | 6.2.2 | Identifizierung und Quantifizierung von Zylinderfehlern | 207 |
| | 6.2.3 | Korrektur von Zylinderfehlern | 212 |
| | 6.2.4 | Validierung | 216 |
| 6.3 | Anti-Ruckel-Regelung | | 222 |
| | 6.3.1 | Drehschwingungen des Antriebsstrangs | 223 |
| | 6.3.2 | Konventionelle Ansätze | 224 |
| | 6.3.3 | Streckenmodelle | 225 |
| | 6.3.4 | Ausgangsrückführung | 229 |
| | 6.3.5 | Modellbasierte Regelung im Zustandsraum | 231 |
| 6.4 | Kombination unterschiedlicher Regelungskonzepte | | 235 |
| | 6.4.1 | Gewichtung der Ausgangsgrößen | 236 |
| | 6.4.2 | Zusätzliche Verbundstategien | 238 |

6.5 Analyse des Verbrennungsprozesses ............... 238
    6.5.1 Erkennung von Verbrennungsaussetzern .......... 238
    6.5.2 Bewertung des Verbrennungsprozesses .......... 244

## 7 Zusammenfassung 245

## A Streckenparameter 249
A.1 Motorparameter ............................ 249
A.2 Parameter des ZMS ......................... 250
A.3 Antriebsstrangparameter ..................... 252

## B Modellierung der Motorreibung 253
B.1 Zusammensetzung des Mittelreibdrucks ............ 253

## C Zusätzliche Ergebnisse 255
C.1 ZAR bei sprungförmigem Zylinderfehler ............ 255
C.2 ZAR bei linear zeitvariantem Zylinderfehler .......... 256
C.3 Kombination der ZAR mit LLR bei Lastsprüngen ........ 258
C.4 ZAR Validierung - Übersicht .................... 259

## D Nomenklatur 261
D.1 Konstanten .............................. 261
D.2 Abkürzungen ............................. 261
D.3 Lateinische Variablen und Symbole ............... 262
D.4 Griechische Variablen und Symbole .............. 266

## Literatur 267

## Lebenslauf 281

# 1 Einleitung

Hubkolbenmotoren stellen derzeit das nahezu konkurrenzlos dominierende Antriebskonzept für Personen- und Nutzfahrzeuge dar. In den vergangenen Jahrzehnten führten die stetige Weiterentwicklung der Konstruktion sowie die Einführung des elektronischen Motormanagements [16, 70] zu einer konsequenten Leistungssteigerung der Motoren. Das grundsätzliche Prinzip der diskontinuierlichen Verbrennung des Arbeitsgases wie auch der Aufbau des Schubkurbelgetriebes blieben bei diesem rapide fortschreitenden Entwicklungsprozess erhalten. Durch die periodischen Verbrennungsprozesse wird ein pulsierend wirkendes Nutzmoment an der Kurbelwelle erzeugt. Dieses induziert, in Abhängigkeit der Trägheitsmasse der Kurbelwelle bzw. des Antriebsstrangs, zündungsbedingte Schwankungen der Motordrehzahl (Abbildung 1.2). Durch die Gewichtsreduzierung der Fahrzeugkomponenten sowie den, im Windkanal bezüglich des Geräuschverhaltens optimierten Karosseriebauteilen, tritt zunehmend die Geräuschkulisse der Antriebskomponenten dominant in den Vordergrund [1]. Magerkonzepte, niedertourig fahrbare Motoren, verbesserte Getriebekonstruktionen und die Verwendung dünnflüssiger Öle verstärken diesen Effekt zusätzlich. Komfortbewusste Fahrzeuginsassen empfinden eine derartige Geräuschkulisse in zunehmendem Maße als störend.

Durch die Reduzierung der zündungsbedingten Drehzahlschwankungen und somit der akustisch wahrnehmbaren Schwingungen des Antriebsstrangs mit Hilfe geeigneter Torsionsdämpfer lässt sich der Fahrkomfort deutlich steigern und somit die aktuelle Marktstellung des Fahrzeugs verbessern. Mitte der achtziger Jahre stieß die jahrzehntelange Weiterentwicklung des in der Kupplungsscheibe integrierten Torsionsdämpfers an die Grenzen der technischen Realisierbarkeit [1]. Infolge der während des Entwicklungsprozesses des Hubkolbenmotors stetig angestiegenen Spitzenmomente, bei immer niedrigeren Drehzahlen, konnte, bei identischem bzw. konstruktionsbedingt gar reduziertem Bauraum, eine ausreichende Isolation der Drehzahlschwankungen zunehmend schlechter realisiert werden. Vor diesem Hintergrund wurde Anfang der achtziger Jahre, seitens der Firma LuK in Bühl, ein neuartiges Konzept zur Isolation zündungsbedingter Drehzahlschwankungen des Hubkolbenmotors entwickelt - das Zweimassenschwungrad (ZMS) [98].

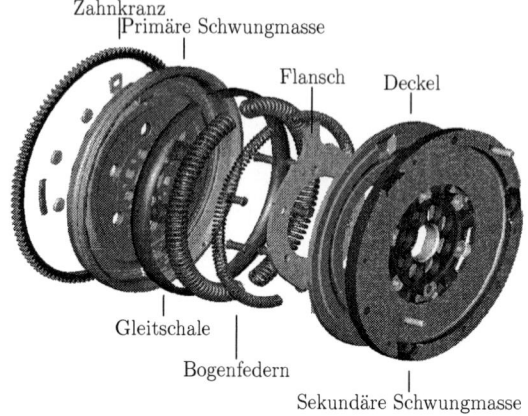

**Abbildung 1.1:** Aufbau des ZMS

Das ZMS (Abbildung 1.2) ersetzt dabei das konventionelle Einmassenschwungrad des Verbrennungsmotors und wird folglich dessen direkt am Kurbelwellenflansch montiert. Durch die Entkopplung eines Teils der Schwungmasse mit Hilfe eines Feder-/Dämpfersystems konnte die Trägheitsmasse des Getriebeeingangs erhöht werden ohne dabei gleichzeitig die zu schaltende Masse des Getriebes zu vergrößern. Infolge der mechanischen Entkopplung des Motors werden die zündungsbedingten Drehzahlschwankungen am Getriebeeingang signifikant reduziert (Abbildung 1.2). Die Geräuschkulisse des Antriebsstrangs nimmt entsprechend ab, der Fahrkomfort wird somit deutlich verbessert. Mit der Einführung des Bogenfederkonzepts, im Jahre 1989, wurde ein weiterer Meilenstein der Entwicklung des ZMS, hinsichtlich der Etablierung als Standardkomponete im Automobilbereich, gesetzt. Durch das neuartige Dämpfersystem konnte die Eigenschaft einer ausgezeichneten Schwingungsisolation im Zug- bzw. Schubbetrieb, in Kombination mit einer ausreichend starken Dämpfung niederfrequenter Drehzahlschwankungen, infolge von Lastwechelreaktionen, realisiert werden. Inzwischen wurden alleine seitens der Firma LuK bereits über 50 Mio. ZMS produziert. Das ZMS hat sich in nahezu jedem Marktsegment des Automobilbereichs, sowohl für Diesel- als auch Ottomotoren, als unverzichtbare Standardkomponente zur Gewährleistung des derzeitigen Anspruchs hinsichtlich des Fahrkomforts sowie einem adäquaten Umweltverhalten des Fahrzeugs bewährt.

## 1.1 Stand der Technik

Durch die Integration des ZMS lässt sich neben der deutlichen Verbesserung der Geräuschkulisse, aufgrund der einhergehenden Absenkung der Resonanzfrequenz

## 1.1 Stand der Technik

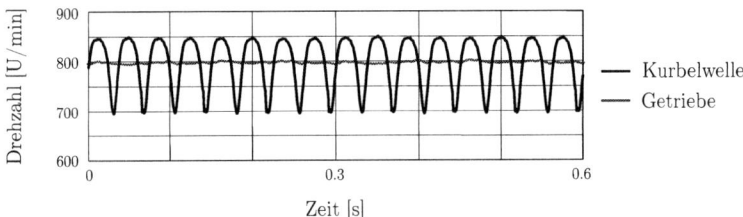

**Abbildung 1.2:** Gemessene Motor- bzw. Getriebeeingangsdrehzahl eines 2.0 Liter Vierzylinder-Dieselmotors mit ZMS

des Antriebsstrangs, zusätzlich eine niedrigere Leerlaufdrehzahl und damit eine Reduzierung des Kraftstoffverbrauchs sowie des Ausstoßes von Kohlendioxid erreichen [9]. Die reduzierte Amplitude der Drehzahlschwankungen erlaubt eine kompaktere Dimensionierung der Antriebsstrangkomponenten. Dies bewirkt neben der Kostenreduktion durch Materialeinsparung zusätzlich eine weitere Kraftstoffersparnis angesichts der Gewichtsreduktion der rotierenden Massen. Neben all diesen herausragenden Eigenschaften weist das ZMS einen entscheidenden Nachteil auf. Geprägt durch die Charakteristik des Bogenfedersystems stellt das ZMS ein stark nichtlineares System dar, welches dazu in Lage ist, temporär mechanische Energie zu speichern. Dies kann zu schnellveränderlichen Drehmomenten führen, welche auf die Kurbelwelle rückwirken.

Durch die Einführung elektronischer Motormanagementsysteme [16] Ende der siebziger Jahre ließen sich im Laufe der weiteren Entwicklung vielfältige Regelungs-, Steuerungs- und Diagnoseaufgaben ersatzweise elektronisch realisieren. Somit konnten wartungsanfällige und hinsichtlich des Alterungsprozesses empfindliche mechanische Systeme[1] teilweise oder komplett ersetzt werden. Angesichts zunehmend verschärfter Vorgaben und Auflagen seitens des Gesetzgebers, bezüglich des Abgasverhaltens, setzte sich das elektronische Motormanagement gegenüber den rein mechanischen Lösungen durch. Grund hierfür ist die wesentlich genauere Möglichkeit zur Bemessung der Motorstellgrößen (z.B. Kraftstoffmenge und Zünd- bzw. Einspritzzeitpunkt). In Folge des Einsatzes zunehmend leistungsfähigerer Mikroprozessoren konnte der Funktionsumfang des Motormanagements stetig erweitert werden. Im Modelljahr 2000 des BMW M3 kam beispielsweise ein Steuergerät mit zwei 32-bit Mikrocontrollern und zwei Timing-Coprozessoren zum Einsatz, welches die Berechnung von bis zu 25 Mio. Prozessen pro Sekunde erlaubt [3]. Neben der Realisierung der essentiellen Funktionseinheiten zum Betrieb des Motors, wie z.B. der Bemessung der einzuspritzenden Kraftstoffmenge auf Basis der angesaugten Luftmenge, konnten durch die stetig

---
[1] Z.B. die Gemischaufbereitung im Vergaser mit Hilfe komplexer Unterdrucksysteme

zunehmende Rechenleistung zusätzliche Funktionen zum autarken Diagnosebetrieb im autonomen Fahrzeug (OBD) sowie der Verbesserung des Emissionsverhaltens bzw. der Erhöhung des Fahrkomforts auf dem Motorsteuergerät integriert werden.

## 1.2 Problemstellung und Zielsetzung

Konventionelle Funktionseinheiten des Motormanagements zur Leerlaufstabilisierung, Gleichstellung der Zylindermomente bezüglich einer Verbesserung der Laufruhe bzw. Dämpfung von niederfrequenten Antriebsstrangschwingungen wurden ursprünglich für Fahrzeuge mit Einmassenschwungrad entwickelt und setzen, in diesem Zusammenhang üblich, häufig ein näherungsweise konstantes Lastmoment des Motors voraus [63]. Durch die Integration des nichtlinearen ZMS kann diese Voraussetzung im Allgemeinen nicht weiter als uneingeschränkt erfüllt angesetzt werden. Aus diesem Grund kann es zu einer eingeschränkten Funktionalität konventioneller Regelungs-, Steuerungs- und Diagnosealgorithmen des Motormanagements kommen.

Da die Funktionalität des Motormanagements auch nach der Integration des ZMS in allen Betriebsbereichen des Fahrzeugs uneingeschränkt und auf gleichwertig hohem Niveau erhalten bleiben soll, werden im Rahmen dieser Arbeit Modifikationen ausgewählter, konventioneller Funktionseinheiten bzw. grundlegend neu entwickelte Algorithmen zur Regelung des Antriebsstrangsystems vorgestellt. Um die Funktionalität der modifizierten bzw. neu entwickelten Ansätze überprüfen sowie die Systemdynamik konventioneller Systeme simulativ nachbilden zu können, war es zunächst notwendig, verschiedene Streckenmodelle des Hubkolbenmotors, des ZMS bzw. des Antriebsstranges zu entwickeln. Neben den komplexen Systemmodellen zur Analyse und Validierung bedarf es zusätzlich, bezüglich Struktur und Rechenaufwand, vereinfachter Modellansätze zur modellbasierten Reglersynthese bzw. echtzeitfähigen Zustandsrekonstruktion.

## 1.3 Gliederung dieser Arbeit

Abbildung 1.3 zeigt den Verbund der im Rahmen dieser Arbeit vorgestellten Teilstrecken sowie den Funktionseinheiten zur Steuerung, Regelung und Diagnose des Antriebsstrangsystems. Die Gliederung der Arbeit orientiert sich dabei an den dargestellten Funktionsblöcken. In Kapitel 2 werden zunächst verschiedene Streckenmodelle des Hubkolbenmotors zusammengestellt und hinsichtlich ihrer

## 1.3 Gliederung dieser Arbeit

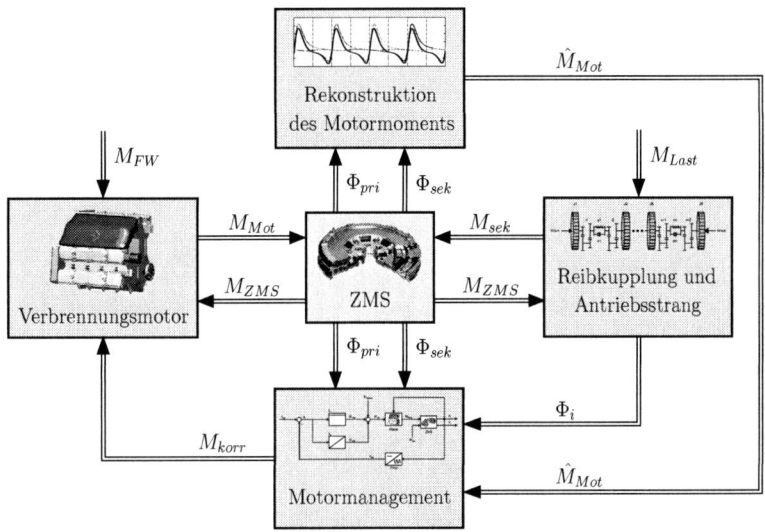

**Abbildung 1.3:** Übersicht der im Verbund stehenden Komponenten zur Antriebsstrangregelung

Eignung in Bezug auf verschiedene Anforderungsprofile untersucht. Dabei wurde im Besonderen auf die Einführung jener, für das Verständnis der betrachteten Funktionseinheiten der Motorsteuerung notwendigen Grundlagen des Hubkolbenmotors Wert gelegt. In Kapitel 3 wird das ZMS als Ersatz des konventionellen Einmassenschwungrades vorgestellt. Es folgt eine Einführung in die Funktionsweise sowie eine systemtechnische Betrachtung. Kapitel 4 komplettiert das Streckenmodell durch die Darstellung verschiedener Möglichkeiten zur Modellbildung des Antriebsstrangs. Hierbei werden sowohl echtzeitfähige Streckenmodelle für modellbasierte Reglersansätze im Fahrzeug als auch für die genaue Approximation eines realen Antriebsstrangs im Rahmen einer Simulationsumgebung vorgestellt. Die Kupplung stellt bei Fahrzeugen mit manuellem Schaltgetriebe den Kraftschluss zwischen Motor (mit ZMS) und Antriebsstrang her und wird daher einführend in Kapitel 4.3 beschrieben.

In Kapitel 5 wird ein neu entwickeltes Verfahren zur Rekonstruktion des direkt induzierten Motormoments unter Verwendung des Zweimassenschwungrades als Messwandler vorgestellt. Zusätzlich wird eine Erweiterung des Verfahrens für verschiedene Arbeitsbereiche des Motors sowie eine Anpassung bezüglich unterschiedlicher ZMS-Bauformvarianten eingeführt. Im Anschluss folgt eine ausführliche Validierung der entwickelten Algorithmen anhand verschiedener ZMS-Bauformen und realen, am Fahrzeug gemessenen Eingangsdaten. Das Kapitel schließt mit der Implementierung des Schätzalgorithmus auf einer DSP-Hardware-Umgebung sowie der zuvor notwendigen Diskretisierung im Werte- und Zeitbereich ab.

In Kapitel 6 werden verschiedene Ansätze zur Modifikation bestehender Algorithmen des Motormanagements bzw. neu entwickelte Lösungen vorgestellt, welche der Existenz des ZMS und der dadurch erweiterten Strecke Rechnung tragen. Die Verfahren basieren hierbei entweder auf konventionell zur Verfügung stehenden Informationssignalen bzw. der Kenntnis des direkt indizierten Motormoments aus Kapitel 5. In Abschnitt 6.1 wird die Problemstellung der Leerlaufregelung erläutert und die Konsequenz der Einführung des ZMS bezüglich derer untersucht. Dies beinhaltet unter anderem die Untersuchung niederfrequenter Schwingungen der Motor- und Getriebedrehzahl im Leerlauffall. In Abschnitt 6.2 werden verschiedene Ansätze zur Zylindergleichstellung und somit zur Verbesserung der Laufruhe des Motors vorgestellt. Kapitel 6.3 schließt mit der Einführung des Ruckel-Phänomens bei sprungförmiger Anregung des Antriebsstrangs durch das Motormoment, bzw. verschiedenen Lösungsansätzen zur aktiven Reduzierung der dadurch induzierten, niederfrequenten Antriebsstrangschwingungen, das Ensemble der aktiven Stelleingriffe ab. In Abschnitt 6.4 wird die Interaktion verschiedener im Verbund arbeitender Regleralgorithmen hinsichtlich einer gegenseitigen Beeinflussung untersucht bzw. Strategien zur Konfliktbewältigung im Falle einer, hierdurch eingeschränkten Funktionalität vorgeschlagen. Kapitel 6.5 schließt mit der Einführung einer momentenbasierten Methode zur Erkennung von Verbrennungsaussetzern sowie der Bewertung der Verbrennung das Kapitel des modifizierten Motormanagements ab.

In Kapitel 7 ist eine kurze Zusammenfassung der vorliegenden Arbeit dargestellt.

# 2 Der Hubkolbenmotor

Das Motormoment $M_{Mot}$, welches über das Zweimassenschwungrad die primärseitige Anregung des Antriebsstrangs bewirkt, wird im Rahmen dieser Arbeit durch einen Hubkolbenmotor generiert. Ein Hubkolbenmotor ist eine Apparatur, welche die im Treibstoff enthaltene, durch Verbrennung nutzbare, chemische Energie im Brennraum über Kolben, Pleuelstange und Kurbelwelle in Rotationsenergie umsetzt. Die sequentielle Folge von Verbrennungsprozessen bewirkt eine gepulste Anregung des Antriebsstrangs und führt somit, im Vergleich zu Turbinen bzw. Elektromotoren, zu Drehungleichförmigkeiten.

## 2.1 Grundlagen

### 2.1.1 Aufbau

Der Hubkolbenmotor ist ein Triebwerk, welches die während einer Verbrennung entstehende Gaskraft über Kolben, Pleuel und Kurbelwelle in ein mechanisches Nutzmoment wandelt. Der prinzipielle Aufbau ist exemplarisch für einen Zylinder in Abbildung 2.1 dargestellt.

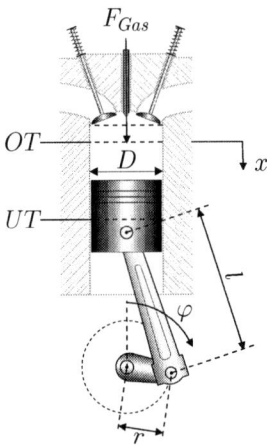

**Abbildung 2.1:** Geometrischer Aufbau eines Zylinders mit Kurbeltrieb für ein Vier-Takt-Motorenkonzept

Die wichtigsten geometrischen Kenngrößen dabei sind der Kurbelradius $r$, die Schubstangenlänge $l$, der Bohrungsdurchmesser $D$ sowie die absolute Kolbenposition $x$. Steht der Kolben im oberen Totpunkt (OT), so gilt $x = 0$. Im unteren Totpunkt (UT) gilt $x = 2r$. Die Gaskraft $F_{Gas}$ bewirkt ein resultierendes Moment $M_{Gas,i}$ an der Kurbelwelle. In Abbildung 2.1 ist ein Schubkurbelgetriebe ohne Deachsierung der Kurbelwelle ($d_{KW} = 0$) dargestellt. Die Deachsierung beschreibt den Versatz der verlängerten Zylinderachse zum Drehpunkt der Kurbelwelle. Eine Deachsierung $d_{KB}$ des Kolbenbolzens findet ebenfalls häufig Anwendung[1]. Durch geometrische Anordnungen dieser Art lassen sich thermische bzw. akustische Optimierungen der Brennverläufe erzielen. Ausführlichere Informationen bezüglich der Deachsierung sind z.B. [13] zu entnehmen. Auf eine detailliertere Beschreibung der Triebwerksgeometrie sei an dieser Stelle zum Erhalt der Übersichtlichkeit verzichtet. Genauere Beschreibungen von geometrischen Komponenten (z.B. Kolbenformen) und Materialien findet man in entsprechender Fachliteratur [13, 95].

Gängige Motorkonzepte für PKW und Nutzfahrzeuge stellen in der Regel ein Gefüge mehrerer Zylinder mit zumeist vier, sechs oder acht Zylinder dar. Es existieren jedoch auch weniger stark verbreitete Konzepte mit drei, fünf, zehn oder mehr Zylindern. Die verschiedenen Konzepte unterscheiden sich dabei lediglich in der Lage und Anordnung der Zylinder. Das Grundprinzip des Schubkurbelgetriebes aus Abbildung 2.1 bleibt stets erhalten. Im Kfz-Bereich übertragen alle Zylinder des Motors ihr Moment auf eine gemeinsame Kurbelwelle. Die Anordnung der Zylinder hängt hierbei von einer Reihe von Kriterien wie z.B. der Motorleistung, dem zur Verfügung stehenden Konstruktionsraum bzw. dem Schwingungsverhalten durch die Ausprägung der Massenmomente ab [14]. Die häufigst verbreiteten Bauformkonzepte im Fahrzeugbereich sind Reihen-, V- und Boxermotoren (Abbildung 2.2). Darüber hinaus existieren weitere, weniger stark verbreitete Konzepte wie z.B. der W-Motor. Eine übersichtliche Darstellung hierzu findet man in [121]. Die diversen Bauformen des Hubkolbenmotors unterscheiden sich charakteristisch bezüglich den, für die Schwingungsanalyse interessanten, wirkenden Massenträgheiten des Schubkurbelgetriebes. Auf die Massenträgheit des Hubkolbenmotors wird in Kapitel 2.2.5 näher eingegangen.

Neben den verschiedenen Bauformen lassen sich Motorkonzepte zusätzlich anhand der Lage des Aggregates im Fahrzeug klassifizieren. Generell unterscheidet man hier zwischen Längs- und Quereinbau des Motors im Bezug auf die Fahrzeuglängsachse. Im Automobil-Bereich finden Front-, Mittel- und Heckmotoren mit Längs- bzw. Quereinbau Anwendung. Diese können wiederum konventionell oder als Unterflur-Variante umgesetzt werden [14]. Die Frage nach der optimalen

---

[1] Sehr starke Verbreitung bei Ottomotoren

## 2.1 Grundlagen

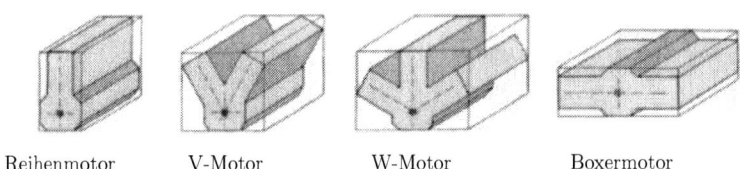

Reihenmotor    V-Motor    W-Motor    Boxermotor

**Abbildung 2.2:** Übersicht gängiger Zylinderanordnungen bei Hubkolbenmotoren [121]

Motorlage ist eng an die Anforderungen an das jeweilige Fahrzeugkonzept geknüpft. Aufgrund der zunehmend kompakteren Konzeption der Fahrzeuge und einer einhergehenden Verringerung des zur Verfügung stehenden Motorraumes haben sich V-Motoren mit sechs Zylindern gegenüber Reihenmotoren gleicher Zylinderzahl in den verganenen Jahren stärker durchsetzen können. In Fahrzeugen der Kompakt- und unteren Mittelklasse werden überwiegend Frontmotoren in Querbauweise vorgesehen, da aufgrund der kompakten Integration des Getriebes der konstruktionsbedingte Bauraum reduziert werden kann. Eine übersichtliche Darstellung der Vor- und Nachteile verschiedener Motorlagen findet man in [14]. Schließlich ist bei der Wahl der Motorlage und Bauform zu berücksichtigen, ob es sich um ein Fahrzeug mit Front-, Heck- oder Allradantrieb handelt. Eine beliebige Kombination von Motorlage und Antriebsart ist ebenfalls nicht sinnvoll sondern stark an das jeweilige Anforderungsprofil (z.B dem Fahrverhalten in Kurven) des Fahrzeugs gebunden.

### 2.1.2 Arbeitsprozess

Die Arbeitsprozesse gängiger Motorenkonzepte für PKW und Nutzfahrzeuge lassen sich topologisch in zwei Kategorien aufteilen: Otto- und Dieselmotoren. Der erste Ottomotor wurde 1862 von Nikolaus August Otto vorgestellt. Beim klassischen Otto-Motorenkonzept wird im gedrosselten Ansaugkrümmer ein Kraftstoff-/Luftgemisch erzeugt, welches über das Einlassventil in die Brennkammer gesaugt wird. Bis Mitte der achtziger Jahre wurde die Gemischbildung überwiegend durch Vergasersysteme[2] realisiert. Gesetzliche Vorgaben bezüglich der Einhaltung von Abgasemissions-Grenzwerten verhalfen der elektronisch gesteuerten Benzineinspritzung, welche eine signifikant genauere Kraftstoffdosierung ermöglicht, zum Durchbruch [16]. Durch Fremdzündung mit Hilfe einer in den Brennraum ragenden Zündkerze wird das Gemisch gezielt entflammt. Zusätzliche Vorteile, insbesondere bezüglich des Kraftstoffverbrauchs und der Leistungssteigerung werden durch die Benzin-Direkteinspritzung (BDE) ermöglicht. Hierbei

---

[2]Ein Vergaser ist ein komplexes System, welches den Kraftstoff durch die Ausnutzung des Unterdrucks im Ansaugkrümmer fein zerstäubt und somit ein zündfähiges Kraftstoff-/Luftgemisch produziert

wird der Kraftstoff ähnlich den Dieselmotoren direkt in den Brennraum eingespritzt. Diese Technik erlaubt neben einer genauen Dosierung des Kraftstoffes zusätzlich die Realisierung von Mehrfacheinspritzungen, mit Hilfe welcher sich Abgasemissionswerte sowie die Geräuschbildung positiv beeinflussen lassen [95].

Der erste funktionsfähige Dieselmotor wurde von Rudolf Diesel 1897 in Zusammenarbeit mit der Maschinenfabrik Augsburg-Nürnberg (MAN) gefertigt [70]. Das damalige Novum dieses Prototyps einer Verbrennungskraftmaschine bestand in der Selbstzündung des Kraftstoff-/Luftgemischs. Im Gegensatz zum Ottomotor wird beim Dieselmotor lediglich Luft in die Brennkammer gesaugt. Nach einer vergleichsweise stärkeren Verdichtung und einer einhergehenden Erhitzung der komprimierten Luft wird Kraftstoff injiziert. Nach Verstreichen der Zündverzugszeit $\tau_Z$ setzt die Verbrennung selbstständig ein. Die Zündverzugszeit $\tau_Z$ beträgt zwischen 0,8 und 10 ms [70] und ist dabei nahezu[3] unabhängig von der Drehzahl des Motors. Beeinflusst wird der Zündverzug von der Cetan-Kennzahl[4], dem Verdichtungsverhältnis $\epsilon$, der Lufttemperatur sowie der Kraftstoffaufbereitung [13]. Durch eine untere Beschränkung der Zündverzugszeit ist die maximale Geschwindigkeit des Dieselmotors nach oben beschränkt (ca. 5500 U/min für PKW und Nutzfahrzeuge [13]). Bei Ottomotoren ist die obere Drehzahlgrenze durch die maximale mechanische Belastbarkeitsgrenzen der Bauteile bestimmt. Dieselmotoren bedürfen daher im Gegensatz zu Ottomotoren keiner zusätzlichen Drosselung der Luftzufuhr. Allerdings werden bei modernen Dieselmotoren aus Gründen der strengen Abgasnormen in zunehmendem Maße Drosselklappensysteme integriert. Durch eine Drosselklappe kann im Betrieb mit Abgasrückführung ein erhöhtes Druckgefälle erzeugt werden. Zusätzlich wird im Regenerationsbetrieb des Partikelfilters ein zu starkes Durchströmen von Luft und somit Abkühlen des Abgases verhindert. Des Weiteren kann die Drosselklappe als zusätzliches Stellglied zur Verbesserung des Fahrkomforts (Reduzierung der Geräuschkulisse und Vibrationen) genutzt werden.

Die Einspritzung des Kraftstoffs wird bei modernen Dieselmotoren im PKW- und Nutzfahrzeugsegment überwiegend durch Direkteinspritzung realisiert. Die Einspritzdüse ragt dabei direkt in die Brennkammer. Die reduzierte Brennraumoberfläche im Vergleich zum Nebenkammer-Motor ermöglicht geringere Wärmeverluste. Der Verzicht auf den zusätzlichen Brenngastransport erlaubt einen höheren Wirkungsgrad. Beides führt resultierend zu einem geringeren spezifischen Kraftstoffverbrauch. Als Einspritzsysteme werden Verteiler-Einspritzpumpen, Pumpe-Leitung-Düse, sowie Pumpe-Düse und Common-Rail-Systeme verwendet. Durch die elektronisch gesteuerte Mehrfacheinspritzung konnte die störende

---

[3]Bei höheren Motorgeschwindigkeiten kommt es durch stärkere Verwirbelung in der Brennkammer zu einer besseren Vermischung
[4]Beschreibt die Zündwilligkeit des Dieselkraftstoffs

## 2.1 Grundlagen

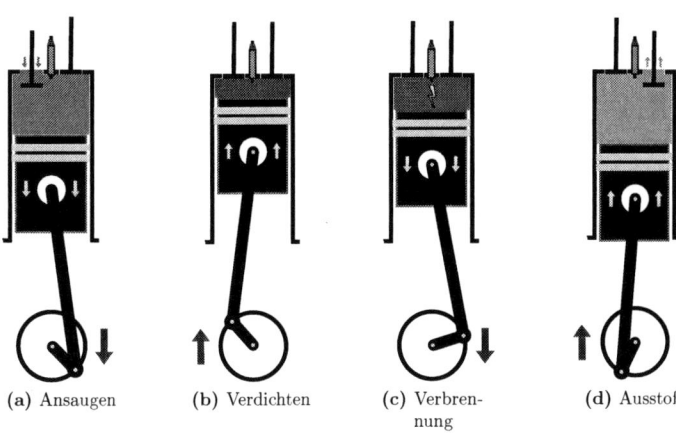

(a) Ansaugen  (b) Verdichten  (c) Verbrennung  (d) Ausstoß

**Abbildung 2.3:** Arbeitsprinzip eines Vier-Takt-Motors

Geräuschkulisse der singulären Direkteinspritzung deutlich reduziert werden. Dadurch etablierte sich die elektronische Diesel-Direkteinspritzung sowohl im PKW- als auch im Nutzfahrzeugsegment als Standardlösung. Nach aktuellem Stand der Technik werden zur Diesel-Direkteinspritzung in Fahrzeugen kommender Generationen überwiegend Common-Rail Einspritzsysteme[5] eingesetzt. Diese zeichnen sich gegenüber anderen, anfangs technologisch überlegenen Systemen (z.B. Pumpe-Düse Verfahren) in erster Linie durch die Verwendung lediglich einer Hochdruckpumpe aus [17].

Der Dieselmotor zeichnet sich vor allem durch seine hohe Effizienz in Teillastbereichen aus. Diese Eigenschaft wird häufig in Voll-Hybrid-Antrieben [36] ausgenutzt, wobei der Dieselmotor hierbei überwiegend im effizienten Teillastbereich betrieben wird. Dadurch lässt sich der Kraftstoffverbrauch und somit die Produktion von Kohlendioxid reduzieren. Im Gegenzug hierfür ist jedoch die deutlich höhere Emission von Stickoxiden im Vergleich zu Ottomotoren mit 3-Wege Katalysator zu erwähnen. Eine katalytische Nachbehandlung zur Reduzierung der Stickoxide gestaltet sich aufgrund des hohen Luftüberschusses im Abgas schwierig [83]. Der Dieselmotor zeichnet sich durch seine, in der Praxis häufig beobachtbare, hohe Zuverlässigkeit und Lebensdauer aus. Dieser Vorteil wird durch das höhere Gewicht im Vergleich zu Ottomotoren gleicher Leistung und dem Einsatz verschleißresistenterer Materialien (z.B. für Kolbenringe) erkauft.

---

[5]Beim Common-Rail wird durch eine Hochdruckpumpe ein Kraftstoffdruck von mehreren Tausend Bar erzeugt, welcher über einen Verteiler (dem "Rail") mit Stichleitungen den Injektoren zugeführt wird

## 2.1.3 Arbeitsprinzip

Bei der Betrachtung des Arbeitsprinzipes des Hubkolbenmotors unterscheidet man generell zwei Fälle. Beim Zwei-Takt-Motor gliedert sich das Arbeitsspiel[6] des Motors in zwei alternierend abfolgende Teilprozesse pro Zylinder, den sog. Arbeitstakten. Im ersten Takt, dem Arbeitstakt, wird das, in der Brennkammer befindliche Gemisch gezündet. Der Kolben bewegt sich dabei vom oberen Totpunkt (OT) zum unteren Totpunkt (UT). Während sich der Motor in Richtung UT bewegt, wird kurz vor Beginn des zweiten Taktes durch die Freigabe eines Überströmkanals das Abgas mit frischem Arbeitsgas ausgespült und gleichzeitig der Zylinder neu befüllt. Durch die Schwungmasse des Kurbeltriebes dreht der Motor weiter Richtung OT und verdichtet dabei das zuvor in den Zylinder eingespülte Kraftstoff-/Luftgemisch. Nach Erreichen des oberen Totpunktes schließt sich ein neuer Arbeitstakt an, das Arbeitsspiel wiederholt sich. Das Arbeitsspiel eines Zwei-Takt-Motors dauert somit genau eine Kurbelwellenumdrehung. Die wesentlichen Vorteile dieses Arbeitsprinzipes ergeben sich durch die kompakte Bauform sowie der gesteigerten Arbeitstaktfrequenz. Die Hauptnachteile sind die starken thermischen Belastungen der Brennraumkomponenten, die stetige Sicherstellung einer ausreichenden Schmierung sowie das ungünstige Abgasverhalten. Das Zwei-Takt Prinzip findet daher heute, von wenigen Ausnahmen abgesehen, nur bei sehr großen und sehr kleinen, kompakten Motoren Anwendung [13].

Hubkolbenmotoren aktueller Personen- und Nutzfahrzeuge arbeiten nahezu ausschließlich nach dem Vier-Takt-Prinzip. Im Gegensatz zum Zwei-Takt-Prinzip erstreckt sich das Arbeitsspiel hierbei über zwei volle Kurbelwellenumdrehungen. Die einzelnen Arbeitstakte sind schematisch in Abbildung 2.3 dargestellt. Einen wesentlichen und topologischen Unterschied zum Zwei-Takt-Motor stellen die Ein- bzw. Auslassventile des Zylinderkopfes dar. Die pV-Diagramme[7] für die Arbeits- bzw. Verdichtungstakte sind in Abbildung 2.4 aufgeführt. Die Ziffern (1) bis (4) beschreiben dabei den Beginn des jeweilig stattfindenden thermodynamischen Prozesses. Die vier, sequentiell aufeinander folgenden Arbeitsschritte des Vier-Takt-Hubkolbenmotors ergeben sich somit wie folgt.

1. **Ansaugtakt:** Der Kolben bewegt sich in dieser Phase vom oberen zum unteren Totpunkt. Dabei wird durch ein, in diesem Prozessabschnitt geöffnetes Einlassventil das Arbeitsgas in Form eines Luft-Kraftstoffgemisches bei indirekt einspritzenden bzw. reiner Luft bei direkt einspritzenden Motoren aufgrund des Druckunterschieds zwischen Saugrohr und Zylinder in

---

[6]Als Arbeitsspiel eines Hubkolbenmotors bezeichnet man die Prozessabläufe, welche zwischen zwei Verbrennungsereignissen ein und desselben Zylinders stattfinden

[7]Hierbei wird der Brennkammerdruck über dem Volumen des Arbeitsgases aufgetragen.

## 2.1 Grundlagen

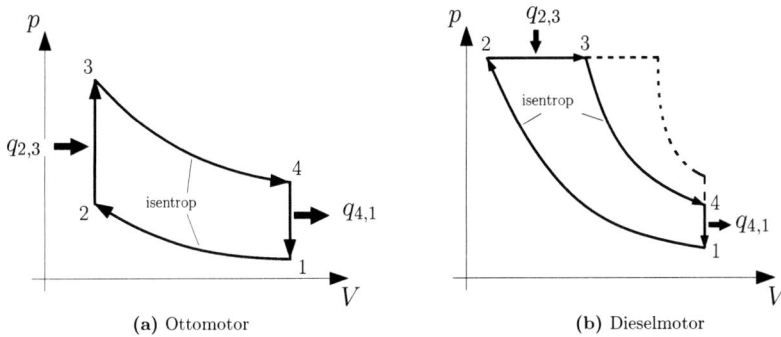

(a) Ottomotor  (b) Dieselmotor

**Abbildung 2.4:** pV-Diagramme von Otto- und Dieselmotoren

den Brennraum gesaugt bzw. gepresst. Anschließend wird das Einlassventil geschlossen (siehe Abbildung 2.3a).

2. **Verdichtungstakt:** Der aus dem unteren Totpunkt (1) wieder nach oben geführte Kolben verdichtet das im Falle des indirekt einspritzenden Motors im Brennraum befindliche Luft-Kraftstoffgemisch. Bei direkt einspritzenden Motoren wird nur die angesaugte Luft verdichtet und der Kraftstoff gegen Ende dieser Phase in den Brennraum eingespritzt (siehe Abbildung 2.3b). Bei Dieselmotoren ist dabei das Kompressionsverhältnis entsprechend höher. Die Verdichtungsphase ((1)→(2)) verläuft idealerweise isentropisch[8] [63], d.h. es es wird keine Wärmeenergie zugeführt ($dq = du + dw = 0$). Die Erwärmung des Arbeitsgases erfolgt somit durch den Einsatz mechanischer Energie $w_{1,2}$.

$$w_{1,2} = -\int_1^2 m_{Gas}\, c_\vartheta\, d\vartheta = -m_{Gas}\, c_\vartheta\, (\vartheta_2 - \vartheta_1) \tag{2.1}$$

$m_{Gas}$ beschreibt dabei die Gasmasse im Kolbenraum, $\vartheta$ die absolute Temperatur jener und $c_\vartheta$ die spezifische Wärmekapazität.

3. **Arbeitstakt:** Nachdem die gewünschte Kraftstoffmenge eingespritzt wurde, entzündet sich das Luft-Kraftstoffgemisch in der Brennkammer des Dieselmotors selbst bzw. wird, im Falle des Ottomotors, kontrolliert durch einen Zündfunken entflammt. Der Zeitpunkt der Injektion bzw. der Fremdzündung ist hierbei vom jeweiligen Betriebszustand des Motors (Drehzahl,

---
[8]adiabatisch reversibel [110]

Temperatur, Last, etc.) abhängig. Beim Ottomotor erfolgt die Verbrennung näherungsweise isochor ($dq = du$; $dw = p \cdot dV = 0$) [63], d.h. während der Verbrennung ändert sich das Brennraumvolumen nur minimal ($w_{2,3} \approx 0$). Das Arbeitsgas verbrennt somit sehr schnell und erhöht durch den sprungförmigen Anstieg des Brennraumdrucks die Gaskraft $F_{Gas}$ auf den Kolben entsprechend (3). Während der Expansionsphase ((3)→(4)) dehnt sich das Arbeitsgas isentrop aus. Die resultierende mechanische Energie $w_{2,3}^B$ berechnet sich für den Ottomotor somit zu:

$$w_{2,4}^B = \underbrace{w_{2,3}}_{\approx 0} + w_{3,4} = -\int_3^4 m_{Gas}\, c_\vartheta\, d\vartheta = -m_{Gas}\, c_\vartheta\, (\vartheta_4 - \vartheta_3) \qquad (2.2)$$

Beim Dieselmotor erfolgt die Verbrennung näherungsweise isobar ($dp = 0$; $dq = dh - V dp$ ), d.h. die Verbrennung dauert zu Beginn der Expansionsphase des Motors an. Die Dauer der isobaren Verbennungsphase ((2)→(3)) hängt von der Menge der eingespritzten Kraftstoffmasse ab. Nach Abschluss des Verbrennungsprozesses (3) schließt sich eine isentrope Expansionphase an. Die resultierende mechanische Energie $w_{2,3}^D$ berechnet sich für den Dieselmotor zu:

$$\begin{aligned} w_{2,4}^D &= w_{2,3} + w_{3,4} = -\int_2^3 m_{Gas}\, R\, d\vartheta - \int_3^4 m_{Gas}\, c_\vartheta\, d\vartheta \\ &= -m_{Gas}\, [R(\vartheta_3 - \vartheta_2) + c_\vartheta\, (\vartheta_4 - \vartheta_3)] \end{aligned} \qquad (2.3)$$

Der Kolben wird durch die Umsetzung mechanischer Energie $w_{2,3}$ in Richtung UT gedrückt. Dabei wird über den Kurbeltrieb ein positives mechanisches Moment an die Kurbelwelle übertragen (siehe Abbildung 2.3c). Bei Erreichen des unteren Totpunktes (4) wird das Auslassventil geöffnet.

4. **Ausstoßtakt:** Das verbrannte Arbeitsgas wird nun durch die einsetzende Aufwärtsbewegung des Kolbens durch das geöffnete Auslassventil ausgestoßen (siehe Abbildung 2.3d). Dabei wird der, durch die ausströmenden Abgase erzeugte Sog kurz vor Erreichen des OT genutzt, um einen Teil der Frischgase anzusaugen, indem gegen Ende dieser Phase bei noch geöffneten Auslassventil zusätzlich das Einlassventil geöffnet wird.

Die in Anlehnung an [63] aufgeführten Prozessabschnitte stellen eine starke Abstraktion realer Verbrennungsprozesse dar. Abbildung 2.5 zeigt einen realistischen Verlauf eines Kreisprozesses[9] über das gesamte Arbeitsspiel eines Vier-

---
[9]Ein Kreisprozess beschreibt die sequentielle und chronologisch exakte Verkettung von Zustandsänderungen des Arbeitsgases, welche auf den ursprünglichen Anfangszustand zurückführen

## 2.1 Grundlagen

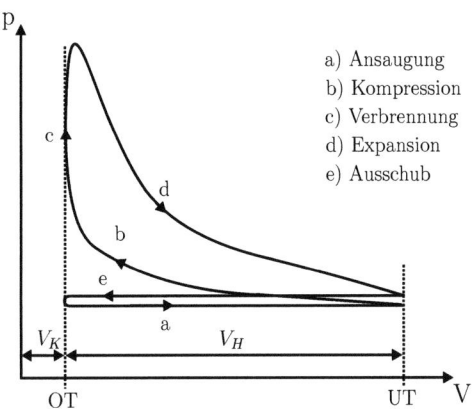

**Abbildung 2.5:** pV - Diagramm des Kreisprozesses eines 4-Takt-Hubkolbenmotors [113]

Takt-Motors. $V_H$ entspricht dem Hubvolumen und $V_K$ dem Rest- bzw. Kompressionsvolumen des Zylinders. Um die Modellgüte des Kreisprozesses zu erhöhen werden häufig zusätzliche Stützstellen und unterschiedliche Zustandsänderungen eingesetzt. Eine weitverbreitete Variante stellt der sog. *Seilinger*-Kreisprozess dar. Hier wird der Verbrennungsprozess, welcher zwischen den Punkten (2) und (3) in Abbildung 2.4 dargestellt ist, durch eine Kombination aus isochorem und isobarem Prozess dargestellt [63]. Dadurch lassen sich die realen Kreisprozesse von Otto- und Dieselmotoren wesentlich genauer modellieren. Die vorgestellten Modelle mit singulären isochoren bzw. isobaren Brennprozessen sind als Spezialfälle im Seilinger-Prozess enthalten.

### 2.1.4 Ladungswechsel

Der Ladungswechsel beschreibt den Austausch des Arbeitsgases im Brennraum. Im Allgemeinen existiert bei direkt einspritzenden Motoren eine zeitliche Überlappung der Abgasauslassphase und der Lufteinlassphase. Hierdurch strömt ein Teil der Lufteinlassmenge $m_{E^-}$ direkt durch das Auslassventil und nimmt nicht an der Verbrennung teil. Dieser Vorgang wird als Spülung bezeichnet, die zugehörige Luftmasse wird Spülmasse genannt. Nach [95] kann bei einem Vier-Takt-Motor die Spülung bei der Modellbildung vernachlässigt werden. Zur Emissionssenkung werden bei modernen Dieselmotoren der Frischluft Abgase aus der vorherigen Verbrennung zugemischt. Dadurch setzt sich die Einlassmasse $m_E$ allgemein aus Frischluft- sowie rückgeführter Abgasmasse zusammen.

Mit Hilfe des Isentropenexponenten $\kappa = c_p/c_V$, der aus der Strömungslehre bekannten Kontinuitätsgleichung, dem Energieerhaltungssatz und der Zustandsgleichung idealer Gase lässt sich die Durchflussgleichung

$$\frac{dm}{dt} = \mu_{Fl} \cdot A_g \cdot \frac{p_0}{\sqrt{R \cdot \vartheta_0}} \cdot \sqrt{\frac{2 \cdot \kappa}{\kappa - 1} \left[ \left(\frac{p_1}{p_0}\right)^{\frac{2}{\kappa}} - \left(\frac{p_1}{p_0}\right)^{\frac{\kappa+1}{\kappa}} \right]} \qquad (2.4)$$

bestimmen [95], [81]. Dabei wird die Massenströmung von einem Reservoir höheren Druckes $p_0$ in [pascal] durch eine Drosselstelle oder Ventil zu einem Reservoir niedrigeren Druckes $p_1$ beschrieben. $A_g$ ist dabei der geometrische Strömungsquerschnitt der Verjüngung. Durch die Einführung der Durchflusszahl $\mu_{Fl}$ wird berücksichtigt, dass in der Praxis ein erhöhter Strömungswiderstand besteht und damit die effektive Querschnittsfläche kleiner ist als die tatsächliche, geometrische.

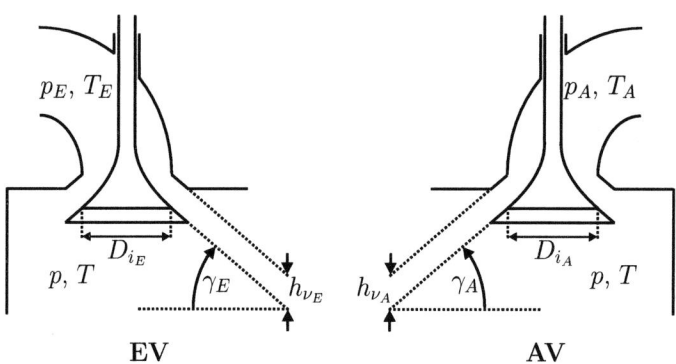

**Abbildung 2.6:** Kenngrößen des Ein- bzw. Auslassventils

Der Massenfluß des einströmenden Arbeitsgases $dm_E/d\varphi$ wird durch die Drosselklappenstellung und die Öffnung des Einlassventils (EV) (Abbildung 2.6) bestimmt. Durch einen Abgasturbolader oder Kompressor kann das Druckgefälle $\Delta p_{EV} = p_E - p$ zusätzlich erhöht und somit eine größere Masse an Arbeitsgas in die Brennkammer gepresst werden. Der Massenfluß des ausströmenden Arbeitsgases $dm_A/d\varphi$ wird durch die Öffnung des Auslassventils (AV) und die Drosselung durch das Abgassystem bestimmt. Durch ein optimiertes Design der Abgasanlage kann unter Ausnutzung der Druckwellenbildung ein zusätzlicher Unterdruck während der Auslassphase generiert werden. Dadurch wird der Effekt einer starken Drosselung des Motors durch das Abgassystem minimiert.

## 2.1 Grundlagen

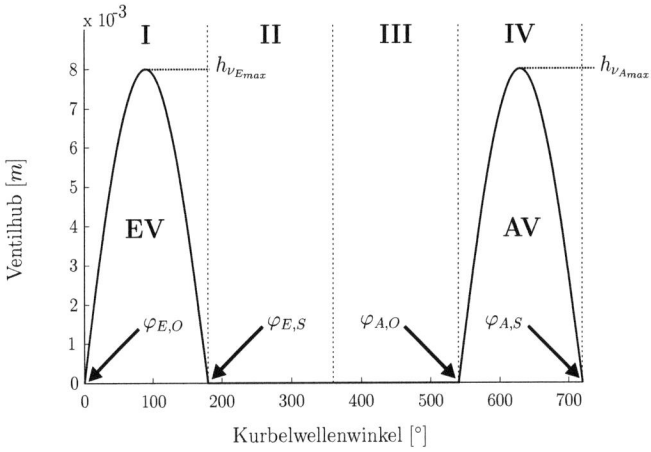

**Abbildung 2.7:** Ventilhub des Ein- bzw. Auslassventils

Der geometrische Strömungsquerschnitt der Ventile ergibt sich nach [91] zu:

$$A_{g_{E/A}} = z_{E/A} \cdot \pi \cdot h_{\nu_{E/A}} \cdot \cos(\gamma_{E/A}) \cdot \\ \cdot (D_{i_{E/A}} + h_{\nu_{E/A}} \cdot \sin(\gamma_{E/A}) \cdot \cos(\gamma_{E/A})) \quad (2.5)$$

$z_{E/A}$ entspricht dabei der Anzahl der Ein- bzw. Auslassventile. Die Bedeutung der Ventilkenngrößen Ventilhub $h_{\nu_{E/A}}$, Ventilsitzwinkel $\gamma_{E/A}$ und innerer Ventilsitzdurchmesser $D_{i_{E/A}}$ können Abbildung 2.6 entnommen werden. Die zeitliche Abhängigkeit der Massenströme ergibt sich demnach aus dem zeitlichen Verlauf des Ventilhubes. Bei konventionellen Vier-Takt-Motoren erfolgt die Steuerung der Ventilstellungen über die Nockenwelle[10]. Die Nockenwelle dreht sich dabei mit halber Motordrehzahl und steuert somit das Arbeitsspiel des Vier-Takt-Motors über zwei Kurbelwellenumdrehungen. Die Nockenwelle ist entweder über eine Steuerkette, eine Steuerwelle oder einen Zahnriemen an die Kurbelwelle gekoppelt. Der momentane Hub $h_{\nu_{E/A}}(\varphi)$ der nockengesteuerten Ein- bzw. Auslassventile kann in erster Näherung durch eine Sinuskurve mit dem maximalen Ventilhub $h_{\nu_{E/A_{max}}}$ angenähert werden [95].

$$h_{\nu_{E/A}}(\varphi) = h_{\nu_{E/A_{max}}} \cdot \sin\left(\frac{\varphi - \varphi_{E/A,O}}{\varphi_{E/A,S} - \varphi_{E/A,O}} \cdot \pi\right) \quad (2.6)$$

---

[10]Eine Nockenwelle ist ein Maschinenelement auf dem mindestens ein gerundeter Vorsprung (Nocken) angebracht ist. Die Welle dreht sich um die eigene Achse, durch den oder die auf ihr angebrachten Nocken wird diese Drehbewegung wiederholt in eine kurze radiale Längsbewegung umgewandelt.

Die Ventile öffnen hier beim Kurbelwellenwinkel $\varphi_{E/A,O}$ und schließen bei $\varphi_{E/A,S}$ (siehe Abbildung 2.7). Durch eine variable Ventilsteuerung [96] ist es möglich, die Ventile individuell anzusteuern. Dadurch lässt sich der Ladungswechsel hinsichtlich der Reduktion von Abgasemissionswerten, der Leistungssteigerung sowie des Kraftstoffverbrauchs nachhaltig optimieren [16]. In naher Zukunft ist es denkbar, die Nockenwelle komplett durch elektrische oder hydraulische Ventilstellglieder zu ersetzen.

### 2.1.5 Einspritzsysteme

Bei modernen Diesel- und direkteinspritzenden Ottomotoren von Pkw und Nutzfahrzeugen wird der Kraftstoff direkt in den Brennraum injiziert. Direkteinspritzende Motoren haben den Vorteil höherer Wirkungsgrade und arbeiten somit wirtschaftlicher als Systeme mit geteilten Brennräumen bzw. externer Gemischbereitung. Dieselmotoren mit unterteilten Brennräumen waren im Hinblick auf Geräusch- und Schadstoffemissionen lange Zeit den direkt einspritzenden Systemen überlegen. Hierbei konnten sich vor allem zwei Konzepte, das Vorkammer- und das Wirbelkammerverfahren durchsetzen [70]. Durch die Erhöhung des Einspritzdruckes sowie der elektronischen Ansteuerung der Injektoren konnte die Wirtschaftlichkeit der direkteinspritzenden Systeme bei vergleichbaren Geräuschemissionen über das Maß der Kammermotoren gesteigert werden. Bei Motorkonzepten aktueller und zukünftiger Generationen kommen daher nahezu ausschließlich elektronisch geregelte, direkteinspritzende Systeme zum Einsatz.

Die elektronisch gesteuerte Direkteinspritzung erfolgt über einen in den Brennraum ragenden Injektor. Bei Common-Rail (CR) Dieselsystemen (Abbildung 2.8) wird dieser über einen zentralen Verteiler, dem Rail mit Kraftstoff versorgt. Der Kraftstoff wird zuvor durch die Hochdruckpumpe sehr stark komprimiert. In Systemen der dritten CR Generation[11] treten Raildrücke bis zu 1800 bar auf. Bei konventionellen Injektoren werden die Betätigunskräfte zum Öffnen bzw. Schließen des Kraftstoffventils durch Elektromagnetismus erzeugt. Ab der zweiten CR Generation[12] wurden neben den magnetischen Stellmechanismen auch Systeme mit Piezoaktorik implementiert. Piezoinjektoren zeichnen sich im Vergleich zu den magnetischen Systemen vor allem durch ihre schnellen Ansprechzeiten aus. Schnelle Ansprechzeiten erlauben unter anderem eine präzise Aufteilung einer singulären Einspritzung in eine Sequenz multipler Einspritzungen. Durch die Einführung von Vor-, Haupt- und Nacheinspritzungen lassen sich die Eigenschaften der Verbrennungsmotoren hinsichtlich Geräuschbildung, Effizienz und

---

[11]Einführung im Jahr 2003
[12]Einführung im Jahr 2001

## 2.1 Grundlagen

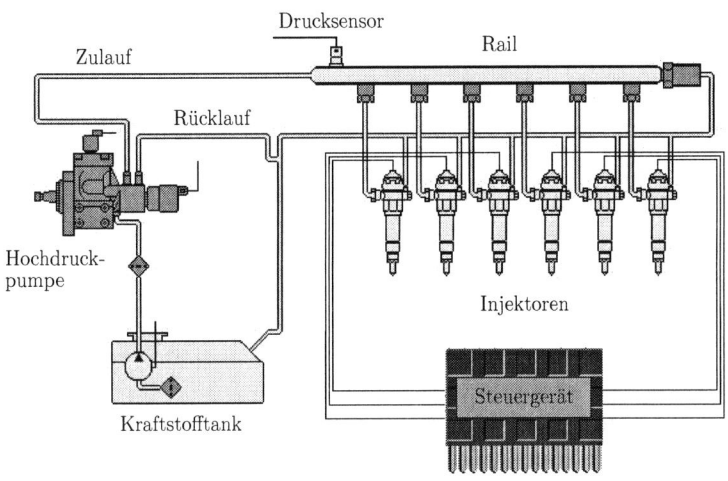

**Abbildung 2.8:** Aufbau eines Common-Rail Einspritzsystems

Emissionsverhalten nachhaltig verbessern [108]. Speziell bei Dieselmotoren führt die Voreinspritzung durch eine Verringerung der Druckspitzen im Arbeitsgas zu einer Erhöhung der Laufruhe und somit zu einer deutlichen Reduzierung der Geräuschkulisse. Durch gezielte Nacheinspritzungen lassen sich die, für den Dieselmotor typischen, erhöhten Stickoxidwerte reduzieren. Im Gegensatz zur Vor- und Haupteinspritzung wird der Kraftstoff bei der Nacheinspritzung in vielen Fällen nicht verbrannt, sondern durch die Restwärme im Zylinder verdampft. Das Abgas-Kraftstoffgemisch wird anschließend über die Auslassventile ausgestoßen. Der Kraftstoff im Abgas steht somit als Reduktionsmittel für das Stickoxid im Abgaskatalysator zur Verfügung [95].

Der zeitliche Verlauf der Einspritzung ist charakterisiert durch den Einspritzbeginn, die Anzahl und Art der Einspritzungen, der gesamten einzuspritzenden Kraftstoffmenge sowie dem Einspritzdruck (Rail-Druck). Der zeitliche Verlauf $dm_K/dt$ lässt sich näherungsweise durch Polynome zweiter Ordnung annähern [108].

$$\frac{dm_{K_i}}{dt} = \begin{cases} -\frac{4 \cdot \left(\frac{dm_{K_i}}{dt}\right)_{max}}{\Delta t_{ED_i}^2} \cdot \left[t^2 - \left(2 \cdot t_{EB_i} + \Delta t_{ED_i}\right) \cdot t + t_{EB_i}^2 + t_{EB_i} \cdot \Delta t_{ED_i}\right] \\ \qquad\qquad\qquad\qquad \text{für } t_{EB_i} \leq t \leq (t_{EB_i} + \Delta t_{ED_i}) \\ 0 \qquad\qquad\qquad\qquad \text{sonst} \end{cases}$$

(2.7)

Dabei beschreiben $t_{EB_i}$ den Beginn und $\Delta t_{ED_i}$ die Dauer der $i$-ten Einspritzung. Zur Berechnung der maximalen Änderung der Einspritzmenge $(\frac{dm_{K_i}}{dt})_{max}$ wird die Strömung des Kraftstoffes durch die Einspritzdüse betrachtet. Mit Hilfe des Durchflussgesetzes nach Bernoulli für inkompressible Medien [32]

$$(\frac{dm_{K_i}}{dt})_{max} = \mu_i \cdot A_D \cdot \sqrt{2 \cdot 10^5 \cdot \rho_K \cdot (p_{inj} - p_{EB_i})} \qquad (2.8)$$

kann nun die maximale Änderung der Einspritzmenge bestimmt werden. $A_D$ ist dabei der maximale Öffnungsquerschnitt der Einspritzdüse. $\rho_K$ spezifiziert die Dichte des Kraftstoffes. Der Druck im Zylinder zu Beginn der Einspritzung wird mit $p_{EB_i}$ bezeichnet, $p_{inj}$ ist der Injektor- bzw. Raildruck. $\mu_i$ ist ein Parameter zur Anpassung an reale Messwerte. Die Dauer der Einspritzung $\Delta t_{ED_i}$ wird maßgeblich durch die Menge der einzuspritzenden Kraftstoffmenge bestimmt. Während der Einspritzdauer muss die gesamte Kraftstoffmenge in den Brennraum injiziert werden:

$$m_{K_i} = \int_{t_{EB_i}}^{t_{EB_i}+\Delta t_{ED_i}} \frac{dm_{K_i}}{dt} \cdot dt \qquad (2.9)$$

Der Einspritzverlauf ergibt sich somit zu:

$$\frac{dm_{K_i}}{dt} = \begin{cases} -\frac{16}{9} \cdot \left(\mu_i \cdot A_D \cdot \sqrt{2 \cdot 10^5 \cdot \rho_K \cdot (p_{inj} - p_{EB_i})}\right)^3 \cdot \left(\frac{t-t_{EB_i}}{m_{K_i}}\right)^2 \\ +\frac{8}{3} \cdot \left(\mu_i \cdot A_D \cdot \sqrt{2 \cdot 10^5 \cdot \rho_K \cdot (p_{inj} - p_{EB_i})}\right)^2 \cdot \left(\frac{t-t_{EB_i}}{m_{K_i}}\right) \\ \qquad\qquad\qquad\qquad\qquad\qquad \text{für } t_{EB_i} \leq t \leq (t_{EB_i} + \Delta t_{ED_i}) \\ 0 \qquad\qquad\qquad\qquad\qquad \text{sonst} \end{cases} \qquad (2.10)$$

Der gesamte Einspritzverlauf eines Arbeitstaktes setzt sich aus der Superposition aller Individualeinspritzungen des betrachteten Zylinders zusammen:

$$\frac{dm_K}{dt} = \sum_{i=1}^{N_E} \frac{dm_{K_i}}{dt} \qquad (2.11)$$

Abbildung 2.9 zeigt exemplarisch einen parabelförmig angenäherten Einspritzverlauf eines CR-Dieselmotors. Hierbei ist zu beachten, dass die Abszissenwerte auf den Kurbelwellenwinkel $\varphi$ bezogen sind. D.h. die korrespondierenden Zeit-

## 2.1 Grundlagen

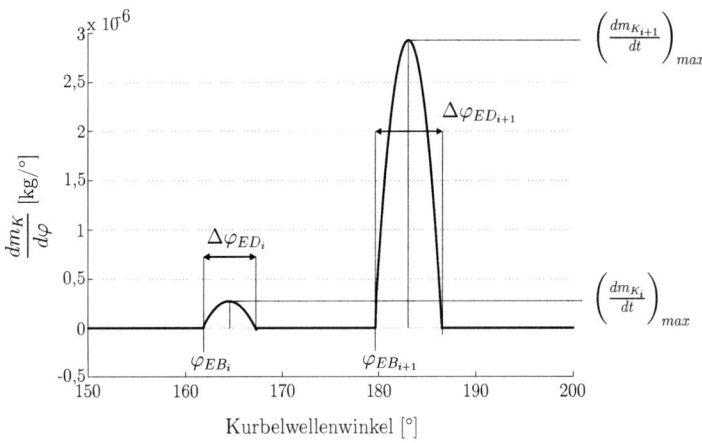

**Abbildung 2.9:** Parabelförmig angenäherte Einspritzverläufe beim CR-Dieselmotor

punkte gleicher Indizes sind unter Verwendung der aktuellen Motorgeschwindigkeit $\omega = d\varphi/dt$ zu berechnen. Im Gegensatz zu Dieselmotoren ist der Einspritzdruck bei direkteinspritzenden Ottomotoren um eine Größenordnungen geringer (zwischen 5 und 12 MPa). Für den Hochdruckkreis findet man hier ebenfalls eine starke Verbreitung des Common-Rail Systems. Zentraleinspritzungen (z.B. Mono-Jetronic [16]) werden aufgrund ihrer vorgelagerten Einspritzung zunehmend weniger verbaut. Durch die Einspritzung vor der Drosselklappe entstehen lange Totzeiten, welche die Regelung solcher Systeme schwieriger als bei direkteinspritzenden Motoren gestalten. Um zukünftige Abgasrichtlinien einhalten zu können und den hohen Anforderungen des Endverbrauchers im Hinblick auf Fahrkomfort und Geräuschkulisse gerecht zu werden, bieten direkteinspritzende Motoren zusammen mit einem leistungsstarken, elektronischen Motormanagement ein solides Konzept. Aus diesem Grund werden in dieser Arbeit überwiegend Verfahren vorgestellt, welche sich der Stellmöglichkeiten eines modernen direkteinspritzenden Motors bedienen.

### 2.1.6 Leistung und Wirkungsgrad

Die Leistung von Hubkolbenmotoren $P_{Mot}$ lässt sich unabhängig des Arbeitsprozesses im Rahmen des individuell einzuhaltenden Arbeitsbereichs wie folgt berechnen [13]:

$$P_{Mot} = N_{zyl} \cdot \frac{\pi}{2} \cdot d^2 \cdot r \cdot w_e \cdot \frac{n}{z_{2/4}} \qquad (2.12)$$

$N_{zyl}$ beschreibt die Anzahl der Zylinder, $r$ den Kurbelradius, $d$ die Zylinderbohrung, $n$ die Drehzahl und $w_e$ die effektive spezifische Leistung des Motors. Mit Hilfe des Formfaktors $z_{2/4}$ findet eine Unterscheidung zwischen Zwei- bzw. Vier-Takt-Motoren statt. Die Leistung und die Bedingungen (z.b. die Dauer der Leistungsabgabe) unter welchen diese zu erbringen ist, hängen im Wesentlichen vom Verwendungszweck des Motors ab. Eine Steigerung der Motorleistung kann somit durch Vergrößerung des Hubvolumens, einer Steigerung der spezifischen Arbeit (z.b. durch Erhöhung des Kompressionsverhältnisses) sowie einer Erhöhung der Drehzahl erreicht werden. Aufgrund übergeordneter, physikalischer Gesetzmäßigkeiten sind die einzelnen Faktoren der Leistungsgleichung 2.12 nicht unabhängig voneinander und somit nicht willkürlich bei der Konstruktion wählbar. Hohe spezifische Leistungen[13] sind bei konstantem Hubvolumen z.B. durch eine Steigerung der Drehzahl bzw. der spezifischen Leistung zu erreichen. Die indizierte spezifische Leistung ist durch die geschlossene Integration über ein Arbeitsspiel

$$\begin{aligned} w_i &= \frac{1}{V_g} \sum_{j=1}^{N_{zyl}} \oint \Big( p_j(V_j) - p_0 \Big) dV_j \\ &= \frac{1}{V_g} \oint \sum_{j=1}^{N_{zyl}} (p_j(\varphi) - p_0) \, A_K \, \frac{dx_j(\varphi)}{d\varphi} d\varphi \\ &\stackrel{!}{=} \frac{1}{V_g} \int M_{Gas}(\varphi) d\varphi \end{aligned} \qquad (2.13)$$

definiert [63]. Eine Auswahl typischer Werte für die indizierte spezifische Leistung ist in Tabelle 2.1 aufgeführt.

| Motorentyp | Otto | Diesel |
|---|---|---|
| $w_i$ | 33-35 % | 40-43 % |
| $q_{hl,th}$ | 23-28 % | 22-25 % |
| $q_{hl,r}$ | 37-44 % | 35-40 % |

**Tabelle 2.1:** Vergleich indizierter spezifischer Leistungen und Wärmeverlusten bei Otto- bzw. Dieselmotoren

In der Realität ist die effektive spezifische Leistung $w_e$ wesentlich geringer als die indizierte $w_i$. Abbildung 2.10 gibt einen Überblick der Verlustmechanismen

---

[13] Als spezifische Leistung wird die absolute Leistung pro Arbeitsraum definiert. Hohe spezifische Leistungen werden überwiegend im Rennsport gefordert

## 2.1 Grundlagen

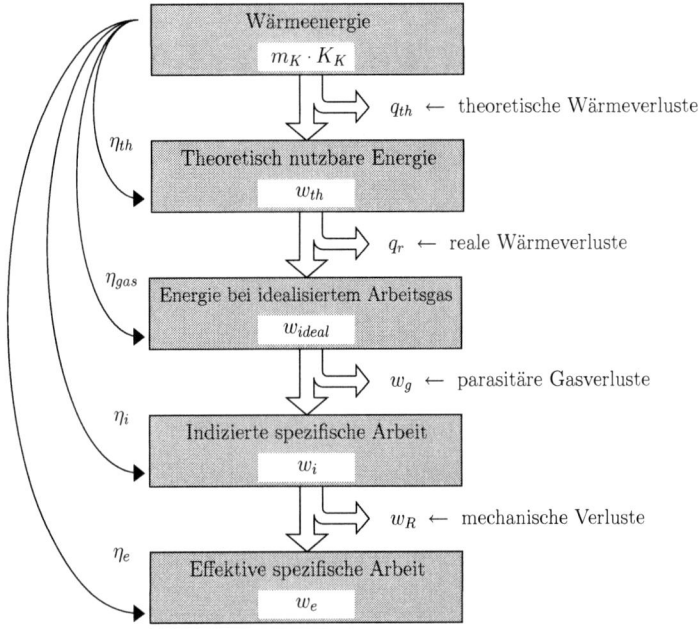

**Abbildung 2.10:** Verluste und Wirkungsgrade des Hubkolbenmotors

beim Hubkolbenmotor.

$q_{th}$ beschreibt die theoretischen Wärmeverluste, wonach die freiwerdende Wärmeenergie nicht vollständig[14] in mechanische Arbeit umgesetzt werden kann. $q_r$ steht für die Verluste, welche durch unvollständige Verbrennung entstanden sind. Bei der Modellierung der Arbeitstakte wurde ein adiabatisch reversibel komprimierbares ideales Gas ohne Wandwärmeverluste angenommen. Da diese Voraussetzungen in der Realität nur näherungsweise Gültigkeit finden, treten hierdurch parasitäre Gasverluste $w_g$ auf. Die mechanischen Verluste $w_R$ beschreiben die Reibung des Kolbens und der Lager sowie die Verlustarbeit aller, für den Motorbetrieb erforderlichen Aggregate. Der effektive, thermodynamische Wirkungsgrad $\eta_e$ ergibt sich bei konstanter Kraftstoffzufuhr ($\dot{m}_f$ =konst.) zu [63]:

$$\eta_e = \frac{P_e}{\dot{m}_f H_K} = \frac{w_e V_g n}{2 m_f n H_K} \cdot \frac{2}{N_{zyl}} = \frac{w_e}{m_f H_K} \cdot \frac{V_g}{N_{zyl}} \qquad (2.14)$$

---
[14]analog zum Carnot-Prozess [110]

$P_e$ ist die mittlere effektive Leistung, $H_K$ der Heizbeiwert des Kraftstoffs und $V_g$ das Gesamthubvolumen des Motors.

## 2.2 Motordynamik

### 2.2.1 Drehmomentenbilanz an der Kurbelwelle

Die primäre Aufgabe eines Motors besteht darin, ein positives Drehmoment an der Ausgangswelle zu erzeugen. Beim Hubkolbenmotor wird dies durch individuell konzentrisch entlang der Kurbelwelle angeordnete Kolben-Schubkurbelgetriebe (Abbildung 2.1 und 2.2) realisiert. Durch den Brennkammerdruck $p$ wird eine Kraft $F_{Gas}$ erzeugt, welche auf den Kolben wirkt und somit zu einem Drehmoment an der Kurbelwelle führt. Aufgrund der konzentrisch angeordneten Schubkurbelgestänge führen die Kolben im Zylinder eine radiale Oszillationsbewegung durch und bewirken somit ein oszillierendes Massenmoment $M_{Mass}$. Dies führt zusätzlich zu einer, sich kontinuierlich verändernden Massenträgheit der Kurbelwelle $\Theta(\varphi)$. Neben den expliziten Gas- und Massenmomenten treten parasitäre Reibungsverluste inklusive des Energiebedarfs von Nebenaggregaten $M_{Reib}$ bei der Bilanzierung der Drehmomente an der Kurbelwelle auf. Eine Übersicht der auftretenden Momentenanteile ist in Abbildung 2.11 dargestellt.

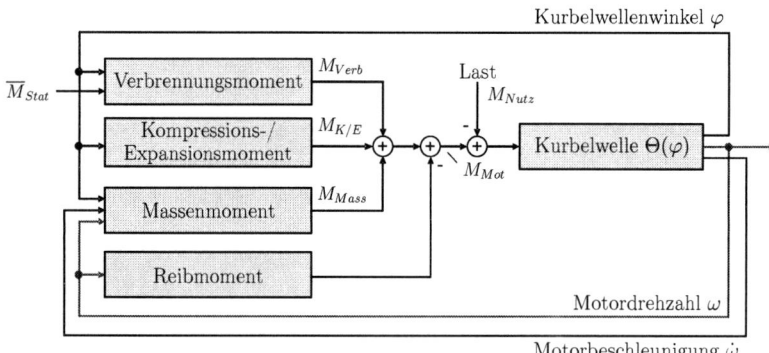

**Abbildung 2.11:** Bilanz der Drehmomente an der Kurbelwelle

$M_{Nutz}$ beschreibt das primäre Lastmoment[15] des Motors. Das Gasmoment $M_{Gas}$ ist hier unterteilt in Kompressions-/Expansionsmoment $M_{K/E}$ und Verbrennungsmoment $M_{Verb}$. Das Verbrennungsmoment ist dabei vom stationären[16] Fahrer-

---
[15]Diese Last wirkt unmittelbar an der Kurbelwelle.
[16]Das Fahrerwunschmoment ist für die Dauer zwischen zwei Verbrennungsereignissen als konstant zu betrachten, da dies konstruktionsbedingt das kleinstmögliche Abtastintervall zur Änderung des Motormoments darstellt.

## 2.2 Motordynamik

wunschmoment $\overline{M}_{Stat}$ abhängig. Das Motormoment setzt sich aus der Summe der Komponenten der individuellen Zylindermomente zusammen.

$$M_{Mot} = \sum_{k=1}^{N_{zyl}} M_{Mass,k} + M_{K/E,k} + M_{Verb,k} + M_{Reib,k} \tag{2.15}$$

Die auftretenden Gas-, Massen- und Verlustmomente werden in den folgenden Abschnitten ausführlich beschrieben. Die Bewegungsgleichung der Kurbelwelle ergibt sich aus dem zweiten Newton'schen Axiom [110] für rotierende Massen.

$$\Theta(\varphi) \cdot \ddot{\varphi} = M_{Mot} - M_{Nutz} \tag{2.16}$$

Die Massenträgheit der Kurbelwelle $\Theta(\varphi)$ ist dabei vom Kurbelwellenwinkel $\varphi$ abhängig (Kapitel 2.2.5).

### 2.2.2 Kinematik des Kurbeltriebes

Bei einem Schubkurbelgetriebe wird die geradlinig oszillierende Bewegung des Kolbens über Pleuelstange und Kurbelwelle in eine ungleichförmige Drehbewegung jener umgewandelt. Bei der Ableitung der Bewegungsgleichungen wurden sämtliche Lager als spielfrei sowie die Pleuelstangen und die Kurbelwellen als hinreichend starr angenommen, so dass eine etwaige Verformung vernachlässigt werden kann. Die Deachsierung des Kolbenbolzens sowie der Kurbelwelle wurde ohne Beschränkung der Allgemeinheit zu Null angenommen ($d_{KB} = d_{KW} = 0$). Die Herleitung der Kolbenkinematik für Schubkurbelgetriebe mit Deachsierung ist in [65] bzw. [34] beschrieben. Anhand der Geometrie des Kurbeltriebes (Abbildung 2.1) kann die Position des Kolbens $x$ berechnet werden.

$$x = r \left[ 1 - \cos\varphi + \frac{1}{\lambda} \cdot \left( 1 - \sqrt{1 - \lambda^2 \cdot \sin^2\varphi} \right) \right] \tag{2.17}$$

Die Größe $\lambda$ beschreibt das Schubstangenverhältnis $r/l$. Durch Differenzierung im Zeitbereich lassen sich die Kolbengeschwindigkeit $v$ und -beschleunigung $a$ in Abhängigkeit des Kurbelwellenwinkels $\varphi$ und der Kurbelwellenwinkelgeschwindigkeit $\omega = d\varphi/dt$ bestimmen.

$$\dot{x} = v = \frac{dx}{dt} = \frac{dx}{d\varphi} \cdot \frac{d\varphi}{dt} = r \cdot \omega \cdot \left( \sin\varphi + \frac{\lambda \cdot \sin(2\varphi)}{2 \cdot \sqrt{1 - \lambda^2 \sin^2\varphi}} \right) \tag{2.18}$$

$$\ddot{x} = a = \frac{d^2x}{dt^2} = \frac{d^2x}{d\varphi^2} \cdot \left(\frac{d\varphi}{dt}\right)^2$$

$$= r \cdot \omega^2 \cdot \left( \cos\varphi + \frac{\lambda^3 \cdot \sin^2(2 \cdot \varphi)}{4 \cdot \left(\sqrt{1 - \lambda^2 \sin^2\varphi}\right)^3} + \frac{\lambda \cdot \cos(2\varphi)}{\sqrt{1 - \lambda^2 \sin^2\varphi}} \right) \quad (2.19)$$

Die Kolbenbewegungen $x_j$ der einzelnen individuellen Zylinder $j$ erfolgen in Abhängigkeit der Zylinderzahl phasenversetzt:

$$x_j(\varphi) = x\left(\varphi - (j-1) \cdot \frac{4\pi}{N_{zyl}}\right) \quad (2.20)$$

### 2.2.3 Drehmoment des Arbeitsgases

Durch den Brennkammerdruck $p$ wird eine Kraft $F_{Gas}$ erzeugt, welche auf den Kolben wirkt.

$$F_{Gas} = \frac{\pi \cdot d^2}{4} \cdot (p - p_{KWG}) \quad (2.21)$$

Der Differenzdruck $\Delta p_Z = p - p_{KWG}$ beschreibt den Druckunterschied zwischen der Brennkammer des Zylinders und dem Kurbelwellengehäuse. Es kann angenommen werden, dass der Kurbelgehäusedruck $p_{KWG}$ in etwa dem Atmosphärendruck der Motorumgebung entspricht [34]:

$$p_{KWG} \approx p_0 \approx 1000 \text{ hPa} \quad (2.22)$$

Die Gaskraft $F_{Gas}$ teilt sich im Kolbenlager in eine radial stützende Normalkraft $F_{Gas,N}$ sowie eine Schubstangenkraft $F_{Gas,S}$ auf (Abbildung 2.12). Die Normalkraft $F_N$ bewirkt somit eine Reibung $F_{Reib,Zyl}$ zwischen Kolben und Zylinderwandung, welche durch geeignete Schmierung reduziert werden kann. Die Kraft $F_S$ wird in Schubstangenrichtung auf das Pleuellager der Kurbelwelle übertragen. Im Kurbelwellenlager der Schubstange teilt sich $F_S$ wiederum in zwei Komponenten auf. $F_{KW,r}$ zeigt dabei radial zum zentralen Kurbelwellenlager und $F_{KW,t}$ entsprechend orthogonal in tangentialer Richtung. Die radiale Kraftkomponente leistet im Hinblick auf die Erzeugung eines Motormoments keine Arbeit und führt lediglich zu einer Lagerbelastung bzw. Verbiegung der Kurbelwelle selbst. Die

## 2.2 Motordynamik

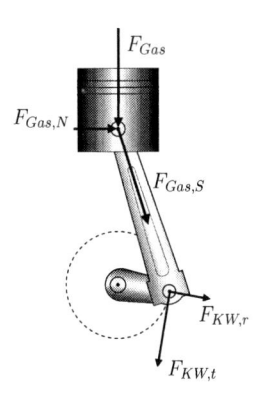

**Abbildung 2.12:** Kräftebilanz am Schubkurbeltrieb

Kurbelwelle erleidet dabei ihre maximale mechanische Gesamtbeanspruchung in den Hohlkehlen bzw. Übergangsradien zwischen Grund- und Hubzapfen sowie den Kurbelwellenwangen [65]. Die tangentiale Kraftkomponente $F_{KW,t}$ erzeugt ein Drehmoment $M_{Gas}$ an der Kurbelwelle:

$$M_{Gas} = F_{KW,t} \cdot r = F_{Gas} \cdot g(\varphi) \cdot r \tag{2.23}$$

Der geometrische Faktor $g(\varphi)$ beschreibt die Abhängigkeit der tangentialen Kraftkomponente $F_{KW,t}$ vom Kurbelwellenwinkel $\varphi$ bei gegebener Gaskraft $F_{Gas}$. Unter der Annahme, dass keine Reibung herrscht, wird die gesamte Leistung welche auf den Kolben wirkt, vollständig an die Kurbelwelle übertragen.

$$F_{KW,t} \cdot \omega \cdot r = F_{Gas} \cdot \dot{x} \tag{2.24}$$

Durch Vergleich der Gleichungen (2.23) und (2.24) lässt sich der geometrische Faktor wie folgt bestimmen:

$$g(\varphi) = \frac{1}{\omega \cdot r} \cdot \dot{x} \tag{2.25}$$

Das an der Kurbelwelle wirkende Gasmoment ergibt sich durch Einsetzen von Gleichung (2.18) in (2.23) zu:

$$M_{Gas} = F_{Gas} \cdot r \cdot \left( \sin\varphi + \frac{\lambda \cdot \sin(2\varphi)}{2 \cdot \sqrt{1 - \lambda^2 \sin^2\varphi}} \right) \tag{2.26}$$

In den Nullstellen der Sinusfunktion, d.h. konkret im oberen bzw. unteren Totpunkt ist das Gasmoment gleich Null $M_{Gas} = 0$. Die Gaskraft $F_{Gas}$ selbst ist im Allgemeinen nicht konstant, sondern ebenfalls von der Zeit bzw. dem Kurbelwellenwinkel abhängig ($F_{Gas} = F_{Gas}(\varphi)$). Die Gaskraft bzw. das Gasmoment lässt sich in zwei Anteile separieren:

- Dem Verbrennungsmoment $M_{Verb}$, jenem Anteil des Gasmoments, welcher durch die Verbrennung des Arbeitsgases entstanden ist.

- Dem Kompressions-/Expansionsmoment $M_{K/E}$, jenem Anteil des Gasmoments, welcher durch die Komprimierung bzw. Expansion des unverbrannten Arbeitsgases entstanden ist bzw. entstehen würde.

Verbrennungs- und Kompressions-/Expansionsmoment addieren somit sich zum Gasmoment:

$$M_{Gas} = M_{K/E} + M_{Verb} \tag{2.27}$$

Auf die Berechnung der korrespondierenden Teilgaskräfte $F_{Verb}$ und $F_{K/E}$ wird in den nachfolgenden Abschnitten 2.3 und 2.2.4 näher eingegangen. Das gesamte Gasmoment des Verbrennungsmotors ergibt sich aus der Summe der zylinderindividuellen Gasmomente (2.27):

$$M_{Gas} = \sum_{i=1}^{N_{zyl}} M_{Gas,i} = \sum_{i=1}^{N_{zyl}} M_{K/E,i} + \sum_{i=1}^{N_{zyl}} M_{Verb,i} \tag{2.28}$$

Auf eine zusätzliche Indizierung zur Unterscheidung der einzelnen Zylinder wurde bei der Herleitung des Gasmoments verzichtet. Die Kolben- und Lagerreibung des Schubkurbelgetriebes wurde bei der Herleitung des Gasmoments vernachlässigt. In der Realität stellen diese Verluste keine vernachlässigbaren Größen dar und tragen einen nicht unerheblichen Anteil zur Reduktion des thermo-mechanischen Wirkungsgrades des Hubkolbenmotors bei. Um den Reibungsverlusten bei der Modellbildung dennoch Rechnung zu tragen, werden diese als zusätzliche, parasitär auftretende Lastmomente (Abbildung 2.11) des Motors betrachtet. In Abschnitt 2.2.6 wird die Modellierung der Motorreibung erläutert.

### 2.2.4 Kompressions-/Expansionsmoment

Zuvor wurde das Kompressions-/Expansionsmoment (KE-Moment) $M_{K/E}$ als Teilkomponente des Gasmoments $M_{Gas}$ eingeführt (2.27). Aufgrund der linea-

## 2.2 Motordynamik

ren Zusammenhänge der Gleichungen (2.27) und (2.26) lässt sich sich das KE-Moment in Abhängigkeit der korrespondierenden Gaskraftkomponente $F_{K/E}$ darstellen:

$$M_{K/E} = F_{K/E} \cdot r \cdot \left( \sin \varphi + \frac{\lambda \cdot \sin(2\varphi)}{2 \cdot \sqrt{1 - \lambda^2 \sin^2 \varphi}} \right) \qquad (2.29)$$

Die Gaskraftkomponente $F_{K/E}$ ergibt sich aus dem KE-Partialdruck $p_{K/E}$.

$$F_{K/E} = \frac{\pi \cdot d^2}{4} \cdot p_{K/E} \qquad (2.30)$$

Der KE-Partialdruck $p_{K/E}$ beschreibt den, durch die Kompressions- bzw. Expansionsprozesse entstehenden Differenzdruck zum Kurbelgehäusedruck und steht aufgrund der Linearität von (2.30) in demselben Verhältnis zur gesamten Brennkammerdruckdifferenz $\Delta p_Z$ wie das KE-Moment zum Gasmoment. Im Falle einer ausbleibenden Verbrennung entspricht der KE-Partialdruck der Brennkammerdruckdifferenz $\Delta p_Z$. Entsprechend Abschnitt 2.1.3 wird der Kompressions- bzw. Expansionsvorgang des Arbeitsgases als isentropisch ($dQ = 0 \rightarrow dU = dW$) angenommen. Zusätzlich werden die Arbeitsgase als ideal[17] vorausgesetzt. Somit lässt sich nach [95] für den Kompressions- bzw. Expansionsprozess des Motors folgende Beziehung aufgestellt:

$$p_{K/E}(\varphi) \cdot V^\kappa(\varphi) = konst. \qquad (2.31)$$

Der Isentropenexponent $\kappa$ kann hierbei nach [95] in erster Näherung als konstant angenommen werden. $V(\varphi)$ beschreibt das von der Kolbenstellung abhängige Brennkammervolumen.

$$\begin{aligned} V(\varphi) &= \frac{\pi}{4} \cdot d^2 \cdot x + V_c \\ &= \frac{\pi}{4} \cdot d^2 \cdot r \cdot \left[ 1 - \cos \varphi + \frac{1}{\lambda} \cdot \left( 1 - \sqrt{1 - \lambda^2 \cdot \sin^2 \varphi} \right) \right] + V_c \end{aligned} \qquad (2.32)$$

In UT bzw. OT gelten hierbei für alle $k \in \mathbb{N}$ folgende Beziehungen:

$$\begin{aligned} V(\varphi = (k+1)\pi) &= V_{UT} = V_c + V_h \; ; \\ V(\varphi = k\pi) &= V_{OT} = V_c \; ; \end{aligned} \qquad (k \in \mathbb{N}) \qquad (2.33)$$

---

[17] Definition und Eigenschaften idealer Gase sind unter anderem in [110] beschrieben und [47]

$V_{UT} = V_c + V_h$ beschreibt das Zylindervolumen, $V_{OT} = V_c$ das Kompressionsvolumen. Unter Betrachtung von (2.31) und (2.33) lässt sich folgende Bedingung aufstellen:

$$p_{K/E}(\varphi) \cdot V^\kappa(\varphi) = p_L \cdot (V_c + V_h)^\kappa \tag{2.34}$$

und somit:

$$p_{K/E}(\varphi) = p_{UT} \cdot \left(\frac{V_c + V_h}{V(\varphi)}\right)^\kappa \tag{2.35}$$

$p_{UT}$ beschreibt dabei den Zylinderdruck im unteren Totpunkt.

$$p_{UT} = p_{K/E}(\varphi = k\pi) \; ; \qquad (k \in \mathbb{N}) \tag{2.36}$$

Befindet sich der Kolben im unteren Totpunkt (UT) wird beim Vier-Takt-Motor entweder das Einlassventil zur Ladung frischen Arbeitsgases geschlossen bzw. das Auslassventil zum Ausblasen von verbranntem geöffnet. Im Falle der Frischgasladung nimmt der Zylinderdruck $p_{UT}$ nach einer kurzen Einstellung eines thermodynamischen Gleichgewichts den Wert des im Anssaugkrümmer herrschenden Ladedruckes $p_L$ an. Bei ungeladenen Saugmotoren entspricht der Ladungsdruck in etwa dem Atmosphärendruck ($p_L \approx p_0$). Nach der Öffnung des Auslassventils entspricht der Zylinderdruck $p_{UT}$ nach einer kurzen Einstellphase dem Druck des Abgaskrümmers $p_A$. Während der Kompressions-/Expansionsphase des Motors ist jedoch kein Gasaustausch über die Ventile der Brennkammer vorgesehen, weshalb das Arbeitsgas idealisierend als geschlossenes System betrachtet werden kann. Unter der Annahme, dass Einlass- und Auslassventile geschlossen sind, gilt für die KE-Phase des Motors:

$$p_{K/E}(\varphi) = p_L \cdot \left(\frac{V_c + V_h}{V(\varphi)}\right)^\kappa \tag{2.37}$$

Eine genaue Beschreibung des KE-Partialdruckes und somit des KE-Moments bedarf daher einer möglichst genauen Kenntnis des Ladedruckes $p_L$. Ein typischer Verlauf des KE-Drucks für einen nicht aufgeladenen 2.0 Liter Dieselmotor ist in Abbildung 2.13 dargestellt. Der absolute KE-Druck unterscheidet sich vom KE-Partialdruck durch die Addition eines für die Dauer der KE-Phase konstanten Ladedruckes $p_L$.

## 2.2 Motordynamik

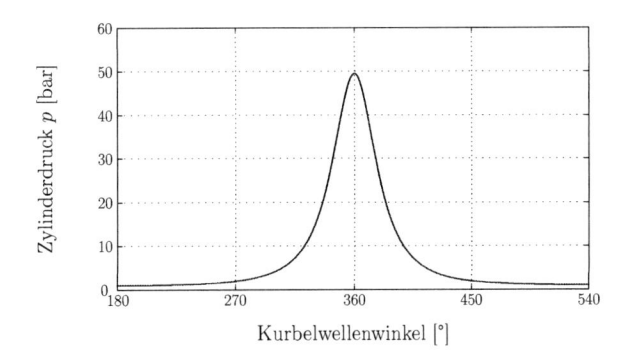

**Abbildung 2.13:** Zylinderdruck während einer Kompressions-/Expansionsphase des Hubkolbenmotors (ohne Verbrennung)

Das KE-Moment ergibt sich schließlich aus (2.29), (2.30) und (2.37) zu:

$$M_{K/E}(\varphi) = \frac{\pi}{4} \cdot d^2 \cdot p_L \cdot r \cdot \left( \sin\varphi + \frac{\lambda \cdot \sin(2\varphi)}{2 \cdot \sqrt{1 - \lambda^2 \sin^2\varphi}} \right) \cdot \left( \frac{V_c + V_h}{V(\varphi)} \right)^\kappa \quad (2.38)$$

Abbildung 2.14 zeigt den Verlauf eines typischen KE-Moments über ein Arbeitsspiel[18] für einen nicht aufgeladenen 2.0 Liter Dieselmotor bei konstanter Drehzahl von 1000 U/min. Bezogen auf den Kurbelwellenwinkel ist das KE-Moment von der Drehzahl des Motors unabhängig. In den Ladungswechselphasen wird das KE-Moment zu Null angenommen. Der beim Ladungswechsel entstehende Leistungsabfall kann im Rahmen der Betrachtung der Motorverluste durch entsprechende Anpassung der effektiven Reibung mitberücksichtigt werden. Der Verlauf des KE-Moments besitzt einen Symmetriepunkt bei $\varphi = 2k\pi$; $k \in \mathbb{N}$. Dies bedeutet, dass die Integration des KE-Moments über den Kurbelwellenwinkel eines Arbeitsspiels, gleichbedeutend mit der Leistung $W_{K/E}$ des KE-Moments, keinen Beitrag liefert:

$$W_{K/E} = \int_0^{k\pi} M_{K/E} \, d\varphi \stackrel{!}{=} 0, \quad (k \in \mathbb{N}) \quad (2.39)$$

Die in diesem Abschnitt abgeleiteten analytischen Funktionen $p_{K/E}$, $F_{K/E}$ und $M_{K/E}$ sind lediglich während der Hochdruckphase[19] gültig. Die Ladungswechselvorgänge bedürfen gesonderter Betrachtung (Abschnitt 2.1.4).

---

[18] entspricht bei einem Vier-Takt-Motor exakt zwei Kurbelwellenumdrehungen
[19] Während der Hochdruckphase sind sowohl die Einlass- als auch Auslassventile des Zylinders geschlossen

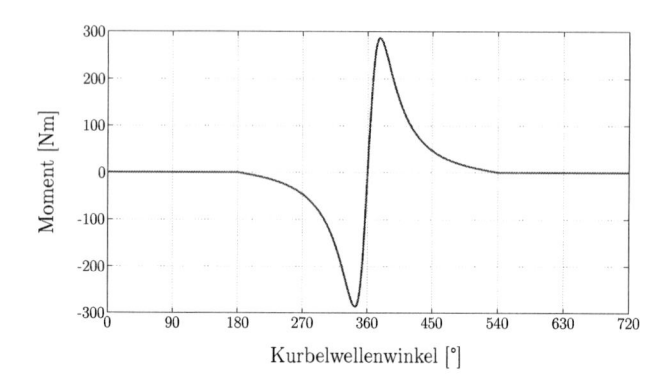

**Abbildung 2.14:** KE-Moment eines Zylinders über einem Arbeitsspiel bei 1000 U/min

## 2.2.5 Massenmoment

Bei Hubkolbenmotoren mit Schubkurbelgetriebe sind zur Berechnung der Massenmomente folgende Bauteile zu berücksichtigen:

- Die Kolben und Kolbenbolzen sowie der kolbenseitige Teil der Pleuelstange führen eine rein oszillierende Bewegung in axialer Zylinderrichtung aus.

- Die Kurbelwelle sowie die kurbelwellenseitigen Teile der Pleulstange führen eine reine Rotationsbewegung um den Lagerpunkt der Kurbelwelle aus.

- Der restliche, mittlere Teil des Pleuels, welcher sich auf einer ellipsenähnlichen Bahn bewegt.

Für die Beschreibung der Massenwirkungen beim Schubkurbelgetriebe hat sich in der Praxis ein Zwei-Massen-Modell (Abbildung 2.15 als hinreichend genau erwiesen [68]. Die Masse des Kolbens mit Kolbenlager sowie ein Teil der Masse des Pleuels wird zur gesamten oszillierenden Masse $m_{osz}$ aufaddiert. Die auf einer Kreisbahn mit dem Radius $r$ rotierende Masse $m_{rot}$ ergibt sich entsprechend aus der Kurbelwellenträgkeit unter Berücksichtigung sämtlicher Ausgleichsgewichte bzw. -wellen sowie einem Teil der Masse des Pleuels. Die Pleuelmasse wird dabei anteilig je nach Dimensionierung auf die rotierende bzw. oszillierende Masse verteilt. Die Koordinaten $((y_{osz}, z_{osz}); (y_{rot}, z_{rot}))$ beziehen sich dabei auf den Schwerpunkt der jeweiligen Masse, welche wiederum als punktförmig angenommen werden. Die Koordinatensysteme sind ortsfest und besitzen ihren Ursprung in den Punkten, welche die jeweiligen Massen im oberen Totpunkt ($\varphi = 0$) ein-

## 2.2 Motordynamik

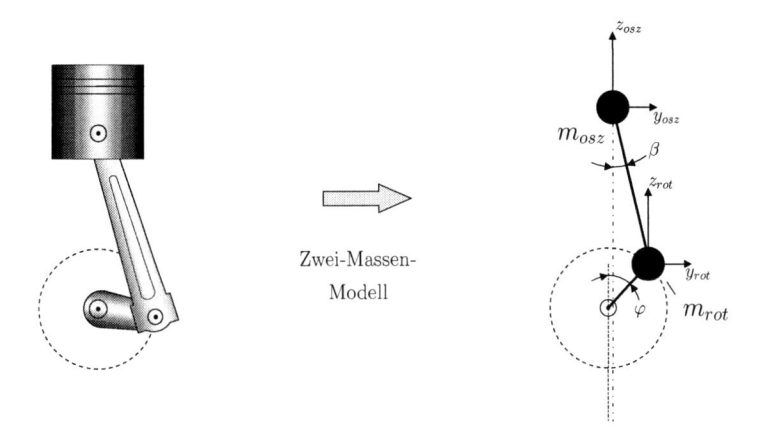

**Abbildung 2.15:** Zwei-Massen-Modell des Schubkurbeltriebes

nehmen. Für die Kinematik der Massenpunkte gelten unter Berücksichtigung des Kolbenweges (2.17) folgende Beziehungen:

$$y_{osz} = 0 \tag{2.40}$$
$$z_{osz} = -x \tag{2.41}$$
$$\dot{z}_{osz} = -\frac{dx}{dt} = -\frac{\partial x}{\partial \varphi} \cdot \frac{\partial \varphi}{\partial t} = -x' \cdot \dot{\varphi} \tag{2.42}$$
$$\ddot{z}_{osz} = -\frac{d^2 x}{dt^2} = -\left(x' \cdot \ddot{\varphi} + x'' \cdot \varphi^2\right) \tag{2.43}$$

bzw.:

$$y_{rot} = r \cdot \sin\varphi \tag{2.44}$$
$$\dot{y}_{rot} = r \cdot \cos\varphi \cdot \dot{\varphi} \tag{2.45}$$
$$\ddot{y}_{rot} = r \cdot \left(\cos\varphi \cdot \ddot{\varphi} - \sin\varphi \cdot \dot{\varphi}^2\right) \tag{2.46}$$
$$z_{rot} = r \cdot (1 - \cos\varphi) \tag{2.47}$$
$$\dot{z}_{rot} = r \cdot \sin\varphi \cdot \dot{\varphi} \tag{2.48}$$
$$\ddot{z}_{rot} = r \cdot \left(\sin\varphi \cdot \ddot{\varphi} - \cos\varphi \cdot \dot{\varphi}^2\right) \tag{2.49}$$

Für die absoluten Geschwindigkeiten der beiden Massenpunkte gilt:

$$v_{osz}^2 = \dot{y}_{osz}^2 + \dot{z}_{osz}^2 \tag{2.50}$$
$$v_{rot}^2 = \dot{y}_{rot}^2 + \dot{z}_{rot}^2 \tag{2.51}$$

Gemäß des Energieerhaltungssatzes für rotierende Systeme[20] lässt sich folgende Gleichung zur Berechnung des totalen Massenmoments $M^*_{Mass}$ aufstellen [34]:

$$\int M^*_{Mass} \cdot d\varphi = \frac{1}{2} \cdot m_{rot} \cdot v^2_{rot} + \frac{1}{2} \cdot m_{osz} \cdot v^2_{osz} \qquad (2.52)$$

Das totale Massenmoment beschreibt demnach jenes an der Kurbelwelle aufzuwendende Moment, um die Massenpunkte auf ihren individuellen Trajektorien zu führen. Setzt man nun die Gleichungen (2.50) und (2.51) in (2.52) ein und differenziert anschließend nach der Zeit, so ergibt sich:

$$M^*_{Mass} \cdot \dot\varphi = m_{rot} \left( \dot z_{rot} \cdot \ddot z_{rot} + \dot y_{rot} \cdot \ddot y_{rot} \right) + m_{osz} \cdot \dot z_{osz} \cdot \ddot z_{osz} \qquad (2.53)$$

Durch Einsetzen der Beziehungen (2.40) bis (2.49) folgt weiter:

$$\begin{aligned} M^*_{Mass} \cdot \dot\varphi &= m_{rot} \cdot r^2 \left( \sin^2 \varphi \cdot \dot\varphi \cdot \ddot\varphi + \cos^2 \varphi \cdot \dot\varphi \cdot \ddot\varphi \right) + \\ &+ m_{osz} \cdot \dot\varphi \cdot x' \cdot \left( x' \cdot \ddot\varphi + x'' \cdot \dot\varphi^2 \right) \end{aligned} \qquad (2.54)$$

Für das Massenmoment gilt somit:

$$M^*_{Mass} = \ddot\varphi \left( m_{rot} \cdot r^2 + m_{osz} \cdot x'^2 \right) + \dot\varphi^2 \cdot \left( m_{osz} \cdot x' \cdot x'' \right) \qquad (2.55)$$

Mit

$$\Theta = m_{rot} \cdot r^2 + m_{osz} \cdot x'^2 \qquad (2.56)$$

und

$$\Theta' = \frac{\partial \Theta}{\partial \varphi} = 2 \cdot m_{osz} \cdot x' \cdot x'' \qquad (2.57)$$

lässt sich (2.55) schreiben zu:

$$M^*_{Mass} = \Theta \cdot \ddot\varphi + \frac{1}{2} \Theta' \cdot \dot\varphi^2 \qquad (2.58)$$

---

[20]Bei veränderlichen Massenträgheiten gelangt man entweder durch Anwendung des Energieerhaltungssatzes oder des Drehimpulserhaltungssatzes zu Bewegungsgleichungen, welche nicht zwingend identisch sind. Der Unterschied entsteht durch die unterschiedlichen physikalischen Randbedingungen, die bei der Ableitung angenommen werden

## 2.2 Motordynamik

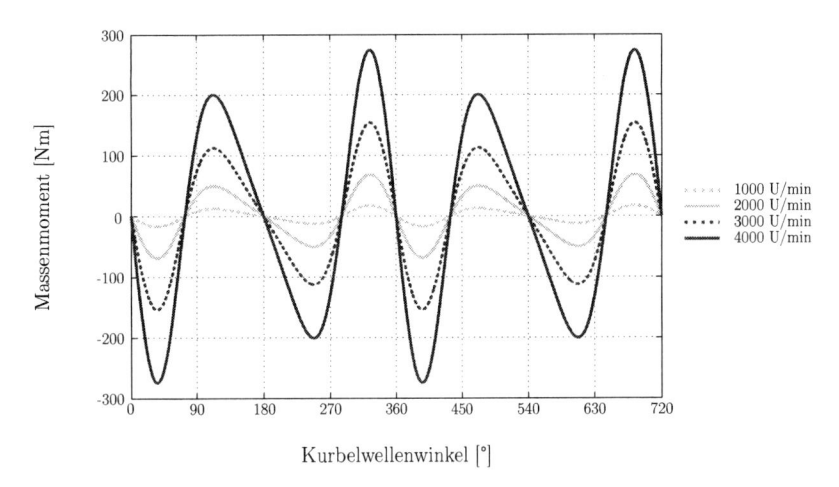

**Abbildung 2.16:** Verlauf des Massenmoments eines Zylinders über ein Arbeitsspiel bei verschiedenen konstanten Drehzahlen

Der Term $(1/2 \cdot \Theta' \cdot \dot{\varphi}^2)$ kann dabei als jenes Moment interpretiert werden, welches bei konstanter Winkelgeschwindigkeit zur Erhaltung der oszillierenden Kolbenbewegung erbracht werden muss. Das Drehmoment hängt hierbei quadratisch von der Drehzahl des Motors $n$ ab. Abbildung 2.16 zeigt den Verlauf des Massenmoments eines Schubkurbeltriebes bei konstanter Motordrehzahl. Die hierzu verwendeten Motorparameter sind im Anhang A.1 angegeben.

Der Term $(\Theta \cdot \ddot{\varphi})$ kann als Trägheitsmoment des Schubkurbelgetriebes, welches einer Beschleunigung bzw. Verzögerung entgegen wirkt, interpretiert werden. $\Theta$ ist die gesamte´, winkelabhängige Trägheitsmasse (Abbildung 2.17 des Schubkurbelgetriebes mit Kurbelwelle und setzt sich aus einem konstanten sowie einem oszillierenden Anteil zusammen.

$$\Theta = \Theta_{konst} + \Theta_{osz} \qquad (2.59)$$

Für die im Anhang A.1 angegebenen Motorparameter (Abbildung 2.17) beträgt der oszillierende Anteil der Massenträgheit ca. 4 Prozent (bezogen auf die Amplitude) der Gesamtmassenträgheit. Durch die angeflanschte, ausgewuchtete Schwungscheibe des Motors erhöht sich lediglich der konstante Anteil der Gesamtmassenträgheit. Durch Ausgleichsmassen oder -wellen an der Kurbelwelle lassen sich einseitig umlaufende Massen kompensieren und somit die Schwingungsamplituden und Lagerbelastungen reduzieren [8].

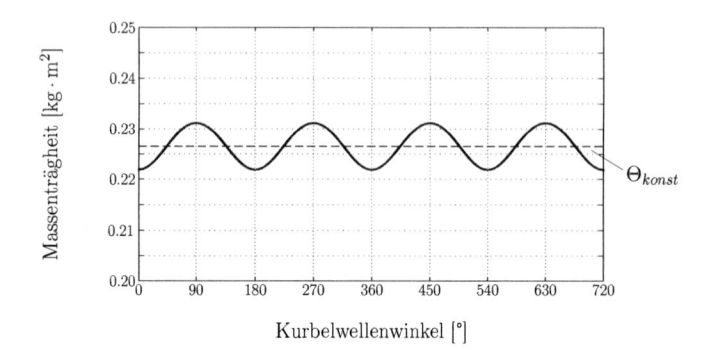

**Abbildung 2.17:** Verlauf der dynamischen Kurbelwellenträgheit $\Theta$ in Abhängigkeit des Kurbelwellenwinkels. ($m_{osz} = 1{,}1\text{kg}$; $\Theta_{konst.} = 0{,}227\text{kgm}^2$)

Im Folgenden wird daher lediglich der zweite Term von (2.58) als tatsächliches Massenmoment bezeichnet, welches bei der Bilanzierung der Kurbelwellenmomente berücksichtigt wird.

$$M_{Mass} = M^*_{Mass} - \Theta \cdot \ddot{\varphi} = \frac{1}{2}\Theta' \cdot \dot{\varphi}^2 \tag{2.60}$$

Das gesamte Massenmoment des Motors ergibt sich aus der Summe der zylinderindividuellen Einzelmassenmomente (2.58):

$$M_{Mass} = \sum_{i=1}^{N_{zyl}} M_{Mass,i} \tag{2.61}$$

Auf eine zusätzliche Indizierung zur Unterscheidung der einzelnen Zylinder wurde bei der Herleitung des Massenmoments verzichtet. Der Verlauf des Massenmoments besitzt einen Symmetriepunkt bei $\varphi = 2k\pi$; $k \in \mathbb{N}$. Dies bedeutet, dass die Integration des Massenmoments über den Kurbelwellenwinkel eines Arbeitsspiels, gleichbedeutend mit der Leistung $W_{Mass}$ des Massenmoments, keinen Beitrag liefert:

$$W_{Mass} = \int_0^{k\pi} M_{Mass}\, d\varphi \stackrel{!}{=} 0\,, \quad (k \in \mathbb{N}) \tag{2.62}$$

Durch geschickte Wahl der Zylinderanordnung und Kurbelwellenkröpfung lässt sich die Kurbelwellenbelastung durch das Massenmoment reduzieren [78]. Ein vollkommener Massenausgleich ergibt sich für Sechs-Zylinder-Reihen-, Sechs-Zylinder-Boxer sowie V12-Viertaktmotoren. Die Massenwirkung der Kurbelwelle für weitere Motorbauformen und Zylinderzahlen sind in [21] und [65] detailliert beschrieben.

### 2.2.6 Motorreibung

Neben den Gas- und Massenkräften wirken im Hubkolbenmotor zusätzlich parasitäre Reibungskräfte. Die Reibung ist die Gesamtheit jener Kräfte einer Kontaktfläche, welche einer Relativbewegung entgegenwirken. Die Reibungskräfte sind dabei parallel zur Auflagefläche bzw. orthogonal zur vorherrschenden Normalkraft. Bedingt durch den Schubkurbeltrieb (Abbildung 2.1) existieren im Hubkolbenmotor mehrere Kontaktflächen. Durch die Reibungskräfte in den Kontaktflächen wird mechanische Leistung in Wärme umgesetzt, d.h. Reibungsverluste sind einer Reduktion der zur Verfügung stehenden mechanischen Leistung und somit des Wirkungsgrades gleichzusetzen. Bei der Bilanzierung der Kurbelwellenmomente (2.15) lassen sich die mechanischen Verluste durch ein korrespondierendes Reibmoment $M_{Reib}$ angeben. Im Folgenden werden verschiedene Ansätze zur Modellierung des Reibmoments vorgestellt.

**Mittelwertmodell**

Bei der Modellierung des Reibmoments durch einen oder mehrere Mittelwerte wird angenommen, dass die Verluste durch die Motorreibung über den gesamten Arbeitsbereich bzw. größere Teilbereiche des Verbrennungsmotors konstant sind.

$$M_{Reib}(\varphi) = \overline{M}_{Reib} \stackrel{!}{=} konst. \tag{2.63}$$

Diese Annahme stellt jedoch eine sehr starke Abstraktion der realen Begebenheiten dar. Aufgrund der Abhängigkeit der Motorreibung vom jeweiligen Betriebspunkt ist eine Modellierung durch Mittelwertmodelle nur in eng begrenzten Arbeitsbereichen (z.B. im Leerlauf) sinnvoll.

**Modellierung durch Kennfelder**

Die Motorreibung hängt von verschiedenen Parametern wie z.B. Drehzahl und Temperatur des Motors ab. Durch eine experimentelle Erfassung von mechanischen Verlusten am Motorenprüfstand lassen sich individuelle Kennfelder [61] für die Beschreibung der Reibungsmomente in Abhängigkeit diverser Faktoren $\xi_i$ aufstellen.

$$M_{Reib}(\Phi) = M_{Reib}(\xi_1(\Phi), \xi_2(\Phi), \cdots, \xi_k(\Phi)) \tag{2.64}$$

Da Zustandsgrößen, z.B. die Drehzahl des Motors, innerhalb eines Arbeitsspiels starke Instationaritäten aufweisen können, wird die Reibung häufig zwar variabel bezüglich des Arbeitspunktes, jedoch aber konstant innerhalb eines Arbeitsspiels bzw. Arbeitstaktes angenommen. Dadurch wird verhindert, dass es durch die Kennfelderapproximation der Reibung sowie den nichtlinearen Mechanismen des Schubkurbeltriebes bei der Simulation des kompletten Motors am Rechner zu Grenzzyklen kommen kann, welche an der realen Strecke nicht beobachtbar sind.

**Modellierung durch empirische Ansätze**

In der Literatur finden sich verschiedene Ansätze zur analytischen Beschreibung der Reibungsmomente [34, 103, 105]. Hierbei erfolgt die Bilanzierung der Reibungseinflüsse nicht anhand des Kurbelwellenmoments sondern des Zylindermitteldruckes. Dabei wird angenommen, dass die Verluste mechanischer Komponenten einer Absenkung des Mitteldruckes eines Zylinders über ein Arbeitsspiel entsprechen. Das Reibungsmoment setzt sich somit aus der Verknüpfung der Reibmitteldrücke zusammen:

$$M_{Reib} = (\bar{p}_{reib,K} + \bar{p}_{reib,L} + \bar{p}_{reib,H} + \bar{p}_{reib,V} + \bar{p}_{reib,s}) \cdot 10^5 \cdot \frac{V_H}{4 \cdot \pi} \qquad (2.65)$$

Dabei beschreibt $\bar{p}_{reib,K}$ die Reibverluste der Kolbengruppe, $\bar{p}_{reib,L}$ der Lager, $\bar{p}_{reib,H}$ der unmittelbaren[21] Nebenaggregate und $\bar{p}_{reib,s}$ stochastisch auftretende Verluste. Die stochastisch auftretenden Verluste ergeben sich durch das Ab- und Zuschalten von Verbrauchern durch interne Regelkreise bzw. dem Fahrer. Die Zusammensetzungen der übrigen Mitteldrücke sind in Anhang (B.1) angegeben. In [113] wird der gesamte Reibmitteldruck für schnelllaufende Dieselmotoren vereinfachend angegeben zu:

$$\bar{p}_{reib} = 0{,}07 \cdot (\varepsilon - 4) + 0{,}4 \cdot \frac{n}{1000} + 0{,}4 \cdot \left(\frac{\bar{x}_K}{10}\right)^2 \qquad (2.66)$$

Man erkennt auch hierbei die Abhängigkeit des Reibmoments von der Motordrehzahl $n$ sowie der mittleren Kolbengeschwindigkeit $\bar{x}_k$. Das Verlustreibmoment nimmt mit steigender Motordrehzahl zu. Diese Tatsache wurde bei Motoren mit Vergasersystemen genutzt, um durch die Einstellung der Kraftstoffmasse im Leerlauf einen stabilen Arbeitspunkt im vorgeschriebenen Sollbereich der Drehzahl zu realisieren.

---

[21] Zum Betrieb des Motors unabdingbare Aggregate (z.B. Ölpumpe, Kühlwasserpumpe, etc.)

## 2.3 Modellierung der Verbrennung

Gemäß (2.27) setzt sich das Gasmoment $M_{Gas}$ aus dem KE-Moment $M_{KE}$ sowie dem Verbrennungsmoment $M_{Verb}$ zusammen. In der Literatur finden sich verschiedene Möglichkeiten zur Beschreibung des Verbrennungsmoments. In den nachfolgenden Abschnitten wird ein Ensemble von Modellen zur hierfür vorgestellt. Die verschiedenen Modellierungsansätze unterscheiden sich dabei hauptsächlich bezüglich ihrer Approximationsgüte und Komplexität. Ein weiteres Unterscheidungsmerkmal ist die Eignung zur Integration in einen Regelkreis. Derartige Modelle werden als COM[22] bezeichnet [51]. Sie zeichnen sich durch eine hinreichend genaue Approximation des Ein-/Ausgangsverhaltens bei geringer erforderlicher Rechenleistung aus.

### 2.3.1 Mittelwertmodelle

Die einfachste Methode zur Bestimmung des Verbrennungsmoments ist ein sogenanntes Mittelwertmodell (MWM). Hierbei wird angenommen, dass die Ein- bzw. Ausgangsgrößen für die Dauer eines Arbeitstaktes bzw. Arbeitsspiels konstant sind. Zur Beschreibung des Verbrennungsmoment wird ein konstantes, über den Arbeitstakt eines Zylinders stationäres Moment angesetzt:

$$M_{Verb} = \overline{M}_{stat} \tag{2.67}$$

Das stationäre Moment $\overline{M}_{stat}$ ergibt sich aus dem Fahrerwunsch sowie der Topologie des Lufteinlass- und Einspritzsystems. Für Ottomotoren mit vorgelagerter Zentraleinspritzung findet die Gemischaufbereitung vor dem Einlassventil statt. D.h. die Änderung des stationären Fahrerwunschmoments $M_{FW}$ ist mit einer Verzögerung erster Ordnung (PT$_1$) sowie einer Totzeit behaftet.

$$\overline{M}_{stat,ZE} = \frac{K_{e,l}}{1 + s\tau_{e,l}} \cdot M_{FW} \cdot e^{-s\tau_{e,d}} \tag{2.68}$$

Die Verzögerungszeit $\tau_{e,l}$ basiert auf der phasenversetzten Anordnung der Zylinder an den Kröpfungen der Kurbelwelle [63, 141, 142].

$$\tau_{e,l} = \frac{2(N_{zyl} - 1)}{N_{zyl}} \cdot \frac{1}{n} \tag{2.69}$$

---

[22]Control Oriented Models

Die Totzeit $\tau_{e,l}$ beschreibt das Zeitintervall zwischen der Änderung des Druckes im Ansaugkrümmer und dem Beginn der Energieumsetzung des Gemisch durch die Verbrennung [63, 141, 142].

$$\tau_{e,d} = \frac{3}{4n} \tag{2.70}$$

Sowohl die Verzögerungszeit, als auch die Totzeit sind von der Motordrehzahl, welche ebenfalls als Mittelwert im entsprechenden Winkelsegment betrachtet wird, abhängig. Bei direkteinspritzenden Diesel-Motoren reduziert sich die Totzeit $\tau_{e,d}$, da die Gemischbereitung zeitlich näher vor Beginn des Verbrennungsprozesses durchgeführt wird. Wird die Zylinderladung durch ein Turboaggregat unterstützt, so kann die Dynamik des stationären Verhaltens durch Ergänzung eines zusätzlichen Verzögerungsgliedes erster Ordnung erfolgen [102]. Sowohl das KE- als auch das Massenmoment tragen in stationären Drehzahlbereichen aufgrund von (2.39) und (2.62) keinen Beitrag zur Mittelwertbildung bei. Das Gesamtmoment des Motors ergibt sich somit bei Ansatz eines Mittelwertmodells aus dem Mittelwert des Verbrennungsmoments $\overline{M}_{stat}$ sowie der stationären Reibung und ist ebenfalls über ein Arbeitsspiel bzw. ein Arbeitstakt der Zylinder konstant.

$$\overline{M}_{Mot} = \overline{M}_{stat} - \overline{M}_{Reib} \tag{2.71}$$

Weitere MWMe zur Beschreibung von Zuluft-, Kraftstoff- und Abgassystemen sind in [51] dargestellt. Bei der Modellierung des Verbrennungsprozesses nach (2.68) wird die Anforderung an COM Systeme erfüllt. Bei der zeitdiskreten Realisierung des Modells lassen sich sowohl die Totzeit, als auch die Verzögerung erster Ordnung systemtechnisch betrachtet, günstig umsetzten [40]. Die Modellgüte der MWMe lässt jedoch keinen eindeutigen Schluss auf den zeitlichen Verlauf des Verbrennungsmoments zu. Lediglich der zu erwartende Mittelwert $\overline{M}_{Mot}$ stimmt in ausreichender Genauigkeit mit dem tatsächlichen Verlauf überein. Ein MWM des Verbrennungsprozesses erlaubt daher vergleichsmäßig wenig detaillierte Aussagen über die Eigenschaften des Brennverlaufs (z.B. Zylinderdruck, etc.). Schwingungen der Kurbelwelle sowie des Antriebsstrangsystems lassen sich durch MWMe lediglich im niederfrequenten[23] Bereich näherungsweise darstellen. Anregungen des Systems im Bereich der Motorfrequenz werden durch das MWMe nicht verzerrungsfrei an den Antriebsstrang übertragen, da hierfür das Abtasttheorem [62] nicht erfüllt ist.

---

[23] Als „niederfrequent" werden Schwingungen bezeichnet, deren Eigenfrequenzen Werte deutlich unter dem Bereich der Motordrehzahl annehmen

## 2.3.2 Empirische Modelle

Für die rechnergestützte Untersuchung des Systemverhaltens von Zweimassenschwungrad und Antriebsstrang in Bereichen der Zündfrequenz $f_{Mot}$, bedarf es der Modellierung des zeitlich-kontinuierlichen Verlaufs des Verbrennungsmoments innerhalb der Arbeitstakte. Da die Modellierung des Verbrennungsprozesses im Allgemeinen ein Gefüge aus komplexen thermodynamischen und chemischen Prozessen darstellt ist eine detaillierte Modellierung unter Erfüllung der COM-Bedingung ohne weitreichende Einschränkungen nicht realisierbar. Verzichtet man bei der Modellierung des Verbrennungsmoments $M_{Verb}$ auf eine einhergehende Bestimmung von Zylinderdruck und Brennverlauf, so kann das Verbrennungsmoment als empirische Funktion des Kurbelwellenwinkels dargestellt werden. In der Literatur findet man hierzu verschiedene Ansätze. In [59] wird das Verbrennungsmoment durch zwei Parameter charakterisiert:

$$M_{Verb,i}(\varphi) = \begin{cases} a \cdot \varphi^2 \cdot e^{-b\varphi} & \text{für} \quad 4k\pi \leq \varphi \leq 4k\pi + \varphi_{A,O,i} \,; \quad (k \in \mathbb{N}) \\ 0 & \text{sonst} \end{cases} \quad (2.72)$$

mit

$$a = \frac{16 \cdot \pi \cdot \overline{M}_{stat}}{(\varphi_{max})^3} \quad \text{und} \quad b = \frac{2}{\varphi_{max}} \quad (2.73)$$

Das Verbrennungsmoment wird hierbei während des Arbeitstaktes des $i$-ten Zylinders durch eine analytische, empirisch definierte Funktion im $k$-ten Arbeitsspiel des Motors beschrieben. $\overline{M}_{stat}$ beschreibt hierbei das mittlere Drehmoment des Motors über ein komplettes Arbeitsspiel ohne Berücksichtigung der Reibungsverluste.

$$\overline{M}_{stat} = \frac{1}{4\pi \cdot N_{zyl}} \cdot \int_0^{4\pi} (M_{Mot} - M_{Reib}) \, d\varphi \quad (2.74)$$

Unter Anwendung von (2.21) und (2.26) lässt sich das statische Moment aus den Druckverläufen der einzelnen Zylinder bestimmen.

$$\overline{M}_{stat} = \frac{1}{4\pi \cdot N_{zyl}} \cdot \sum_{i=1}^{N_{zyl}} \int_0^{4\pi} p_i \cdot \frac{\partial V_i}{\partial \varphi} - M_{Reib} \, d\varphi \quad (2.75)$$

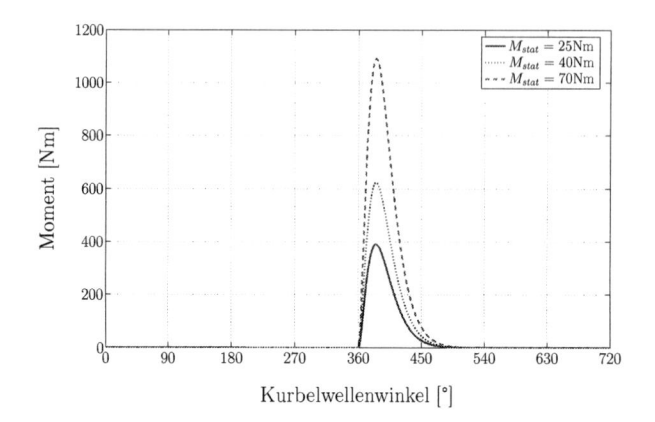

**Abbildung 2.18:** Verbrennungsmoment bei Variation von $M_{stat}$ mit $\varphi_{max} = 25°$

Durch die Verwendung von Zylinderdruckmessungen lässt sich das empirische Modell somit an einen realen Motor anpassen. Für die Modellierung des Verbrennungsmoments der übrigen Zylinder ist (2.72) unter Brerücksichtigung des individuellen Phasenversatzes (2.20) anzupassen. Abbildung 2.18 zeigt den Verlauf des Verbrennungsmoments nach (2.72) bei Variation des statischen Motormoments. $\varphi_{max}$ beschreibt den Kurbelwellenwinkel des maximalen Verbrennungsmoments während eines Arbeitstaktes.

$$\left.\frac{\partial M_{Verb,i}}{\partial \varphi}\right|_{\varphi=\varphi_{max}} \stackrel{!}{=} 0 \quad \text{für} \quad 2k\pi \leq \varphi \leq 2k\pi + \varphi_{A,O,i} \; ; \quad (k \in \mathbb{N}) \quad (2.76)$$

Das maximale Verbrennungsmoment während der Hochdruckphase liegt in der Regel näherungsweise an der Stelle des Maximums der gemessenen Zylinderdruckkurven.

Durch die zeitkontinuierliche Darstellung des Verbrennungsmomentes während eines Arbeitstaktes lassen sich durch Simulation am Rechner detaillierte Aussagen über die Auswirkungen verschiedener ZMS- und Antriebsstrangkonfigurationen bei realistischer Anregung erarbeiten. Effekte wie unausgeglichene Einspritzmengen, unvollständige Verbrennungen sowie unterschiedliche Brennverlaufsformen lassen sich durch diesen Ansatz für zahlreiche Anwendungenfälle hinreichend genau beschreiben. Ein bedeutender Hauptnachteil des Verfahrens bestehen darin, dass das Modell keinerlei Information über die Verläufe des Zylinderdruckes bzw. der Arbeitsgastemperatur liefert. Somit sind Aussagen über die Verbrennung sowie die Abgaszusammensetzung nur in sehr eingeschränkter Form mög-

## 2.3 Modellierung der Verbrennung

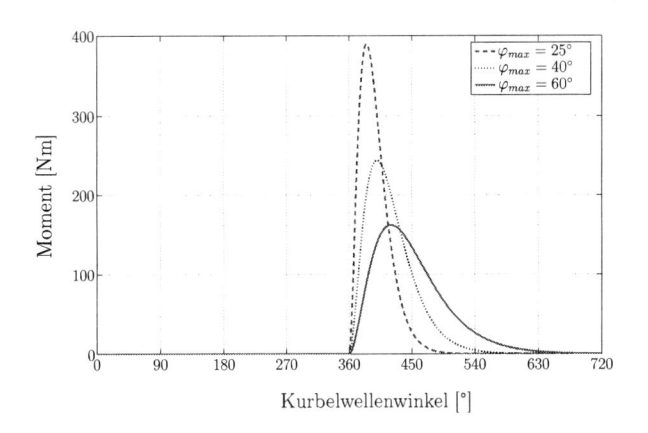

**Abbildung 2.19:** Verbrennungsmoment bei Variation von $\varphi_{max}$ mit $M_{stat} = 25$ Nm

lich. Des Weiteren ist kein exakter Rückschluss auf die tatsächlich eingespritzte Kraftstoffmenge und die daraus resultierende mechanische Energie durchführbar. Ein weiterer Schwachpunkt liegt in der Annahme, dass das Verbrennungsmoment lediglich durch *eine* analytische Funktion beschrieben wird. Treten Mehrfacheinspritzungen auf, ist die empirische Funktion (2.72) entsprechend zu erweitern. Speziell im Falle von Voreinspritzungen führt dies zu Problemen, da positive Zylinderdruckdifferenzen vor OT einen negativen Beitrag zum Verbrennungsmoment bewirken. Durch eine einfache Verschiebung von (2.72) im Winkelbereich lässt sich dieser Effekt nicht darstellen.

Die Modellierung des Verbrennungsmoments nach (2.72) stellt einen guten Kompromiss zwischen Modellgüte und Anforderungen an die notwendige Rechenleistung dar. Die Anwendung eines Motormodells, basierend auf einer empirischen Modellierung des Verbrennungsmoments, für regelungstechnische Zwecke, gestaltet sich aufgrund der Nichtlinearität von (2.72) problematisch. Die zur Komplettierung des Motormodells notwendige, zusätzliche Modellierung von KE- und Massenmoment erhöht den Grad der Nichtlinearität der Regelstrecke sowie den Bedarf an Rechenleistung zusätzlich. Eine echtzeitfähige Anwendung eines solchen Modells im Rahmen einer COM-Applikation im Fahrzeug gestaltet sich daher komplex und somit kostenintensiv.

### 2.3.3 Thermodynamische Modellbildung

Um das Verbrennungsmoment möglichst detailliert beschreiben zu können bedarf es einer thermodynamischen Betrachtung des Verbrennunsgprozesses. Es

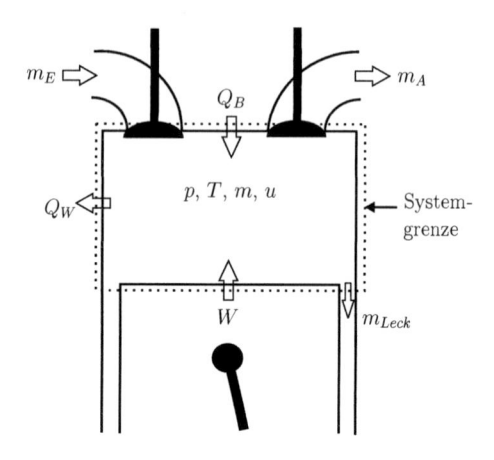

**Abbildung 2.20:** Systemgrenzen des Ein-Zonen-Modells

lassen sich hierdurch Mechanismen wie z.b. variable Einspritzmengen und Luftmassen sowie eine individuelle Ventilsteuerungen im Modell berücksichtigen. Eine vollständige, thermodynamische Modellierung des Arbeitsgases gestaltet sich aufgrund der Wirbelmechanismen durch Ladungswechsel, Kolbenhub und Einspritzung sehr komplex. Es wird daher die Annahme getroffen, dass das Arbeitsgas eine homogene Konsistenz[24] im gesamten Brennraum aufweist. Es treten dabei keine Turbulenzen bezüglich der Massenverteilung auf. In der Literatur werden Modelle, welche unter diesen Vorraussetzungen aufgestellt wurden, als Ein-Zonen-Modelle bezeichnet [95]. Zur Modellierung des Verbrennungsmoments bedarf es einer möglichst genauen Abbildung des realen Druckverlaufes (siehe (2.26)). Nach [95] kann der Druckverlauf des Verbrennungsprozesses durch das Ein-Zonen-Modell (EZM) hinreichend genau modelliert werden. Liegt das Augenmerk auf einer detaillierteren Beschreibung der Verbrennung (z.B. zur Untersuchung der Abgaszusammensetzung), bedient man sich häufig sogenannter Mehr-Zonen-Modelle [14]. Dabei wird das Arbeitsgas im Brennraum in Zonen gleicher chemischer Zusammensetzung unterteilt [83]. Im Rahmen dieser Arbeit ist bei der Modellierung des Verbrennungsmotors vor allem das generierte Drehmoment zur Anregung des Antriebsstrangs von Interesse, weshalb die Beschränkung auf ein EZM keine allzu große Abstraktion der Realität darstellt.

Die Systemgrenzen des EZM entsprechen den Brennraumwänden des Zylinders (Abbildung 2.20). $Q_B$ bezeichnet die, aufgrund der Kraftstoffverbrennung freigesetzte, thermische Energie. $Q_W$ stellt die Energieverluste infolge der Wärmeabgabe über die Brennraumwände (Abschnitt 2.3.5) und $W$ die mechanische

---

[24]bezüglich Temperatur, Gasdruck und chemischer Zusammensetzung

## 2.3 Modellierung der Verbrennung

Arbeit angesichts der kontinuierlich periodischen Änderung des Brennraumvolumens durch die Kolbenstellung (Abschnitt 2.2.2) dar. Der 1. Hauptsatz der Thermodynamik [11] beschreibt die Erhaltung sowie den Austausch der Energie in einem System.

$$dW + dQ + \sum_i dm_i \cdot (h_i + e_{ai}) = dU + dE_a. \tag{2.77}$$

Die linke Seite der Gleichung beschreibt jene, über die Systemgrenzen transportierte Energie, während im rechten Teil der Gleichung die im System gespeicherte Energie erfasst wird. $m_i$ beschreibt jene, über die Systemgrenze fließenden Massenströme. Betrachtet man lediglich den Arbeitstakt, in welchem das Verbrennungsmoment $M_{Verb}$ generiert wird, so können die Massenströme $dm_{E/A}$ der geschlossenen Ein-/Ausgangsventile vernachlässigt werden. Aus dem Ansatz des allgemeinen Kontinuitätsgesetzes [47] ergibt sich die Massenbilanz des Arbeitsgases zu:

$$\sum_i \frac{dm_i}{d\varphi} = \frac{dm_{Gas}}{d\varphi} = \frac{dm_B}{d\varphi} - \frac{dm_{Leck}}{d\varphi} = \frac{1}{H_K} \cdot \frac{dQ_B}{d\varphi} - \frac{dm_{Leck}}{d\varphi} \tag{2.78}$$

Der parasitäre Gasverlust $m_{Leck}$ beträgt je nach Betriebspunkt zwischen 0,5 und 1,5% der angesaugten Gasmasse [95] und wird daher folgenden vernachlässigt. Für gemischsaugende Motoren gilt für die eingespritzte Kraftstoffmenge $dm_B = 0$. $h_i$ ist die spezifische Enthalpie und $e_{ai}$ die spezifische äußere Energie. $U$ ist die innere Energie und äquivalent dazu $E_a$ die äußere Energie des Systems. Wegen der geringe Masse der Zylinderladung $m_{Gas}$ können die äußere sowie die spezifische äußere Energie im Verhältnis zur inneren Energie vernachlässigt werden. Nach [95] ergibt sich der erste Hauptsatz während der Hochdruckphase zu:

$$\frac{dW}{d\varphi} + \frac{dQ_B}{d\varphi} - \frac{dQ_W}{d\varphi} = \frac{dU}{d\varphi} \tag{2.79}$$

Die innere Energie der Ladungsmasse ist im Allgemeinen von der Temperatur, dem Verbrennungsluftverhältnis $\lambda_V$ und dem Druck abhängig:

$$U = m_{Gas} \cdot u(T, \lambda_V, p) \tag{2.80}$$

Mit der Differentiation nach dem Kurbelwellenwinkel und der Annahme $\frac{\partial u}{\partial p} = 0$ nach [111] ergibt sich:

$$\begin{aligned}\frac{dU}{d\varphi} &= m_{Gas} \cdot \frac{du}{d\varphi} + u \cdot \frac{dm_{Gas}}{d\varphi} \\ &= m_{Gas} \cdot \frac{\partial u}{\partial T} \cdot \frac{dT}{d\varphi} + m_{Gas} \cdot \frac{\partial u}{\partial \lambda_V} \cdot \frac{d\lambda_V}{d\varphi} + u \cdot \frac{dm_{Gas}}{d\varphi}\end{aligned} \qquad (2.81)$$

Da die spezifische innere Energie als unabhängig in Bezug auf den Druck angenommen wurde, kann der empirische Ansatz nach Justi [60] zur Berechnung der spezifischen inneren Energie $u = u(T, \lambda_V)$ angewendet werden. Das Verbrennungsluftverhältnis $\lambda_V$ beschreibt dabei das momentane Verhältnis zwischen der Frischluftmenge $m_L$ und der bereits verbrannter Kraftstoffmenge $m_B$:

$$\lambda_V(\varphi) = \frac{m_L(\varphi)}{(m_B(\varphi) + m_{B,Rest}) \cdot L_{st}} \qquad (2.82)$$

$m_{B,Rest}$ ist das nach dem Ladungswechsel verbliebene[25], bereits verbrannte Arbeitsgas des letzten Arbeitsspiels. Durch Einsetzen von (2.78) und (2.79) in (2.81) erhält man schließlich die Endgleichung des Ein-Zonen-Modells zur Beschreibung des Temperaturverlaufs während der Hochdruckphase[26]:

$$\begin{aligned}\frac{dT}{d\varphi} = \frac{1}{m_{Gas} \cdot \left(\frac{\partial u}{\partial T}\right)_{p,\lambda_V}} &\cdot \left[\frac{dQ_B}{d\varphi} \cdot \left(1 - \frac{u}{H_K}\right) - \frac{dQ_W}{d\varphi} + \frac{dW}{d\varphi} - \right. \\ &\left. - m_{Gas} \cdot \left(\frac{\partial u}{\partial \lambda_V}\right)_{p,T} \cdot \frac{d\lambda_V}{d\varphi}\right]\end{aligned} \qquad (2.83)$$

Hierbei wurde angenommen, dass die spezifische Gaskonstante $R_S$ konstant ist. Eine Änderung der spezifischen Gaskonstante beeinflusst die thermische Zustandsgleichung nur für Temperaturen über 1800 K und Verbrennungsluftverhältnisse $\lambda_V$ unter 1,2 und kann entsprechend [95] vernachlässigt werden. Das Grundprinzip des EZM basiert auf der Zustandsgleichung idealer Gase [110].

$$\frac{p \cdot V}{T} = n_{Gas} \cdot R = m_{Gas} \cdot R_s \qquad (2.84)$$

---

[25] Der Anteil an $m_{B,Rest}$ kann über eine Abgasrückführung eingestellt werden
[26] Hierbei sind die Ein- bzw. Auslassventile des Zylinders geschlossen

## 2.3 Modellierung der Verbrennung

Mit Differentation nach dem Kurbelwellenwinkel $\varphi$ und anschließender Auflösung nach der Temperatur ergibt sich:

$$\frac{dT}{d\varphi} = \frac{p \cdot \frac{dV}{d\varphi} + V \cdot \frac{dp}{d\varphi} - R \cdot T \cdot \frac{dm_{Gas}}{d\varphi}}{m_{Gas} \cdot R} \tag{2.85}$$

Man erkennt die explizite Abhängigkeit von (2.85) von der Temperatur. Um den Temperaturverlauf am Rechner simulieren zu können, ist daher ein rekursiver Algorithmus anzuwenden. Gleichung (2.83) ist ebenfalls implizit von der Temperatur abhängig ($u = u(T)$). Durch Einsetzen von (2.83) in (2.85) erhält man den differentiellen Zylinderdruck

$$\frac{dp}{d\varphi} = \frac{R}{V \cdot (\frac{\partial u}{\partial T})_{p,\lambda_V}} \cdot \left[ \frac{dQ_B}{d\varphi} \cdot \left(1 - \frac{u}{H_K}\right) - \frac{dQ_W}{d\varphi} - \right.$$
$$\left. - m_{Gas} \cdot \left(\frac{\partial u}{\partial \lambda_V}\right)_{p,T} \cdot \frac{d\lambda_V}{d\varphi} - \left(1 + \frac{1}{R}\left(\frac{\partial u}{\partial T}\right)_{p,\lambda_V}\right) \frac{dW}{d\varphi} \right] \tag{2.86}$$

Da die zugeführte mechanische Energiedifferenz $dW$ ebenfalls vom Druck abhängt,

$$\frac{dW}{d\varphi} = -p \cdot \frac{dV}{d\varphi} \tag{2.87}$$

ist bei der Implementierung von (2.86) auf einem Mikrorechner ein rekursiver Algorithmus zu verwenden. Alternativ kann eine Berechnung in Blockverarbeitung erfolgen, was jedoch hinsichtlich der Implementierung auf einem Steuergerät oder einer Hardware-In-the-Loop (HIL) Einheit nicht sinnvoll ist. Setzt man die Verbrennung sowie die Verluste durch Wandwärmeabgabe aus, ergibt sich aus (2.86) der Partialdruck des KE-Prozesses (2.37). Verwendet man zur Berechnung des Verbrennungsmoments ein thermodynamisches Modell nach (2.83) und (2.86) ist eine zusätzliche Berechnung des KE-Moments nicht notwendig, da die die KE-Prozesse des Arbeitsgases bei der Modellierung bereits vollständig berücksichtigt wurden. Für die Berechnung des Brennverlaufs $dQ_B/d\varphi$ sowie der Wandwärmeverluste $dQ_W/d\varphi$ gibt es verschiedene Ansätze.

### 2.3.4 Brennverlauf

Der Brennverlauf $dQ_B/d\varphi$ ergibt sich aus der freigesetzten chemischen Energie aufgrund der Verbrennung der Kraftstoffmasse

$$\frac{dQ_B}{d\varphi} = H_K \cdot \frac{dm_B}{d\varphi} \qquad (2.88)$$

Mit $H_K$ wird der untere Heizwert des Kraftstoffes beschrieben. $m_B$ ist die bereits verbrannte Kraftstoffmasse. Durch die sog. Druckverlaufsanalyse [95] lässt sich der Brennverlauf näherungsweise aus dem gemessenen Druckverlauf der Zylinder rekonstruieren. Stellt man hierfür (2.86) um, so ergibt sich der Brennverlauf zu:

$$\frac{dQ_B}{d\varphi} = \frac{H_K}{H_K - u} \cdot \left[ \frac{dQ_W}{d\varphi} + m_{Gas} \left( \frac{\partial u}{\partial \lambda_V} \right)_{p,T} \cdot \frac{d\lambda_V}{d\varphi} - V \cdot \frac{dp}{d\varphi} \right] \qquad (2.89)$$

Die Charakteristik des Brennverlaufes ist dabei vom Betriebspunkt[27] des Motors sowie den Parametern Verdichtungsverhältnis und Brennraumgeometrie abhängig. Unterschiedliche Charakteristika zweier typischer Brennverläufe bei unterschiedlichen Betriebspunkten eines Motors[28] sind exemplarisch in Abbildung 2.21 aufgezeigt.

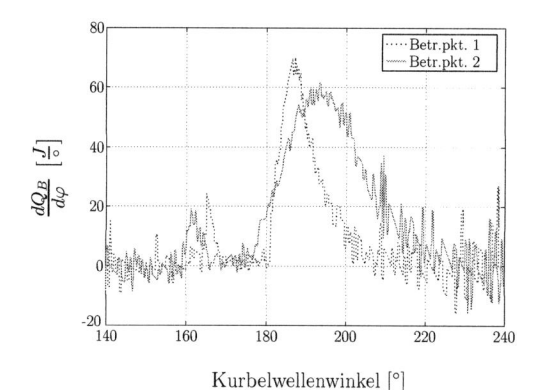

**Abbildung 2.21:** Brennverlauf Betriebspunkt 1: $n = 1000 \, \frac{\text{U}}{\text{min}}$; $m_{K_{hpt}} = 31 \, \text{mg}$; $m_{K_{vor}} = 3{,}1 \, \text{mg}$; $\varphi_{EB_{hpt}} = 178°$; $\varphi_{EB_{vor}} = 155°$; $p_L = 1{,}1 \, \text{bar}$; $p_{inj} = 511 \, \text{bar}$. Betriebspunkt 2: $n = 3000 \, \frac{\text{U}}{\text{min}}$; $m_{K_{hpt}} = 40 \, \text{mg}$; $m_{K_{vor}} = 1{,}5 \, \text{mg}$; $\varphi_{EB_{hpt}} = 171°$; $\varphi_{EB_{vor}} = 144°$; $p_L = 1{,}8 \, \text{bar}$; $p_{inj} = 1000 \, \text{bar}$

Die Brennverläufe wurden mit Hilfe der Druckverlaufsanalyse (2.89) aus gemessenen Zylinderdruckkurven sowie den vorgestellten Ansätzen zur Berücksichtigung

---

[27]Der Betriebspunkt des Motors ist u.a. durch Drehzahl, Temperatur, Last, etc. definiert.
[28]Zur Rekonstruktion wurden Druckkurven eines 2,0 Liter Vier-Zylinder Dieselmotors analysiert

## 2.3 Modellierung der Verbrennung

der Wandwärmeverluste (Abschnitt 2.3.5) bzw. der mechanischen Energie (Abschnitt 2.2.3) berechnet. Um die derart rekonstruierten Brennverläufe möglichst gut nachzubilden, findet man in der Literatur verschiedene Ansätze.

**Brennverlauf nach Vibe**

Bei der Modellierung nach Vibe [115] wird der Brennverlauf durch eine Exponentialfunktion mit vier Parametern angenähert.

$$\frac{dQ_B}{d\varphi} = \begin{cases} \frac{Q_{B_{ges}}}{\Delta\varphi_{VD}} \cdot 6.908 \cdot (mf+1) \cdot \left(\frac{\varphi-\varphi_{VB}}{\Delta\varphi_{VD}}\right)^{mf} \cdot e^{-6.908 \cdot \left(\frac{\varphi-\varphi_{VB}}{\Delta\varphi_{VD}}\right)^{mf+1}} \\ \qquad\qquad\qquad\qquad\qquad\qquad\text{für } \varphi_{VB} \leq \varphi \leq (\varphi_{AO}) \\ 0 \qquad\qquad\qquad\qquad\qquad\qquad\text{sonst.} \end{cases} \tag{2.90}$$

mit

$$Q_{B_{ges}} = m_B \cdot H_K \tag{2.91}$$

Durch die individuelle Anpassung der gesamten umgesetzten Energie des Brennstoffs $Q_{B_{ges}}$, des Verbrennungsbeginns $\varphi_{VB}$, der Verbrennungsdauer $\Delta\varphi_{VD}$ sowie eines Formfaktors $mf$ lassen sich mit nur vier Parametern real beobachtbare Brennverläufe gut annähern [95]. Eine Übersicht darstellbarer Brennverläufe durch den Ansatz nach Vibe ist in Abbildung 2.22 dargestellt.

Beim Dieselmotor verbrennt der Kraftstoff nicht sofort nach dem Einspritzen, sondern erst nach Verstreichen der Zündverzugszeit $\tau_{ZV}$. Durch die kontinuierlich steigende Komprimierung erhöhen sich, während dieser Zeitspanne, der Druck und die Temperatur des Arbeitsgases, bis es schließlich zur Selbstentzündung des Kraftstoffes kommt. Der Verbrennungsbeginn $\varphi_{VB}$ ergibt sich somit aus dem Einspritzbeginn $\varphi_{EB}$ und dem Zündverzug $\tau_{ZV}$:

$$\varphi_{VB} = \varphi_{EB} + \tau_{ZV} \tag{2.92}$$

Einen empirischen Ansatz für die Berechnung der Zündverzugszeit wird in [106] angegeben:

$$\tau_{ZV} = a \cdot \overline{p}^b \cdot e^{\frac{c}{T}} \tag{2.93}$$

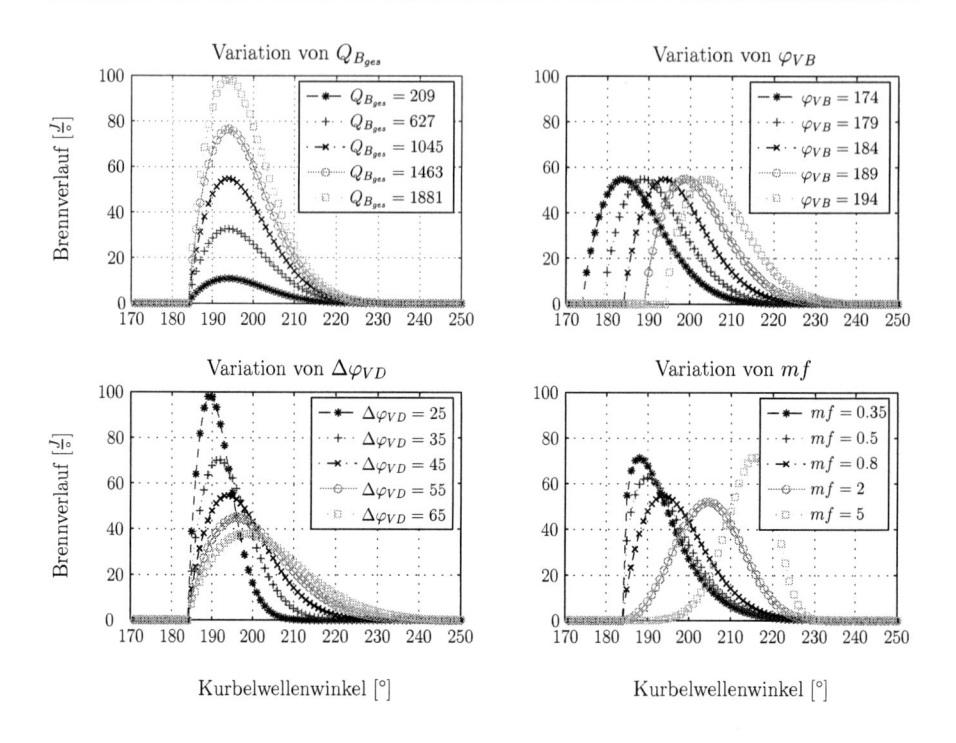

**Abbildung 2.22:** Brennverläufe nach Vibe bei Variation einzelner Parameter

$\overline{p}$ ist dabei der mittlere Zylinderdruck und $\overline{T}$ die mittlere Temperatur. Die Parameter $a$, $b$ und $c$ lassen sich anhand von rekonstruierten Brenn- und gemessenen Einspritzverläufen durch Anwendung eines Optimierungsverfahrens [111] bestimmen.

Durch die Superponierung mehrerer Vibe-Funktionen lassen sich die Brennverläufe für Mehrfacheinspritzungen $N_E$ und mit Hilfe von (2.86) und (2.26) somit das zugehörige Gasmoment bestimmen.

$$\frac{dQ_B}{d\varphi} = \sum_{i=1}^{N_E} \frac{dQ_{B,i}}{d\varphi} \tag{2.94}$$

**Brennverlauf nach Constien**

Eine weitere Möglichkeit zur Modellierung des Brennverlaufs stellt das *Tröpfchenmodell* nach Constien [27] dar. Dessen Grundidee besteht in der Aufteilung des zeitlich eingespritzten Kraftstoffes in einzelne Kraftstoffpakete $P_j$, die wiederum in einzelne Tropfen aufgespalten werden. In Abhängigkeit einer *Diffusionskonstanten* verdampft ein Teil der Tröpfchen, deren mittlerer Radius dabei abnimmt. Nach der Zündverzugszeit jedes individuellen Kraftstoffpaketes beginnt die Verbrennung dessen. Die Modellierung nach Constien erlaubt eine sehr detaillierte Modellierung der Verbrennungsprozesse, welche speziell für die Untersuchung der Abgaskonsistenz interessant sind. Für die Berechnung des Verbrennungsmoments ergibt sich ein sehr geringer Gewinn an Modellgüte gegenüber dem Vibe-Ansatz, weshalb an dieser Stelle auf eine detailliertere Beschreibung des Constien-Modells verzichtet wird.

### 2.3.5 Wandwärmeverluste

Der Wärmeübergang vom Arbeitsgas im Brennraum zu den Wandflächen des Zylinders erfolgt aufgrund eines Temperaturgradienten. Während der Hochdruckphase ist der Temperaturunterschied besonders groß, sodass dort die höchsten Wärmeverluste auftreten. Während im Zylinder die beiden Hauptarten der Wärmeübertragung (Konvektion und Strahlung) auftreten, findet in der Brennraumwand selbst lediglich die Wärmeleitung statt. Kühlmittelseitig wirkt hauptsächlich die Konvektion. Da der Energiefluss des Wärmeübergangs in allen drei Medien aufgrund der Serienschaltung gleich groß ist, reicht es aus, eines dieser drei Medien zu betrachten. Nach [95] sind trotz der großen Temperaturunterschiede im Laufe des Arbeitsspiels nur kleinere Temperaturschwankungen seitens der Brennraumwand zu erwarten. Dies ist auch für niedrige Drehzahlen der Fall, obwohl dort pro Arbeitsspiel mehr Zeit für den Wärmeübertragungsprozess zur Verfügung steht. Aufgrund dessen wird die gasseitige Brennraumwandtemperatur $T_{W,G}$ zeitlich als konstant angenommen. Die brennraumseitig übergebene Wandwärme kann mit dem Newton'schen Ansatz

$$\frac{dQ_W}{d\varphi} = \frac{dt}{d\varphi} \cdot \sum_{i=1}^{3}(T - T_{W_i}) \cdot \alpha_i \cdot A_i \qquad (2.95)$$

berechnet werden [81]. Die drei Flächen $A_i$ sind dabei der Zylinderdeckel, die Kolbenfläche und die vom Kurbelwellenwinkel abhängige Seitenfläche des Brennraumes. $\alpha_i$ sind die zugehörigen Wärmeübergangskoeffizienten. Im Ein-Zonen-Modell wird weiterhin angenommen, dass keine örtlichen Unterschiede der gasseitigen Wandtemperatur vorhanden sind. Neben dem häufig verwendeten Ansatz von Woschni [120]

$$\alpha = 130 \cdot d^{-0,2} \cdot p^{0,8} \cdot T^{-0,53} \cdot \left(C_1 \cdot \overline{x}_K + C_2 \cdot \frac{V_H \cdot T_1}{p_1 \cdot V_1} \cdot (p - p_0)\right)^{0,8} \qquad (2.96)$$

finden sich in der Literatur weitere, häufig besser handhabbare Ansätze, z.B. von Hohenberg [55] und Bargende [12] für die Berechnung der Wärmeübergangskoeffizienten. Allerdings ist hierbei der Ansatz von Hohenberg in erster Linie für den Dieselmotor entwickelt worden, während sich der Ansatz von Bargende ausschließlich mit dem Ottomotor beschäftigt. $\bar{x}_K$ steht für mittlere Kolbengeschwindigkeit:

$$\bar{x}_K = c_K = r \cdot n. \tag{2.97}$$

### 2.3.6 Fazit

Die Berechnung des Gas- bzw. Verbrennungsmoments über die Ansätze nach Vibe bzw. Constien sind sehr komplex und bedürfen daher einer leistungsstarken Simulationsplattform um Echtzeitanforderungen zu genügen. Die Implementierung auf einem Steuergerät zur ausschließlichen Berechnung eines möglichst genauen Gasmoments ist bei Betrachtung des derzeitig aktuellen Stands der Technik nicht ausreichend rentabel. Wird ein echtzeitfähiges Motormodell [130] implementiert um z.B. das Abgasverhalten zu optimieren lässt sich das Gasmoment jedoch als Nebenprodukt des Zylinderdruckes mit relativ geringem Aufwand simultan berechnen. Die Integration thermodynamischer Motorenmodelle in COM ist aufgrund der starken Nichtlinearität und Komplexität nur sehr stark eingeschränkt möglich. Für die Simulation des Motormoments am Desktop-PC bietet der thermodynamische Ansatz vor allem den Vorteil, dass sich real gemessene Druckkurven mit einem hohen Grad an Genauigkeit reproduzieren lassen [141]. Ein weiterer Vorteil ergibt sich durch die Möglichkeit der modellhaften Beschreibung von Mehrfacheinspritzungen. Speziell im Bereich des oberen Totpunktes sind empirische Ansätze analog zu 2.3.2 oftmals zu ungenau. Die Implementierung eines empirischen Momentenverlaufs ist jedoch rechentechnisch betrachtet günstiger, weshalb, falls die Anforderungen hinsichtlich der Modellgüte in ausreichender Weise erfüllt sind, diesen Modellen der Vorzug gewährt werden kann. Mittelwertmodelle finden, aufgrund ihrer Eignung als Streckenmodell innerhalb COM trotz ihrer stark angenäherten Beschreibung der mittleren Systemtrajektorien bei der Implementierung eines Algorithmus auf Steuergeräten häufig Verwendung. Als Fazit lässt sich somit festhalten, dass die Wahl des Motormodells sehr stark an die Anforderungen bezüglich der, zur Verfügung stehenden Rechenzeit sowie Modellgenauigkeit der jeweiligen Anwendung gebunden ist.

## 2.4 Modellbildung und Simulation

### 2.4.1 Modellstruktur

Die prinzizielle Modellstruktur des Antriebssystems des Hubkolbenmotors basiert auf der Betrachtung der Drehmomentbilanz der Kurbelwelle (2.15). Abbildung 2.23 veranschaulicht den Zusammenhang zwischen Kurbelwellenkinematik und Momentenbilanz. Die Bewegungsgleichung der Kurbelwelle ergibt sich durch Einsetzen von (2.15) in (2.16):

$$\Theta(\varphi) \cdot \ddot{\varphi} = \sum_{k=1}^{N_{zyl}} M_{Mass,k} + M_{K/E,k} + M_{Verb,k} + M_{Reib,k} - M_{Nutz} \qquad (2.98)$$

Die zu berücksichtigenden Einzelmomente setzen sich aus den Massenmomenten (2.60), den Gas- (2.29) und Reibungsmomenten (2.65) des Kolben-Kurbelgetriebes zusammen. Die gesamten Massen-, Reib- und Gasmomente ergeben sich bei Mehrzylindermotoren durch die phasenkonsistente Kaskadierung der jeweiligen Einzylindermomente. Das Nutzmoment $M_{Nutz}$ stellt das, auf die Kurbelwelle rückwirkende Lastmoment dar. Ist ein Zweimassenschwungrad an die Kurbelwelle angeflanscht, so entspricht das Nutzmoment dem Rückwirkmoment des ZMS. Die Kinematik ($\varphi$, $\dot{\varphi}$, $\ddot{\varphi}$) der Kurbelwelle lässt sich durch Integration aus der Beschleunigung aus (2.98) bestimmen.

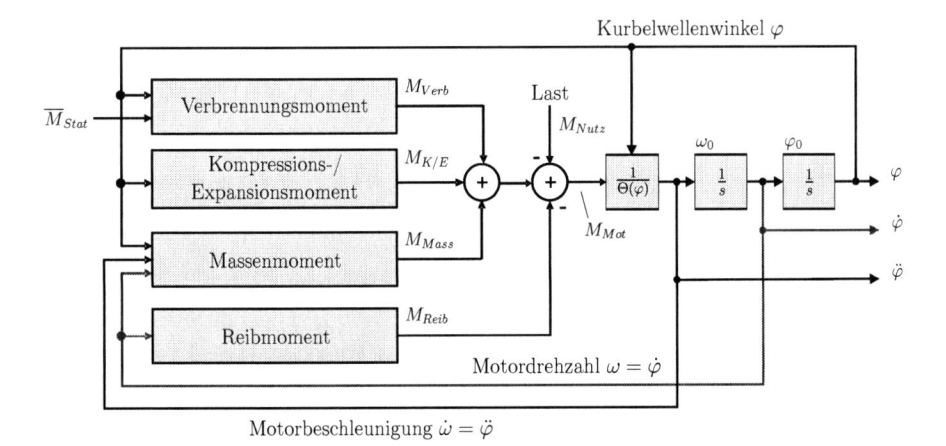

**Abbildung 2.23:** Zusammenhang zwischen Kurbelwellenkinematik und Momentenbilanz

Zusätzlich verdeutlicht Abbildung 2.23, dass es sich bei dem Modell des Hubkolbenmotors um ein stark nichtlineares System handelt, welches konstruktionsbedingt zusätzlich interne Rückkopplungen[29] aufweist. Die Berücksichtigung dieses Modells als Teil des Streckenmodells eines modellbasierten Regelungsansatzes (COM-Ansatz) gestaltet sich daher sehr schwierig, da eine vollständige analytische Beschreibung der wesentlichen Vorgänge ohne stark einschränkende Vereinfachungen sehr komplex ist. Es bietet jedoch die Möglichkeit, entwickelte Regelungs- und Analysealgorithmen in einer realitätsnahen Simulationsumgebung zu testen und somit den Entwicklungsprozess durch die Reduzierung des Adaption- und Kalibrierungsaufwands im realen Fahrzeug zu beschleunigen.

### 2.4.2 Systemtechnische Betrachtung

Systemtechnisch kann das Modell des gesamten Hubkolbenmotors als Teilkomponente des Streckenmodells für die Antriebsstrangsimulation interpretiert werden. Eine Übersicht, welche das Ein-/Ausgangsverhalten des Systems beschreibt, ist in Abbildung 2.24 dargestellt.

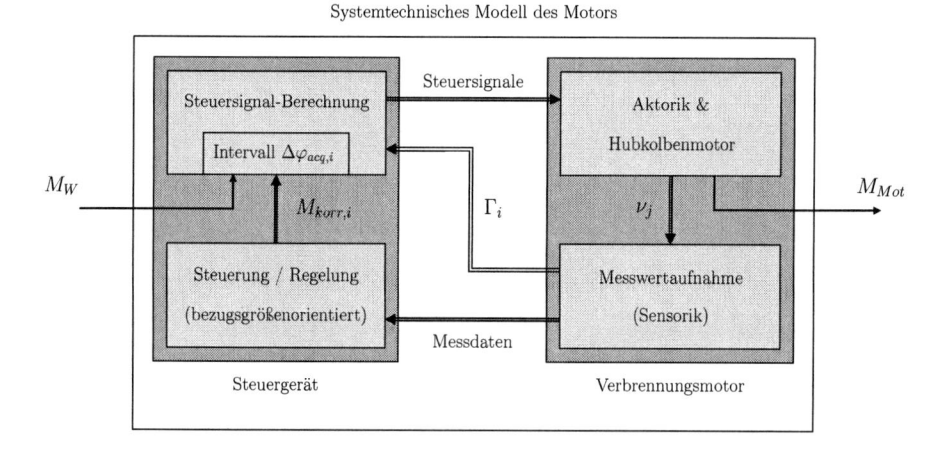

**Abbildung 2.24:** Systemtechnische Darstellung des Verbrennungsmotors mit Steuergerät, Sensorik und Aktorik

Das Steuergerät stellt die hardware-seitige Implementierung des Motormanagements dar. Die Hauptaufgabe besteht dabei in der Berechnung und Ausgabe der Steuersignale für die Aktorik[30] des Motors. Das Motormanagement berück-

---

[29] Massen- Gas- und Reibungsmomente hängen von der Kurbelwellenkinematik ab.
[30] Die Aktorik eines Verbrennungsmotors sind jene steuerbaren Elemente, welche dazu dienen den Motor in den gewünschten Arbeitspunkt zu überführen.

## 2.4 Modellbildung und Simulation

sichtigt dabei zum einen das Fahrerwunschmoment $M_W$ sowie die intern implementierten Regelungs- und Steuerungsaufgaben, welche den Anforderungen hinsichtlich Abgasverhalten, Betriebszustand und Fahrkomfort des Fahrzeugs Rechnung tragen. Für die modelltechnische Realisierung des Steuergerätes ergeben sich hierbei in Abhängigkeit des jeweilig verwendeten Motorkonzeptes individuelle Ansteuerungsparameter. Im Falle eines Dieselmotors entfällt exemplarisch die Berechnung von Zündzeitpunkten und die Ansteuerung der, für die Fremdzündung notwendigen Systemkomponenten. Die Umsetzung von Fahrerwunsch und interner Regelung erfolgt im Steuergerät herstellerspezifisch mit unterschiedlicher Aufgabenhierarchie und Struktur [29], [117]. Oftmals werden in konventionellen Systemen aktueller Generationen prozessnahe Aufgaben $\Gamma_i$ in einer hardware-nahen Verarbeitungsschicht implementiert (z.B. Lambda-Regelung [63]). Regelungs- und Steuerungsaufgaben betreffend des Fahrerwunsches bzw. der Verbesserung des Fahrkomforts werden zumeist im Bezug auf eine charakteristische Größe des Motors aufsummiert. Anschließend werden anhand dieser Bezugsgrößen die Steuersignale für die Aktoren des Verbrennungsmotors berechnet. Häufig verwendete Bezugsgrößen sind das statische oder stationäre Motormoment bzw. der sog. Mitteldruck. Im Rahmen dieser Arbeit wird das stationäre Motormoment als zentrale Bezugsgröße zur Berechnung der Steuersignale verwendet. Konkret bedeutet dies, dass pro Arbeitstakt eines Zylinders ein Zeit- bzw. Winkelintervall $\Delta\varphi_{acq,i}$ existiert, in welchem die Stelleingriffe $M_{korr,i}$ unterschiedlicher Algorithmen berücksichtigt werden können.

$$M_{Mot} = M_W + \sum_{i=1}^{N_{korr}} M_{korr,i} \qquad (2.99)$$

Die Berechnung der Stelleingriffe $M_{korr,i}$ in der Motorsteuerung basiert auf der Messwerterfassung der Zustandsgrößen des Motors $\nu_j$. Nach Verstreichen des Intervalls $\Delta\varphi_{acq,i}$ wird das resultierende Gesamtmoment zwischengespeichert und als Grundlage zur Berechnung der Steuersignale (z.B. Einspritzmenge und -zeitpunkt) verwendet. Nachfolgende Änderungen der Korrekturmomente können erst im nachfolgenden Arbeitstakt des nächsten, mit frischem Arbeitsgas geladenen Zylinder erfolgen. Die Dauer $\Delta\varphi_{acq,i}$ sowie der zeitliche Abstand $\varphi_{fin,i}$ des Intervalls vor Brennbeginn $\varphi_{VB,i}$ sind durch die Rechenkapazität des Steuergeräts, der mittleren Drehzahl des Motors sowie dem Übertragungsverhalten der Signalaufbereitung (Treiberendstufen, etc.) und Aktorik (z.B. Einspritzinjektoren, etc.) bestimmt. Abbildung 2.25 veranschaulicht diesen Zusammenhang grafisch. Die Korrekturmomente ergeben sich aus den in Kapitel 6 erläuterten Funktionseinheiten des Motormanagements. Der direkte Bezug der Korrektureingriffe auf das Stellmoment hat hierbei vor allem den Vorteil, dass der Motor als ein Übertragungsglied mechanischer Größen interpretiert werden kann. Dies erlaubt speziell

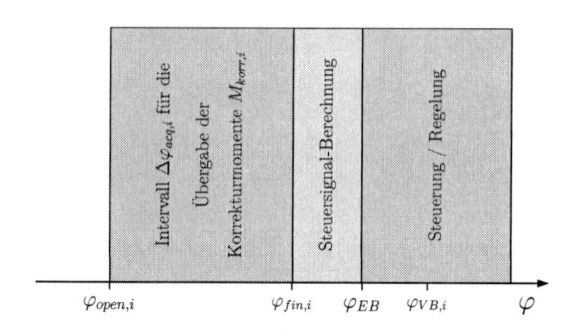

**Abbildung 2.25:** Darstellung der Intervalle zur Übergabe der Korrekturmomente bzw. Berechnung der Steuersignale

für den Reglerentwurf im Motormanagement eine abstrahierte Darstellung der Regelungsaufgaben, ohne konkret auf die Steuergrößen des Motors Bezug nehmen zu müssen.

### 2.4.3 Simulationsumgebung

Die in Kapitel 2.4.1 vorgestellte Struktur des Motormodells wurde in MATLAB/ Simulink implementiert. MATLAB ist eine hochentwickelte Sprache für technische Berechnungen sowie eine interaktive Umgebung für die Algorithmenentwicklung, die Visualisierung und Analyse von Daten und numerische Berechnungen [20]. Simulink ermöglicht eine hierarchische Modellierung mathematisch beschreibbarer Systeme mit Hilfe grafischer Blöcke. Der Datenfluss zwischen den Systemblöcken wird grafisch über Verbindungslinien realisiert (gerichtete Graphen). Die Berechnung der Simulation bedient sich dabei der Algorithmen von MATLAB. Simulink stellt eine Bibliothek an kontinuierlichen und diskreten Systemblöcken zur Verfügung, was eine rasche Implementierung technischer Systeme erlaubt, sowie eine übersichtliche Darstellung zur Modifikation bietet. Im Rahmen dieser Arbeit waren vor allem der hohe Grad an Flexibilität bezüglich der Umgestaltungs- und Erweiterungsmöglichkeiten sowie die reichhaltige Bibliothek mit vorkonfektionierten Systemblöcken ausschlaggebend für den Vorzug gegenüber einer Implementierung in C++ oder vergleichbaren Hochsprachen. Negativ zu bewerten bei dieser Wahl, sind die vergleichsweise längeren Simulationszeiten. Durch Einbindung von C-Code im Rahmen sog. s-functions lässt sich dieser Geschwindigkeitsnachteil etwas verringern.

## 2.4 Modellbildung und Simulation

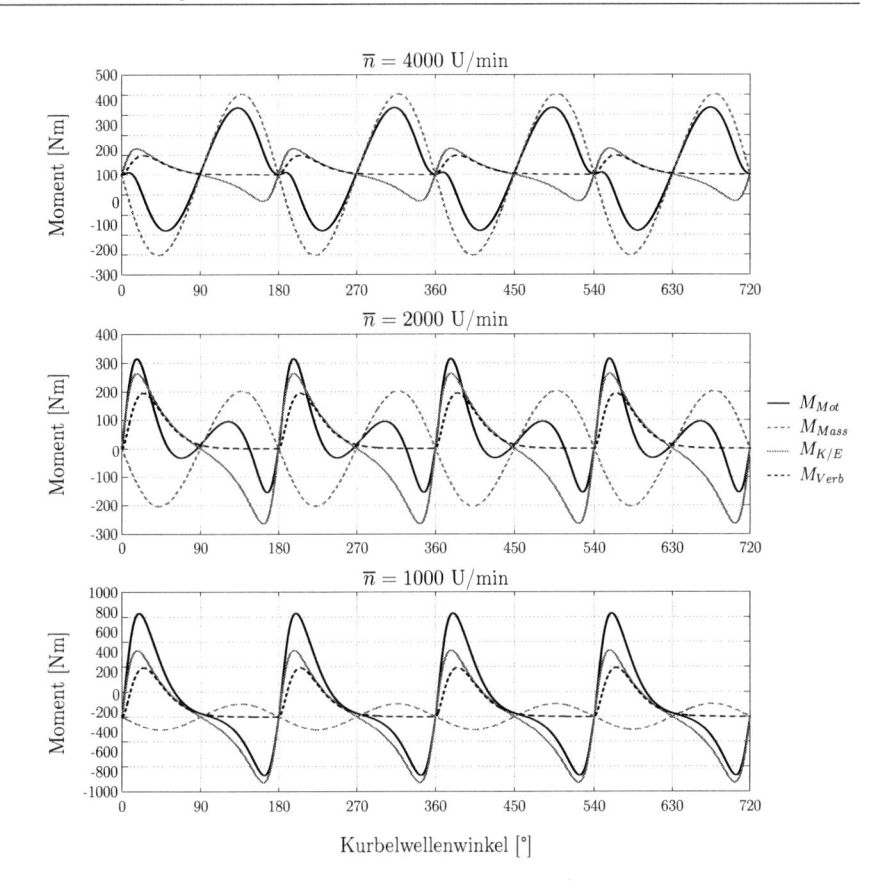

**Abbildung 2.26:** Simulation der Massen-, KE-, Verbrennungs- und Gesamtmomente bei unterschiedlichen stationären Drehzahlen

Die Modellierung des Hubkolbenmotors in MATLAB/Simulink ermöglicht somit eine realitätsnahe Modellierung und Implementierung des Motorsystems mit anschließender Integration in ein Gesamtsystem mit Zweimassenschwungrad, Antriebsstrang sowie Signalverarbeitungs- und Regelungsalgorithmen im Rahmen des Motormanagements.

### 2.4.4 Simulationsergebnisse

Nachdem das Modell entsprechend Kapitel 2.4.1 in Matlab/Simulink implementiert wurde, sind vor dem Start der Simulation zunächst die Parameter des Motors festzulegen. Für die, in diesem Abschnitt vorgestellten Simulationsergebnisse wurden die Motorparameter von Versuchsmotor 1 (VM1) gewählt (siehe A.1).

Das Verbrennungsmoment wurde nach der empirischen Formel (2.72) generiert. Als Schwungmasse wurde ein Einmassenschwungrad (EMS) verwendet.

Bevor die Simulation gestartet werden kann, sind die Initialwerte der Integration ($\varphi_0$, $\omega_0$) des EMS festzulegen. Diese Werte geben den Anfangszustand des Systems zu Beginn der Simulation wieder. Die Initialisierung mit ($\varphi_0 = 0$, $\omega_0 = 0$) ist oftmals nicht sinnvoll, da unter diesen Bedingungen der Startvorgang des Motors in die Simulation integriert werden muss. Abbildung 2.26 zeigt Verläufe unterschiedlicher, auf die Kurbelwelle wirkender Massen-, KE-, und Verbrennungsmomente sowie das resultierende Gesamtmotormoment von VM1 bei unterschiedlichen Drehzahlen. Das stationäre Motormoment beträgt hierbei $M_{stat} = M_{Nutz} = 50$Nm und entspricht dem Lastmoment der Kurbelwelle. Es wird somit eine konstante mittlere Drehzahl $\bar{n}$ gehalten. Man erkennt deutlich die überproportionale Abhängigkeit der Amplitude des Massenmoments von der stationären Motordrehzahl. Durch die dominierenden Beiträge des Massenmoments bei hohen Drehzahlen, verschiebt sich die Phasenlage des resultierenden Motormoments um $\Delta\varphi_n = 90°$. Abbildung 2.27 zeigt die zugehörigen, kontinuierlichen Verläufe der Motordrehraten.

Die periodische Anregung der Schwungmasse $\Theta$ durch das Motormoment bewirkt dabei einen oszillierenden Drehzahlverlauf mit identischer Grundfrequenz[31]. Der Phasenversatz $\Delta\varphi_n = 90°$ bei höheren Drehzahlen aufgrund des Massenmoments wird hier deutlich erkennbar. Im Übergangsbereich zwischen niedrigen und hohen Drehzahlen (2000 bis 3000 U/min) ist eine geringerer Wechselanteil der Motordrehzahl beobachtbar. Dieser Effekt lässt sich dadurch erklären, dass sich in diesem Drehzahlbereich die Gas- und Massenmomente näherungsweise kompensieren (siehe hierzu auch Abbildung 2.26).

## 2.5 Messwerterfassung

Um das in Kapitel 2.4.1 eingeführte Modell angemessen kalibrieren und validieren zu können, bedarf es realer Messdatensätze verschiedener Betriebsparameter des Motors in unterschiedlichen Arbeitsbereichen. Zusätzlich gilt es zu beachten, ob und in welcher Art und Weise ein Signal für die echtzeitfähige Analyse bzw. Regelung im Steuergerät zur Verfügung steht. Eine der wichtigsten Kenngrößen im Motormanagement stellt die Kurbelwellendrehzahl $n$ dar.

---

[31] Als Grundfrequenz wird die Frequenz der dominant beobachtbaren Schwingung bezeichnet.

## 2.5 Messwerterfassung

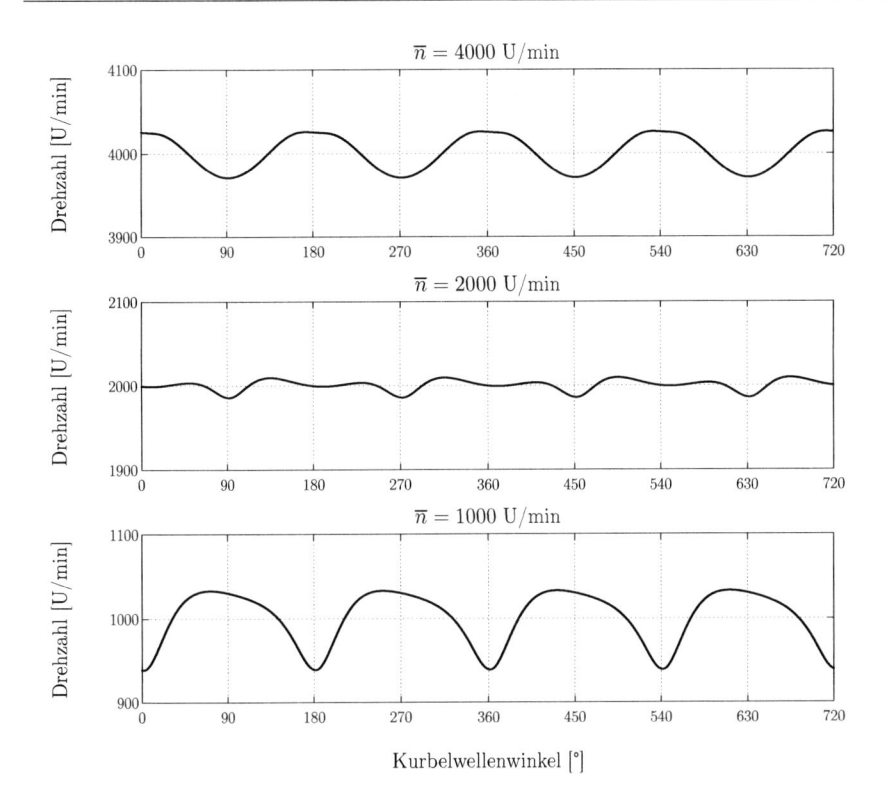

**Abbildung 2.27:** Simulation der kontinuierlichen Drehzahlverläufe bei unterschiedlichen stationären Motordrehzahlen

### 2.5.1 Drehzahl

Nahezu alle Stelleingriffe betreffend der Regulierung des Verbrennungsprozesses sind vom Kurbelwellenwinkel $\varphi$ abhängig. Durch die Kenntnis des genauen Zeitpunktes, zu welchem ein Referenzzylinder den oberen Totpunkt (OT) passiert sowie der Erfassung der Winkelgeschwindigkeit $\omega$ lässt sich durch Integration der aktuelle Kurbelwellenwinkel rekonstruieren.

$$\varphi(t) = \int_t^{\mathrm{OT}_{k+1}} \omega \, dt + \varphi_{\mathrm{OT}_k} \tag{2.100}$$

In der Praxis werden Winkelgeschwindigkeiten häufig durch inkrementelle Drehratengeber erfasst. Hierbei werden am rotierenden Element äquidistante Markierungen radialsymmetrisch angeordnet. Durch einen Messwertaufnehmer wird der Zeitpunkt des Eintreffens vorbeistreichender Markierungen erfasst. Die Kombination aus Messwertaufnehmer und Markierungsmethode lässt sich durch Anwendung verschiedener physikalischer Effekte realisieren. Abbildung 2.28 zeigt einen induktiven Messwertaufnehmer. Die Markierungen werden hier durch einen Zahnkranz am rotierenden Element realisiert. Dieses berührungslos arbeitende Messverfahren zeichnet sich vor allem durch seine hohe Robustheit gegenüber Umwelteinflüssen (z.B. Spritzwasser, Schmutz und Lichtverhältnisse) aus. Optische Verfahren, welche zwar eine höhere Auflösung zur Verfügung stellen sind verhältnismäßig stark empfindlich gegenüber äußeren Störeinflüssen und somit oft nur in teurerer, gekapselter Ausführung realisierbar. Daher werden derzeit induktive Messverfahren gegenüber den optischen, bei autonomer Drehzahlerfassung im Kfz- und Lkw-Bereich bevorzugt. Der Zahnkranz wird entweder direkt am Schwungrad des Motors bzw. auf der gegenüberliegenden Seite der Kurbelwelle montiert.

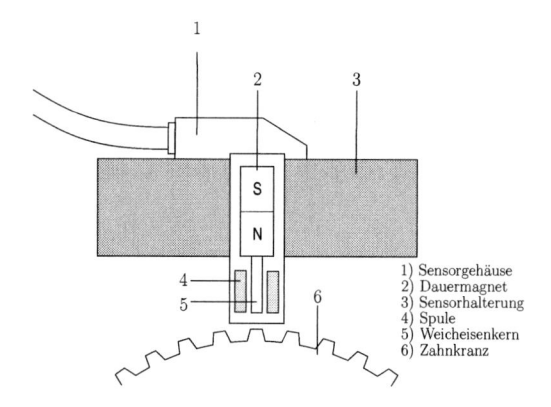

1) Sensorgehäuse
2) Dauermagnet
3) Sensorhalterung
4) Spule
5) Weicheisenkern
6) Zahnkranz

**Abbildung 2.28:** Induktiver Drehzahlsensor mit Zahnkranz

Der induktive Messwertaufnehmer gibt ein periodisches, analoges Spannungssignal aus. Mit Hilfe eines Schmitt-Triggers [109] lassen sich hieraus steilflankige Rechtecksignale bilden, welche anschließend digital weiterverarbeitet werden können (Diskriminator). Jede Flanke des Rechtecksignals beschreibt somit das Vorbeistreichen eines Zahn-Tal-Paares am Sensor. Die Messwertaufnahme erfolgt daher winkelsynchron, d.h. bei äquidistanter Zahnteilung tritt nach Ablauf eines festen Winkelsegments ein neuer Messwert ein. Gängige, derzeit implementierte Systeme weisen eine Unterteilung von $N_{Zahn} = 60$ auf. Hieraus ergibt sich eine Winkelauflösung von $\Delta\varphi_Z = 6°$. Die Lage des oberen Totpunktes des Referenzzylinders lässt sich durch einen fehlenden Zahn im Zahnkranzes auszeichnen. Um nun die Drehzahl aus den Flanken des frequenzmodulierten Rechtecksignals zu bestimmen stehen mehrere Verfahren zur Auswahl.

## 2.5 Messwerterfassung

**Frequenzmessung**

Bei der Frequenzmessung werden die positiven Taktflanken $Z_T$ des Rechtecksignals während eines festen Zeitintervalls $\tau_{Tz}$ gezählt [61].

$$\overline{\omega}_F = \frac{Z_T \cdot \Delta\varphi_Z}{\tau_{Tz}} \qquad (2.101)$$

Die Geschwindigkeitsinformation liegt somit als Mittelwert mit Zeitverzug vor. Das Zeitintervall $\tau_{Tz}$ wird bei der Implementierung auf einer Mikrorechnereinheit durch eine bestimmte Anzahl von internen Systemtakten $N_{Ti}$ der Frequenz $f_T$ realisiert. Die Bestimmung der mittleren Drehzahl (2.101) durch die Frequenzmessung kann daher auch als winkeldiskrete Ratenumsetzung interpretiert werden. Die maximal darstellbare Frequenzauflösung $|\Delta f_F|$ ergibt sich zu:

$$|\Delta f_F| = \frac{1}{\tau_{Tz}} \qquad (2.102)$$

Dies hat zur Folge, dass bei zu groß gewähltem Zeittor, Drehzahlen höherer Frequenz nicht und spontane Änderungen nur mit großem Zeitverzug dargestellt werden können. Wählt man das Zeittor hingegen sehr klein, so werden weniger Messwerte gezählt, der Quantisierungsfehler nimmt zu. Das Verfahren der Frequenzmessung mit den nach Industriestandard üblichen 60 Zähnen bietet demzufolge keine zufriedenstellende Lösung zur Berechnung eines genauen Drehzahlsignals, welches die hochfrequenten, zündungsbedingten Schwankungen (siehe Abbildung 2.27) hinreichend gut darzustellen vermag.

**Periodendauermessung**

Bei der Periodendauermessung werden interne Referenztakte $Z_{Ti}$ zwischen zwei Taktflanken des gemessenen Signals gezählt [61]. Die Drehzahl ergibt sich somit zu:

$$\overline{\omega}_P = \frac{\Delta\varphi_Z}{Z_{Ti}} \cdot f_T \qquad (2.103)$$

Der Zeitverzug im Vergleich zur Frequenzmessung ist wesentlich geringer, da nach jedem Zahn ein neuer Messwert vorliegt. Für kleine Drehzahlen ist der Quantisierungsfehler gering, da pro Winkelintervall $\Delta\varphi_Z$ je nach Wahl des internen Systemtaktes, ausreichend viele Flanken $Z_{Ti}$ gezählt werden. Bei steigender Drehzahl nimmt der Quantisierungsfehler jedoch zu, da pro festem Winkelinkrement weniger Systemtakte gezählt werden. Die Periodendauermessung stellt somit ein Verfahren dar, welches es erlaubt, selbst die hochfrequenten, zündungsbedingten Fluktuationen der Motordrehzahl zu erfassen. Es muss dabei stets sichergestellt werden, dass der Quantisierungsfehler durch eine ausreichend hohe Wahl der internen Taktfrequenz in einem akzeptablen Bereich liegt. Die maximal darstellbare Frequenzauflösung ist somit nicht konstant und ergibt sich in Abhängigkeit der gezählten Systemtakten zu:

$$|\Delta f_P| = \frac{f_T}{Z_{Ti}(Z_{Ti} + 1)} \tag{2.104}$$

Da im Rahmen dieser Arbeit auch Stelleingriffe mit dem Ziel der Beeinflussung jener zündungsbedingten Drehzahlschwankungen implementiert werden, erhält das Verfahren der Periodendauermessung aufgrund der besseren Frequenzauflösung den Vorzug. Der Vorteil der höheren Frequenzauflösung muss jedoch durch eine leistungsfähigere Mikroprozessoreinheit erkauft werden, welche in der Lage ist, die entsprechend höheren Taktraten zu verarbeiten.

Unabhängig davon, welches Verfahren angewendet wird, repräsentiert der, mittels eines digitalen Mikroprozessorsystems ermittelte Drehzahlwert eine, im Wertesowie Zeitbereich diskretisierte Größe. Die Zeitdiskretisierung wird hierbei vor allem durch das Prinzip des Messsystems verursacht. Die Frequenzmessung ergibt einen zeitdiskreten Wert mit äquidistanten Stützstellen, da die Torzeit konstant definiert wurde. Andere gängige Verfahren wählen statt einer festen Torzeit ein festes Winkelsegment, über welches ein Mittelwert der Drehzahl bestimmt wird. In diesem Fall liegt, analog zur Periodendauermessung[32], der ermittelte Geschwindigkeitswert winkeldiskret vor. Aktuell implementierte Steuergeräte arbeiten in der Applikationsschicht überwiegend mit winkeldiskreten Signalen, da vielfältige Aufgaben des Motormanagements auf dem Absolutwert des Kurbelwellenwinkels basieren. Eine winkeldiskrete Geschwindigkeitsinformation unterstützt diese Form der Signalverarbeitung. Es ist hierbei jedoch zu beachten, dass der interne Systemtakt des Steuergerätes durch einen elektronischen Oszillator (z.B. Quarz) vorgegeben wird und somit zeitdiskret ist. D.h. es muss in der Hardwareschicht eine Ratenumsetzung erfolgen, was letzten Endes einen zusätzlichen Quantisierungsfehler bewirkt. Durch die endlichen Registerlängen der digitalen Informationsverarbeitungssysteme liegen die Geschwindigkeitswerte zusätzlich im Wertebereich diskretisiert vor. Je nach Weiterverarbeitung der Geschwindigkeitswerte sind die Algorithmen somit bezüglich der Robustheit bei Variation der Diskretisierungsstufen im Zeit- und Wertebereich zu untersuchen.

---

[32]Die Periodendauermessung stellt einen Spezialfall dieser Verfahren dar, wobei ein Winkelsegment genau einem Zahn-Tal-Paar entspricht

## 2.5 Messwerterfassung

Aufgrund von Fertigungstoleranzen und Alterungserscheinungen kann es bei dem Messsystem zu Bauteilvarianzen kommen. In diesem Zusammenhang sind exemplarisch eine unzentrische Lagerung des Geberrades mit Zahnkranz oder ungleiche Zahnabstände zu nennen. In [54] werden diesbezüglich Kompensationsverfahren vorgestellt, mit welchen sich das gestörte Drehzahlsignal sehr gut aufbereiten lässt, so dass es im Anschluss zur detaillierten Signalanalyse bzw. als Grundlage zur Steuerung oder Regelung weiterverwendet werden kann.

### 2.5.2 Zylinderdruck

Eine weitere wichtige Indikationsgröße bei Hubkolben stellt der absolute Druck des Arbeitsgases in der Brennkammer eines Zylinders dar. Anhand des Zylinderdruckes lassen sich zahlreiche Prozesse bezüglich des Ablaufs der Verbrennung charakterisieren. In einfachster Form lässt sich durch die Druckmessung z.B. erkennen, ob eine Verbrennung überhaupt stattgefunden hat. Des Weiteren lassen sich auch Aussagen über den Zustand des Motors gewinnen. Kompressionsunterschiede der einzelnen Zylinder können in Schubphasen[33] durch Betrachtung der Maximalwerte erkannt und bei der Berechnung der stationären Motormomente in Zugphasen[34] entsprechend berücksichtigt werden.

Die direkte Messung des absoluten Zylinderdruckes im Fahrzeug erfolgt durch entsprechende Drucksensoren direkt in den Brennkammern [14]. Hierzu sind verschiedene Bauformen denkbar, beispielsweise eine separate Positionierung im Zylinderkopf oder die Integration in einer Zünd- bzw. Glühkerze [24] sowie innerhalb der Zylinderkopfdichtung [30]. Der kritische Punkt bei der Messung des Zylinderdruckes sind die hohen Anforderungen an die Sensoren. In der Brennkammer herrschen aufgrund der perodischen Verbrennungsvorgänge sehr hohe Temperaturschwankungen. Die Drucksensoren dürfen daher nur eine geringe Querempfindlichkeit gegenüber Temperaturänderungen besitzen und müssen zusätzlich eine hohe Resistenz gegenüber hohen Temperaturen aufweisen. Darüber hinaus sollten die Drucksensoren in einem weiten Arbeitsbereich zuverlässige Werte liefen. Dabei ist sowohl eine möglichst genaue Bestimmung des Spitzendrucks sowie, vor Beginn der Kompressionsphase, des Ladedruckes, wünschenswert. Die Kennlinien der Sensoren sollten möglichst über die gesamte Betriebsdauer in einem akzeptablen Toleranzband liegen. Alterungseinflüsse sind dabei entsprechend zu kompensieren.

Die hohen technischen Anforderungen an die Zylinderdrucksensoren schlagen sich in hohen Kosten nieder. Daher wird die direkte Messung des Zylinderdruckes

---

[33] Wärend einer Schubphase wird dem Motor kein Kraftstoff zugeführt. Das Gasmoment setzt sich somit lediglich aus dem KE-Moment zusammen.
[34] Der Motor gibt ein positives mittleres Antriebsmoment aus

überwiegend für Fahrzeuge der Oberklasse in Betracht gezogen. Neben der direkten Messung des Zylinderdruckes kann dieser näherungsweise aus dem Motormoment berechnet werden (2.21) und (2.26). Aufgrund der, dabei auftretenden Singularität, ist die Berechnung des Brennraumdruckes bei $\varphi = k\pi$ mit $k \in \mathbb{N}$ nicht bzw. in der näheren Umgebung von OT/UT nur sehr eingeschränkt möglich.

### 2.5.3 Motormoment

Die direkte Messung des Motormoments durch Momentenwandler im Fahrbetrieb gestaltet sich aufgrund kostenintensiver und mechanisch empfindlicher Sensorik schwierig. Weitaus häufiger verbreitet ist die Schätzung des Motormoments basierend auf der Interpretation von Kenngrößen des Motors. In [35] wird ein Verfahren zur Schätzung des Motormoments basierend auf Motordrehzahl und Ladedruck vorgestellt. In der Praxis standardmäßig angewendet, findet man die Methode der Berechnung des stationären Motormoments anhand, zuvor auf einem Prüfstand aufgenommener Kennfelder. Das generierte stationäre Motormoment ist dabei von Parametern, wie z.b. der eingespritzten Kraftstoffmenge, dem Einspritzzeitpunkt sowie der Kurbelwellendrehzahl abhängig. Das kennfeldbasierte, stationäre Motormoment wird innerhalb aktueller Motormanagementkonzepte auf Kommunikationsbussen (z.b. CAN, FlexRay) zur Verfügung gestellt [122]. Der Hauptnachteil der kennfeldbasierten Methode besteht darin, dass Betriebszustände wie die unvollständige Verbrennung des Arbeitsgases, qualitativ minderwertige Kraftstoffe oder mechanische Toleranzen aufgrund von Alterungserscheinungen bei der Bestimmung des Motormoments nicht berücksichtigt werden. Speziell für Regelungsaufgaben, welche mehrere Stelleingriffe innerhalb eines Arbeitsspiels des Motors erfordern und somit direkt die Laufruhe des Motors beeinflussen, kann ein stationäres, kennfeldbasiertes Motormoment unzureichend genau sein. Das stationäre Motormoment wird jedoch häufig für die Regelung des Antriebsstrangs als Eingangsgröße verwendet [63].

# 3 Das Zweimassenschwungrad

Das Zweimassenschwungrad (ZMS) ersetzt das konventionelle Einmassenschwungrad der Kurbelwelle. Durch die Aufteilung einer singulären Schwungmasse in zwei Teilmassen, welche über ein Feder-/Dämpfersystem mechanisch gekoppelt sind, lässt sich der Motor im Hinblick auf die zündungsbedingten Drehungleichförmigkeiten vom Antriebsstrangsystem entkoppeln.

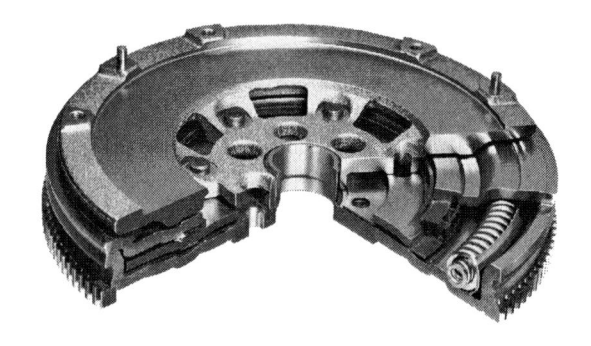

**Abbildung 3.1:** Schnittbild eines Zweimassenschwungrades

## 3.1 Entwicklungshintergrund und Motivation

Bedingt durch die Verbrennungsprozesse sowie den mechanischen Aufbau des Hubkolbenmotors wird die Kurbelwelle durch das oszillierende Motormoment (Abbildung 2.26) zu Drehschwingungen (Abbildung 2.27) angeregt. Durch den Einsatz moderner, leistungsfähiger Motormanagementsysteme und innovativer Motorentechnik lassen sich Verbrennungsmotoren bei immer niedrigeren Drehzahlen mit ausreichend hohem Motormoment, unter Einhaltung der gesetzlich vorgegeben Abgasemissionswerte, betreiben. Die Steigerung des Motormoments basiert auf einer Erhöhung des Verbrennungsmoments. Durch die Erhöhung des stationären Verbrennungsmoments, bei niedrigen Drehzahlen, steigen die Spitzenwerte des Motorgesamtmoments. Dadurch nehmen folglich auch die Schwankungen der Motordrehzahl zu. Starke Oszillationen der Motordrehzahl bewirken nach [52]:

- Geräuschbildung in spielbehafteten Antriebsstrangkomponenten
- Erhöhte mechanische Belastungen der Bauteile im Antriebsstrang
- Erhöhten Kraftstoffverbrauch durch höhere Leerlaufdrehzahlen[1]
- Anregungen von Eigenfrequenzen des Antriebssystems[2]
- Karrosseriedröhnen

Durch die Optimierung der Aerodynamik des Fahrzeugs im Windkanal, wurde in den vergangenen Jahren die Geräuschkulisse durch die umströmende Luftmasse des Fahrtwindes stark reduziert. Dadurch treten, zuvor minder stark wahrgenommene Geräusche, z.b. das Brummen oder Rasseln des Getriebes bzw. der Karosserie dominant in den Vordergrund. Durch die Verwendung dünnflüssiger Öle, der Gewichtsreduktion der Karosserie sowie der steigenden Anzahl von Fahrstufen des Schaltgetriebes nimmt die parasitäre Dämpfung der Antriebsstrangkomponenten zusätzlich ab. Als Folge dessen, treten die mechanischen Geräusche von Motor und Antriebsstrang verstärkt auf. Neben geringem Kraftstoffverbrauch, umweltfreundlichen Abgaswerten und guter Fahrdynamik werden zusätzlich hohe Anforderungen bezüglich des Fahrkomforts an ein modernes Fahrzeugkonzept gestellt. Effekte wie Getrieberasseln oder Karrosseriedröhnen werden von den Fahrzeuginsassen als störend empfunden und schmälern den Fahrkomfort nachhaltig. Um die Marktposition eines Fahrzeugkonzepts verbessern zu können, bedarf es somit der Reduktion der Geräuschkulisse des Antriebsstrangs.

Durch die Integration des Zweimassenschwungrades (ZMS) als Ersatz des konventionellen Einmassenschwungrades (EMS), lässt sich eine signifikante Reduktion der zündungsbedingten Drehzahlschwankungen der Getriebeeingangswelle erzielen. Dies bewirkt u.a. eine deutliche Verbesserung der Geräuschkulisse der Antriebsstrangkomponenten. Die allgemeinen Vorteile des ZMS ergeben sich daher bezüglich:

- **Dämpfung höherfrequenter Drehschwingungen:** Zündungsbedingte Drehschwingungen im Bereich der Zündfrequenz des Motors werden isoliert.

---
[1]Durch die Erhöhung der Leerlaufdrehzahl lässt sich die Laufruhe verbessern
[2]Dadurch wird eine zusätzliche Absenkung der Leerlaufdrehzahl in vielen Fällen nicht möglich, da die Hauptei-genfrequenz des Systems knapp unterhalb der Leerlaufdrehzahl liegt

- **Geräuschminderung:** Aufgrund der gleichförmigeren Drehbewegung erzeugen die spielbehafteten Bauteile weniger störende Geräusche. Das Getrieberasseln bzw. Brummen nimmt deutlich ab.

- **Schonung der Getriebekomponenten:** Durch die Dämpfung der Drehschwingungen, geht die wechselhafte Belastung der mechanischen Bauteile, wie Zahnräder, Kardanwelle, Differentialgetriebe, etc., deutlich zurück. Dieser Vorteil kann bei der Auslegung dieser Komponenten entsprechend berücksichtigt werden. Spitzenmomente werden wirksam reduziert.

- **Niedertouriges Fahren:** Aufgrund der Teilung der Schwungmasse erhöht sich die getriebeseitige Massenträgheit, dadurch verschiebt sich der Resonanzdrehzahlbereich in Richtung niedrigerer Drehzahlen. Deshalb sind niedrigere Leerlaufdrehzahlen möglich, ohne den Fahrkomfort negativ zu beeinflussen.

- **Senkung des Kraftstoffverbrauchs:** Die Senkung der Leerlaufdrehzahl sowie die Möglichkeit zu komfortablem, niedertourigem Fahren wirkt sich positiv auf den Kraftstoffverbrauch aus.

- **Leichteres Schalten:** Durch die Auslagerung des zuvor höheren Massenmoments der Getriebeeingangswelle auf das sekundäre Schwungrad lässt sich die, zu schaltende Masse reduzieren und somit den Schaltvorgang erleichtern. Zusätzlich wird die Synchronisierungseinheit geschont.

Das erste Zweimassenschwungrad in Serienreife wurde von der Firma LuK GmbH & Co. OHG in den achtziger Jahren entwickelt [98]. Die ersten ZMS wurden zunächst in Fahrzeugen der oberen Mittelklasse bzw. Oberklasse verbaut [100]. In den neunziger Jahren wurden Dieselmotoren, durch die voranschreitende Entwicklung der elektronischen Direkteinspritzung sowie dem günstigeren Kraftstoffverbrauch in zunehmenden Maße auch im PKW-Bereich verbaut. Selbst in Marktsegmenten der Mittel- und Kompaktklasse nehmen Dieselaggregate heute eine expandierende Bedeutung ein. Durch die höhere Verdichtung des Arbeitsgases im Vergleich zum Ottomotor sind bei Dieselmotoren stärkere Schwankungen der Drehzahl zu beobachten. Der Einsatz eines Turboladers bzw. Kompressors verstärkt, durch die Erhöhung des Ladedrucks (2.37), diesen Effekt zusätzlich. Aktuelle, aufgeladene Dieselmotoren erreichen ihr maximales Drehmoment bereits in Drehzahlbereichen von 1400-1700 U/min und weisen dabei immer höhere Spitzenmomente auf. Hohe Spitzenmomente bewirken einen zusätzlichen Anstieg der Wechselanteile der Motordrehzahl, welche es entsprechend zu kompensieren gilt. Daher konnte sich das ZMS auch in Bereichen der Mittelklasse und Kompaktklasse erfolgreich durchsetzen. Bis Ende des Jahres 2007 wurden allein seitens der Firma LuK weltweit über 50 Mio. ZMS produziert.

## 3.2 Funktionsprinzip

### 3.2.1 Elementare Bauform

Die elementaren Komponenten des Zweimassenschwungrades sind die Primär- und Sekundärschwungmasse sowie das Torsionsdämpfersystem. Die einfachste Bauform eines ZMS mit Bogenfedern ist in Abbildung 3.2 dargestellt.

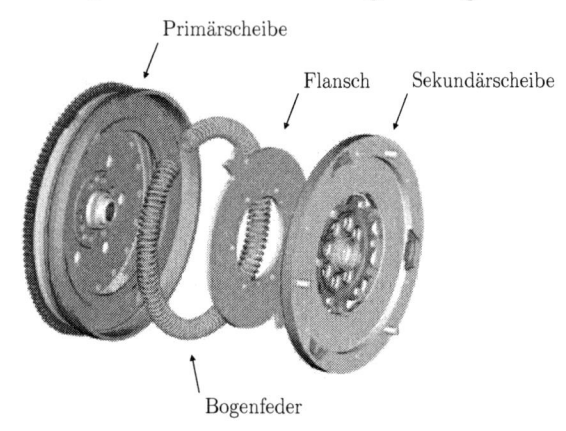

**Abbildung 3.2:** Aufbau eines elementaren Zweimassenschwungrades mit Bogenfedern

Die Primärschwungmasse ist direkt mit der Kurbelwelle verschraubt und trägt zumeist einen Zahnkranz zum Starten des Motors bzw. zur Bestimmung der Kurbelwellendrehzahl. Die Sekundärschwungmasse, welche z.b. über ein Wälzlager direkt auf dem Primärschwungrad gelagert ist, bildet gleichzeitig die Druckplatte für die Reibkupplung. Primär -und Sekundärschwungrad sind über das Torsionsdämpfersystem, hier der sog. Bogenfeder, drehelastisch miteinander verbunden. Im Rahmen dieser Arbeit werden lediglich Zweimassenschwungräder mit Torsionsdämpfern, basierend auf Bogenfedersystemen betrachtet. Weitere Torsionsdämpfersysteme basieren z.b. auf gekoppelten Spiralfedern ohne Krümmung [33]. Die Bogenfeder ist das Herzstück des ZMS-Systems, da Federraten- und Dämpfungscharakteristik entscheidend das Betriebsverhalten des ZMS beeinflussen. Zur optimalen Ausnutzung des vorhandenen Bauraumes, werden halbkreisförmig gebogene Schraubenfedern mit einer großen Anzahl an Windungen verwendet. Diese werden im Federkanal des ZMS platziert und von einer Gleitschale gestützt. Im Betrieb erzeugen die Windungen Reibung, welche als Dämpfung genutzt wird. Um der Abnutzung der Bogenfeder vorzubeugen, werden die Gleitkontakte der Bogenfeder mit einem Komplexfett geschmiert bzw. mit zusätzlichen Gleitschuhen versehen. Durch die optimale Gestaltung der Federführung werden Reibverluste und somit die Erwärmung des ZMS reduziert.

## 3.2.2 Schwingungsisolation

Die Hauptaufgabe des ZMS besteht darin, die zündungsbedingten Drehungleichförmigkeiten des Verbrennungsmotors von den übrigen Komponenten des Antriebsstrangs zu isolieren. In früheren konventionellen Systemen mit Einmassenschwungrad wurde diese Aufgabe durch mehrere, in der Kupplungsscheibe integrierte Spiralfedern (Abbildung 4.7) mit geradliniger Bauform realisiert [4], [6]. Aufgrund der erreichbaren Federraten im Torsionsdämpfer kann dies durch die resultierenden Eigenfrequenzen des Antriebsstrangsystems zu Resonanzüberhöhungen führen, welche im unteren Arbeitsbereich der Motordrehzahl liegen [10]. Abbildung 3.3 zeigt qualitativ die Abhängigkeit der Resonanzüberhöhung von der Reibungsdämpfung im Antriebssystem.

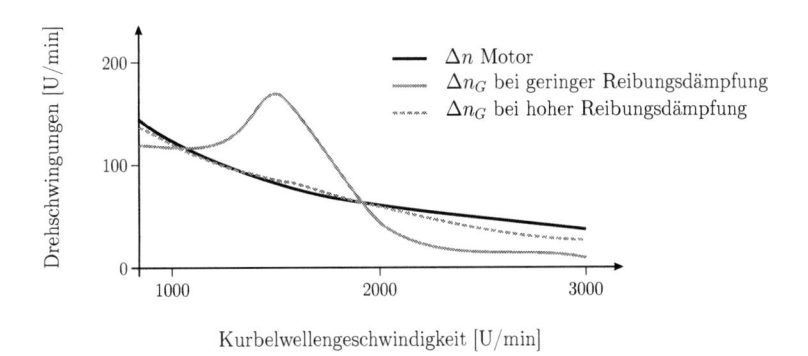

**Abbildung 3.3:** Qualitative Betrachtung konventioneller Torsionsdämpfersysteme in der Kupplungsscheibe [10]

$\Delta n$ bezeichnet hierbei die zündungsbedingten Drehzahlschwankungen des Motors und $\Delta n_G$ entsprechend der Getriebeeingangswelle. Ist die Reibungsdämpfung hoch, so stellt sich zwar keine ausgeprägte Resonanzüberhöhung ein, jedoch ist die Isolationseigenschaft bei höheren Drehzahlen nur sehr schwach ausgeprägt. Im unteren Drehzahlbereich findet keine Isolation statt. Bei geringer Dämpfungsreibung lässt sich die Isolationseigenschaft bei hohen Drehzahlen zwar deutlich verbessern, jedoch wird dieser Vorteil durch eine starke Resonanzüberhöhung erkauft. Qualitativ betrachtet, stellen konventionelle, in die Kupplungsscheibe integrierte Torsionsdämpfersysteme lediglich eine Kompromisslösung dar. Bei modernen Dieselmotoren würde sich somit der Bereich Resonanzdrehzahl mit jenem des maximalen Motormoments überschneiden. Dies würde den Fahrkomfort bei ökonomisch günstiger Motordrehzahl empfindlich einschränken.

Um die Isolationswirkung des Torsionsdämpfers zu verbessern, bedarf es zunächst der Betrachtung des Anforderungsprofils. Ein ideales Torsionsdämpfersystem für den Antriebsstrang eines Fahrzeugs sollte folgende Schwingungsszenarien beherrschen [10]:

- **Getrieberasseln im Leerlauf:** Tritt in Bereichen höherer Anregungsfrequenzen (20-40Hz) mit geringer Schwingwinkelsamplitude[3] auf. Zum Erreichen einer möglichst guten, überkritischen[4] Isolation in diesem Bereich sollte der Torsionsdämpfer eine niedrige Federrate bei gleichzeitig niedriger Dämpfung aufweisen.

- **Lastwechselverhalten:** Beim Lastwechsel tritt entweder eine Erhöhung des Motormoments bzw. des Lastmoments ein, was zu einer Torsion des Antriebsstrangsystems und somit des Torsionsdämpfers führt. Dieser Vorgang ist gekennzeichnet durch eine niedrige Frequenz (Eigenfrequenzen des Antriebsstrangs) sowie großen Schwingwinkelamplituden. Die Anforderungen an den Torsionsdämpfer beinhalten daher eine geringe Federkonstante mit möglichst hoher Dämpfung.

- **Resonanzdurchgang:** Wird der Torsionsdämpfer zwischen Kupplung und Kurbelwelle integriert, so ist zumindest beim Start-Stop-Vorgang des Motors der Resonanzbereich zu durchlaufen. Dieser wird durch eine relativ niedrige ($< 650$ U/min), vom Torsionsdämpfer abhängige Eigenfrequenz geprägt. Da die Schwingungsisolation überkritisch erfolgen soll ist ein Durchlaufen der Resonanzfrequenz unabdingbar. Die Anforderungen an den Torsionsdämpfer diesbezüglich sind eine niedrige Federrate zur Reduzierung der Eigenfrequenz bei gleichzeitig großer Dämpfung zur Vermeidung starker Resonanzüberhöhungen[5].

Abbildung 3.4 zeigt eine, sich aus den obig genannten Anforderungen ergebende, ideale Torsionsdämpferkennlinie. Hierzu wird das, für die Torsion des Dämpfers notwendige Moment über dem relativen Verdrehwinkel $\Delta\varphi$ in Bezug auf die Ruhelage aufgetragen. Die Kennlinie weist für große Schwingwinkel, die im Falle eines Lastwechsels auftreten würden, eine starke Reibungsdämpfung auf. Dies ist durch die eingeschlossene Fläche der äußeren Kurve begründet, welche ein Maß für Verlustenergie des Reibvorgangs darstellt. Für kleine Auslenkungen, die im Leerlauf-, Zug- und Schubbetrieb auftreten, wird eine kleine Dämpfung mit geringer Federrate angestrebt. Dadurch findet eine gute Schwingungsisolation bei

---
[3]Bei Otto- und Dieselmotoren: $|\Delta\varphi| < 2°$
[4]Bei überkritischer Isolation liegt die Störfrequenz der zu dämpfenden Schwingung über der Eigenfrequenz des Dämpfers. Im Gegensatz zu Schwingungen werden Stöße überwiegend unterkritisch gedämpft.
[5]Bei zu starken Resonanzüberhöhungen kann der Start des Motors misslingen, da der Startermotor nicht genügend Moment erzeugen kann um den Resonanzbereich zügig zu durchlaufen

## 3.2 Funktionsprinzip

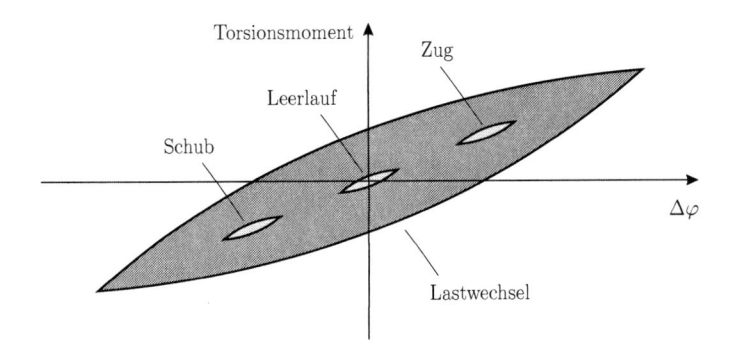

**Abbildung 3.4:** Kennlinie eines idealen Torsionsdämpfers

geringen Reibverlusten statt. Eine zu hohe Reibungsdämpfung würde in diesem Bereich zu einer Übertragung des Wechseldrehmoments über den Torsionsdämpfer und somit zu einer schlechten Isolation führen. Die sich hieraus ergebende Anforderungen an ein Torsionsdämpfungssystem (TD) sind in Tabelle 3.1 zusammengefasst.

| Betriebszustand | Phänomen | Frequenz | $\Delta\varphi$ | TD-Anforderungen | |
|---|---|---|---|---|---|
| | | | | Federrate | Dämpfung |
| Leerlauf, Zug, Schub | Geräusche | hoch | gering | klein | klein |
| Lastwechsel | Ruckeln | klein | groß | klein | groß |
| Resonanzdurchlauf | Geräusche, Festigkeit | klein | groß | klein | groß |

**Tabelle 3.1:** Gegenüberstellung der Eigenschaften verschiedener Betriebszustände des Motors und der daraus resultierenden Anforderungen an den Torsionsdämpfer

Die technische Realisierung eines Torsionsdämpfer mit der Charakteristik aus Abbildung 3.4 gestaltet sich aufgrund der gegensätzlichen Eigenschaften bezüglich des Dämpfungsverhaltens in unterschiedlichen Betriebszuständen schwierig.

Mit der Entwicklung des ZMS wurde ein entscheidender Schritt hinsichtlich einer Annäherung an die ideale Torsionsdämpferkennlinie vollzogen. Durch die Separation eines Teils der Schwungmasse des EMS an den Getriebeeingang sowie einer drastischen Senkung der Federrate im Torsionsdämpfer durch die Einführung des Konzepts der langen Bogenfedern, konnte die Resonanzdrehzahl des System zu vergleichsweise deutlich niedrigeren Motordrehzahlen abgesenkt werden (ca. 300-500 U/min). Dadurch liegt, mit Ausnahme des Start-/Stop-Vorgangs, in sämtlichen Arbeitsbereichen des Verbrennungsmotors eine überkritische Isolation der zündungsbedingten Drehschwingungen vor. Abbildung 3.5 veranschaulicht qualitativ die Schwingungsisolation anhand der Kennlinie eines Bogenfederpaares. Die rückwirkenden Bogenfederkräfte sind dabei nur in Druckrichtung aktiv. D.h. es wirken keine Zugkräfte durch die Bogenfedern.

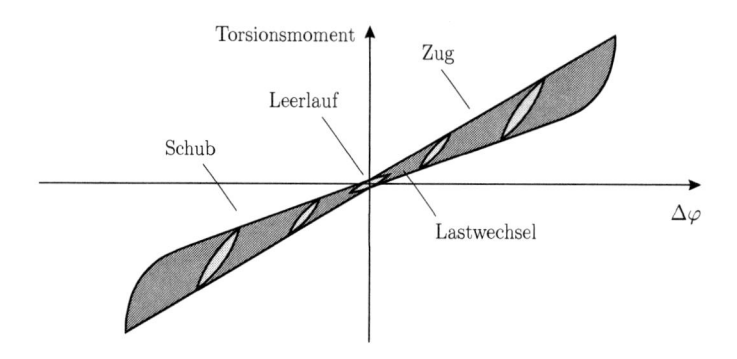

**Abbildung 3.5:** Qualitative Kennlinie eines Zweimassenschwungrades (ZMS)

Es sind hierbei deutlich die angestrebten Merkmale bezüglich einer kleinen Dämpfung im Zug-, Schub- und Leerlaufbetrieb sowie eine vergleichsmäßig starke Dämpfung im Lastwechselfall zu erkennen. Im Vergleich zur idealen Kennlinie (Abbildung 3.4) ist der Dämpfungszyklus für den Lastwechsel im Bereich kleiner Schwingwinkel stark verjüngt. Die Federrate nimmt aufgrund der ansteigenden effektiven Steigung der Teilzyklen für größere Auslenkwinkel zu. Dies ist durch die Tatsache bedingt, dass bei Betrieb der Bogenfeder nicht diskret zwischen dem Zyklus des Lastwechselbetriebs und den kleineren Zyklen des Zug-, Schub-, und Leerlaufbetriebs umgeschaltet werden kann. Der Übergang erfolgt durch eine stetige Funktion, welche bedingt durch die physikalischen Eigenschaften der Bogenfeder eine Zunahme der effektiven Federrate bei größeren Auslenkwinkeln bewirkt. Die Bogenfeder stellt somit keinen idealen Torsionsdämpfer dar, weist jedoch einige Eigenschaften auf, mit welchen sich bereits eine sehr gute Isolation der zündungsbedingten Drehzahlschwankungen bei gutem Lastwechselverhalten realisieren lässt. Durch zusätzliche, konstruktive Maßnahmen lässt sich die Kennlinie des Torsionsdämpfers im ZMS noch näher an das Ideal aus Abbildung 3.4 heranführen (siehe Kapitel 3.2.3).

Neben der Bogenfedercharakteristik des ZMS ist zusätzlich die richtige Wahl der Trägheitsmassen $J_{prim}$ und $J_{sec}$ für die Isolationseigenschaft des ZMS von Bedeu-

## 3.2 Funktionsprinzip

tung [99], [9]. Prinzipiell sind die Trägheitsmassen des ZMS so gering wie möglich[6] zu wählen, da mit größeren Trägheitsmassen auch der Kraftstoffverbrauch ansteigt. Außerdem wirken sich diese zusätzlich negativ auf das Beschleunigungsverhalten aus. Der Motor verhält sich bezüglich der Umsetzung des Fahrerwunsches träge und verliert somit an Spritzigkeit. Reduziert man die sekundäre Schwungmasse zu stark, geht der Effekt der Schwingungsisolation verloren bzw. wird abgeschwächt. Wählt man hingegen die primäre Schwungmasse kleiner, so resultiert dies in stärker ausgeprägten Drehungleichförmigkeiten der Kurbelwelle, welche im ungünstigen Fall durch starke Vibrationen des Motors wahrnehmbar sind. Die Kurbelwellenbeanspruchung erhöht sich hierbei jedoch nicht signifikant, da zuvor torsionskritische Drehzahlen durch das ZMS in höhere Drehzahlbereiche des Motors verschoben wurden [10]. Bei der Auslegung eines ZMS ist demnach stets abzuwägen, welche Zusammenstellung von Schwungradmassen und Bogenfederelementen, bezogen auf den jeweiligen Anwendungsfall, die optimale Lösung bezüglich Fahrkomfort und Wirtschaftlichkeit des Fahrzeugs darstellt.

Abbildung 3.6 zeigt einen Vergleich der Schwankungen der Motordrehzahl $n_{prim}$ bzw. der Getriebedrehzahl $n_{sec}$ bei Verwendung eines ZMS als Torsionsdämpfer im Antriebsstrang.

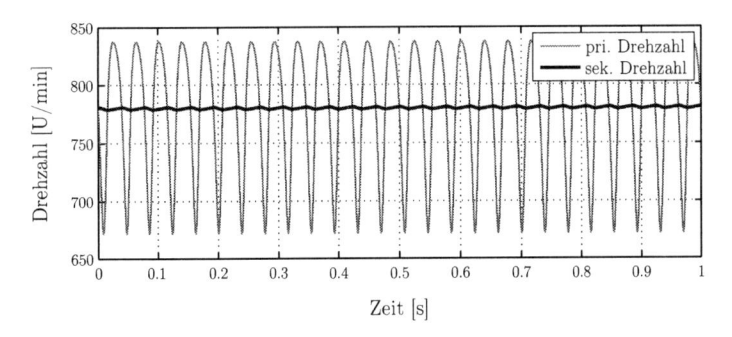

**Abbildung 3.6:** Isolation der zündungsbedingten Drehschwingungen der Kurbelwelle durch das ZMS

Es ist deutlich zu erkennen, dass die sekundäre Drehzahl des ZMS, welche bei geschlossener Kupplung der Drehzahl der Getriebeeingangswelle gleicht, nahezu frei von Drehschwingungen ist, obwohl die direkt an die Kurbelwelle angeflanschte primäre Trägheitsmasse $J_{prim}$ stark schwingt. Die Isolationseigenschaft des ZMS beschränkt sich nicht auf einzelne Drehzahlbereiche. Abbildung 3.7 zeigt die Vorteile gegenüber konventionellen Dämpfersystemen aus Abbildung 3.3. Durch das ZMS werden die zündungsbedingten Drehzahlschwankungen der

---
[6]Die minimale Masse der Schwungräder wird u.a. durch Anforderungen der Nebenaggregate sowie thermische Belastungen begrenzt

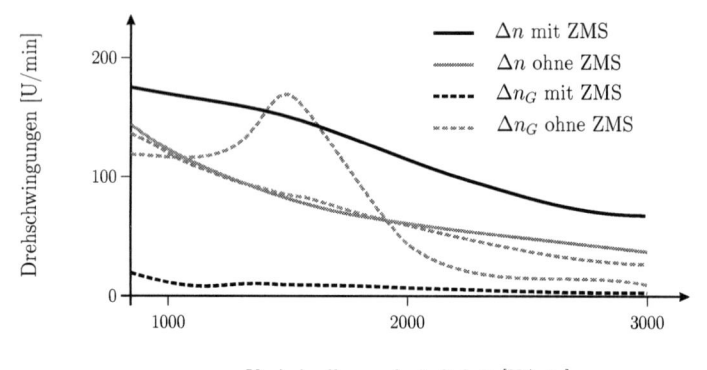

**Abbildung 3.7:** Qualitativer Vergleich konventioneller Torsionsdämpfersysteme mit dem ZMS

Kurbelwelle effektiv isoliert. Die Getriebeeingangsdrehzahl weist somit im gesamten Arbeitsbereich des Motors verhältnismäßig geringe Schwankungen im Vergleich zu konventionellen Torsionsdämpfern auf.

### 3.2.3 Bogenfedercharakteristik

Die Isolationseigenschaften sowie das gesamte Betriebsverhalten des ZMS werden im Wesentlichen durch die Eigenschaften des Bogenfeder-Torsionsdämpfersystems charakterisiert. Bei der Dimensionierung der Bogenfeder existiert eine fast unüberschaubare Auswahl an Möglichkeiten der Parameterwahl. Die einfachste Form der Bogenfeder ist die gebogene homogene Spiralform (Abbildung 3.8a). Lässt sich die Feder ohne Stauchung in den Federkanal des ZMS einfügen, so spricht man von einer Bogenfeder ohne Vorspannung $M_{VS}$. Ist die Bogenlänge der Spiralfeder kürzer als der Federkanal, so spricht man von einem ZMS mit Freiwinkel. Der Freiwinkel $\varphi_{FW}$ ist somit jener Winkel, den der Flansch ausgehend von $\Delta\varphi = 0$ zurücklegt, bis die Bogenfeder gestaucht wird. Die Federraten der einzelnen Windungen lassen sich durch spezielle, fertigungstechnische Verfahren individuell vorgeben. Aufgrund der langen Bogenform lassen sich sehr kleine Federraten realisieren. Durch Hinzunahme einer zweiten Feder, welche sich im Inneren der Windungen der ersten Feder befindet, ergibt sich die sog. einstufige Parallelfeder (Abbildung 3.8b). Durch Kürzung bzw. Unterteilung der Innenfedern ergeben sich mehrstufige Parallelfedern (Abbildung 3.8c und d). Die Kennlinien der äußeren bzw. inneren Bogenfedern überlagern sich näherungsweise additiv.

## 3.2 Funktionsprinzip

a) homogene Spiralform

b) einstufige Parallelfeder

c) zweistufige Parallelfeder

d) dreistufige Parallelfeder

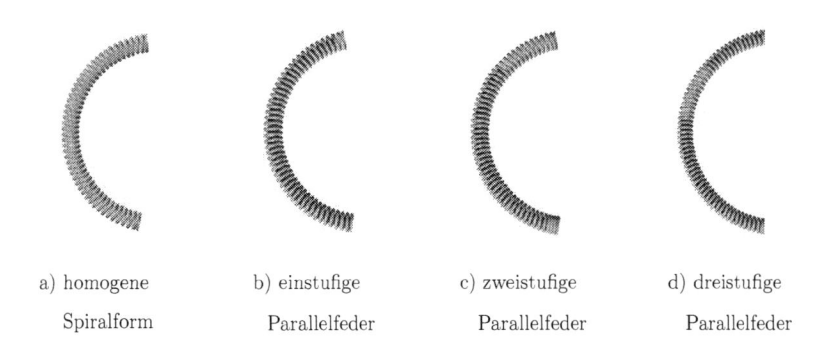

**Abbildung 3.8:** Verschiedene Bauformen des Bogenfeder-Torsionsdämpfers

Aufgrund der vielfältigen Parametrierungsmöglichkeiten der Bogenfeder lassen sich unterschiedlichste Formen von Kennlinien realisieren. In Abbildung 3.9 ist exemplarisch die Kennlinie einer einstufigen Bogenfeder mit Freiwinkel und Grundreibung $M_{GR}$ dargestellt.

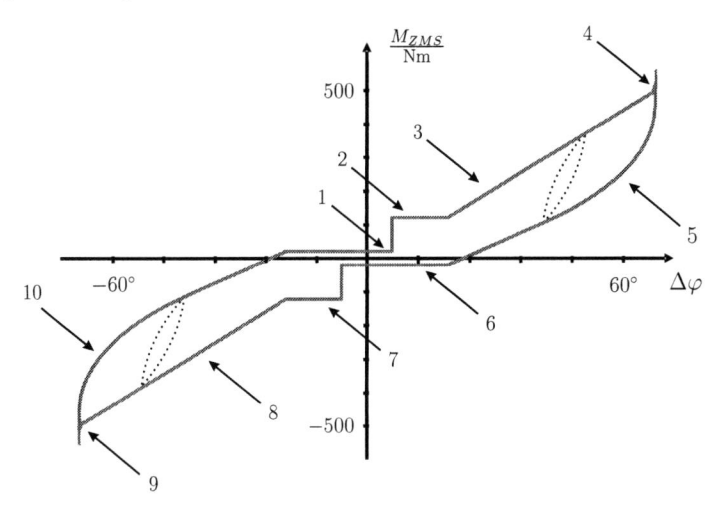

**Abbildung 3.9:** Nichtlineare Kennlinie einer einstufigen Bogenfeder mit Freiwinkel

Im Folgenden wird der Durchlauf einer Schwingung anhand der dabei stattfindenden Teilprozesse erläutert. Die Kennlinie der Bogenfeder wird dabei in mathematisch negativem Drehsinn durchlaufen.

1. Es erfolgt eine Auslenkung $\Delta\varphi$ in mathematisch positive Drehrichtung. Der Flansch läuft in den Federkanal ohne die Bogenfeder zu berühren. Das der

Bewegung entgegengerichtete Moment $M_{ZMS}$ wird durch die konstruktiv bedingte Grundreibung $M_{GR}$ des Zweimassenschwungrades bewirkt.

2. Nachdem der Flansch auf die Bogenfeder trifft, wird diese durch den Kanal geschoben, bis das Ende der Bogenfeder am hinteren Anschlag angekommen ist. Die Bogenfeder erfährt dabei keine bzw. nur eine minimale Stauchung. Besitzt die Feder eine Vorspannung, lässt sie sich im Allgemeinen nicht durch den Kanal schieben ohne dabei gestaucht zu werden. Durch das Verschieben der Bogenfeder im Kanal entsteht Reibung. Das Rückmoment $M_{ZMS}$ ergibt sich somit aus der Grundreibung sowie der zu verrichtenden Arbeit durch die Verschiebung der Feder.

3. Erreicht das Ende der Bogenfeder den hinteren Anschlag, beginnt sich die Feder zu stauchen. Durch die bogenförmige Stauchung im Kanal tritt, basierend auf einer tangentialen, durch den Flansch übertragenen, auf die Auflagelläche wirkenden Federkraft, in den einzelnen Windungen der Bogenfeder, je nach deren Winkellage, eine unterschiedlich starke Reibung mit der Gleitschale auf. Bedingt durch den Übergang von Haft zu Gleitreibung werden zunächst nur einige Windungen, welche unmittelbar nach dem Flansch angeordnet sind eine gleitreibungsbehaftete Bewegung durchführen, während die übrigen Windungen der Bogenfeder in ihrer Position verharren[7]. Mit zunehmendem Winkel $\Delta\varphi$ steigt das auf die Feder wirkende Moment. Dadurch erfahren auch weiter vom Flansch entfernt liegende Bogenfederwindungen eine genügend hohe Tangentialkraft um die Haftreibung überwinden und ebenfalls eine gleitreibungsgedämpfte Bewegung durchführen zu können - die Windungen werden *aktiv*. Desto mehr Windungen aktiviert sind, desto höher ist die zu überwindende Gleitreibungskraft für die weitere Stauchung der Feder. Gleichzeitig reduziert sich das resultierende Rückmoment der Bogenfeder $M_{BF}$, da die resultierende Federkonstante mehrerer in Serie befindlicher Einzelfederelemente stets kleiner als die kleinste vorkommende Einzelfederkonstante ist. Durch die Überlagerung dieser beiden Effekte steigt das, für die weitere Stauchung der Feder aufzubringende Moment näherungsweise linear an. Würde die Bewegung einen Umkehrpunkt erreichen, so bliebe zwar die Rückstellkraft der Bogenfeder erhalten, die Reibung würde jedoch in entgegengesetzter Richtung wirken. Somit entstehen die bereits in Abbildung 3.5 vorgestellten Teilzyklen für den Zug- bzw. Schubbetrieb.

4. Nimmt hingegen der Torsionswinkel der Bogenfeder stetig weiter zu, kommt es zum Anschlag der Bogenfedern. D.h. sämtliche Einzelfederelemente laufen auf Block, es ist keine weitere Stauchung der Feder möglich. Dieser

---

[7]Die Tangentialkraft, welche auf die Einzelwindung der Feder winkt ist in diesem Fall kleiner aus die Haftreibkraft.

## 3.2 Funktionsprinzip

Betriebspunkt ist möglichst zu vermeiden, da es hierdurch zu einer Zerstörung der Feder oder einer dauerhaft plastischen Verformung[8] kommen kann. Eine dauerhaft plastische Verformung würde eine Änderung der Charakteristik und somit auch des Isolationsverhaltens bewirken.

5. Befindet sich der Flansch wieder im Rücklauf, so setzt sich das, auf den Flansch wirkende Bogenfedermoment $M_{BF}$ aus der Federrückstellkraft sowie der Reibungsverluste der aktiven Windungen zusammen. Da die Reibung in diesem Fall entgegen der Rückstellkraft wirkt, ist das Bogenfedermoment $M_{BF}$ im Rücklauf kleiner als im fortschreitenden Stauchungsprozess. Dadurch wird bei starken Schwingungsamplituden (Lastwechselfall) dem System in verstärktem Maße dissipativ Energie entzogen.

6. Ist die Rückstellkraft der Bogenfeder für jede Windung kleiner als die zu überwindende Reibkraft, entfernt sich der Flansch von der zurückbleibenden Bogenfeder in Richtung der Ausgangsposition $\Delta\varphi = 0$. Dabei ist lediglich die Grundreibung des ZMS $M_{GR}$ zu überwinden. Nach dem Durchlauf der Nulllage trifft der Flansch mit seiner Auflagefläche auf die gegenüberliegenden Bogenfeder.

7. Da sich die Bogenfedern bei Schritt 5 nicht vollständig in ihre Ausgangslagen zurückbewegt hatten oder zumindest ein Freiwinkel vorhanden ist, werden sie, analog zu Schritt 2, an den gegenüberliegenden Anschlag geschoben.

8. Der Anschlag befindet sich nun auf jeder Seite der Bogenfeder an der zuvor, im Zugbetrieb, der Flansch angelegen hatte. Die Feder wird nun quasi in umgekehrter Richtung gestaucht (Schubbetrieb). Die Stauchung erfolgt hierbei analog zu Schritt 3. Unsymmetrische Bogenfederkonzepte erlauben eine Separation der Bogenfedercharakteristik bezüglich Zug- und Schubbetrieb.

9. Die Bogenfeder geht im Schubbetrieb auf Block.

10. Rücklaufphase des Schubbetriebes analog zu Schritt 5: nach Erreichen der Ausgangsposition erfolgt eine neue Zugphase, der Zyklus ab Schritt 1 wiederholt sich.

Zur Verdeutlichung der unterschiedlichen, an den Einzelwindungen $i$ der Bogenfeder wirkenden Kräfte, zeigt Abbildung 3.10 die Kräftebilanzen von drei aufeinander folgenden Windungen. Es wird dabei vereinfachend angenommen, dass die Kräfte stets in einer Ebene liegen.

---

[8]Wird die Elastizitätsgrenze des Bogenfederwerkstoffes überschritten tritt eine plastische Verformung ein.

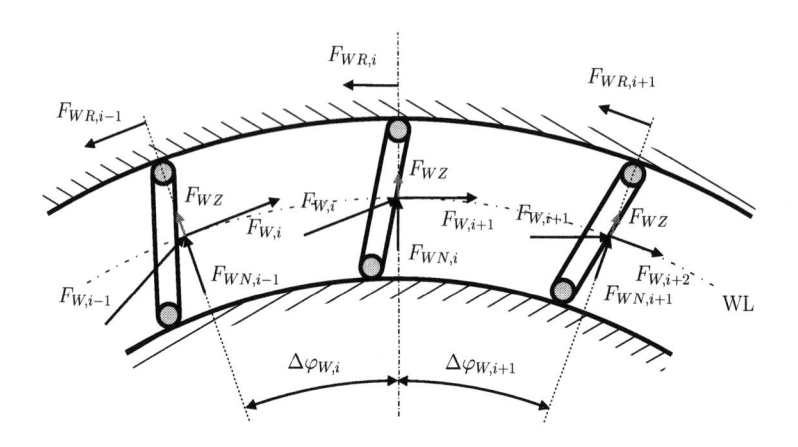

**Abbildung 3.10:** Kräftebilanzen dreier, aufeinander folgernder Bogenfederwindungen

Jede Einzelwindung $i$ wird individuell betrachtet. Der Verbund zur Bogenfeder und die Wechselwirkung zwischen den Einzelwindungen ist durch die Transferkraft $F_{W,i}$ gegeben. Die Transferkraft $F_{W,i}$ wird in eine Normalkomponente $F_{WN,i}$ sowie eine auf die nächste Einzelwindung $i+1$ wirkende Transferkraft $F_{W,i+1}$ entlang der gekrümmten Wirkungslinie (WL) aufgeteilt. $F_{WZ}$ ist eine drehzahlabhängige Fliehkraft, mit welcher die Einzelwindung gegen die Gleitschale des ZMS gepresst werden. Zusammen mit der Normalkomponente $F_{WN,i}$ ist die Fliehkraft für die Reibung der Einzelwindungen an der Gleitschale verantwortlich.

$$F_{WR,i} = \mu_{WR,i}\left(F_{WN,i} + F_{WZ}\right) \qquad (3.1)$$

$\mu_{WR,i}$ ist der Haft-, bzw. Gleitreibungskoeffizient der jeweiligen Einzelwindung. Damit eine Einzelwindungen aktiv ist, muss die resultierende Transferkraft $F_{W,i+1}$ größer als die entgegengesetzt wirkende Reibkraft $F_{WR,i}$ sein.

| Bedingung | Zustand |
|---|---|
| $F_{WR,i} < F_{W,i+1}$ | aktiv |
| $F_{WR,i} > F_{W,i+1}$ | inaktiv |
| $F_{WR,i} \approx F_{W,i+1}$ | Übergang |

**Tabelle 3.2:** Bedingung für die Aktivität der Einzelwindungen der Bogenfeder

Ist die Reibkraft größer als die resultierende Transferkraft verharren die betroffenen Windungen ortsfest im Haftreibungszustand und sind inaktiv. Es sind dann

## 3.2 Funktionsprinzip

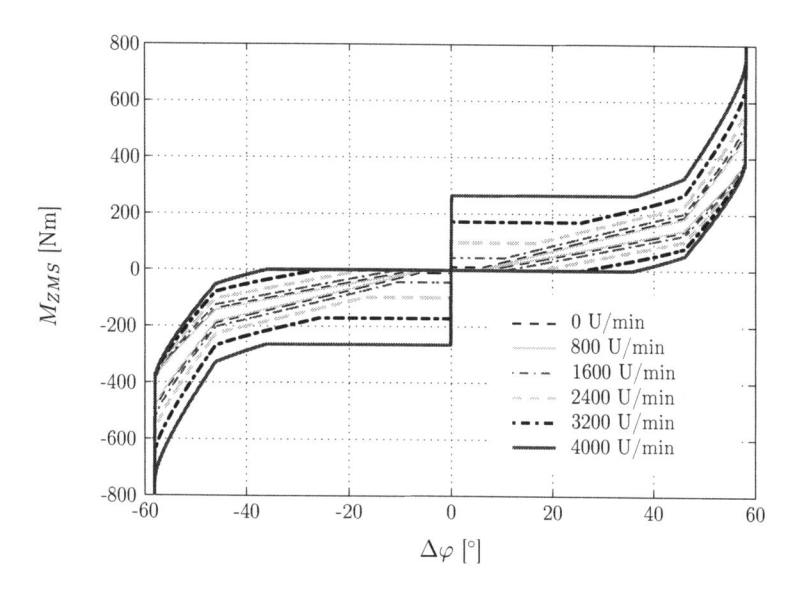

**Abbildung 3.11:** Schar von Bogenfederkennlinien mit Freiwinkel und zwei Federstufen

lediglich die flanschnahen Einzelwindungen der Bogenfeder in Bewegung und tragen somit zur Bildung der lokalen Federrate bei. Die Fliehkraft $F_{WZ}$ und somit auch die Reibungskraft bzw. die Entscheidung ob eine Einzelwindung aktiviert ist hängt von der Drehzahl des ZMS ab. Mit zunehmender Drehzahl steigt die, auf die Einzelwindungen wirkende Fliehkraft überproportional an. Für die Einzelwindung, vereinfacht dargestellt als einzelner Massenpunkt $m_{EW}$ mit dem Abstand $r_{EW}$ zur Drehachse, gilt in der Rotationsebene [110]:

$$F_{WZ} = m_{EW} \cdot r_{EW} \cdot \omega_{EW}^2 \qquad (3.2)$$

Die rotatorische Geschwindigkeit der Einzelwindungen kann in erster Näherung als konstant bezüglich ihrer Lokalität und identisch der, des primären Schwungrads angenommen werden ($\omega_{EW,i} \approx \omega_{EW} \approx \dot{\varphi}_{pri}$). Die Bogenfedercharakteristik muss somit für jede Drehzahl gesondert untersucht werden. Abbildung 3.11 zeigt eine Schar von Kennlinien bei variierter stationärer Drehzahl $\bar{n}$. Bei der dargestellten Bogenfeder handelt es sich um eine zweistufige Bauform mit Freiwinkel.

Es ist deutlich zu erkennen, dass die Charakteristik der Bogenfeder stark von der Drehzahl des ZMS abhängig ist. Das, zur Verschiebung der Bogenfeder im Kanal notwendige Moment nimmt mit steigender Drehzahl überproportional zu. Hierdurch verkürzt sich der Wirkungsbereich der ersten Federstufe entsprechend. Diese Eigenschaft lässt sich dadurch begründen, dass sich die Bogenfeder bei ei-

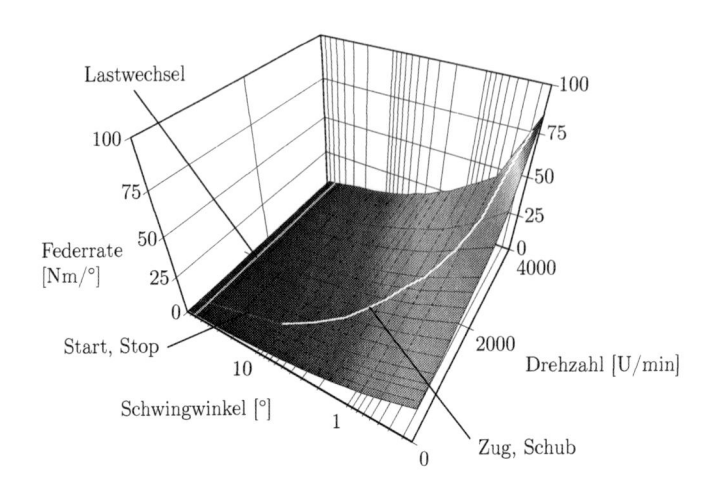

**Abbildung 3.12:** Effektive Federrate bei Teilzyklen der Bogenfeder in Abhängigkeit von der Motordrehzahl und des Schwingwinkels. [Quelle: [10]]

ner Umkehr z.B. aus dem Zug- in den Schubbetrieb nicht vollständig entspannen kann, da die Aktivitätsbedingung (siehe Tabelle 3.2) für die bereits zuvor (bei niedrigerer Drehzahl) in Zugrichtung verschobenen Einzelwindungen, aufgrund der nun höheren Drehzahl, nicht mehr erfüllt wird und diese somit im Zustand der Haftreibung ortsfest verharren. Reduziert sich die Drehzahl des ZMS wieder nimmt auch die Fliehkraft $F_{WZ}$ und entsprechend die Reibkraft $F_{WR,i}$ ab. Dies führt dazu, dass die Rückstellkraft der Bogenfeder die Haftreibung überwindet und die Feder sich ausdehnen kann. Erhöht sich die Drehzahl wieder bricht die rückläufige Ausdehnung der Feder wieder ab. D.h. die rückläufige Ausdehnung der Bogenfeder ist in besonderem Maße vom zeitlichen Verlauf der Geschwindigkeitsänderung abhängig. Der zeitliche Verlauf der Geschwindigkeitsänderung des ZMS während einer Übergangsphase von Zug- auf Schubbetrieb oder umgekehrt ist dadurch beispielsweise auch vom Schaltverhalten des Fahrers abhängig.

Sowohl die effektive Federrate als auch die Reibungsdämpfung der Bogenfeder sind stark von der Geschwindigkeit $\omega_{EW}$ und der Auslenkung $\Delta\varphi$ des ZMS abhängig. Als effektive Federrate $c_{eff}$ wird jene lineare Federrate bezeichnet, welche im Mittel über einen definierten Arbeitsbereich betrachtet die gleiche Rückstellkraft verglichen mit der Bogenfeder entfaltet. Abbildung 3.12 zeigt die effektive Federrate in Abhängigkeit des Schwingwinkels einer lokalen Teilschleife sowie der Drehzahl des ZMS. Es ist deutlich zu erkennen, dass mit zunehmender Drehzahl

## 3.2 Funktionsprinzip

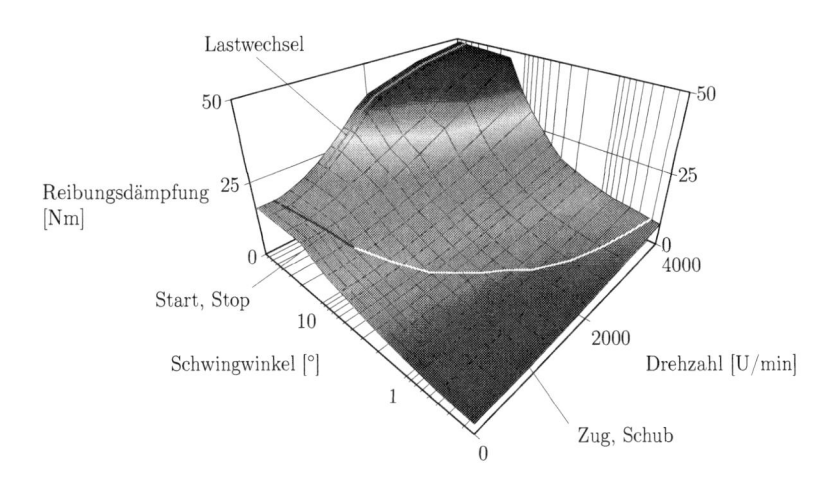

**Abbildung 3.13:** Reibungsdämpfung bei Teilzyklen der Bogenfeder in Abhängigkeit von der Motordrehzahl und des Schwingwinkels. [Quelle: [10]]

und kleiner werdendem Schwingwinkel die effektive Federrate zunimmt. Dieser Effekt lässt sich durch die von Drehzahl und Schwingwinkel abhängige Steigung der Teilzyklen im Zug- bzw. Schubbetrieb erklären. Zusätzlich wurden die Betriebskennlinien eines 2,5 Liter Dieselmotors, welche den Zusammenhang zwischen Schwingungswinkel und Drehzahl in unterschiedlichen Arbeitspunkten des Motors beschreiben, in das Kennfeld der effektiven Federrate übernommen. Die Betriebskennlinien geben somit jene Arbeitspunkte im Diagramm wieder, welche durch die Anregung des ZMS mit dem korrespondierenden Verbrennungsmotor tatsächlich erreicht werden können. Analog hierzu zeigt Abbildung 3.13 die Abhängigkeit der Reibungsdämpfung von der Geschwindigkeit des ZMS sowie des Schwingwinkels der Teilzyklen. Man erkennt deutlich, dass die Reibungsdämpfung des ZMS mit steigender Drehzahl zunimmt. Dies lässt sich dadurch begründen, dass sich die eingeschlossene Fläche der Teilzyklen (siehe Abbildung 3.11) mit ansteigender Geschwindigkeit vergrößert. Im Gegensatz zur Federrate verringert sich die Reibungsdämpfung jedoch stark bei Verringerung des Schwingwinkels. Dies lässt sich durch die reduzierte Anzahl von aktivierten Einzelwindungen erklären und der somit reduzierten Reibarbeit an der Gleitschale erklären.

Erwartungsgemäß treten sowohl beim Starten als auch beim Abstellen des Motors große Schwingwinkel mit geringer Eigenfrequenz auf. Diese Sequenzen werden durch das Bogenfeder-Dämpfersystem aufgrund einer niedrigen Federrate mit angemessener Reibungsdämpfung schnell durchlaufen. Im Zug- bzw. Schubbetrieb treten verhältnismäßig geringe, zündungsbedingte Drehschwingungen auf. Diese werden durch eine geringe Federrate und Reibungsdämpfung gut isoliert. Als Nachteil des Bogenfedersystems gegenüber dem idealen Torsionsdämpfer (siehe Abbildung 3.4) ist die Erhöhung der Federrate mit zunehmender Drehzahl zu werten. Aufgrund eines geringen Schwingwinkels schlägt dieser Effekt jedoch nur in geringem Maße zu Buche. Nehmen die Drehzahlschwankungen jedoch aufgrund des, mit der Drehzahl ansteigenden Massenmoments wieder zu, so sind entsprechende Maßnahmen zur Reduktion der Federkonstante in höheren Drehzahlbereichen zu ergreifen (siehe Kapitel 3.2.4). Die lastwechselbedingten Drehschwingungen zeichnen sich durch hohe Schwingwinkel im gesamten Drehzahlbereich aus. Aufgrund der hohen Reibungsdämpfung bei stark ausgeprägten Schwingwinkeln und einer einhergehend niedrigen Federrate werden lastwechselbedingte Drehschwingungen durch den Bogenfeder-Torsionsdämpfer effektiv reduziert.

Als Fazit lässt sich hieraus festhalten, dass für das Betriebsverhalten des ZMS im Fahrzeug die richtige Kombination von Federrate und Reibungsdämpfung im jeweiligen Betriebspunkt entscheidend ist, um den Anforderungen an einen hochwertigen Torsiondämpfer gerecht zu werden.

### 3.2.4 Erweiterte Bauformen

Die elementare Bauform des ZMS aus Kapitel 3.2.1 setzt sich aus zwei Schwungmassen und dem Bogenfeder-Torsionsdämpfer zusammen. Im vorigen Abschnitt wurde dargelegt, dass das Konzept des elementaren ZMS in mehreren Punkten das Anforderungsprofil an ideale Torsionsdämpfer erfüllen kann. Durch die Abweichungen der Kennlinien des ZMS (Abbildung 3.5) von denen des idealen Torsionsdämpfers (Abbildung 3.4) ergeben sich vereinzelte Schwachstellen, welche den Fahrkomfort mehr oder weniger stark beeinträchtigen können. Durch zusätzliche, konstruktive Erweiterungen des ZMS, z.B. einer Reibsteuerscheibe oder eines Innendämpfers lassen sich diese Schwachpunkte weiter verbessern. Die konstruktive Eingliederung dieser Elemente in das Konzept des ZMS ist in Abbildung 3.14 dargestellt.

**Innendämpfer**

Die Hauptfunktion des ZMS ist die bestmögliche schwingungstechnische Entkopplung von Getriebe und Motor. Um die immer höher werdenden Motordrehmomente bei gleichem Bauraum abdecken zu können, werden die Federraten der Bogenfeder höher, um ein auf Block gehen zu verhindern. Dadurch werden auch die Kennlinien der Teilzyklen der Bogenfedern zwangsläufig steiler. Dies führt zu einer Verschlechterung der Schwingungsisolation vor allem im Zug- und Schubbe-

## 3.2 Funktionsprinzip

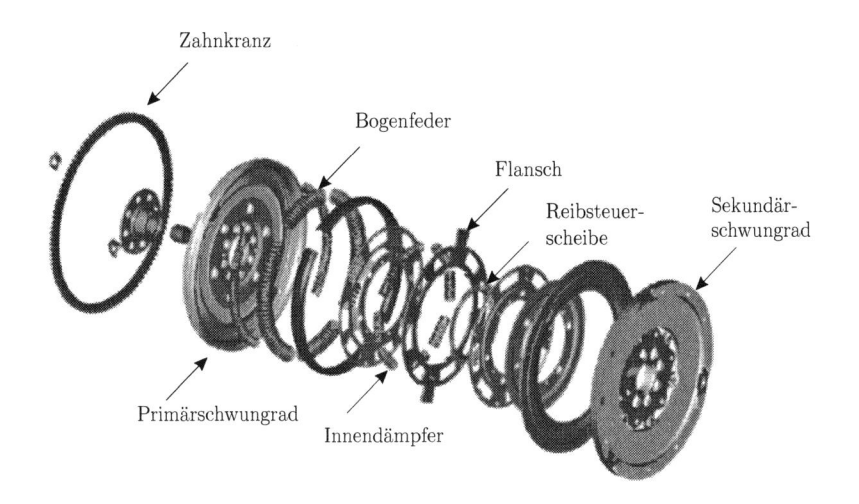

**Abbildung 3.14:** Struktureller Aufbau des erweiterten Zweimassenschwungrades [Quelle: LuK]

trieb. Durch die Einführung von reibungsfreien Innendämpfern konnte die Zugisolation wesentlich verbessert werden. Der Innendämpfer (Abbildung 3.15) wird zwischen Flansch und Sekundärscheibe eingebaut. Der Flansch sowie die Seitenbleche weisen Federfenster auf, in welchen gerade Druckfedern integriert sind. Der Flansch überträgt das Bogenfedermoment über die ungebogen Druckfedern an die Seitenbleche des Innendämpfers und von dort über Abstandsbolzen zum Sekundärschwungrad.

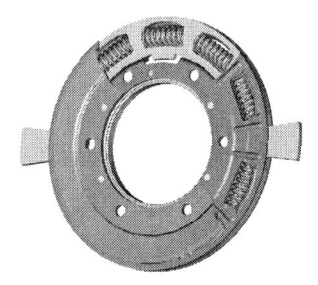

**Abbildung 3.15:** Darstellung eines Flansches mit Innendämpfer (ID) [Quelle: LuK]

In Abbildung 3.12 ist zu erkennen, dass für steigende Drehzahlen die effektive Federrate stark zunimmt. Die Bogenfedern werden dabei aufgrund der hohen

Fliehkraft stark nach außen gegen die Gleitschale gedrückt und die Einzelwindungen somit deaktivert. Die Folge davon ist, dass sich die Bogenfeder versteift. Um weiterhin eine gute Federwirkung auch bei hohen Drehzahlen zu gewährleisten, wird ein Flansch mit Innendämpfer verbaut. Aufgrund ihrer geringeren Masse und der Anordnung auf reduziertem Radius, unterliegen die Federn des Innendämpfers einer deutlich niedrigeren Fliehkraft. Zusätzlich wird die Reibung in den Federfenstern durch den konvex gebogenen, oberen Rand weiter verringert. Dadurch nimmt die gesamte Dämpfungsreibung des ZMS nicht weiter zu, die effektive Federrate jedoch, reduziert sich. Dieser Effekt lässt sich durch die Analogie der resultierenden Federrate, in Serie geschalteter linearer Federelemente $c_i$, mit der Parallelschaltung elektrischer Widerständen erklären.

$$\frac{1}{c_{ges}} = \sum_{i}^{N} \frac{1}{c_i} \tag{3.3}$$

Durch die Serienschaltung reduziert sich die Gesamtfederrate $c_{ges}$ und wird geringer als die kleinste, in der Serie befindliche Einzelfederrate $c_{min}$. Die Eigenschaft einer guten Schwingungsisolation im Zugbetrieb bleibt bei ZMS mit Innendämpfer hierdurch bis zu höchsten Drehzahlen erhalten. Der Innendämpfer wird daher überwiegend eingesetzt, falls bei empfindlichen Antriebssträngen die Isolationswirkung des Zweimassenschwungrades weiter verbessert werden muss. Speziell im Schubbetrieb sind die dadurch erzielten Vorteile erheblich [99]. Die Isolationswirkung des ZMS wird dabei z.B. bei 2500 U/min von 93% (bei ausschließlicher Verwendung der Bogenfeder) auf 95% verbessert. Obwohl diese Verbesserung sehr gering erscheint, ergibt sich aufgrund des nichtlinearen Zusammenhangs zwischen den Drehzahlschwankungen am Getriebeeingang und dem subjektiv empfundenen Getrieberasseln eine deutliche Verbesserung bezüglich der subjektiven, akustischen Wahrnehmung [10].

**Reibsteuerscheibe**

Ein idealer Torsionsdämpfer zeichnet sich durch eine starke Reibungsdämpfung bei großen Schwingwinkeln aus. Um die Kennlinie des ZMS (Abbildung 3.5) hinsichtlich dieser Eigenschaft weiter zu verbessern, wurde die sog. Reibsteuerscheibe (RSS) entwickelt (Abbildung 3.16). Die RSS stellt dabei für große Schwingwinkel eine zusätzliche Reibungsdämpfung zwischen primärem und sekundärem Schwungrad bereit.

Diese Eigenschaft wird durch einen Freiwinkel $\Delta\varphi_{FW,RSS}$ realisiert. Treten starke Auslenkungen des ZMS auf, wird die Reibsteuerscheibe verschoben. Dabei tritt eine zusätzliche, parallel zur Grundreibung wirkende Reibungsdämpfung

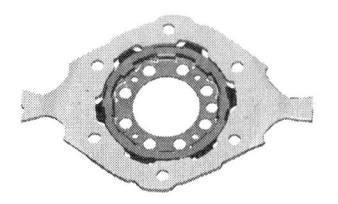

**Abbildung 3.16:** Darstellung eines Flansches mit Reibsteuerscheibe (RSS) [Quelle: LuK]

auf. Befindet sich das ZMS im Zug- bzw. Schubbetrieb mit entsprechend geringen Schwingwinkeln, läuft der Mitnehmer der RSS im Freiwinkel. Die RSS bleibt dadurch ortsfest und erzeugt keine zusätzliche Dämpfungsreibung, was die Isolationseigenschaft im Zug- bzw. Schubbetrieb negativ beeinflussen würde.

Die RSS hat, neben der Funktion der zusätzlichen Dämpfung hoher Schwingungsamplituden bei Lastwechsel, die Hauptaufgabe, während der Start-Phase des Motors, beim Durchlaufen der Resonanzfrequenz des Zweimassenschwungrades, ausgeprägte Resonanzüberhöhungen der Drehzahl zu reduzieren und somit einen möglichen Fehlstart[9] zu verhindern. Um die Anschlaggeräusche zu verringern wird die Reibsteuerscheibe häufig aus Kunststoff gefertigt.

## 3.3 Modellbildung und Simulation

### 3.3.1 Systemtechnische Modellierung

Aufgrund der komplexen Bogenfedercharakteristik (Kapitel 3.2.3) handelt es sich bei dem Zweimassenschwungrad um ein hochgradig nichtlineares System. Die Darstellung des Systemverhaltens in analytisch geschlossener Form, z.B. durch ein System von Differentialgleichungen, gestaltet sich, durch die ereignisbezogenen Prozesse[10] während des regulären Betriebes, sehr schwierig. Um das Systemverhalten des ZMS am Rechner simulieren zu können, bedarf es der möglichst genauen Modellbildung sämtlicher Komponenten sowie dem Verbund zum Gesamtsystem. Abbildung 3.17 zeigt die Struktur des ZMS-Gesamtmodells.

Die Modellierung der einzelnen ZMS-Komponenten wird in der folgenden Abschnitten vorgestellt. Systemtechnisch betrachtet, ergibt sich ein erweitertes Modell des Einmassenschwungrades (EMS), welches auf eine Anregung durch das

---

[9] Das System verharrt dabei im Resonanzbereich. Dies kann zu Anschlägen der Bogenfeder führen
[10] z.B. die Aktivierung einzelner Bogenfederwindungen

$J_1$: Trägheitsmasse (primär)

$J_F$: Trägheitsmasse (Flansch)

$J_2$: Trägheitsmasse (sekundär)

RSS: Reibsteuerscheibe

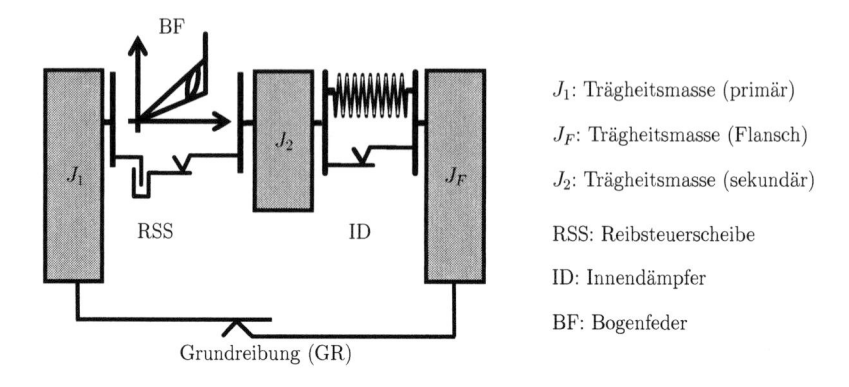

ID: Innendämpfer

BF: Bogenfeder

**Abbildung 3.17:** Modellstruktur des Zweimassenschwungrads

Motor- bzw. Lastmoment mit einer Änderung der Kinematik des primären und sekundären Schwungrades sowie ggf. des Flansches reagiert. Gemäß des zweiten Newton'schen Axioms für rotierende Massen ergibt sich die Beschleunigung einer Trägheitsmasse aus der Summe sämtlicher, in Drehrichtung wirkender Momente:

$$J_i \cdot \ddot{\varphi}_i = \sum_{j=1}^{N_i} M_j \tag{3.4}$$

Abbildung 3.18 zeigt eine Übersicht der Ein- bzw. Ausgänge des ZMS-Modells sowie die internen Verknüpfungen der Komponenten untereinander. Die Kinematik der jeweiligen, rotierenden Masse wird durch einen dreidimensionalen Vektor $\underline{\Phi}$ beschrieben, welcher sich aus dem Absolutwinkel $\varphi$, der Winkelgeschwindigkeit $\omega = \dot{\varphi}$ sowie der Winkelbeschleunigung $\alpha = \dot{\omega}$ zusammensetzt ($\underline{\Phi}^T = [\varphi \ \omega \ \alpha]$). Ein doppelt eingerahmter Systemblock kennzeichnet jene Komponenten des ZMS, welche ein stark nichtlineares Verhalten aufweisen. Da sowohl Bogenfeder (BF), Reibsteuerscheibe (RSS) als auch der Innendämpfer (ID) vollständig im ZMS integriert sind und somit keine Wechselwirkung mit, außerhalb des ZMS befindlichen Bauteilen aufweisen, wirken aufgrund des ersten Newton-schen Axioms (actio = reactio) identische, jedoch gegenläufige Momente an den jeweilig adjazenten Trägheitsmassen. Für die Grundreibung (GR) gilt diese Annahme auch. Sie wird im Rahmen dieser Arbeit nach Amonton [110] als geschwindigkeitsunabhängig angenommen. Das ZMS lässt sich somit systemtechnisch in ähnlicher Weise wie das EMS betrachten, wobei es den signifikanten Unterschied aufweist, dass durch die internen Reibverluste mechanische Energie dissipativ in Wärme umgesetzt wird. Topologisch betrachtet stellt das ZMS ein System dar,

## 3.3 Modellbildung und Simulation

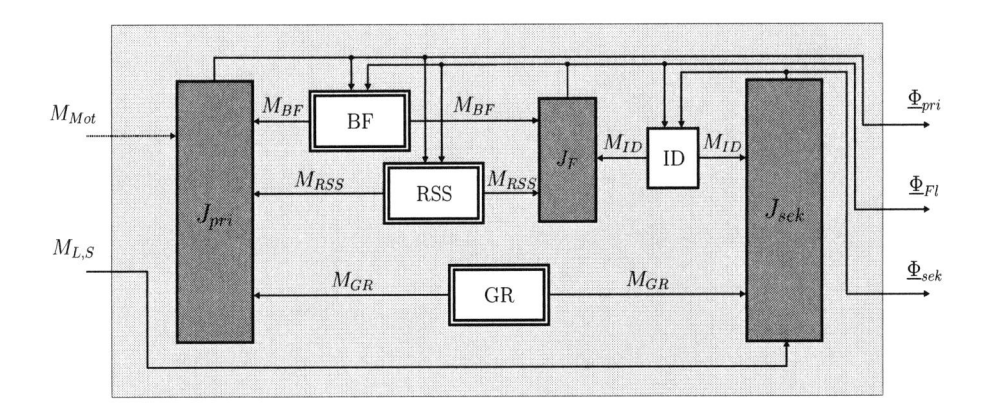

**Abbildung 3.18:** Modellstruktur des Zweimassenschwungrads

welches auf eine Anregung durch zwei adjazent wirkende Drehmomente mit der Kinematik dreier (statt beim EMS einer) gekoppelter Trägheitsmassen antwortet.

### 3.3.2 Modellierung der Bogenfeder

Die Bogenfeder stellt aufgrund ihrer Kennlinie ein stark nichtlineares System dar. Durch die hybride Struktur aufgrund der ereignisdiskreten Aktivierung der einzelnen Bogenfederwindungen erhöht sich die Komplexität des Systems zusätzlich. Ein hybrides System zeichnet sich hierbei durch einen zeit- sowie ereignisgetriebenen Anteil aus [25]. Für jeden ereignisdiskreten Zustand existiert dabei eine Vorschrift für den Verlauf des zeitgetriebenen Anteils. Im konkreten Fall der Bogenfeder bedeutet dies, dass unter Betrachtung der Aktivität jeder Bogenfederwindung ereignisdiskrete Zustände definiert werden, für die eine zeitdiskrete bzw. kontinuierliche Beschreibungsfunktion existiert, welche den zeitlichen Verlauf der Systemtrajektorien, während des Aufenthalts in jenem ereignisdiskreten Zustand, beschreiben. Die Bedingungen für die ereignisdiskreten Zustandsübergänge hängen wiederum von den Systemtrajektorien, welche sich durch die zeitbasierten Beschreibungsfunktionen ergeben, ab. Eine Modellierung mit Berücksichtigung jedes Systemzustandes gestaltet sich daher sehr komplex. Gedächtnisbehaftete Prozesse wie z.B. die Abhängigkeit der Position der Bogenfeder vom Schaltverhalten des Fahrers erschweren die Modellbildung zusätzlich. Systemtechnisch betrachtet lässt sich die Bogenfeder als ein gedächtnisbehaftetes, nichtlineares, hybrides Element $f_{BF}$, welches in Abhängigkeit der Winkelgeschwindigkeit auf eine Winkeldifferenz $\Delta\varphi = \varphi_{pri} - \varphi_{sek}$ mit einem Bogenfedermoment $M_{BF}$ antwortet, betrachten.

$$M_{BF} = f_{BF}(\varphi_{pri}, \varphi_{sek}, \omega_{pri}, \omega_{sek}) \tag{3.5}$$

In [10] und [99] wird eine Methode zur Modellierung der Bogenfeder vorgestellt bei der jede Einzelwindung im Federkanal separat betrachtet wird. Wie bereits in Abschnitt 3.2.3 vorgestellt, ergibt sich das Gesamtmodell aus dem Verbund der Einzelwindungen. Die gegenseitige Wechselwirkung wird dabei durch eine Transferkraft $F_{W,i}$ beschrieben. Die Modellierung der Einzelfederwindungen erlaubt die Erstellung individueller Parametersätze. Dadurch lässt sich die Charakteristik der realen Bogenfeder am Rechner sehr gut simulativ beschreiben und wurde daher im Rahmen dieser Arbeit zur Analyse verschiedener Konfigurationen von Streckenmodellen und Validierung entwickelter Algorithmen zur Steuerung, Regelung und Diagnose verwendet.

### 3.3.3 Modellierung des Innendämpfers

Der Innendämpfer zeichnet sich durch seine näherungsweise lineare Federcharakteristik sowie die geringe Reibungsdämpfung aus. Die nahezu lineare Kennlinie ist dabei lediglich durch das auf „Block-Laufen" der Federn begrenzt. Da dieser Vorgang nur in extrem seltenen Fällen, bei sehr starken Momentensprüngen auftritt, wurde er im Rahmen dieser Arbeit vernachlässigt. Die Modellierung des Innendämpfers ergibt sich somit durch Anwendung der Berechnungsvorschrift für gedämpfte, lineare Torsionsfedern:

$$\begin{aligned} M_{ID} &= f_{ID}(\varphi_{Fl}, \varphi_{sek}, \omega_{Fl}, \omega_{sek}) \\ &= c_{ID}(\varphi_{sek} - \varphi_{Fl}) + d_{ID}(\omega_{sek} - \omega_{Fl}) \end{aligned} \tag{3.6}$$

Die viskose (geschwindigkeitsabhängige) Dämpfung $d_{ID}$ nimmt dabei nur sehr kleine Werte an und wird deshalb häufig zu Null gesetzt. Hierdurch ergibt sich bei der Stabilitätsanalyse ein konjugiert-komplexes Polpaar auf der imaginären Achse.

### 3.3.4 Modellierung der Reibsteuerscheibe

Bedingt durch den Freiwinkel $\Delta\varphi_{FW,RSS}$, stellt die Reibsteuerscheibe ebenfalls ein nichtlineares System dar. Die Lokalität des Freiwinkels hängt zusätzlich von der Vorgeschichte der Systemtrajektorien ab. D.h. das System ist zusätzlich gedächtnisbehaftet. Diese Tatsache erschwert die Aufstellung einer mathematisch

## 3.3 Modellbildung und Simulation

geschlossen, analytischen Form, welche die Systemeigenschaften vollständig beschreibt, zusätzlich. Abbildung 3.19 zeigt den Verlauf des auf Primärschwungrad und Flansch wirkenden Reibsteuerscheibenmoments $M_{RSS}$, ausgehend von einem symmetrisch zum Ursprung positionierten Freiwinkel $\Delta\varphi_{FW,RSS}$.

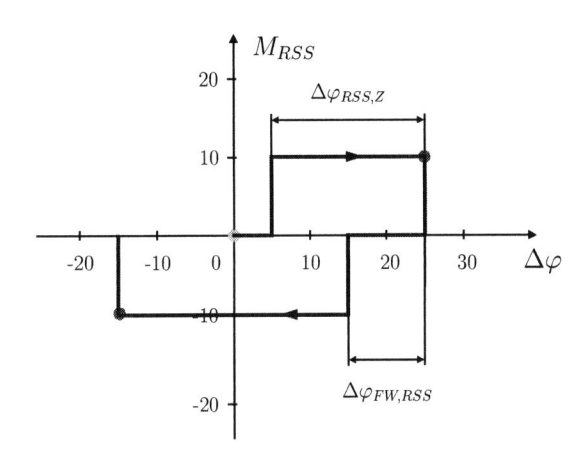

**Abbildung 3.19:** Kennlinie der Reibsteuerscheibe

Zunächst läuft der Mitnehmerbolzen im Freiwinkel, bis er an die zugseitige Begrenzung bei $\Delta\varphi_{FW,RSS}/2$ stößt. Nun wird der zugseitige Anschlag sowie die gesamte RSS um den Winkel $\Delta\varphi_{RSS,Z}$ verschoben. Bei der anschließenden Schubphase befindet sich der schubseitige Anschlag nun bei $\Delta\varphi_{RSS,Z} - \Delta\varphi_{FW,RSS}/2$. Bei der Modellierung ist somit eine Variable $\Delta\varphi_{RSS,Z}$ anzulegen, welche den Versatz der RSS zum Ursprung beinhaltet und somit die Vorgeschichte der vorangegangenen Reibphase beschreibt. Das Reibmoment selbst wurde analog zur vorherrschenden Grundreibung des ZMS als konstant, d.h. geschwindigkeitsunabhängig angenommen. Abnutzungserscheinungen oder Fertigungstoleranzen wurden bei der Modellierung nicht gesondert berücksichtigt. Diese Effekte lassen sich durch eine Vergrößerung des Freiwinkels sowie einer Verringerung des konstanten Moments während der Reibphase modellieren.

# 4 Der Antriebsstrang

Der Antriebsstrang stellt den Kraftschluss des Fahrzeugs zwischen Motor und Straße her. Die im Rahmen dieser Arbeit betrachteten Antriebsstrangkonfigurationen zeichnen sich durch einen zusätzlichen Torsionsdämpfer, dem Zweimassenschwungrad (ZMS) (vorgestellt in Kapitel 3) aus. Das ZMS befindet sich dabei zwischen Motor und Kupplung und ersetzt das konventionelle Einmassenschwungrad (EMS). Der Verbrennungsmotor (vorgestellt in Kapitel 2) repräsentiert hierbei das Stellglied des Antriebsstrangs, welches den Fahrerwunsch bzw. einen Eingriff der Regelmechanismen in ein Stellmoment umsetzt. Abbildung 4.1 zeigt die schematische Darstellung des Antriebsstrangs eines heckgetriebenen Fahrzeugs mit frontseitigem Motor und ZMS:

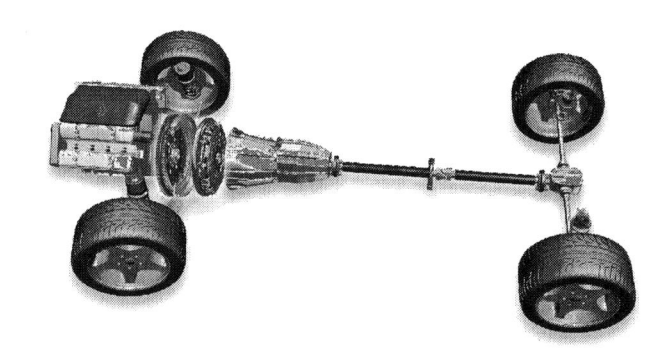

**Abbildung 4.1:** Antriebsstrang eines heckgetriebeben Fahrzeugs mit ZMS

## 4.1 Struktur und Systemdynamik

### 4.1.1 Topologischer Aufbau

Der Antriebsstrang eines heck- bzw. allradgetriebenen Fahrzeugs setzt sich aus Motor, Zweimassenschwungrad, Kupplung, Schaltgetriebe, Kardanwelle, Differentialgetriebe, Gelenkwellen und den Rädern sowie deren Bereifung zusammen. Abbildung 4.2 zeigt eine Übersicht dieser Teilsysteme sowie deren Verknüpfungen durch Kinematik bzw. adjazent wirkende Momente untereinander.

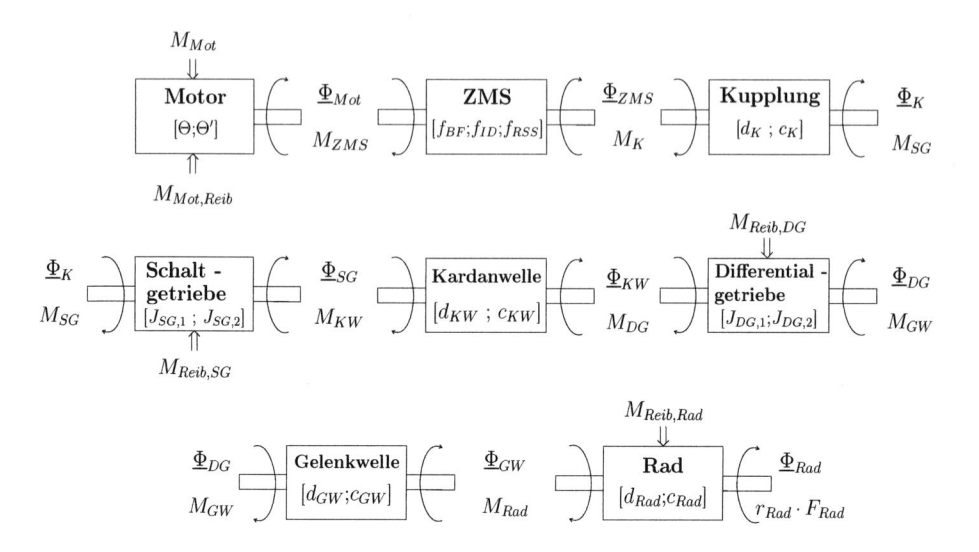

**Abbildung 4.2:** Teilsysteme eines Antriebsstrangs

In den vorhergehenden Kapiteln 2 und 3 wurde der Hubkolbenmotor sowie das ZMS ausführlich beschrieben, sowie mehrere Ansätze zu deren Modellierung vorgestellt. Daher wird, wenn im Folgenden von Antriebsstrang gesprochen wird, nur jener Teil, welcher in Wechselwirkung mit der Sekundärseite des Zweimassenschwungrades sowie der Fahrbahn steht, als Antriebsstrang bezeichnet. Durch die Kupplung lässt sich der Antriebsstrang mechanisch vom ZMS und somit vom Motor trennen. Eine genauere Beschreibung ihrer Funktion ist in Kapitel 4.3 gegeben. Der wesentliche Unterschied im Vergleich zur Betrachtung des ZMS besteht darin, dass der Antriebsstrang über mehrere Lagersstellen in Wechselwirkung mit dem Chassis des Fahrzeugs steht. Dadurch entstehen zusätzliche Reibungsverluste der gelagerten Trägkeitsmassen. Topologisch betrachtet, entfällt bei Fahrzeugen mit Frontantrieb und -motor die Kardanwelle. Das Differentialgetriebe wird dabei direkt im Schaltgetriebe integriert, um Bauraum einzusparen.

Für sämtliche, im Antriebsstrang vorkommende, rotierende Trägheitsmassen gilt das zweite Newtonsche Axiom, wonach die Winkelbeschleunigung proportional der Differenz der adjazent anliegenden Momente ist.

$$J_i \cdot \ddot{\varphi}_i = M_i - M_{i+1} \tag{4.1}$$

## 4.1.2 Funktionsbeschreibung der Komponenten

Im folgenden wird die Funktionalität der im vorigen Abschnitt vorgestellten Komponenten beschrieben.

- **Motor:** Das vom Motor erzeugte Antriebsmoment $M_{Mot}$ resultiert aus aufeinanderfolgenden Momentenimpulsen, erzeugt durch sequentielle Verbrennungszyklen sowie Reibungsverlusten. Es wird angenommen, dass alle rotierenden Teile durch eine einzelne, kurbelwellenwinkelabhängige Trägheitsmasse $\theta$ stellvertretend repräsentiert werden können. Die resultierende Kinematik der Kurbelwelle wird durch $\underline{\Phi}_{Mot}$ dargestellt. Für die Beschleunigung des Motors ergibt sich somit folgender Zusammenhang:

$$\theta(\varphi) \cdot \ddot{\varphi} = M_{Mot} - M_{ZMS} \qquad (4.2)$$

Dabei entspricht $M_{ZMS}$ dem vom ZMS auf die Kurbelwelle rückwirkenden Drehmoment.

- **ZMS:** Das ZMS ist zwischen Kupplung und Motor angeordnet. Systemtechnisch betrachtet (siehe Kapitel 3.3.1) ergibt sich für das ZMS folgender Zusammenhang:

$$M_{ZMS} = f_{ZMS}(\underline{\Phi}_{ZMS}, \underline{\Phi}_{Mot}, M_K) \qquad (4.3)$$

Dabei entspricht $M_K$ dem von der Kupplungsscheibe rückwirkenden Moment an der Sekundärseite des ZMS. $\underline{\Phi}_{ZMS}^T = [\varphi_{ZMS}, \dot{\varphi}_{ZMS}, \ddot{\varphi}_{ZMS}]$ beschreibt die Kinematik der Getriebeeingangswelle. Das Kupplungsmoment $M_K$ ist hierbei nicht gleich dem ZMS-Moment $M_{ZMS}$, da die Bogenfeder sowie die Grundreibung mechanische Energie dissipativ in Wärme umsetzen.

- **Kupplung:** Die Kupplung dient der mechanischen Kopplung bzw. Entkopplung von Motor und Getriebe. Die Kupplung wird im Zug- bzw. Schubbetrieb als vollständig geschlossen angenommen. D.h. der Absolutwinkel zwischen Kupplungsscheibe und Druckplatte ist in diesen Betriebsbereichen konstant. Im Leerlauffall wird die Kupplung als vollständig geöffnet angenommen. In diesem Zustand findet kein Kraftschluss zwischen ZMS und Getriebe statt. Die Lagerreibung des Ausrücklagers kann unter Annahme einer einwandfreien Funktion vernachlässigt werden. Im Fall einer schleifenden Kupplung ist diese separat zu modellieren (siehe Kapitel 4.3).

Das übertragene Drehmoment $M_K$ ergibt sich für den Fall einer vollständig geschlossenen Kupplung zu:

$$M_K = M_{SG} = f_K(\varphi_{ZMS} - \varphi_K, \dot{\varphi}_{ZMS} - \dot{\varphi}_K) \qquad (4.4)$$

$\underline{\Phi}_K^T = [\varphi_K, \dot{\varphi}_K, \ddot{\varphi}_K]$ beschreibt die Kinematik der Getriebeeingangswelle. Gleichung (4.4) beschreibt den Torsionsdämpfer der Kupplung im energetischen Gleichgewicht[1]. Aufgrund der ungebogenen Spiralfedern im Torsionsdämpfer der Kupplung kann dieser Zusammenhang als linear angenommen werden:

$$M_K = M_{SG} = c_K(\varphi_{ZMS} - \varphi_K) + d_K(\dot{\varphi}_{ZMS} - \dot{\varphi}_K) \qquad (4.5)$$

Weist die Kupplungsscheibe keinen Torsionsdämpfer auf, so wird die geschlossene Kupplung als starr angenommen.

$$M_K = M_{SG}$$
$$\underline{\Phi}_{ZMS} = \underline{\Phi}_K \qquad (4.6)$$

Die Trägheitsmassen der Kupplung, der Sekundärschwungscheibe des ZMS sowie der Getriebeeingangswelle lassen sich in diesem Fall zu einer resultierenden Masse zusammenfassen.

- **Schaltgetriebe:** Das Schaltgetriebe hat die Aufgabe, verschiedene Fahrstufen und somit verschiedene Übersetzungsverhältnisse zu realisieren. Zur Realisierung der unterschiedlichen Schaltstufen verfügt das Schaltgetriebe über unterschiedliche Zahnradpaarungen mit dem Übersetzungsverhältnis $i_{SG}$. Würde der Verbrennungsmotor direkt oder mit fester Untersetzung an das Rad gekoppelt werden, wäre entweder die Beschleunigung im unteren Drehzahlbereich sehr dürftig bzw. die maximale Geschwindigkeit des Fahrzeugs durch die obere Grenze der Motordrehzahl beschränkt, was nebenbei eine sehr unökonomische Lösung darstellen würde. Ein herkömmlicher Verbrennungsmotor weist einen fest vorgegebenen Drehsinn auf. Die Möglichkeit zur Rückwärtsbewegung des Fahrzeugs ist somit ebenfalls über das Schaltgetriebe zu realisieren. Konventionelle Schaltgetriebe besitzen eine geteilte Triebwelle, welche jeweils mit der Getriebeeingangs- bzw. Getriebeausgangswelle verbunden ist. Parallel hierzu läuft die sog. Vorlegewelle, mit welcher sich, durch Auswahl verschiedener Zahnradpaarungen, über mecha-

---
[1] Dabei wird angenommen, dass, im Gegensatz zum ZMS, keine mechanische Energie dissipativ in Wärme umgesetzt wird

## 4.1 Struktur und Systemdynamik

nisch gesteuerte Schaltgabeln, unterschiedliche Übersetzungsverhältnisse realisieren lassen [7, 84]. Dadurch ergeben sich für die Getriebeeingangs- sowie -ausgangsseite nicht zu vernachlässigende Trägheitsmassen $J_{SG,1}$ bzw. $J_{SG,2}$. Um das Schalten möglichst leichtgängig und somit komfortabel zu gestalten, wird die zu schaltende Masse der Eingangsseite so kompakt wie möglich dimensioniert. Abhängig von deren Drehzahl, werden zwei Klassen rotierender Getriebekomponenten gebildet, welche sich entweder zur Trägheitsmasse $J_{SG,1}$ bzw. $J_{SG,2}$ zusammenfassen lassen. Sowohl die Getriebeeingangs- als auch die -ausgangswelle weisen Eigenfrequenzen auf, die bei der Modellierung des Antriebsstrangs zu berücksichtigen sind. Bei der systemtechnischen Betrachtung des Schaltgetriebes handelt es sich um kein konservatives System, da durch die Wechselwirkung der Zahnräder mit dem Getriebeöl Verluste entstehen. Es entsteht somit ein Energiefluß über die Systemgrenzen hinaus. Mechanisch betrachtet macht sich dieser Energieverlust durch ein, der Bewegung entgegenwirkendes Moment $M_{Reib,SG}$ bemerkbar. Das, über das Schaltgetriebe an die Kardanwelle übertragene Moment lässt sich beschreiben als:

$$M_{KW} = f_{SG}(\underline{\Phi}_K, \underline{\Phi}_{SG}, M_{SG}, M_{Reib,SG}, i_{SG}) \tag{4.7}$$

Vereinfachend lässt sich das Schaltgetriebe als eine Apparatur zur verlustbehafteten Realisierung einer Übersetzung von Moment und entsprechend der Drehzahl annehmen:

$$\underline{\Phi}_K = \underline{\Phi}_{SG} \cdot i_{SG} \tag{4.8}$$

$$J_{SG,2} \cdot \ddot{\varphi}_{SG} = M_{SG} \cdot i_{SG} - d_{SG} \cdot \dot{\varphi}_{SG} - M_{KW} \tag{4.9}$$

Die Verluste werden hierbei als eine viskos[2] wirkende Reibung angenommen.

- **Kardanwelle:** Die Kardanwelle verbindet bei heckgetriebenen Fahrzeugen mit Frontmotor das Schalt- mit dem Differentialgetriebe der Hinterachse. Die Kandanwelle stellt, wie jede andere Welle, die ein Drehmoment überträgt und somit aus einem relativ zähen und elastischen Werkstoff gefertigt ist, ein schwingfähiges System mit Dämpfung dar.

$$M_{DG} = f_{KW}(\underline{\Phi}_{SG}, \underline{\Phi}_{KW}, M_{KW}) \tag{4.10}$$

---

[2] drehzahlabhängig

Ist die Kardanwelle ohne zusätzliche Lagerung ausgeführt, kann die Kardanwelle in guter Näherung als konservatives System durch den Ansatz eines linearen Feder-/Dämpferelements (FDE) modelliert werden.

$$M_{DG} = M_{KW} = \tilde{f}_{KW}(\varphi_{KW} - \varphi_{SG}, \dot{\varphi}_{KW} - \dot{\varphi}_{SG})$$
$$= c_{KW}(\varphi_{KW} - \varphi_{SG}) + d_{KW}(\dot{\varphi}_{KW} - \dot{\varphi}_{SG}) \quad (4.11)$$

- **Differentialgetriebe:** Das Differentialgetriebe verteilt das Antriebsmoment über die Gelenkwellen auf die Räder einer Antriebsachse. Die Funktionsfähigkeit des Antriebs bleibt bei einseitigem Blockieren bzw. Abbremsen eines Rades erhalten. Dies ermöglicht die Kurvenfahrt mit einer beidseitig getriebenen Achse. Das Antriebsmoment wird dabei derart aufgeteilt, dass es zu keiner einseitigen Überhöhung des Schlupfes zwischen Reifen und Fahrbahn kommt. Das Differentialgetriebe basiert auf einer speziellen Anordnung mehrerer Zahnräder, welche miteinander in Wechselwirkung stehen. Dadurch ergeben sich, analog zum Schaltgetriebe, dissipative Energieverluste, welche sich durch ein der Bewegung entgegen gerichtetes Moment $M_{Reib,DG}$ beschreiben lassen. Aufgrund unterschiedlicher Dimensionierung der Zahnräder weist das Differential eine Übersetzung $i_{DG}$ auf. Das übertragene Drehmoment des Differentials lässt sich somit beschreiben durch:

$$M_{GW} = f_{DG}(\underline{\Phi}_{DG}, \underline{\Phi}_{KW}, M_{DG}, M_{Reib,DG}, i_{dG}) \quad (4.12)$$

Gleichung (4.12) ist dabei nur für die geradlinige Bewegung des Fahrzeugs gültig. Im Falle einer Kurvenfahrt sind für jedes Antriebsrad die Teilübertragungsfunktionen $f_{DG,r}$ sowie $f_{DG,l}$, welche zusätzlich der unterschiedlichen Radlast und Drehzahl Rechnung tragen, zu betrachten. Im Rahmen dieser Arbeit wird ohne Beschränkung der Allgemeinheit eine geradlinige Bewegung des Fahrzeugs angenommen. In analoger Weise zum Schaltgetriebe lässt sich das Differentialgetriebe somit als eine Apparatur zur verlustbehafteten Übersetzung des von der Kardanwelle übertragenen Moments betrachten. Die Steifigkeiten der Ein- bzw. Ausgangswelle werden dabei entweder gesondert als lineares FDE betrachtet oder aufgrund ihrer hohen Eigenfrequenzen gänzlich vernachlässigt.

$$\underline{\Phi}_{DG} = \underline{\Phi}_{GW} \cdot i_{DG} \quad (4.13)$$
$$J_{DG} \cdot \ddot{\varphi}_{DG} = M_{DG} \cdot i_{DG} - d_{DG} \cdot \dot{\varphi}_{DG} - M_{GW} \quad (4.14)$$

## 4.1 Struktur und Systemdynamik

- **Gelenkwelle:** Die Gelenkwelle stellt eine Wirkverbindung zwischen Differentialgetriebe und Radnabe dar. Durch die Annahme der geradlinigen Bewegung des Fahrzeugs lassen sich beide Gelenkwellen der Antriebsachse häufig idealisierend zu einer Welle zusammenfassen. Im Falle stark unterschiedlicher Bauformen (häufig bei frontgetriebenen Fahrzeugen vertreten) sind die Wellen separat zu betrachten. Die Gelenkwelle stellt ebenso wie die Kardanwelle ein schwingungsfähiges System bezügliche einer Anregung durch ein Drehmoment dar:

$$M_{Rad} = f_{GW}(\underline{\Phi}_{DG}, \underline{\Phi}_{GW}, M_{GW}) \tag{4.15}$$

Da die Gelenkwelle in der Regel zwischen Differential und Radnabe keine weitere Lagerung besitzt, kann auch die Gelenkwelle als energetisch konservatives, lineares FDE angenommen werden.

$$\begin{aligned} M_{Rad} = M_{GW} &= \tilde{f}_{GW}(\varphi_{GW} - \varphi_{DG}, \dot{\varphi}_{GW} - \dot{\varphi}_{DG}) \\ &= c_{GW}(\varphi_{GW} - \varphi_{DG}) + d_{GW}(\dot{\varphi}_{GW} - \dot{\varphi}_{DG}) \end{aligned} \tag{4.16}$$

Durch das, speziell in den unteren Schaltstufen, hohe Drehmoment, weisen die Gelenkwellen eine ausgeprägte Torsion und somit eine starke Anregung auf. Bedingt durch einen geringeren Durchmesser im Vergleich zur Kardanwelle und des um den Faktor $i_{DG}$ stärkeren Torsionsmoments, sind die im Antriebsstrang vorkommenden Torsionsschwingungen bezüglich Amplitude und Dauer, im Bereich der Gelenkwelle, im Vergleich zu den übrigen Antriebsstrangkomponenten stark ausgeprägt.

- **Rad:** Das Rad setzt sich aus Radnabe, Felge und Reifen zusammen. Die Radnabe bildet mit der Felge eine fest verschraubte, im Regelfall starre Einheit. Der Reifen stellt ähnlich der Kardan- und Gelenkwelle ein schwingfähiges System dar. Die auf die Straße übertragene Schubkraft hängt zusätzlich vom Radius des Reifens ab. Befindet sich der Reifen im Zustand der Haftreibung (geringer Schlupf), so gilt:

$$F_{Rad} \cdot r_{Rad} = f_{Rad}(\underline{\Phi}_{Rad}, \underline{\Phi}_{GW}, M_{Rad}) \tag{4.17}$$

$F_{Rad}$ ist hierbei gleich der vom Fahrbahnbelag auf die Reifenlauffläche rückwirkenden Kraft in Längsrichtung. Weist der Reifen einen deutlich höheren Schlupf auf, so gilt die Näherung der Übertragung des gesamten Radmomentes auf den Fahrbahnbelag nicht mehr - die Räder drehen durch. Eine genaue Beschreibung des Reifenschlupfes ist in [63] gegeben. Auch das Rad lässt sich in erster Näherung als lineares FDE betrachten. Allerdings wird, aufgrund der Lagerung der Radnabe durch Wälzlager, einem konstruktionsbedingten Schleifen der Bremsanlage in unbetätigtem Zustand sowie durch die Walkarbeit des Reifens, dem System dissipativ Energie entzogen, weshalb ein rein konservativer Ansatz zur Modellierung des Rades unangemessen ist.

Zur Bestimmung der auf die Reifen rückwirkenden Kraft $F_{Rad}$ und somit des Lastmoments $M_{Last}$ des gesamten Antriebsstrangs finden sich in der Literatur verschiedene Ansätze [53, 82, 94]. Dabei sind Parameter wie z.b. die Fahrbahnsteigung, der Luftwiderstand sowie die Geschwindigkeit des Fahrzeugs zu beachten. Im Rahmen dieser Arbeit wird das Lastmoment zur Beschreibung eines speziellen Fahrszenarios durch ein Kennfeld realisiert.

## 4.2 Modellbildung

Für die modellbasierte Regelung des Antriebsstrangsystems (z.B. die Anti-Ruckel-Regelung (siehe Abschnitt 6.3)) bedarf es eines geeigneten Streckenmodells als Grundlage für den Entwurf bzw. der Validierung. Die in der Literatur am häufigsten verbreiteten und in der Praxis angewandten Ansätze zum modellbasierten Reglerentwurf setzen ein lineares Streckenmodell voraus [2, 39, 77], weshalb im Folgenden ein lineares Modell des Antriebsstrangs eingeführt wird.

### 4.2.1 Lineares Modell

Das lineare Antriebsstrangmodell setzt sich aus einer sequentiellen, alternierenden Verkettung von Trägheitsmassen und Kopplungsgliedern zusammen (Abbildung 4.3). Es wird dabei angenommen, dass jede Trägheitsmasse über ein schwingfähiges System an die jeweilig adjazenten Trägheitsmassen gekoppelt ist. Die Trägheitsmassen werden nach dem zweiten Newtonschen Axiom für rotatorische Massen modelliert:

$$J_i \cdot \ddot{\varphi}_i = M_{i-1} - M_i - M_{Reib,i} \qquad (4.18)$$

Die gesamte Kinematik $\underline{\Phi}_i$ der Trägheitsmasse $J_i$ ergibt sich durch Integration der Winkelbeschleunigung $\ddot{\varphi}_i$ unter Berücksichtigung der Anfangswerte für den Winkel $\varphi_0$ sowie die Winkelgeschwindigkeit $\omega_0$. $M_{Reib,i}$ stellt die dissipativen Energieverluste der rotierenden Massen dar. Zum Erhalt der Linearität des

## 4.2 Modellbildung

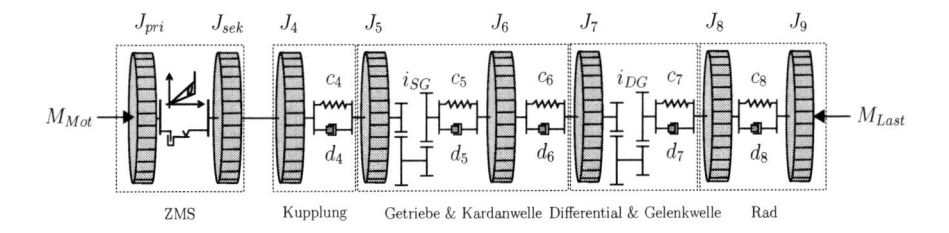

**Abbildung 4.3:** Struktur des linearen Antriebsstrangmodells

Modells werden die Verluste als viskos bzw. geschwindigkeitsunabhängig angenommen.

$$M_{Reib,i} = d_{Reib,i} \cdot \dot{\varphi}_i + M_{Reib,konst,i} \tag{4.19}$$

Für reibungsfrei gelagerte Komponenten sind die Beiträge von (4.19) sehr klein bzw. zu Null zu wählen. Die adjazent wirkenden Momente $M_{i-1}$ bzw. $M_i$ ergeben sich durch die dynamische Kopplung der Massen untereinander.

$$M_i = f_i(\underline{\Phi}_i, \underline{\Phi}_{i+1}) \tag{4.20}$$

Um ein lineares Modell des Antriebsstrangs zu erhalten, werden sämtliche Kopplungen des Antriebsstrangs als lineare Feder-/Dämpferelemente (FDE) angenommen.

$$M_i = c_i \cdot (\varphi_i - \varphi_{i+1}) + d_i \cdot (\dot{\varphi}_i - \dot{\varphi}_{i+1}) \tag{4.21}$$

Die Übersetzungverhältnisse $i_{SG}$ bzw. $i_{DG}$ lassen sich wie folgt berücksichtigen:

$$J_5 \cdot \ddot{\varphi}_5 = M_4 - \frac{M_5}{i_{SG}} - M_{Reib,5} \tag{4.22}$$

$$J_7 \cdot \ddot{\varphi}_7 = M_6 - \frac{M_7}{i_{DG}} - M_{Reib,7} \tag{4.23}$$

Durch Einsetzten der Gleichungen (4.21) und (4.19) in Gleichung (4.18) ergibt sich ein linearer Zusammenhang zwischen der Kinematik $\underline{\Phi}_i$ der eigenen sowie der adjazenten Trägheitsmassen $\underline{\Phi}_{i-1}$ bzw. $\underline{\Phi}_{i+1}$:

$$J_i \cdot \ddot{\varphi}_i = c_{i-1} \cdot (\varphi_{i-1} - \varphi_i) + d_{i-1} \cdot (\dot{\varphi}_{i-1} - \dot{\varphi}_i) - c_i \cdot (\varphi_i - \varphi_{i+1}) + \\ + d_i \cdot (\dot{\varphi}_i - \dot{\varphi}_{i+1}) - d_{Reib,i} \cdot \dot{\varphi}_i - M_{Reib,konst,i} \tag{4.24}$$

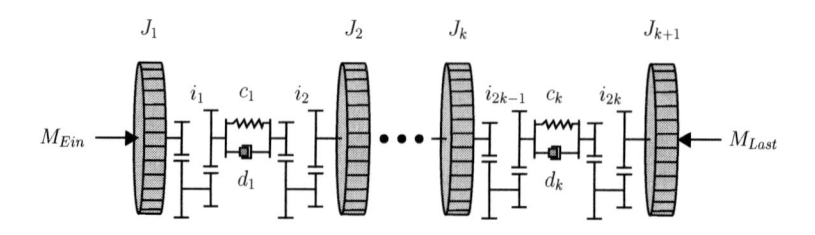

**Abbildung 4.4:** Struktur des reduzierten Modells $2k+1$-ter Ordnung

Dies führt zu einem System gewöhnlicher, linearer Differentialgleichungen [5]. Die Drehmomente $M_{Mot}$ und $M_{Last}$ lassen sich nicht durch die Rückwirkung einer Kopplung ersetzen. Sie werden daher als Eingang des Systems betrachtet. Die individuellen, geschwindigkeitsunabhängigen Verlustmomente $M_{Reib,konst,i}$ lassen sich als zusätzliche Eingangsgrößen interpretieren. Substituiert man die Winkeldifferenz durch:

$$x_i = \varphi_i - \varphi_{i+1} \qquad (4.25)$$

lässt sich das System gewöhnlicher, linearer Differentialgleichungen in ein System gewöhnlicher, linearer Differentialgleichungen erster Ordnung umwandeln. Ein solches System wird in der Systemtheorie häufig als lineares Zustandsraummodell bezeichnet [62].

$$\dot{x}_i = \sum_{j=1}^{n} a_{i,j} \cdot x_j + \sum_{k=1}^{p} b_{i,k} \cdot u_k \qquad (4.26)$$

$n$ beschreibt die Anzahl der Zustandsgrößen und gleichzeitig die Ordnung des Systems. $p$ gibt die Dimension des Eingangsraums an. Für die in Abbildung 4.3 dargestellte Struktur ergibt sich ein lineares Modell 14.Ordnung.

Nichtlineare Effekte wie z.B. ein mechanisches Spiel oder ein Anschlag wurden bei der Modellierung nicht berücksichtigt und werden daher durch das lineare Modell nicht wiedergegeben. Angesichts der großen Anzahl an Freiheitsgraden des linearen Modells, lassen sich jedoch Antriebsstrangschwingungen mit niedriger und hoher Eigenfrequenzen sehr gut darstellen. Daher weist dieses lineare Modell eine gute Eignung bezüglich der Untersuchung des dynamischen Systemverhaltens, im Hinblick auf Antriebsstrangschwingungen, auf. Die Parametrierung des Modells erfolgt, durch die starke Anlehnung an den physikalischen Gesetzmäßigkeiten bei der Modellerstellung des Antriebsstrangs, direkt anhand der Nutzung realer Systemparameter aus den Datenblättern der Hersteller. Die Daten eines typischen Antriebsstrangs für ein heckgetriebenes Fahrzeug mit einem 2.0 Liter Dieselmotor sind im Anhang A.3 aufgeführt. Aufgrund der hohen Komplexität eignet sich dieses Modell jedoch eher zur Validierung von Regelungsalgorithmen, als zu deren modellbasierten Entwurf oder gar der echtzeitfähigen Zustandsrekonstruktion im Fahrzeug.

### 4.2.2 Lineares Modell reduzierter Ordnung

Für den Entwurf eines Reglers bzw. die echtzeitfähige Zustandsrekonstruktion im Fahrzeug, bedarf es eines linearen Modells des Antriebsstrangs reduzierter Ordnung. Prinzipiell wäre ein Reglerentwurf anhand des im vorigen Kapitel vorgestellten Modells 14.Ordnung denkbar, jedoch ergibt sich durch die entsprechend große Dimension eine enorme Menge an zu verarbeitender Daten bei der Realisierung des Reglers. Es wird daher bei einem modellbasierten Reglerentwurf darauf geachtet, mit einem Modell möglichst niedriger Ordnung auszukommen, um Rechenkapazität der zur Verfügung stehenden Hardware-Resourcen einzusparen. Das Modell soll dabei nicht das gesamte, dynamische Verhalten des Antriebsstrangs möglichst genau wiedergeben. Es sollen vielmehr jene dynamischen Effekte, zu deren Beeinflussung die Regelung eingesetzt werden soll, hinreichend gut abgebildet werden.

Bei der Anti-Ruckel-Regelung beispielsweise ist das Augenmerk bei der Modellbildung auf eine möglichst gute Reproduktion niederfrequenter Antriebsstrangschwingungen zu richten. Höherfrequente Eigenschwingungen des Antriebsstrangs in Bereichen über der Motordrehzahl lassen sich durch einen Stelleingriff über das stationäre Motormoment nicht beeinflussen. Der Regelkreis ist hierfür, aufgrund der winkeldiskreten Umsetzung des Solldrehmoments durch den Verbrennungsmotor, zu langsam. Daher können Antriebsstrangkomponenten mit Eigenfrequenzen, welche weit über der Motordrehzahl liegen, bei der Modellbildung zur Regelung des Antriebsstrangs über das Motormoment als Stellgröße, vernachlässigt werden.

Ein reduzierter Modellansatz erlaubt daher nur die Betrachtung eines beschränkten Anteils der Dynamik des Antriebsstrangs. Je höher die Systemordnung, desto mehr Eigenfrequenzen können dargestellt werden und desto umfangreicher wird die Approximationseigenschaft des Modells. Im Folgenden wird ein Ansatz zur Aufstellung eines linearen Zustandsraummodells $2k+1$-ter Ordnung ($2k+1 < n$) vorgestellt. Abbildung 4.4 zeigt die Struktur des reduzierten Modells. Pro darzustellender Eigenfrequenz $k$ ist im reduzierten Modell ein lineares FDE anzusetzen. Ein reduziertes Modell $2k+1$-ter Ordnung weist somit $k$ lineare FDE sowie $k+1$ Schwungmassen auf. Die rotatorischen Bewegungsgleichungen der Trägheitsmassen ergeben sich gemäß Kapitel 4.2.1 zu:

$$\ddot{\varphi}_1 = \frac{1}{J_1} M_{Ein} - \frac{c_1}{J_1 i_1} \left( \frac{\varphi_1}{i_1} - i_2 \cdot \varphi_2 \right) - \frac{d_1 - i_1^2 \cdot d_{Reib,1}}{J_1 i_1^2} \dot{\varphi}_1 +$$
$$+ \frac{i_2 d_1}{i_1 J_1} \dot{\varphi}_2 - \frac{1}{J_1} M_{Reib,konst,1} \tag{4.27}$$

$$\ddot{\varphi}_2 = \frac{c_1 i_2}{J_2} \left( \frac{\varphi_1}{i_1} - i_2 \cdot \varphi_2 \right) - \frac{c_2}{i_3 J_2} \left( \frac{\varphi_2}{i_3} - i_4 \cdot \varphi_3 \right) + \frac{i_2 d_1}{i_1 J_2} \dot{\varphi}_1 -$$
$$- \frac{i_2^2 i_3^2 d_1 + d_2 + i_3^2 d_{Reib,2}}{i_3^2 J_2} \dot{\varphi}_2 - \frac{i_4 d_2}{i_3 J_2} \dot{\varphi}_3 - \frac{1}{J_2} M_{Reib,konst,2} \tag{4.28}$$

$$\vdots$$

$$\ddot{\varphi}_{k+1} = \frac{i_{2k} c_k}{J_{k+1}} \left( \frac{\varphi_k}{i_{2k-1}} - i_{2k} \cdot \varphi_{k+1} \right) + \frac{i_{2k} d_k}{i_{2k-1} J_{k+1}} \dot{\varphi}_k -$$
$$- \frac{i_{2k}^2 d_k - d_{Reib,k+1}}{J_{k+1}} \dot{\varphi}_{k+1} - \frac{1}{J_{k+1}} M_{Reib,konst,k+1} - \frac{1}{J_{k+1}} M_{Last}$$
$$\tag{4.29}$$

Um ein System gewöhnlicher, linearer Differentialgleichungen zu erhalten substituiert man die obigen Gleichungen mit folgenden Zustandsgrößen:

$$x_1 = \dot{\varphi}_1 \tag{4.30}$$
$$x_2 = \frac{\varphi_1}{i_1} - i_2 \cdot \varphi_2 \tag{4.31}$$
$$x_3 = \dot{\varphi}_2 \tag{4.32}$$
$$\vdots$$
$$x_{2k-1} = \dot{\varphi}_k \tag{4.33}$$
$$x_{2k} = \frac{\varphi_k}{i_{2k-1}} - i_{2k} \cdot \varphi_{k+1} \tag{4.34}$$
$$x_{2k+1} = \dot{\varphi}_{k+1} \tag{4.35}$$

Es ergibt sich somit ein lineares Zustandsraummodell $2k+1$-ter Ordnung:

$$\underline{\dot{x}} = \underline{A} \cdot \underline{x} + \underline{B} \cdot \underline{u} + \underline{H} \cdot \underline{v} \tag{4.36}$$

## 4.2 Modellbildung

mit der quadratischen Dynamikmatrix $\underline{A} \in \mathbb{R}^{(2k+1)\times(2k+1)}$:

$$\underline{A} = \begin{pmatrix} \dfrac{-d_1 + i_1^2 \cdot d_{Reib,1}}{J_1 i_1^2} & \dfrac{-c_1}{J_1 i_1} & \dfrac{i_2 d_1}{i_1 J_1} & 0 & \cdots & 0 \\ \dfrac{1}{i_1} & 0 & -i_2 & 0 & \cdots & 0 \\ \vdots & \vdots & \vdots & \vdots & \ddots & \vdots \\ 0 & 0 & \cdots & \dfrac{i_{2k} d_k}{i_{2k-1} J_{k+1}} & \dfrac{i_{2k} c_k}{J_{k+1}} & \dfrac{-i_{2k}^2 d_k + d_{Reib,k+1}}{J_{k+1}} \end{pmatrix} \tag{4.37}$$

sowie den Eingangsmatrizen $\underline{B} \in \mathbb{R}^{(2k+1)\times 2}$:

$$\underline{B} = \begin{pmatrix} \dfrac{1}{J_1} & 0 \\ 0 & 0 \\ \vdots & \vdots \\ 0 & 0 \\ 0 & -\dfrac{1}{J_{k+1}} \end{pmatrix} \tag{4.38}$$

und $\underline{H} \in \mathbb{R}^{(2k+1)\times(k+1)}$:

$$\underline{H} = \begin{pmatrix} -\dfrac{1}{J_1} & 0 & 0 & \cdots & 0 \\ 0 & 0 & 0 & \cdots & 0 \\ 0 & 0 & -\dfrac{1}{J_2} & \cdots & 0 \\ \vdots & \vdots & \vdots & \ddots & \vdots \\ 0 & 0 & 0 & \cdots & -\dfrac{1}{J_{k+1}} \end{pmatrix} \tag{4.39}$$

Die Eingangsgrößen des Systems stellen dabei die von außen wirkenden Drehmomente

$$\underline{u} = \begin{pmatrix} M_{Ein} \\ M_{Last} \end{pmatrix} \tag{4.40}$$

sowie die parasitären Reibmomente

$$\underline{v} = \begin{pmatrix} M_{Reib,konst,1} \\ 0 \\ M_{Reib,konst,2} \\ 0 \\ \vdots \\ M_{Reib,konst,k+1} \end{pmatrix} \quad (4.41)$$

dar. Der Ausgangsvektor $\underline{y}$ beschreibt die messbaren Größen des Antriebsstrangs.

$$\underline{y} = \underline{C} \cdot \underline{x} + \underline{D} \cdot \underline{u} + \underline{G} \cdot \underline{v} \quad (4.42)$$

Da die Dimension des Ausgangsvektors $\underline{y}$ sowie der zugehörigen Ausgangs- und Durchgriffsmatrizen $\underline{C}$, $\underline{D}$ und $\underline{G}$ von der im Fahrzeug zur Verfügung stehenden Sensorik abhängt, kann keine allgemeine Vorschrift bezüglich deren Zusammensetzung angegeben werden. In der Praxis findet man überwiegend Geschwindigkeitssensoren. Bei Fahrzeugen mit ABS[3] steht z.B. ein Raddrehzahlsensor zur Verfügung. Die Drehzahl der ersten Massenträgheit des Antriebsstrangs $J_1$ kann im Regelfall ebenfalls als gegeben angenommen werden. Bei Fahrzeugen mit EMS und geschlossener Kupplung entspricht sie der Drehzahl des Motors. Bei Fahrzeugen mit ZMS und ebenso geschlossener Kupplung entspricht sie der Drehzahl der Sekundärschwungmasse. Weist das ZMS keinen Sensor zur Erfassung der Sekundärdrehzahl auf, so ist das ZMS im Antriebsstrangmodell zu integrieren, um dessen dynamische Systemeigenschaften zu erfassen.

### 4.2.3 Parametrierung

Bei der Parametrierung des linearen Modells 14.Ordnung (4.24) lassen sich die Federraten $c_i$, die Dämpfungskonstanten $d_i$ sowie die Trägheitsmassen $J_i$ aufgrund der starken Anlehnung an die physikalischen Gesetzmäßigkeiten direkt aus den technischen Datenblättern des Antriebsstrangs übernehmen. Einen solchen Ansatz nennt man *White-Box*-Modell. Abbildung 4.5 gibt eine Übersicht verschiedener Modellierungsansätze. Werden stark einschränkende Annahmen bei der Modellierung anhand physikalischer Gesetzmäßigkeiten getroffen und treten deshalb deutliche Abweichungen der Zustandsgrößen des Modells im Vergleich zu den Systemtrajektorien auf, spricht man von einem *Grey-Box*-Modell. Von einem *Black-Box*-Modell spricht man, wenn bei der Modellbildung lediglich

---
[3]Anti-Blockier-System

## 4.2 Modellbildung

| | |
|---|---|
| **Black - Box Modell** | - Gute Approximation des Ein- / Ausgangverhaltens<br>- Wenig Vorwissen über die physikalischen Vorgänge des Systems implementiert |
| **Grey - Box Modell** | - Gute Approximation des Ein- / Ausgangverhaltens<br>- Zustandstrajektorien entsprechen <u>nicht</u> den realen Werten<br>- Vorwissen über physikal. Effekte partiell vorhanden bzw. Herleitung aus physikal. Gesetzen mit Vereinfachungen |
| **White - Box Modell** | - Gute Approximation des Ein- bzw. Ausgangverhaltens<br>- Zustandsgrößen entsprechen den tatsächlichen physikal. Werten<br>- Abgeleitet aus physikal. Gesetzmäßigkeiten<br>- etwas umfangreichere Struktur |

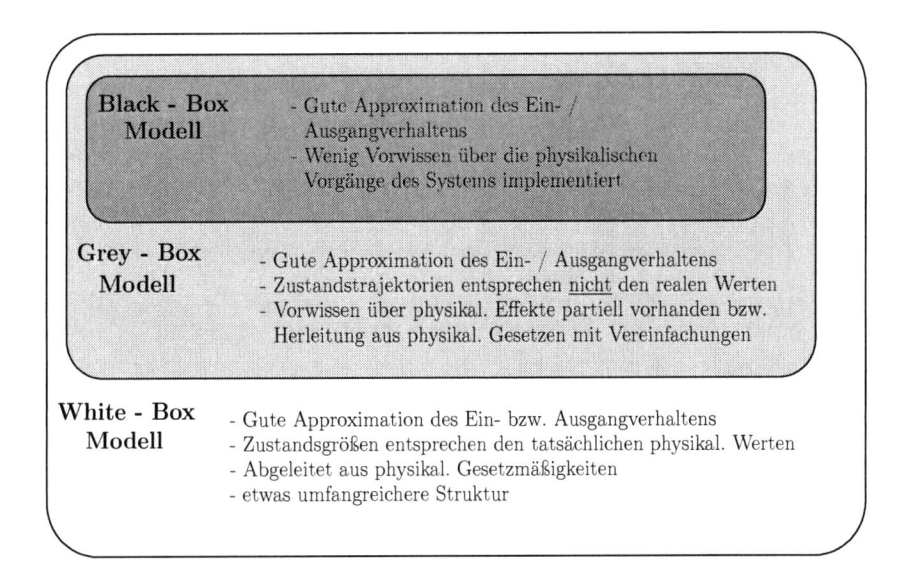

**Abbildung 4.5:** Übersicht verschiedener Modellierungsansätze

auf eine möglichst gute Approximation des Ein-/Ausgangverhaltens ohne eine genauere Betrachtung tatsächlicher physikalischer Vorgänge Wert gelegt wird. Ein gutes Beispiel hierfür ist die Modellierung des Verbrennungsmoments anhand einer empirischen Funktion (2.72). Das reduzierte Antriebsstrangmodell stellt aufgrund seiner vereinfachten Darstellung physikalischer Prozesse ein Grey-Box-Modell dar. In diesem Fall lassen sich die Parameter nicht uneingeschränkt aus Datenblättern entnehmen. Das reduzierte Modell stellt ein System linearer Feder-/Dämpferelemente (FDE) dar. Die FDE der vernachlässigten Eigenfrequenzen des Antriebsstrangs werden idealisierend als starr verbunden angenommen. Die adjazenten Trägheitsmassen werden dabei zu einer Ersatzträgheitsmasse $\tilde{J}_i = J_i + J_{i+1}$ zusammengefasst. Würde man nun die Parameter der FDE des reduzierten linearen Modells anhand von Datenblättern festlegen, würde dies lediglich eine suboptimale Lösung bezüglich der Approximation des Ein-/Ausgangverhaltens darstellen. Diese Tatsache lässt sich dadurch begründen, dass die Eigenfrequenzen eines, bezüglich des Ein-/Ausgangverhaltens optimalen, reduzierten, linearen Modells nicht zwingend den jener, bei der Modellierung berücksichtigten, FDE des realen Modells entsprechen müssen. Das Ziel der Modellbildung des Antriebsstrangs ist eine möglichst genaue Darstellung der Schwingungsverläufe ausgewählter Systemtrajektorien und somit des Ein-/Ausgangverhaltens.

## 4.2.4 Identifikation

Um die Modellgüte eines reduzierten, linearen Modells bezüglich des Ein-/Ausgangsverhaltens zu maximieren, ist jener Parametersatz zu finden, welcher den Fehler des Modells diesbezüglich minimiert. Die Lösung dieses Optimierungsproblems wird als *Identifikation* bezeichnet. Zur Bewertung der Abweichung des Modells, im Bezug auf das Verhalten der realen Strecke, wird ein Gütefunktional $Q$ aufgestellt.

$$Q(\underline{a}) = \frac{1}{2} \sum_{k=1}^{N_{Data}} \sum_{j=1}^{q} w_{j,k} \left| y_{j,k,Modell}(\underline{a}) - y_{j,k,real} \right|^2 \qquad (4.43)$$

Das Gütefunktional stellt eine gewichtete Summe von Einzelfehlerquadraten dar. Durch die Quadrierung der Einzelfehler werden größere Abweichungen $\Delta y_j(k) = y_{j,k,Modell}(\underline{a}) - y_{j,k,real}$ durch ausgeprägte Vertretung im Gütefunktional entsprechend stärker berücksichtigt. $N_{Data}$ gibt die Anzahl der Stützstellen der zu vergleichenden Datensätze an. $q$ ist die Dimension des Ausgangsvektors $\underline{y}$. Durch den Gewichtungsfaktor $w_{j,k}$ lassen sich unterschiedliche Bereiche des Datensatzes mehr oder weniger stark im Gütefunktional berücksichtigen. Somit lässt sich die Modellgüte in Bereichen spezieller Vorgänge wie z.B. bei einem Lastsprung deutlich verbessern. Zusätzlich lassen sich die unterschiedlichen Ausgangsgrößen individuell gewichten. Diese Einstellungsmöglichkeit ist für die Identifikation besonders wichtig, da sich eine spezielle Abweichung des Modells nicht auf jede Ausgangsgröße gleichermaßen stark auswirkt. Außerdem besitzen die Absolutwerte der Ausgangsgrößen im allgemeinen Fall unterschiedliche Größenordnungen. Durch eine entsprechende Berücksichtigung im Gewichtungsfaktor $w_{j,k}$ lässt sich dieser Effekt reduzieren bzw. eine Normierung realisieren. Im Rahmen des Identifikationsprozesses wird nun jener Parametersatz $\underline{a}$ gesucht, welcher das Gütefunktional minimiert.

$$Q(\underline{a}) \to \min_{\underline{a}} \qquad (4.44)$$

Die Dimension des Parameterraumes hängt dabei von der Wahl des Streckenmodells ab. Ein Modell hoher Ordnung weist eine große Anzahl an Freiheitsgraden und somit Streckenparametern auf. Die Komplexität sowie der Rechenaufwand eines Optimierungsproblems wächst überproportional bezüglich der Dimension des Lösungsraumes. Zur Reduktion der Dimension des Lösungsraumes bieten sich zwei generelle Möglichkeiten an. Häufig lässt sich das Identifikationsergebnis, durch die Erhöhung der Streckenordnung des reduzierten Modells über einen bestimmten Wert, nur in sehr geringen Maße weiter verbessern. Es ist daher

## 4.2 Modellbildung

jene Systemordnung zu wählen, welche eine, in Relation zum Rechenaufwand der Identifikation vertretbare Verbesserung der Modellgüte mit sich bringt. Eine weitere Möglichkeit zur Reduktion des Parameterraums lässt sich durch die Beschränkung des Wertebereichs der Parameter erreichen. Richtwerte für die Wahl der Beschränkung lassen sich bei Grey-Box-Modellen anhand von Datenblättern oder Erfahrungswerten festlegen. Neben der Beschränkung des Wertebereiches lassen sich Parameter a-priori in mehrere Klassen einteilen. Es existieren häufig Parameter, welche sehr genau mit den äquivalenten Größen der realen Strecke übereinstimmen sowie jene, welche eine stärkere Abweichung aufweisen. Daneben unterliegen einige Parameter starken Schwankungen bezüglich des verwendeten Datensatzes, während andere sich nahezu invariant verhalten. Es liegt daher nahe, Parameter, welche sich stark an den physikalischen Vorgaben der realen Strecke orientieren und eine geringe Varianz bezüglich der Wahl des Identifikationsdatensatzes aufweisen, vor Beginn der Identifikation als konstant festzulegen. Im Falle des Antriebsstranges ließe sich z.B. durch eine feste Vorgabe der Trägheitsmassen $J_i$ eine signifikante Reduktion des Rechenaufwandes bei zu vernachlässigenden Abstrichen hinsichtlich der Modellgüte erreichen.

Für die Lösung des Optimierungsproblems in Form der Minimierung des Gütefunktionals über dem Parameterraum $\underline{a}$ findet man in der Literatur zahlreiche Ansätze [57, 58, 75, 92]. Im Rahmen dieser Arbeit wurde zur Identifikation des Antriebsstrangs der sog. *Simplex*-Algorithmus [71] verwendet. Bei diesem Verfahren handelt es sich im Gegensatz zu anderen, häufig verwendeten Ansätzen nicht um ein Gradientenabstiegs- sondern ein direktes Minimierungsverfahren. Es sind hierbei keine Ableitungen bzw. Gradienten des Gütefunktionals zu berechnen. Nichtlineare Systeme zeichnen sich häufig durch Unstetigkeitsstellen aus oder sind nicht stetig differenzierbar. Bei realen Antriebssträngen handelt es sich um nichtlineare Systeme. Mit Hilfe der Simplex-Methode lässt sich das Optimierungsproblem unabhängig von der Stetigkeit des Gütefunktionals und somit der Nichtlinearität der Modelle lösen. Die hierfür benötigten Startwerte der zu identifizierenden Parameter lassen sich anhand von Datenblättern oder Erfahrungswerten generieren.

### 4.2.5 Validierung

Abbildung 4.6 zeigt einen Vergleich zwischen einem identifizierten, reduzierten, linearen Modell fünfter Ordnung und eines, anhand von Datenblättern parametrierten Antriebsstrangmodells 14.Ordnung bei starker Anregung der Drehzahldifferenz. Das Modell hoher Ordnung, welches zuvor durch Messdatenauswertung an einen realen Antriebsstrang angepasst wurde, wird durch das Modell fünfter Ordnung sehr gut approximiert. Die Motordrehzahl bezieht sich auf die erste im

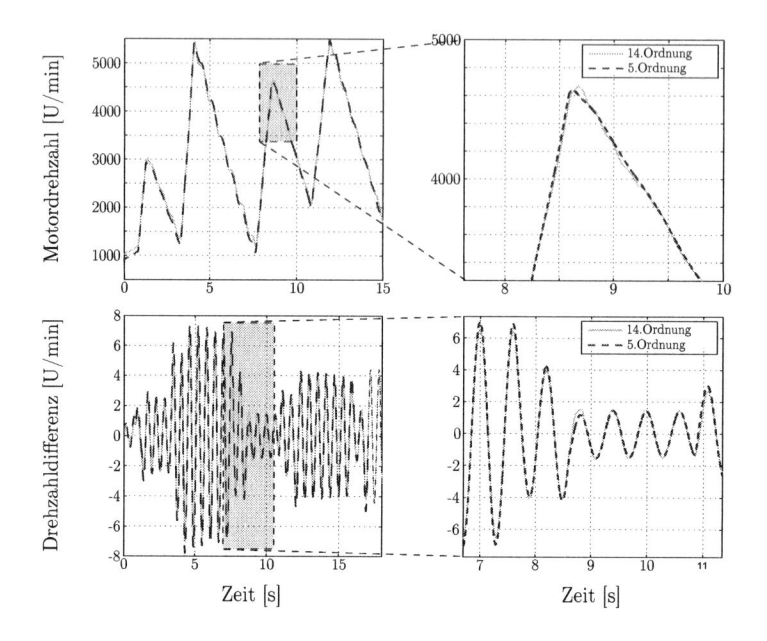

**Abbildung 4.6:** Vergleich eines linearen Antriebsstrangmodells 14. bzw. 5. Ordnung

Antriebsstrang befindliche Trägheitsmasse $J_1$. Die niederfrequenten Schwingungen der Drehzahldifferenz zwischen Motor und Raddrehzahl werden bezüglich Amplitude und Phase in sehr guter Näherung dargestellt. Durch den verhältnismäßig größeren Absolutfehler der approximierten Motordrehzahl lässt sich eine stärkere Gewichtung der Drehzahldifferenz im Gütefunktional während der Identifikation erkennen. Eine hinreichend genaue Darstellung der niederfrequenten Schwingungen des Antriebsstrangs bildet die Grundlage für den modellbasierten bzw. gestützten Reglerentwurf einer Anti-Ruckel-Regelung (Kapitel 6.3).

## 4.3 Kupplung

Die prinzipielle Funktion der Kupplung besteht darin, beim Anfahren des Fahrzeugs sowie bei Schaltvorgängen für eine temporäre Unterbrechung des Kraftschlusses zwischen Verbrennungsmotor und Antriebsstrang zu sorgen. Die Funktionseinheit einer konventionellen Einscheibenkupplung setzt sich aus Schwungmasse, Kupplungsscheibe und Druckplatte zusammen. Die Komponenten der Funktionseinheit befinden sich in der sog. Kupplungsglocke. Bei gängigen Kupplungssystemen wird die Druckplatte über eine Tellerfeder auf die Kupplungsschei-

## 4.3 Kupplung

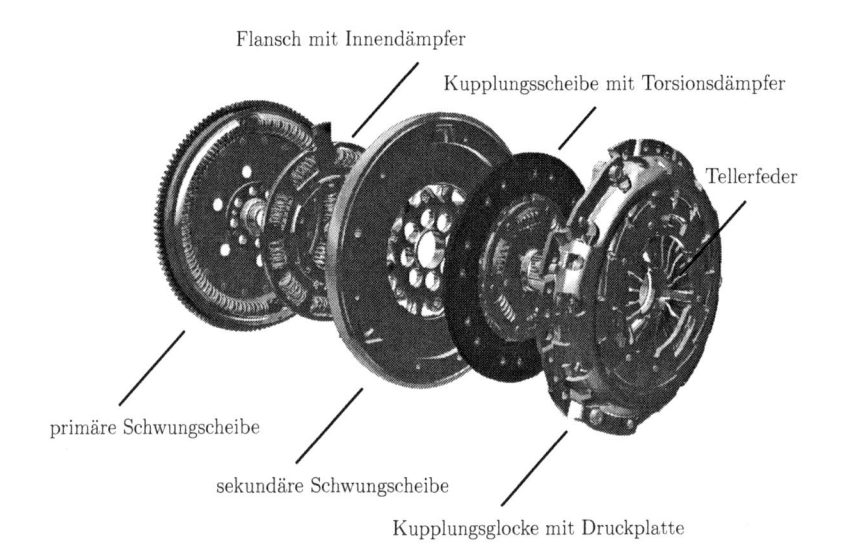

**Abbildung 4.7:** Komponenten der Kupplungseinheit

be gedrückt. Bei nichtautomatisierten Systemen erfolgt die Betätigung der Kupplung manuell über ein Seilzugsystem oder ein Gestänge, welches über ein Fußpedal durch den Fahrer betätigt wird [22]. Die Kupplungsscheibe sitzt auf der Getriebeeingangswelle. Im Falle einer unbetätigten Kupplung wird die Kupplungsscheibe durch die Druckplatte auf das Schwungrad[4] des Motors gepresst. Dadurch findet eine Drehmomentübertragung zwischen Motor und Getriebe statt. Wird die Kupplung betätigt, so drückt das sog. Ausrücklager auf die Tellerfedern. Durch einen Hebelmechanismus löst sich die Anpresskraft der Druckplatte. Der Kraftschluss zwischen Motor und Getriebeeingangswelle nimmt ab.

In der Literatur werden zahlreiche Ansätze zur Automatisierung und Optimierung von Schaltvorgängen unter Einbezug der Kupplungsfunktionalität vorgestellt [73, 112, 119]. Dabei werden unterschiedliche Topologien bezüglich Bauform, Materialeigenschaften, elektrischer bzw. hydraulischer, manueller oder automatisierter Betätigung diskutiert. Durch die Optimierung der Kupplungsbetätigung lassen sich Schaltvorgänge sowie Anfahrmechanismen bezüglich des Fahrkomforts und der Wirtschaftlichkeit des Fahrzeugs verbessern. Im Rahmen dieser Arbeit wurde die Kupplung als Funktionseinheit zwischen ZMS und Antriebsstrang in das Gesamtmodell des Streckenmodells integriert. Zur Reduzierung der

---

[4] Bei Einbau eines ZMS wird die Kupplung gegen die Sekundärmasse des ZMS gepresst.

Komplexität wurde exemplarisch eine trockene Einscheibenkupplung in drei unterschiedlichen Betriebsphasen (geschlossen, geöffnet und rutschend) modelliert. Die Modellierung dieser drei Betriebsphasen wird im Folgenden beschrieben.

### 4.3.1 Geöffnete Kupplung

Im Falle einer geöffneten Kupplung ist das Kupplungspedal des Fahrzeugs vollständig betätigt. Es ergibt sich dadurch ein mechanisches Spiel zwischen Druckplatte, Kupplungsscheibe und Schwungrad. Der Kraftschluss zwischen Motor und Getriebe hebt sich auf. Diese Betriebsphase der Kupplung tritt während dem Start des Motors, dem Leerlauf sowie dem Gangwechsel auf. Durch die Entkopplung des Antriebsstrangs reduziert sich das Streckenmodell der Motorsteuerung erheblich. Während bei Fahrzeugen mit EMS somit lediglich die Kurbelwellendynamik inklusiv Schwungrad zu betrachten ist, gestaltet sich das Streckenmodell bei Fahrzeugen mit ZMS aufgrund dessen nichtlinearer Charakteristik wesentlich komplexer.

### 4.3.2 Geschlossene Kupplung

Im Falle einer geschlossenen Kupplung ist das Kupplungspedal des Fahrzeugs nicht betätigt. Die Tellerfeder presst die Druckplatte, Kupplungsscheibe und Schwungscheibe zusammen. Unterhalb eines kritischen, maximalen Kupplungsmoments $M_{K,max}$ wird das gesamte, vom Motor generierte Drehmoment $M_{Mot}$ an den Antriebsstrang übertragen. Gleichermaßen wird auch das Rückmoment des Antriebsstrangs bis hin zur kritischen Grenze übertragen. Die Kupplung befindet sich dabei im Haftreibungsbetrieb, d.h. der Relativwinkel zwischen Kupplungsscheibe und Schwungmasse bzw. Druckplatte ändert sich nicht. Übersteigt das, zu übertragende Moment die kritische Grenze $M_{K,max}$, so beginnt die Kupplung trotz unbetätigter Pedalstellung zu rutschen. Da in diesem Fall aufgrund der starken Normalkraft eine enorme Verlustleistung in Form von Wärmeentwicklung entsteht, ist dieser Betriebszustand nach Möglichkeit zu vermeiden. Lang andauernde Gleitreibungsphasen konventioneller Kupplungssysteme führen zu einem erhöhten Verschleiß der Reibschicht sowie einer Änderung des Reibbeiwerts (Verglasung).

Das Streckenmodell für die Stelleingriffe und Diagnosefunktionen des Motorsteuergeräts setzt sich im Falle einer vollständig geschlossenen Kupplung aus Verbrennungsmotor, ZMS und Antriebsstrang zusammen. Die Massenträgheit der Kupplungsscheibe lässt sich in diesem Fall zur Massenträgheit der sekundären Schwungscheibe des ZMS bzw. dem EMS hinzuaddieren. Weist die Kupplungsscheibe keinen integrierten Torsionsdämpfer auf, lassen sich Schwungrad,

## 4.3 Kupplung

Kupplungsscheibe und Getriebeeingangswelle zu einer kombinierten rotierenden Masse zusammenfassen. Weist die Kupplungsscheibe einen konventionellen Torsionsdämpfer in Form von ungebogenen Federn auf lässt sich das Systemverhalten gemäß (4.5) beschreiben. Die Betriebsphase der geschlossenen Kupplung tritt im Zug- und Schubbetrieb sowie den Lastwechselphasen des Fahrzeugs auf.

### 4.3.3 Schleifende Kupplung

Eine Kupplung beginnt zu schleifen bzw. rutschen, wenn das zu übertragende Moment das kritische, maximale Drehmoment der Kupplung $M_{K,max}$ überschreitet. Das kritische, maximale Drehmoment ist dabei von der Anpresskraft der Tellerfeder $F_{K,A}$, der Beschaffenheit der Reibfläche $\mu_{K,eff}$, dem effektiven Durchmesser $d_{K,eff}$ der Kupplungsscheibe sowie dem Betätigungsweg des Kupplungspedals $s_{K,P}$ abhängig.

$$M_{K,max} = \mu_{K,eff} \cdot d_{K,eff} \cdot F_{K,A}(s_{K,P}, F_{K,A,max}) \tag{4.45}$$

Die Betätigung des Kupplungspedals $s_{K,P}$ bewirkt über ein Hebelgestänge eine Änderung der Position des Ausrücklagers $s_{K,AL}$. Das Ausrücklager drückt gegen die Tellerfedern und reduziert somit die Anpresskraft der Druckplatte $F_{K,A}$. Die Kennlinien der jeweiligen Übertragungsmechanismen sind in Abbildung 4.8 dargestellt.

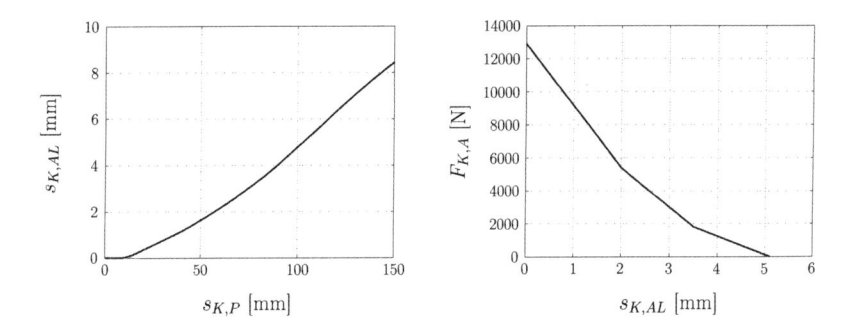

**Abbildung 4.8:** Kennlinien der Übertragungsmechanismen der Kupplungseinheit

Wird das maximale Kupplungsmoment überschritten, tritt ein Übergang von Haft- zu Gleitreibung ein. Dieser Übergang lässt sich analytisch geschlossen, aufgrund komplizierter physikalischer Wirkmechanismen, nur sehr komplex beschreiben [88] und wird daher im Rahmen dieser Arbeit näherungsweise als diskret angenommen. D.h. bei Überschreiten des maximalen Kupplungsmoments beginnt die Kupplung spontan zu schleifen. Das im Schleifbetrieb übertragene Moment entspricht dabei näherungsweise[5] dem maximalen Kupplungsmoment. Sinkt das zu übertragende Moment wieder unter die Schwelle des maximal übertragbaren Moments, so tritt, ebenfalls spontan, der Systemzustand der Haftreibung ein. Die rotatorische Bewegungsgleichung der sekundären Schwungmasse $J_3$ ergibt sich zu:

$$J_3 \cdot \ddot{\varphi}_3 = M_2 - M_K \tag{4.46}$$

Das zu übertragende Drehmoment der Kupplung $M_K$ berechnet sich somit zu:

$$M_K = M_2 - J_3 \cdot \ddot{\varphi}_3 \tag{4.47}$$

D.h. bei einer starken Beschleunigung des Motors ist das zu übertragende Kupplungsmoment $M_K$ bei gleichem Antriebsmoment $M_2$ der Schwungmasse $J_3$ geringer. Das resultierende, zu übertragende Kupplungsmoment im Zugbetrieb des Fahrzeugs lässt sich somit unter Berücksichtigung einer Fallunterscheidung zwischen Haft- bzw. Gleitreibung wie folgt angeben:

$$M_K = \begin{cases} M_2 - \dfrac{J_3}{J_3 + J_4} \cdot (M_2 - M_4) , & \text{falls } M_K < M_{K,max} \\ M_{K,max} , & \text{falls } M_K > M_{K,max} \end{cases} \tag{4.48}$$

$J_4$ beschreibt dabei die Massenträgheit der Kupplungsscheibe und $M_4$ das vom Antriebsstrang auf jene rückwirkende Drehmoment. Für den Schubbetrieb gilt entsprechend:

$$M_K = \begin{cases} M_4 - \dfrac{J_4}{J_3 + J_4} \cdot (M_4 - M_2) , & \text{falls } M_K < M_{K,max} \\ M_{K,max} , & \text{falls } M_K > M_{K,max} \end{cases} \tag{4.49}$$

Dieser Modellansatz stellt eine starke Vereinfachung der tatsächlichen physikalischen Gesetzmäßigkeiten dar. Jedoch kann durch diese Fallunterscheidung ein einfaches Modell des Zustandsübergangs zwischen Haft- und Gleitreibung der Kupplung erstellt werden. Dies ermöglicht beispielsweise die Simulation von Anfahr- und Schaltvorgängen unter Berücksichtigung der Kupplungsbetätigung des Fahrers. Des Weiteren lässt sich dieses Modell als Grundlage für automatisierte Schaltvorgänge (z.B. bei Doppelkupplungsgetrieben [118]) einsetzen.

---

[5]Das im Schleifbetrieb übertragene Moment ist betragsmäßig etwas kleiner, als das zur Überwindung der Haftreibschwelle notwendige.

# 5 Rekonstruktion des direkt indizierten Motordrehmoments

Das direkt indizierte Motordrehmoment stellt eine zentrale Kenngröße des Verbrennungmotors von hoher Bedeutung dar. Es repräsentiert jenes, direkt seitens des Motors generierte, an der Kurbelwelle und primärer Schwungmasse wirkende Antriebsmoment. Durch eine möglichst genaue Kenntnis dieser Größe lassen sich vielfältige Diagnose- und Steuerungsaufgaben wie z.b. die Zylindergleichstellung, die Erkennung von Verbrennungsaussetzern sowie eine generelle Aussage über die Qualität der Verbrennung effizient lösen. Die direkte Messung des indizierten Motormoments gestaltet sich sehr aufwändig, da zu dessen expliziten Bestimmung stets das, seitens des Antriebsstrangs rückwirkende Moment zu eliminieren ist. Dies lässt sich z.b. durch hochwertige Drehmomentmesswandler, welche zwischen Kurbelwelle und primärer Schwungmasse eingesetzt werden müssten, realisieren. Drehmomentwandler ausreichend hoher Güte würden die Produktionskosten des Antriebsstrangkonzepts deutlich erhöhen. Des Weiteren weisen sie häufig zusätzliche Querempfindlichkeiten gegenüber Störeinflüssen wie z.b. Temperatur und Vibrationen auf, weshalb sich ein sinnvoller Einsatz auf Prüfstände und Messplätze unter Laborbedingungen beschränkt. Eine weitere Möglichkeit, das direkt indizierte Motormoment zu bestimmen, stellt die echtzeitfähige Modellierung des Verbrennungsmotors [130] dar. Dabei werden die Verbrennungsprozesse des Motors möglichst genau nachgebildet. Über die Modellierung des Brennraumdrucks (2.86) sowie durch Anwendung von (2.28) und (2.15) lässt sich das Motormoment bestimmen. Sämtliche, hierfür erforderliche Berechnungen sind echtzeitfähig auf einem Steuergerät zu implementieren. Aufgrund der starken Nichtlinearitäten bei der Modellierung der Verbrennung (vgl. Abschnitt 2.3) sowie der Kurbelwellendynamik stellt dies sehr hohe Anforderungen bezüglich der notwendigen Rechenleistung dar. Nach aktuellem Stand, verfügen derzeit nur sehr wenige Steuergeräte über genügend Rechenkapazität um derart komplexe Algorithmen in Echtzeit berechnen zu können. Durch die Verwendung von Zylinderdrucksensoren würden sich zwar die Berechnungen zur Bestimmung des Zylinderdrucks einsparen lassen, die zur Berechnung des Motormoments blieben jedoch erhalten. In diesem Fall bietet es sich an, die Diagnose- und Regelungsziele, falls möglich, direkt mit Bezug auf den Zylinderdruck zu definieren.

Darüber hinaus erhöhen sich durch den Einbau von Zylinderdrucksensoren die Produktionskosten. Es wäre daher wünschenswert, das indizierte Motormoment möglichst kostengünstig unter Verwendung derzeit zur Verfügung stehender Sensorik rekonstruieren zu können.

Im Rahmen dieser Arbeit wurde ein Verfahren entwickelt, welches es erlaubt, anhand eines Modells des ZMS und unter Verwendung gemessener Drehzahlen, das direkt induzierte Drehmoment des Verbrennungsmotors echtzeitfähig zu rekonstruieren. Das ZMS dient dabei quasi als virtueller Sensor bzw. Messwandler zur Erfassung des Motordrehmoments. Durch die kostengünstige Realisierung anhand bereits existierender bzw. einfach zu bereitzustellender Sensorik sowie der linearen, echtzeitfähigen Struktur des Algorithmus eröffnet dieses Verfahren die Möglichkeit der Bereitstellung jener wichtigen Indikationsgröße, selbst für Fahrzeuge der Kompakt- bzw. unteren Mittelklasse.

## 5.1 Lineares ZMS Modell

Die Grundlage der echtzeitfähigen Rekonstruktion des Motordrehmoments bildet eine möglichst einfache analytische Modellierung des ZMS. Durch die einfache Modellstruktur lässt sich eine spätere Realisierung auf einem Mikrorechner unter Aufwendung geringer Rechenleistung umsetzen. Ein einfacher und systemtechnisch gut handhabbarer Ansatz zur Modellbildung stellt das sog. lineare Feder-/Dämpferelement (FDE) (Abbildung 5.1) dar.

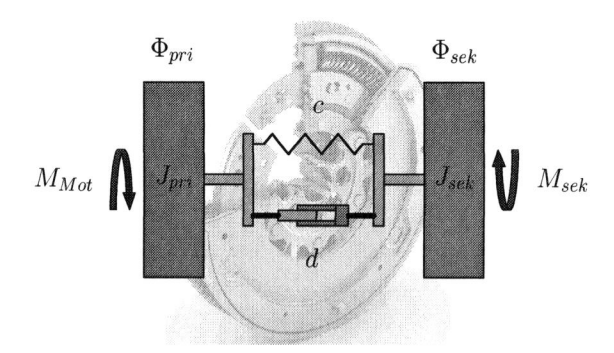

**Abbildung 5.1:** Lineares Feder-/Dämpferelement (FDE) zur Modellierung des ZMS

Dieser Ansatz lässt sich dadurch rechtfertigen, dass das ZMS bei sprungförmiger Anregung durch das Motormoment $M_{Mot}$ mit einer gedämpften Oszillation der

## 5.1 Lineares ZMS Modell

Drehzahlen antwortet. Dieses Verhalten wird in erster Näherung durch ein lineares FDE wiedergegeben. Anhand des zweiten Newtonschen Axioms für rotierende Massen lassen sich die Bewegungsgleichungen für die primäre bzw. sekundäre Schwungmasse aufstellen.

$$\ddot{\varphi}_{pri} \cdot J_{pri} = M_{Mot} - c(\varphi_{pri} - \varphi_{sek}) - d(\dot{\varphi}_{pri} - \dot{\varphi}_{sek}) \quad (5.1)$$
$$\ddot{\varphi}_{sek} \cdot J_{sek} = c(\varphi_{pri} - \varphi_{sek}) + d(\dot{\varphi}_{pri} - \dot{\varphi}_{sek}) - M_{sek} \quad (5.2)$$

Definiert man nun einen Zustandsvektor $\underline{x}$ zu:

$$\underline{x} = \begin{pmatrix} \varphi_{pri} - \varphi_{sek} \\ \dot{\varphi}_{pri} \\ \dot{\varphi}_{sek} \end{pmatrix} \quad (5.3)$$

so ergibt sich analog zu der in Kapitel 4.2.1 vorgestellten Methode folgendes Zustandsraummodell:

$$\underline{\dot{x}} = \underline{A} \cdot \underline{x} + \underline{B} \cdot \underline{u} \quad (5.4)$$
$$\underline{y} = \underline{C} \cdot \underline{x} + \underline{D} \cdot \underline{u} \quad (5.5)$$

mit:

$$\underline{A} = \begin{pmatrix} 0 & 1 & -1 \\ -\dfrac{c}{J_{pri}} & -\dfrac{d}{J_{pri}} & \dfrac{d}{J_{pri}} \\ \dfrac{c}{J_{sek}} & \dfrac{d}{J_{sek}} & -\dfrac{d}{J_{sek}} \end{pmatrix} \quad ; \quad \underline{B} = \begin{pmatrix} 0 & 0 \\ \dfrac{1}{J_{pri}} & 0 \\ 0 & -\dfrac{1}{J_{sek}} \end{pmatrix} \quad (5.6)$$

$$\underline{C} = \begin{pmatrix} 0 & 1 & 0 \\ 0 & 0 & 1 \end{pmatrix} \quad ; \quad \underline{D} = \begin{pmatrix} 0 & 0 \\ 0 & 0 \end{pmatrix}$$

Die adjazent wirkenden Drehmomente $M_{Mot}$ sowie $M_{sek}$ stellen die Eingangsgrößen $\underline{u}$ des Systems dar:

$$\underline{u} = \begin{pmatrix} M_{Mot} \\ M_{sek} \end{pmatrix} \quad , \quad (5.7)$$

die Drehzahlen der primären bzw. sekundären Schwungmasse entsprechend die Ausgangsgrößen:

$$\underline{y} = \begin{pmatrix} \dot{\varphi}_{pri} \\ \dot{\varphi}_{sek} \end{pmatrix} \tag{5.8}$$

Durch die Nichtberücksichtigung der Nichtlinearitäten des ZMS stellt das lineare FDE eine sehr starke Näherung des tatsächlichen, physikalischen Systemverhaltens dar. Eine Parametrierung anhand von Datenblättern ist nicht möglich, da es sich bei den Größen $c$ und $d$ um fiktive Systemparameter handelt, welche in der Realität nicht direkt messtechnisch erfassbar sind. Die Parametrierung des linearen ZMS-Modells erfolgt daher durch Identifikation. Analog der in Abschnitt 4.2.4 vorgestellten Methode zur Identifikation eines linearen Antriebsstrangmodells lässt sich diese Methode auch für die Identifikation des linearen ZMS-Modells anwenden. Der Identifikationsdatensatz hierfür kann entweder durch die, in den Abschnitten 2.4.1, 3.3.1 und 4.2.1 vorgestellten Modelle des Hubkolbenmotors, ZMS sowie Antriebsstrangs bzw. der Verwendung realer Messdaten des Fahrzeugs erstellt werden. Bei der Erstellung des Datensatzes ist zu beachten, dass die darzustellenden Eigenfrequenzen des Systems ausreichend stark angeregt werden, damit das Modell auf deren Darstellung möglichst genau abgestimmt werden kann. Die Anregung durch das kontinuierliche Motormoment, welches sich durch seinen oszillierenden Verlauf auszeichnet, sorgt hierfür in ausreichendem Maße. Die Identifikationsroutine basiert auf der Minimierung eines Gütefunktionals:

$$Q(\underline{a}) = \frac{1}{2}\sum_{k=1}^{N}\sum_{j=1}^{2} \underline{e}_j^2(t_k) = \frac{1}{2}\sum_{k=1}^{N}\sum_{j=1}^{2} w_{j,k}(\hat{y}_{j,k}(\underline{a}) - y_{j,k})^2 \tag{5.9}$$

Unter Anwendung des Simplex-Algorithmus [71] lässt sich das Gütefunktional $Q$ über dem Parameterraum $\underline{a}$ minimieren. Für ein ZMS einfacher Bauart mit einer Bogenfeder und einem Freiwinkel von 5° ergaben sich folgende Identifikationsergebnisse.

$$J_1 = 0.121 \text{ kg m}^2$$
$$J_2 = 0.096 \text{ kg m}^2 \tag{5.10}$$
$$c = 313 \text{ Nm} \tag{5.11}$$
$$d = 1.4 \text{ Nms} \tag{5.12}$$

Die identifizierten Parameter $\underline{a}$ stimmen dabei sehr gut mit den realen bzw. effektiven ZMS-Parametern überein. Speziell bei den Trägheitsmassen $J_1$ und

## 5.1 Lineares ZMS Modell

$J_2$ liegen die Abweichungen unter einem Prozent. Es hat sich gezeigt, dass die Modellgenauigkeit stark von den Werten der Trägheitsmassen abhängig ist. Um den Rechenaufwand der Identifikation zu reduzieren ist daher eine enge Eingrenzung des Parameterraumes bezüglich dieser Variablen möglich. Die fiktive Federsteifigkeit $c$ des ZMS entspricht in etwa dem Mittelwert der realen Federrate einer Teilschleife im identifizierten Arbeitsbereich des ZMS. Es lässt sich zusammenfassend festhalten, dass die durch Identifikation geschätzten Parameter ein schwingfähiges mechanisches System abbilden, welches bezüglich des dynamischen Verhaltens, in guter Näherung, dem des ZMS entspricht. Dies bestätigt den Ansatz eines Grey-Box-Modells, bei welchem die identifizierten Parameter eines vereinfachten Modellansatzes vergleichbare Werte mit Bezug auf das zu approximierende Streckenmodell aufweisen. Vergleicht man nun die Drehzahlverläufe, d.h. die Ausgangsgrößen des identifizierten Modells mit einem Validationsdatensatz, welcher sich vom Identifikationsdatensatz unterscheidet, so erkennt man, dass das reale Zweimassenschwungrad im Identifikationsbereich hinreichend genau durch das Modell approximiert wird.

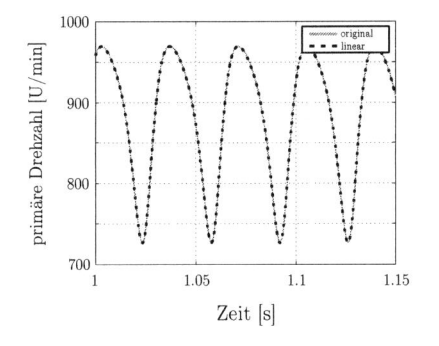

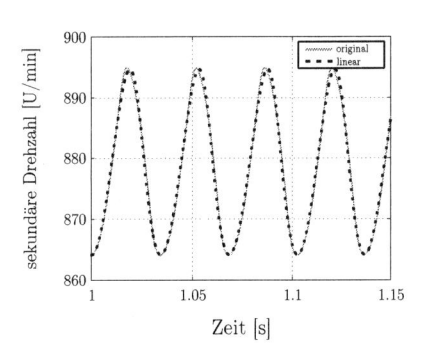

**Abbildung 5.2:** Validation des linearen ZMS Modells bei konstanter mittlerer Drehzahl

Die geringen Abweichungen zwischen realem System und Modell bei der sekundären Drehzahl sind auf die unerfassten Nichtlinearitäten des Zweimassenschwungrads zurückzuführen. Der Identifikations- sowie Validationsdatensatz wurde bei einer identischen, konstanten mittleren Motordrehzahl sowie einem konstanten ZMS-Lastdrehmoment $M_{sek}$ aufgezeichnet. Ändert man die mittlere Drehzahl des Validationsdatensatzes, so erkennt man deutlich, dass das lineare Modell des ZMS verstärkt Abweichungen aufweist. Während die primäre Drehzahl in einer größeren Umgebung der Motordrehzahl noch sehr gut approximiert wird, weist die sekundäre Drehzahl starke Abweichungen bei Variation der stationären Motordrehzahl auf (Abbildung 5.3). Dies lässt sich durch eine zu ungenaue Modellierung der Systemdynamik begründen. Die Hysterese-Kennlinie des ZMS

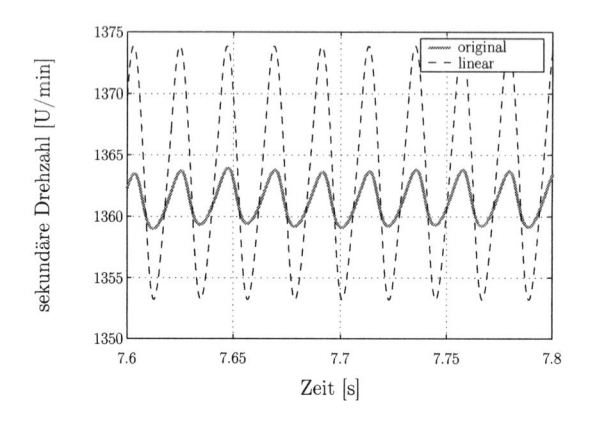

**Abbildung 5.3:** Validierung der sekundären ZMS-Drehzahl außerhalb des identifizierten Bereiches

zeigt eine starke Abhängigkeit von der Drehzahl des ZMS (Abbildung 3.11). Dadurch unterliegen die Teilschleifen im Zug-/Schubbetrieb bei Änderung der Drehzahl einer Änderung der effektiven Federrate. Dies bewirkt, dass die identifizierte Federkonstante des linearen Modells bei Änderung der mittleren Geschwindigkeit eine deutliche Abweichung zur mittleren effektiven Federrate des ZMS aufweist. Um diese Abweichung in den Griff zu bekommen wird in Kapitel 5.3 eine Erweiterung des Modells eingeführt. Dabei werden mehrere lokal gültige Modelle in parallelem Verbund angesetzt, welche in Abhängigkeit der Drehzahl bzw. des Lastmoments aktiviert werden. Zusammenfassend lässt sich an dieser Stelle festhalten, dass durch die Approximation des ZMS mit Hilfe eines linearen Modells, in einer, bezüglich stationärer Drehzahl und Lastmoment beschränkten Umgebung, die Verläufe von primärer und sekundärer Geschwindigkeit sehr gut reproduziert werden können.

## 5.2 Invertierung des linearen ZMS-Modells

Um das direkt indizierte Motormoment zu schätzen, wird das im vorherigen Kapitel eingeführte lineare ZMS-Modell invertiert. Die vorherigen Eingangsgrößen des Systems werden somit zu Ausgangsgrößen und umgekehrt [134]. Dadurch lassen sich unter messtechnischer Erfassung der primären und sekundären Drehzahl des ZMS sowohl das primärseitig wirkende Motormoment als auch das sekundärseitig rückwirkende Lastmoment des Antriebsstrangs rekonstruieren. Die

## 5.2 Invertierung des linearen ZMS-Modells

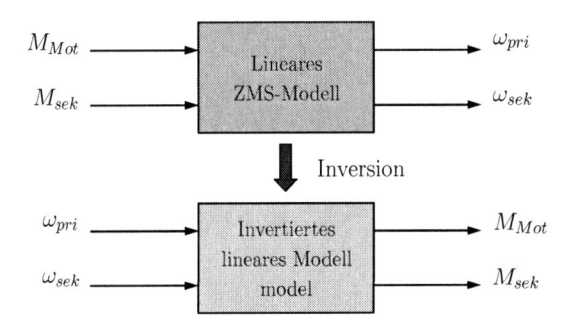

**Abbildung 5.4:** Invertierung des linearen ZMS-Modells

Zustandsraumdarstellung des linearen ZMS-Modells ergibt sich gemäß (5.4) und (5.5) zu:

$$\dot{\underline{x}} = \underline{A} \cdot \underline{x} + \underline{B} \cdot \underline{u} \tag{5.13}$$
$$\underline{y} = \underline{C} \cdot \underline{x} \tag{5.14}$$

Transformiert man dieses Zustandsraummodell in den Laplace-Bereich [39], so ergibt sich:

$$s \cdot \underline{X}(s) - \underline{X}_0 = \underline{A} \cdot \underline{X}(s) + \underline{B} \cdot \underline{U}(s) \tag{5.15}$$
$$\underline{Y}(s) = \underline{C} \cdot \underline{X}(s) \tag{5.16}$$

$\underline{X}_0$ repräsentiert die initialen Systemzustände des Zustandsraummodells. Diese lassen sich ohne Beschränkung der Allgemeinheit zu Null wählen $\underline{X}_0 = \underline{0}$. Durch Einsetzen von (5.15) in (5.16) ergibt sich nach einer entsprechenden Umrechnung die Übertragungsmatrix $\underline{G}(s)$ des Zustandsraummodells:

$$\underline{G}(s) = \frac{\underline{Y}(s)}{\underline{U}(s)} = \underline{C} \left( s\underline{I} - \underline{A} \right)^{-1} \underline{B} \tag{5.17}$$

Diese Übertragungsmatrix existiert nur dann, wenn die Matrix $(s\underline{I} - \underline{A})$ regulär ist. Eine Matrix ist regulär, falls sie ihren Höchstrang aufweist. Dies ist bei quadratischen Matrizen genau dann der Fall, wenn die Determinante ungleich Null ist. D.h. die Übertragungsfunktion existiert in diesem Fall nur dann, falls:

$$\det\left(s\underline{I} - \underline{A}\right) = \frac{s\left(s^2 J_{pri} J_{sek} + sd(J_{pri} + J_{sek})\right) + s\left(cJ_{sek} + cJ_{pri}\right)}{J_{pri} J_{sek}} \neq 0 \tag{5.18}$$

Die Nullstellen der Determinante entsprechen dabei den Eigenwerten der Systemmatrix $\underline{A}$. Die Eigenwerte der Systemmatrix wiederum stimmen mit den Systempolen des Zustandsraummodells überein [39].

$$s_{1\infty} = 0 \tag{5.19}$$

$$s_{2\infty} = \frac{\sqrt{J_{pri}^2 d^2 + 2 J_{pri} J_{sek} d^2 + J_{sek}^2 d^2 - 4 J_{pri}^2 J_{sek} c - 4 J_{pri} J_{sek}^2 c}}{2 J_{pri} J_{sek}} + \\ + \frac{-J_{pri} d - J_{sek} d}{2 J_{pri} J_{sek}} \tag{5.20}$$

$$s_{3\infty} = \frac{-\sqrt{J_{pri}^2 d^2 + 2 J_{pri} J_{sek} d^2 + J_{sek}^2 d^2 - 4 J_{pri}^2 J_{sek} c - 4 J_{pri} J_{sek}^2 c}}{2 J_{pri} J_{sek}} + \\ + \frac{-J_{pri} d - J_{sek} d}{2 J_{pri} J_{sek}} \tag{5.21}$$

Ausserhalb der Systempole ist (5.18) ungleich Null. Die Übertragungsmatrix existiert somit dort. Das invertierte Modell des ZMS ergibt sich aus (5.17) zu:

$$\underline{U}(s) = \left(\underline{C}\left(s\underline{I} - \underline{A}\right)^{-1} \underline{B}\right)^{-1} \cdot \underline{Y}(s) \tag{5.22}$$

Die invertierte Übertragungsfunktion $\underline{G}^{-1}(s)$ lässt sich hieraus definieren zu:

$$\underline{G}^{-1}(s) = \frac{\underline{U}(s)}{\underline{Y}(s)} = \left(\underline{C}\left(s\underline{I} - \underline{A}\right)^{-1} \underline{B}\right)^{-1} \tag{5.23}$$

Im konkreten Fall weist das lineare Zustandsraummodell des ZMS $p = 2$ Eingangs- bzw. $q = 2$ Ausgangsvariablen auf. D.h. die invertierte Übertragungsmatrix existiert nur dann, wenn $\underline{G}^{-1}(s)$ den Höchstrang, in diesem Fall gleich zwei, aufweist. Die ursprüngliche Übertragungsmatrix $\underline{G}(s)$ setzt sich aus Elementen einzelner gebrochen rationaler Übertragungsfunktionen

$$\underline{G}(s) = \underline{C}\left(s\underline{I} - \underline{A}\right)^{-1} \underline{B} = \begin{bmatrix} G_{11}(s) & G_{12}(s) \\ G_{21}(s) & G_{22}(s) \end{bmatrix} \tag{5.24}$$

## 5.2 Invertierung des linearen ZMS-Modells

mit

$$G_{11}(s) = \frac{s^2 J_{sek} + sd + c}{s\left(s^2 J_{pri} J_{sek} + s J_{pri} d + J_{pri} c + s J_{sek} d + J_{sek} c\right)} \qquad (5.25)$$

$$G_{12}(s) = -\frac{sd + c}{s\left(s^2 J_{pri} J_{sek} + s J_{pri} d + J_{pri} c + s J_{sek} d + J_{sek} c\right)} \qquad (5.26)$$

$$G_{21}(s) = \frac{sd + c}{s\left(s^2 J_{pri} J_{sek} + s J_{pri} d + J_{pri} c + s J_{sek} d + J_{sek} c\right)} \qquad (5.27)$$

$$G_{22}(s) = -\frac{s^2 J_{pri} + sd + c}{s\left(s^2 J_{pri} J_{sek} + s J_{pri} d + J_{pri} c + s J_{sek} d + J_{sek} c\right)} \qquad (5.28)$$

zusammen. Die Determinante der Übertragungsmatrix ergibt sich zu:

$$\det \underline{G}(s) = -\frac{1}{s^2 J_{pri} J_{sek} + s J_{pri} d + s J_{sek} d + c J_{sek} + J_{pri} c} \qquad (5.29)$$

Im allgemeinen Fall ist diese Determinante ungleich Null. Damit existiert die invertierte Übertragungsmatrix des linearen ZMS-Modells. Diese Annahme ist jedoch für jeden resultierenden Parametersatz der Identifikation separat zu überprüfen. Nach der Überprüfung deren Existenz, lässt sich die invertierte Übertragungsfunktion des linearen ZMS-Modells im konkreten Fall angeben zu[1]:

$$\begin{bmatrix} \hat{M}_{Mot}(s) \\ \hat{M}_{sek}(s) \end{bmatrix} = \underbrace{\begin{bmatrix} G_{11}^{-1}(s) & G_{12}^{-1}(s) \\ G_{21}^{-1}(s) & G_{22}^{-1}(s) \end{bmatrix}}_{\underline{G}^{-1}(s)} \cdot \begin{bmatrix} \omega_{pri}(s) \\ \omega_{sek}(s) \end{bmatrix} \qquad (5.30)$$

wobei

$$\underline{G}^{-1}(s) = \begin{bmatrix} \dfrac{s^2 J_{pri} + sd + c}{s} & -\dfrac{sd + c}{s} \\ \dfrac{sd + c}{s} & -\dfrac{s^2 J_{sek} + sd + c}{s} \end{bmatrix} \qquad (5.31)$$

Die Teilübertragungsfunktionen $G_{ii}^{-1}(s)$ sind, bedingt durch die höhere Ordnung des Zählerpolynoms [62], akausal. Akausale Systeme lassen sich praktisch nicht realisieren, da zu einem aktuellen Zeitpunkt $t$ für die Berechnung des Systemausgangs $y(t)$ mindestens die Kenntnis der zeitlichen Ableitung erster Ordnung $\dot{y}(t)$ erforderlich ist[2] [93]. Ein akausales System lässt sich somit nicht in Echtzeit am

---
[1] Achtung: es gilt hier: $G_{11}^{-1}(s) \neq (G_{11}(s))^{-1}$
[2] Bei zeitdiskreten Systemen ist für die Berechnung des aktuellen Systemausgangs $\underline{y}_k$ die Kenntnis zukünftiger Eingangswerte $\underline{u}_{k+i}$ bzw. Ausgangswerte $\underline{y}_{k+j}$ $(i,j,k \in \mathbb{N})$ erforderlich.

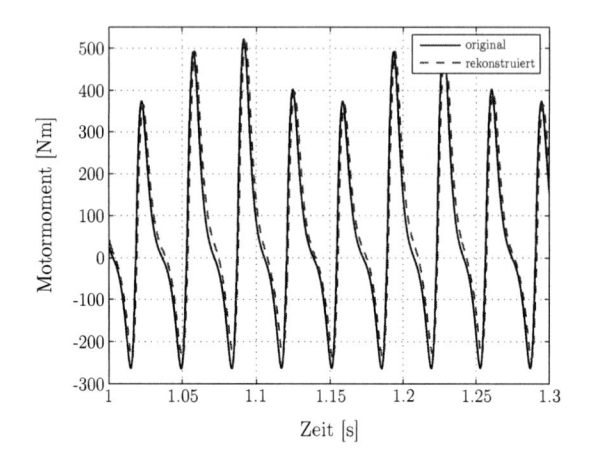

**Abbildung 5.5:** Vergleich des rekonstruierten und originalen Motormoments bei einer mittleren Drehzahl von 800 U/min und einem ZMS-Lastmoment von 70 Nm (mit PT$_1$-Erweiterung)

Rechner simulieren. Um Gleichung (5.23) dennoch für die Rekonstruktion des direkt indizierten Motormoments verwenden zu können, führt man ein zusätzliches Verzögerungsglied erster Ordnung (PT$_1$) ein:

$$G_{PT_i}(s) = \frac{1}{s\,T_i + 1} \tag{5.32}$$

Die Zeitkonstanten $T_i$ müssen dabei einige Größenordnungen kleiner als die des darzustellenden Systems gewählt werden, um einem zu großen Phasenversatz bzw. einer Dämpfung vorzubeugen. Die 3dB-Knickfreqenzen der Verzögerungsglieder liegen somit wesentlich höher als die Eigenfrequenzen des linearen Modells. Die untere Grenze der Zeitkonstante ergibt sich durch die Abtastzeit der Simulationsumgebung bzw. der für die Implementierung zur Verfügung stehenden Hardware. Die Zeitkonstanten sollten daher stets ein ganzzahliges Vielfaches der Abtastzeit betragen. Die modifizierte, invertierte Übertragungsfunktion $\underline{G}^*(s)$ ergibt sich schließlich zu:

$$\underline{G}^*(s) = \begin{bmatrix} \dfrac{s^2 J_{pri} + sd + c}{s^2 \cdot T_1 + s} & -\dfrac{sd + c}{s} \\ \dfrac{sd + c}{s} & -\dfrac{s^2 J_{sek} + sd + c}{s^2 \cdot T_2 + s} \end{bmatrix} \tag{5.33}$$

Abbildung 5.5 zeigt einen Vergleich zwischen rekonstruiertem und simuliertem Motormoment. Das originale Motormoment wurde dabei auf Basis der, in den

## 5.2 Invertierung des linearen ZMS-Modells

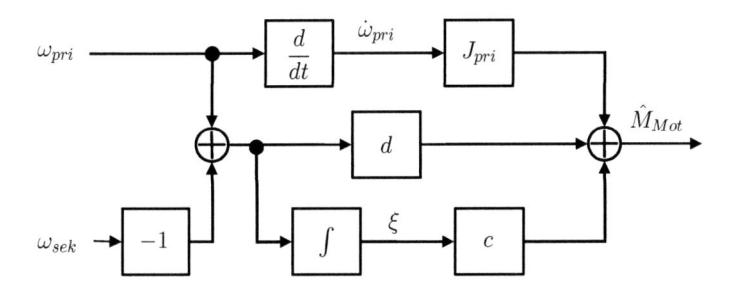

**Abbildung 5.6:** Signalflussplan der Motordrehmomentenschätzung

Abschnitten 2.4.2, 3.3.1 und 4.2.1 vorgestellten, stark nichtlinearen Modelle generiert. Die Modelle wurden zuvor kalibriert, um ein reales System mit hoher Güte zu approximieren. Grundlage des Kalibrierungsprozesses stellte ein 2.0 Liter Dieselmotor mit ZMS dar. Für die Rekonstruktion werden die Drehzahlsignale des selben Datensatzes verwendet und als Eingangsgrößen des invertierten Modells (5.23) benutzt. Man erkennt eine gute Approximation des simulierten Motordrehmoments. Die genaue Approximation der zylinderindividuellen Spitzenwerte erlaubt den Einsatz des rekonstruierten Motormoments als Grundlage für Anwendungen wie z.B. die Zylindergleichstellung sowie die Erkennung von Verbrennungsaussetzern.

Allerdings weist das rekonstruierte Moment einen, wenn auch sehr geringen Phasenversatz aufgrund der Erweiterung durch das $PT_1$-Glied auf. Dies macht sich vor allem dann verstärkt bemerkbar, wenn sich die Abtastzeit des Systems, aufgrund mangelnder, zur Verfügung stehender Rechenkapazität und somit die Zeitkonstanten der Verzögerungsglieder nicht weiter reduzieren lassen. Eine weitere Methode, welche den Nachteil des zusätzlichen Phasenversatzes nicht aufweist, ist die Extrahierung einer Differentiation aus dem Signalflussplan der invertierten akausalen Übertragungsfunktionen. Abbildung 5.6 zeigt hierzu exemplarisch den Signalflussplan der Übertragungsfunktionen zur Schätzung des Motordrehmoments $\hat{M}_{Mot}$. Gliedert man nun die Differentation aus, so ergibt sich folgende lineare Zustandsraumdarstellung für die Momentenschätzung:

$$\dot{\xi} = \underbrace{0}_{A} \cdot \xi + \underbrace{(1 \quad 0)}_{B} \cdot \begin{pmatrix} \omega_{pri} - \omega_{sek} \\ \dot{\omega}_{pri} \end{pmatrix} \tag{5.34}$$

$$\hat{M}_{Mot} = \underbrace{c}_{C} \cdot \xi + \underbrace{(d \quad J_{pri})}_{D} \cdot \begin{pmatrix} \omega_{pri} - \omega_{sek} \\ \dot{\omega}_{pri} \end{pmatrix} \tag{5.35}$$

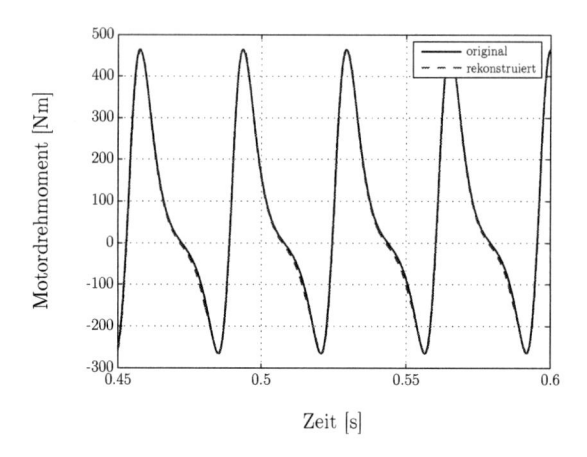

**Abbildung 5.7:** Vergleich zwischen rekonstruiertem und simuliertem Motormoment bei einer mittleren Drehzahl von 800 U/min und einem ZMS-Lastmoment von 70 Nm (mit vorgelagerter Differentiation)

Die neuen Eingangsgrößen sind dabei die Differenz der Winkelgeschwindigkeiten $\omega_{pri} - \omega_{sek}$ und die primäre Winkelbeschleunigung $\dot{\omega}_{pri}$. Die Zustandsgröße $\xi$ ist die Winkeldifferenz der primären und sekundären Schwungmasse $\varphi_{pri} - \varphi_{sek}$ des ZMS. Die Ausgangsgröße stellt nach wie vor das geschätzte Motormoment $\hat{M}_{Mot}$ dar. Bei der Vorlagerung der Differentiation ist zu beachten, dass Rauscheinflüsse der Drehzahl einen starken Einfluss auf die Güte des Beschleunigungssignals haben und somit maßgeblich für die Genauigkeit der Momentenschätzung verantwortlich sind. Bei starkem stochastischen Messrauschen des Geschwindigkeitssignals sowie deterministischen Fehlern aufgrund von Sensorungenauigkeiten ist das Drehzahlsignal gegebenenfalls zusätzlicher Signalaufbereitung zu unterziehen, bevor es für die Rekonstruktion des direkt indizierten Motormoments herangezogen werden kann [61, 80]. Abbildung 5.7 zeigt einen Vergleich zwischen simuliertem und rekonstruiertem Motordrehmoment unter Verwendung des Zustandsraummodells mit vorgelagerter Differentiation 5.34.

Es ist zu erkennen, dass das Motordrehmoment im Bereich der, für die Erstellung des Identifikationsdatensates verwendeten, mittleren Motordrehzahlen (hier $\bar{n} = 800$ U/min) sehr gut durch das Zustandsraummodell mit vorgelagerter Differentation approximiert wird. Das wesentliche Manko des linearen Modells, der eingeschränkte Gültigkeitsbereich, bleibt jedoch bestehen. Um eine verlässliche Rekonstruktion des Motormoments für den gesamten Betriebsbereich des Verbrennungsmotors realisieren zu können, werden im Folgenden verschiedene Erweiterungen vorgestellt.

## 5.3 Erweiterung des Arbeitsbereichs

Ein wesentlicher Nachteil bei der Schätzung des direkt indizierten Motordrehmoments anhand eines invertierten linearen ZMS-Modells ergibt sich durch dessen lokale Beschränktheit auf eine Umgebung des, für die Identifikation gewählten Arbeitspunktes in Abhängigkeit von Motordrehzahl und ZMS-Lastmoment. Um nun den Gültigkeitsbereich des Algorithmus zur Drehmomentenrekonstruktion auf den gesamten Arbeitsbereich des Verbrennungsmotors bzw. ZMS zu erweitern, werden mehrere lokal gültige lineare Modelle eingesetzt, welche im Verbund das resultierende Schätzergebnis bereitstellen.

### 5.3.1 Lokal lineare Neuro–Fuzzy–Modelle

In diesem Abschnitt wird die Modellierung eines Systems durch lokal lineare Neuro-Fuzzy-Modelle vorgestellt. Der Vorteil dieses Modellierungsverfahrens liegt in der Aufteilung eines komplexen Modellierungsproblems in mehrere kleinere und dadurch einfachere Teilsysteme, welche sich individuell durch lineare Modelle beschreiben lassen. Einen wesentlichen Einfluss auf die Modellierungsqualität dieser Methode nimmt die Auswahl der Strategie zur Aufteilung des komplexen Systems in Teilsysteme ein. In dieser Arbeit wurde hierfür der so genannte Local Linear Model Tree (LoLiMoT) Algorithmus nach [86] verwendet, auf welchen in Abschnitt 5.3.3 genauer eingegangen wird.

Durch den Ansatz lokaler, linearer Neuro-Fuzzy-Modelle wird eine nichtlineare Funktion durch die gewichtete Addition linearer Funktionen approximiert. Für $M$ lokale lineare Modelle ergibt sich der Ausgang des Gesamtmodells damit zu:

$$\hat{\underline{y}} = \hat{\underline{y}}_1 \cdot \Psi_1(\underline{u}) + \hat{\underline{y}}_2 \cdot \Psi_2(\underline{u}) + \ldots + \hat{\underline{y}}_M \cdot \Psi_M(\underline{u})$$
$$= \sum_{i=1}^{M} \hat{\underline{y}}_i \cdot \Psi_i(\underline{u}) \qquad (5.36)$$

Dabei ist $\hat{\underline{y}}_i$ der Ausgang des $i$-ten lokalen, linearen Modells. Die LLM setzen sich aus linearen Teilübertragungsfunktionen mit den Eingangsgrößen $\underline{u}$ zusammen. Dabei wird zwischen statischen (siehe Kapitel 5.3.1) und dynamischen lokalen linearen Modellen (siehe Kapitel 5.3.1) unterschieden. Um die Nichtlinearitäten des Systems zu erfassen, werden jedem linearen Teilmodell Gewichtungsfunktionen zugeordnet, die den Bereich des Eingangsraumes $\underline{u}$ festlegen, in welchem die individuellen LLM einen Beitrag zum resultierenden Gesamtausgang $\hat{\underline{y}}$ leisten. Die Gewichtungsfunktionen $\Psi_i(\underline{u})$ werden in der Literatur häufig als Gauß'sche

Glockenfunktionen dargestellt, welche derart normiert sind, dass sich die Summe aller Gewichtungsfunktionen für eine beliebige Stellgröße $\underline{u}$ stets zu Eins ergibt.

$$\sum_{i=1}^{M} \Psi_i(\underline{u}) = 1 \qquad \forall \, \underline{u} \in \mathbb{R}^p \tag{5.37}$$

Diese Normierung ist für eine korrekte Interpretation der $\Psi_i(\underline{u})$ als Gewichtungsfunktionen essentiell notwendig, da hierdurch sichergestellt wird, dass der Beitrag aller LLM in Kombination, stets mit 100% berücksichtigt wird. Bei $p$ Eingangsgrößen ist es dabei nicht zwingend notwendig, dass die Gewichtungsfunktionen von allen $p$ Eingangsgrößen abhängen. Die $\Psi_i$ werden häufig derart definiert, dass sie ausschließlich von jenen Eingangsgrößen abhängig sind, welche das System in starkem Maße nichtlinear beeinflussen. In Arbeitsbereichen zwischen den einzelnen LLM wird anhand der Netzstruktur, welche durch die Überlappung der zugehörigen Gewichtsfunktionen aufgespannt wird, interpoliert. Die Gewichtungsfunktionen, welche in der Literatur zuweilen auch als Aktivierungs-, Interpolations- bzw. Basisfunktionen bezeichnet werden, ergeben sich somit zu:

$$\Psi_i\left(\underline{u}(t_k)\right) = \frac{\zeta_i\left(\underline{u}(t_k)\right)}{\sum_{j=1}^{M} \zeta_j\left(\underline{u}(t_k)\right)} \tag{5.38}$$

mit

$$\zeta_i\left(\underline{u}(t_k)\right) = exp\left(-\frac{1}{2}\left(\frac{(u_1(t_k) - \mu_{i1})^2}{\sigma_{i1}^2} + \ldots + \frac{(u_p(t_k) - \mu_{ip})^2}{\sigma_{ip}^2}\right)\right) \tag{5.39}$$

Die, durch eine geeignete Strategie festzulegenden Parameter der Gewichtungsfunktionen sind die Zentrumskoordinaten $\underline{\mu}_i^T = [\mu_{i0} \; \mu_{i1} \ldots \mu_{ip}]$ sowie die Standardabweichungen $\underline{\sigma}_i^T = [\sigma_{i0} \; \sigma_{i1} \ldots \sigma_{ip}]$. Dabei spezifizieren die Zentrumskoordinaten $\underline{\mu}_i$ jenen Bereich im Eingangsraum, in welchem das jeweilige LLM durch eine starke Aktivität geprägt ist. Die Zentrumskoordinaten sind daher in diejenigen Bereiche des Eingangsraumes zu legen, in welchen die LLM eine möglichst hohe Modellgüte aufweisen. Die Standardabweichungen $\underline{\sigma}_i$ stellen ein Maß für die Überlappung benachbarter Gewichtungsfunktionen dar. Je größer die Varianz gewählt wird, umso größer ist die Überlappung der Gewichtungsfunktionen mit den jeweils adjazent benachbarten. Die Parameter $\underline{\mu}_i$ und $\underline{\sigma}_i$ werden im Rahmen der Strukturoptimierung (Abschnitt 5.3.3) festgelegt.

Abbildung 5.8 zeigt das allgemeine Strukturbild eines lokalen, linearen Neuro-Fuzzy-Modells. Jedes Neuron[3] beinhaltet ein lokales lineares Modell (LLM) und

---

[3]Bei der Interpretation des Verbunds lokaler linearer Modelle als Neuronales Netz [101] wird das kleinste Element im Verbund als Neuron bezeichnet.

## 5.3 Erweiterung des Arbeitsbereichs

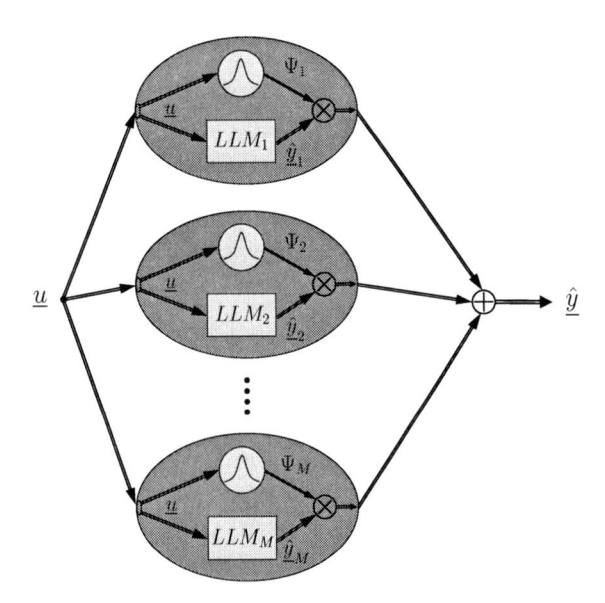

**Abbildung 5.8:** Strukturbild eines allgemeinen lokalen linearen Neuro-Fuzzy-Modells

eine zugehörige Gewichtungsfunktion, welche die Gültigkeit des Modells für jeden Betriebspunkt im Eingangsraum festlegt.

**Statische lokale lineare Neuro-Fuzzy-Modelle**

Mit Hilfe von statischen LLM lassen sich nichtlineare Funktionen der Form $y(t) = \underline{f}(\underline{u}(t))$ approxmieren. Dabei gehen weder Vergangenheitswerte der Eingangsgrößen noch der Ausgangsgrößen in die Modellbildung ein. Die statischen lokalen linearen Modelle werden als somit Linearkombinationen der Eingangsgrößen dargestellt. Der Ausgang eines statischen LLM ergibt sich zu:

$$\underline{\hat{y}}_i(t_k) = \underline{b}_{i0} + \underline{b}_{i1} \cdot u_1(t_k) + \underline{b}_{i2} \cdot u_2(t_k) + \ldots + \underline{b}_{ip} \cdot u_p(t_k) \tag{5.40}$$

mit den noch zu bestimmenden Parametern $\underline{b}_{i0}, \underline{b}_{i1}, \ldots, \underline{b}_{ip}$. Für den Ausgang des Gesamtmodells erhält man:

$$\begin{aligned}\underline{\hat{y}}(t_k) &= \sum_{i=1}^{M} \underline{\hat{y}}_i(t_k) \cdot \Psi_i(\underline{u}(t_k)) \\ &= \sum_{i=1}^{M} \left(\underline{b}_{i0} + \underline{b}_{i1} \cdot u_1(t_k) + \underline{b}_{i2} \cdot u_2(t_k) + \ldots + \underline{b}_{ip} \cdot u_p(t_k)\right) \cdot \Psi_i(\underline{u}(t_k))\end{aligned} \tag{5.41}$$

Stellen die Gewichtungsfunktionen „Gauß'sche Glockenkurven" dar und sind diese multiplikativ mit den statischen lokalen linearen Modellen verknüpft, so lässt sich diese Netzstruktur als sog. Tagaki-Sugeno Fuzzy-Modell [26] interpretieren. Derartige Fuzzy-Modelle zeichnen sich durch die Verwendung unscharfer (fuzzy) Mengen aus. Die Elemente unscharfer Mengen werden nicht wie im klassischen Sinne genau zu *einer* bestimmten Menge gezählt, sondern werden durch einen Zugehörigkeitsgrad, der einen Wert zwischen Null und Eins annehmen kann, mehreren Mengen gleichzeitig zugeordnet.

Zusätzlich lässt sich das lokale lineare Neuro–Fuzzy–Modell als Radial–Basisfunktionen–Netz [76] und somit allgemein als Neuronales Netz interpretieren. Hierbei geben die Neuronen der Eingangsschicht die Eingangsgrößen an die Neuronen der verdeckten Schicht weiter. Es werden die Gewichtungsfunktionen $\Psi_i$ berechnet, welche anschließend mit den Kantengewichten $w_{RBFN,i}$ multipliziert und schließlich an das Neuron der Ausgangsschicht übergeben werden. Dieses Neuron summiert alle eingehenden Werte zum Gesamtausgang auf. Es ergibt sich somit genau dann die Struktur eines lokalen linearen Neuro-Fuzzy-Modells nach Abbildung 5.8, falls die Kantengewichte $w_{RBFN,i}$ als Linearkombinationen der Eingangsgröße dargestellt werden können.

### Dynamische lokale lineare Neuro-Fuzzy-Modelle

Bei dynamischen lokalen linearen Neuro-Fuzzy-Modellen werden neben den aktuellen Eingangsgrößen $\underline{u}(t)$ auch vergangene Ein- und Ausgangsgrößen $\underline{u}(t-t_k)$ bzw. $\hat{\underline{y}}_i(t-t_j)$ berücksichtigt. Die Rückkopplung vergangener Größen kann dabei auf zwei verschiedene Arten erfolgen. Bei der internen Rückkopplung (siehe Abbildung 5.9a) werden lediglich die Ausgangsgrößen der LLM lokal auf deren Eingänge rückgeführt. Die Ausgangswerte des $i$-ten LLM stehen somit ausschließlich diesem wieder als Eingang zur Verfügung. Bei der externen Rückkopplung findet hingegen die Rückführung des Gesamtausgangs $\hat{y}$ statt. Dieser steht, unter Einhaltung der Kausalität, zeitversetzt sämtlichen LLM zur Verfügung.

Die dynamischen LLM lassen sich bei einer internen Rückkopplung im Falle zeitdiskreter Systembetrachtung mit äquidistanten Abtastzeitpunkten als Differenzengleichungen der Form

$$\begin{aligned}
\hat{y}_i =\ & b_{i10} \cdot u_1(k) + \ldots + b_{i1m} \cdot u_1(k-m) \\
& \vdots \\
& + b_{ip0} \cdot u_p(k) + \ldots + b_{ipm} \cdot u_p(k-m) \\
& - a_{i1} \cdot \hat{y}_i(k-1) - \ldots - a_{in} \cdot \hat{y}_i(k-n) \quad ,
\end{aligned} \tag{5.42}$$

## 5.3 Erweiterung des Arbeitsbereichs

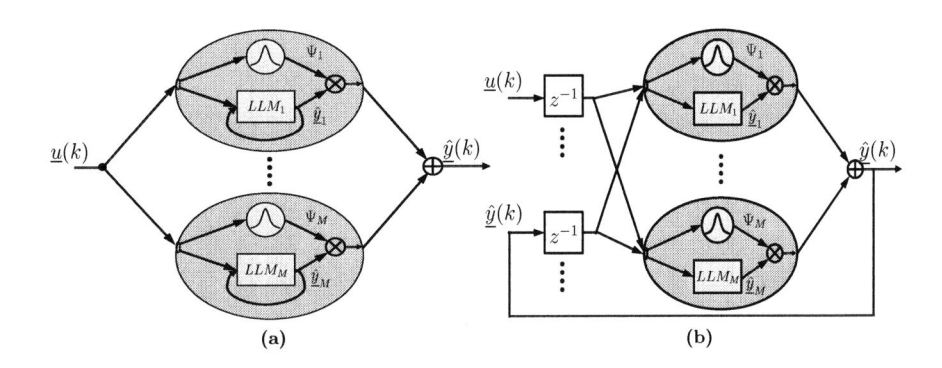

**Abbildung 5.9:** a) Interne Rückkopplung der vergangenen Werte, b) externe Rückkopplung der vergangenen Werte

bzw. allgemein als Zustandsraumdarstellung der Form

$$\underline{\hat{x}}_i = \underline{A} \cdot \underline{x}_i + \underline{B}^E \cdot \left[\underline{u}^T, \hat{y}_i(k-1), \ldots, \hat{y}_i(k-n)\right]$$
$$\underline{\hat{y}}_i = \underline{C} \cdot \underline{x}_i \qquad (5.43)$$

darstellen, wobei $\underline{B}^E$ eine, um die Vergangenheitswerte erweiterte Eingangsmatrix repräsentiert. Bei externen Rückkopplungen können die individuellen LLM lediglich als Differenzengleichungen der Form

$$\hat{y}_i = b_{i10} \cdot u_1(k) + \ldots + b_{i1m} \cdot u_1(k-m)$$
$$\vdots$$
$$+ b_{ip0} \cdot u_p(k) + \ldots + b_{ipm} \cdot u_p(k-m)$$
$$- a_{i1} \cdot \hat{y}(k-1) - \ldots - a_{in} \cdot \hat{y}(k-n) \quad , \qquad (5.44)$$

dargestellt werden, eine geschlossene Zustandsraumdarstellung ist aufgrund der Kopplung mit den anderen LLM nicht mehr möglich. $n$ ist dabei der Grad des Nenners und $m$ der Grad des Zählers.

Es sei an dieser Stelle darauf hingewiesen, dass die Gleichungen (5.42) und (5.44) lediglich für MISO (Multiple Input Single Output) Systeme gültig sind, d.h. für Systeme mit mehreren Eingangs- und nur einer Ausgangsgröße. Dies stellt jedoch keine Einschränkung der Allgemeinheit dar, da MIMO (Multiple Input Multiple Output) Systeme, also Systeme mit mehreren Ein- bzw. Ausgangsgrößen, auf $q$ MISO Teilsysteme zurückgeführt werden können. Daher wird im Folgenden bei der Darstellung der LLM als Differenzengleichung vereinfachend von MISO Systemen ausgegangen.

Bei der externen Rückkopplung ist es zusätzlich möglich, die Gütefunktionen $\Psi_i$ in Abhängigkeit der vergangenen Ein- und Ausgangsgrößen darzustellen. Es können daher Prozesse modelliert werden, deren nichtlineares Verhalten neben den aktuellen Eingangsgrößen auch von vergangenen Ein- und Ausgangsgrößen abhängt (gedächtnisbehaftete Prozesse). Dies ist bei der rein internen Rückkopplung nicht vollständig möglich. Hier können nur jene Prozesse modelliert werden, deren nichtlineares Verhalten auf die aktuellen Eingangsgrößen ($\underline{k}$) bzw. deren Vergangenheitswerte zurückzuführen ist. Diese Tatsache schränkt die Modellierungsmöglichkeiten durch interne Rückkopplung stark ein. Allerdings ist es bei der internen Rückkopplung möglich, die lokalen linearen Modelle durch Zustandsgleichungen darzustellen, was wiederum den Vorteil mit sich bringt, dass bei späteren Reglerentwürfen auf die Theorie der Zustandsregelungen zurückgegriffen werden kann.

Bei der Modellierung des Zweimassenschwungrads im Speziellen, werden die lokalen linearen Modelle als Zustandsgleichungen dargestellt, wobei lineare Feder-/Dämpferelemente nach Abschnitt 5.1 zum Einsatz kommen. Da die Nichtlinearitäten des Zweimassenschwungrads überwiegend drehzahlbedingt und somit abhängig von den aktuellen Eingangsgrößen sind, bietet sich die Modellierung durch interne Rückkopplung an. Für die Rekonstruktion des Motormoments bietet sich auch die Modellierung durch externe Rückkopplung an, da sich hierdurch temporär deaktivierte LLM zügig reinitialisieren lassen (vgl. Abschnitt 5.8.4).

### 5.3.2 Parametrierung der lokalen linearen Modelle

Bei der Parametrierung der lokalen linearen Modelle sind die Variablen $J_1$, $J_2$, $c$ und $d$ jedes linearen ZMS-Modells zu identifizieren. Dabei wird angenommen, dass die Gewichtungsfunktionen $\Psi_i$ und damit deren Parameter, die Zentrumskoordinaten $\underline{\mu}_i^T = [\mu_{i0}\ \mu_{i1} \ldots \mu_{ip}]$ sowie die Standardabweichungen $\underline{\sigma}_i^T = [\sigma_{i0}\ \sigma_{i1} \ldots \sigma_{ip}]$, a-priori bekannt sind. Die folglich zu bestimmenden Parameter sind je nach Darstellungsform der LLM die Parameter der Zustandsmatrizen (5.4) bzw. die Parameter der Übertragungsfunktionen (5.17). Es wird hierbei generell zwischen zwei Methoden der Parameterbestimmung unterschieden.

**Globale Parameterbestimmung**

Bei der globalen Parameterbestimmung wird der quadratische Fehler $\underline{e}$ zwischen Prozessausgang und Modellausgang minimiert. Der Prozessausgang ergibt sich durch einen aufgezeichneten Datensatz eines hinreichend genau kalibrierten Prozessmodells bzw. Messungen an der realen Strecke selbst. Analog zu der Iden-

## 5.3 Erweiterung des Arbeitsbereichs

tifikation des singulären linearen Modells weist das Gütemaß folgende Gestalt auf:

$$Q(\underline{a}) = \sum_{k=1}^{N_{Data}} \sum_{j=1}^{q} w_{j,k} \cdot \underline{e}_j^2(t_k)$$
$$= \sum_{k=1}^{N_{Data}} \sum_{j=1}^{q} w_{j,k} \cdot (y_j(t_k) - \hat{y}_j(t_k))^2 \rightarrow \min_{\underline{a}} \quad (5.45)$$

$N_{Data}$ stellt den Umfang des Identifikationsdatensatzes dar. Bei der globalen Parameterbestimmung beinhaltet der Vektor $\underline{a}$ die Parameter *aller* lokaler linearer Modelle. Durch den somit sehr umfangreichen Parameterraum ergibt sich ein, bezüglich des Rechenaufwandes aufwendiges Optimierungsproblem. Je nach Darstellungsform der LLM (Differenzengleichungen oder Zustandsgleichungen) bieten sich unterschiedliche Verfahren zur Minimierung des Gütemaßes $J(\underline{a})$ an:

- **Least-Squares-Schätzer**:

    Werden die lokalen linearen Modelle als Differenzengleichungen dargestellt, so bietet sich ein LS-Schätzer an, da die zu schätzenden Parameter linear in den Ausgang des Gesamtmodells eingehen [57, 58]. Werden die LLM in Zustandsraumdarstellung repräsentiert, so bietet sich die Methode der LS-Schätzer nur unter Einhaltung spezieller Voraussetzungen an. Ein System im Zustandsraum (5.4) und (5.5) kann mit Hilfe der Laplace-Transformation[4] umgeschrieben werden zu:

$$\underline{y} = \underline{C}(s\underline{I} - A)^{-1} \underline{B}\underline{u} \quad (5.46)$$

Es ergibt sich eine Beschreibungsform des Systems basierend auf einer Matrix, deren Elemente Übertragungsfunktionen sind.

$$\underbrace{\begin{pmatrix} y_1 \\ y_2 \\ \vdots \\ y_q \end{pmatrix}}_{\underline{y}} = \underbrace{\begin{pmatrix} G_{11}(s) & G_{12}(s) & \cdots & G_{1p} \\ G_{21}(s) & G_{22}(s) & \cdots & G_{2p} \\ \vdots & & \ddots & \vdots \\ G_{q1}(s) & G_{q2}(s) & \cdots & G_{qp} \end{pmatrix}}_{\underline{G}} \cdot \underbrace{\begin{pmatrix} u_1 \\ u_2 \\ \vdots \\ u_p \end{pmatrix}}_{\underline{u}} \quad (5.47)$$

Damit kann ein System als eine Summe der Teilübertragungsfunktionen $G_{ij}$ und den Eingangsgrößen $u_j$ dargestellt werden. Für den Ausgang $y_i$ ergibt sich somit:

$$y_i = \sum_{j=1}^{p} G_{ij}\, u_j = \sum_{j=1}^{p} \frac{B_{ij}}{A_{ij}}\, u_j \quad (5.48)$$

---
[4]Anfangswerte werden o.B.d.A zu Null angenommen: $\underline{x}_0 = \underline{0}$

Der LS–Schätzer ist für die Bestimmung der Parameter der Übertragungsfunktionen nur dann geeignet, falls ein linearer Zusammenhang zwischen den Parametern bezüglich des Ein-/Ausgangsverhaltens besteht. Dieser lineare Zusammenhang ist nur dann gegeben, wenn die Übertragungsfunktionen $G_{ij}$ aus (5.48) ein gemeinsames Nennerpolynom $A_{ij} = A_i$ besitzen. Im Allgemeinen ist dies jedoch nicht der Fall. Zwar lassen sich die Übertragungsfunktionen gegebenenfalls entsprechend erweitern, der Rechenaufwand zur Lösung des Optimierungsproblems steigt dabei jedoch stark an. Bei dem funktionalen Zusammenhang des konkreten, invertierten Feder-/Dämpferelements zur Rekonstruktion des Motormoments (5.28) ist dieser lineare Zusammenhang nicht gegeben. Das LS-Verfahren eignet sich somit nur sehr eingeschränkt für eine globale Parameterschätzung. Aus diesem Grund wurde in dieser Arbeit das sog. Simplex-Verfahren zur Minimierung des Gütefunktionals verwendet.

- **Simplex-Algorithmus**:

Bei der Simplex-Methode nach Nelder und Mead [85] handelt es sich um eine direkte Suchmethode zur Minimierung einer Funktion $F(\underline{a})$ mit $n$ Parametern ($\underline{a}$ ist der Parametervektor). Da die Simplexmethode nicht auf einem Gradientenabstiegsverfahren basiert, werden bei der Suche des Minimums keine Ableitungen der Funktion benötigt.

Der Simplex–Algorithmus beginnt mit $(n+1)$ Parametersätzen $\underline{a}_1$, $\underline{a}_2$, ..., $\underline{a}_n$, $\underline{a}_{n+1}$ im $n$–dimensionalen Raum. Die Funktionswerte $F_i = F(\underline{a}_i)$ werden derart geordnet, dass

$$F_1 \leq F_2 \leq \ldots \leq F_n \leq F_{n+1} \qquad (5.49)$$

gilt. Diese Punkte können als Eckpunkte eines Simplexes im $n$-dimensionalen Raum von Variablen betrachtet werden. Im zweidimensionalen Raum lässt sich ein Simplex anschaulich als ein Dreieck, im dreidimensionalen Raum als ein Tetraeder darstellen.

Die Minimierung besteht nun aus einer Folge von Zyklen mit Funktionswertberechnungen. Jeder Iterationsschritt beginnt mit der Berechnung des Fehlers für jeden der $(n+1)$ Eckpunkte des Simplex. Jener Punkt, welcher den größten Fehler liefert, wird verworfen und durch einen neuen ersetzt. Für die Bestimmung des neuen Punktes $F(\underline{a}_{neu})$ gibt es drei Möglichkeiten, die nacheinander abgearbeitet werden, bis der neu konstruierte Punkt einen kleineren Fehler aufweist als der zuvor verworfene ursprüngliche Punkt.

## 5.3 Erweiterung des Arbeitsbereichs

1. Reflexion am Schwerpunkt der übrigen $n$ Parametersätze
2. Expansion in Reflexionsrichtung
3. Kontraktion in Reflexionsrichtung
4. Schrumpfung des Simplex der übrigen $n$ Parametersätze vor der Reflexion

Der Vorgang zur Ermittlung des neuen Punktes lässt sich mit drei Parametern steuern, einem Reflexionskoeffizienten, einem Expansionskoeffizienten und einem Kontraktionskoeffizienten [19]. Durch eine entsprechende Wahl lässt sich die Genauigkeit, Konvergenz sowie die Geschwindigkeit des Algorithmus gezielt beeinflussen. Für das Abbruchkriterium wurden zwei verschiedene Ansätze aufgestellt:

1. Es wird abgebrochen, wenn die relative Distanz mehrerer Punkte im Parameterraum unter eine zuvor definierte Grenze sinkt.
2. Es wird abgebrochen, wenn die Verbesserung der Fehlersumme aller Punkte des Simplexes unter eine zuvor definierte Grenze sinkt.

Bei der Identifikation des Modellverbundes mit globaler Parameterbestimmung muss darauf geachtet werden, dass jedes LLM in ausreichendem Maße angeregt wird. Dazu ist ein Identifikationsdatensatz, welcher den gesamten Arbeitsbereich des ZMS abdeckt, aufzuzeichnen.

### Lokale Parameterbestimmung

Bei der lokalen Parameterbestimmung wird die Summe der gewichteten quadratische Fehler $\underline{e}$ zwischen Prozessausgang und Modellausgang, das Gütemaß $Q_i$, mit

$$\begin{aligned} Q_i(\underline{a}_i) &= \sum_{k=1}^{N} \sum_{j=1}^{q} \Psi_i(\underline{u}(t_k)) \cdot e_j^2(t_k) \\ &= \sum_{k=1}^{N} \sum_{j=1}^{q} \Psi_i(\underline{u}(t_k)) \cdot (y_j(t_k) - \hat{y}_j(t_k))^2 \to \min_{\underline{a}_i} \end{aligned} \quad (5.50)$$

minimiert. D.h. die Parameter $\underline{a}_i$ der einzelnen lokalen linearen Modelle $i$ werden separat bestimmt, wobei der Einfluss der benachbarten Modelle vernachlässigt wird. Zur Minimierung der Gütefunktion (5.50) wurden ebenfalls zwei Ansätze untersucht:

- **Least-Squares-Schätzer:**

  Zur Modellierung des Zweimassenschwungrads wurden die lokalen linearen Modelle gemäß (5.28) angesetzt. Ein linearer Zusammenhang der Parameter bezüglich des Ein-/Ausgangverhaltens ist hierbei nicht gegeben, d.h. der LS–Algorithmus ist zur Minimierung des Gütemaßes (5.50) nicht geeignet. Daher wird auch bei der lokalen Parametrierung der LLM der Simplex–Algorithmus verwendet.

- **Simplex–Verfahren:**

  Das Simplex-Verfahren wurde im vorherigen Abschnitt (5.3.2) beschrieben. Es stellen sich hierbei weder die Voraussetzungen der Differenzierbarkeit des Gütefunktionals $Q_i$ noch ein linearer Zusammenhang zwischen den Ein- und Ausgangsgrößen.

Bei der lokalen Parameterschätzung wird der Einfluss der benachbarten lokalen linearen Modelle vernachlässigt. Der daraus resultierende Interpolationsfehler steigt mit zunehmender Überlappung der Gewichtungsfunktionen $\Psi_i(\underline{u}(t))$ der LLM an. Dennoch kann mit der lokalen Schätzung oftmals eine bessere Approximation im Vergleich zur globalen Schätzung erzielt werden. Eine Tatsache, welche sich durch den sog. Regularisierungseffekt begründen lässt, dessen Einfluss umso stärker bemerkbar wird, je größer diejenige Störung ist, welche die korrespondierende Messgröße überlagert [87]. Wird das identifizierte Modell mit einem neuen, vom Identifikationdatensatz verschiedenen, Datensatz validiert, so ist die Varianz des Approximationsfehlers $\sigma_E$ nach [87] proportional zu

$$\sigma_E \sim \sigma_{N,M} \cdot \frac{\dim(\underline{a})}{N_{Data}} \tag{5.51}$$

wobei $\sigma_{N,M}$ die Varianz des Messrauschens und $\dim(\underline{a})$ die Dimension des Parameterraumes darstellen. Bei der globalen Schätzung werden $M$–mal so viele Parameter ermittelt wie bei der lokalen, wobei $M$ die Anzahl der LLM darstellt. Allerdings ist hier die effektive Anzahl der Trainingsdaten geringer als $N_{Data}$, da die Daten abhängig von der Gewichtungsfunktion $\Psi_i$ unterschiedlich stark in die Schätzung eingehen. Überlappen sich die Teilmodelle nicht, so stehen effektiv $N_{Data}/M$ Trainingsdaten zur Verfügung. Die lokalen und globalen Schätzungen weisen in diesem Fall eine identische Fehlervarianz auf. Überlappen sich die Teilmodelle, so stehen effektiv mehr Daten zur Verfügung und die Fehlervarianz sinkt. Je größer das Messrauschen ist, desto stärker fällt die Fehlervarianz gegenüber dem Interpolationsfehler ins Gewicht und umso besser wird die Approximationsgüte der lokalen Parameterschätzung gegenüber der globalen.

Neben dem Umfang des Identifikationsdatensatzes, spielt dessen Konsistenz eine wesentliche Rolle im Hinblick auf die Approximationsgüte der LLM. Bei der Erstellung ist darauf zu achten, dass sämtliche Eigenfrequenzen aller LLM in ausreichendem Maße angeregt werden.

### 5.3.3 Strukturoptimierung

Bei der Parameterbestimmung wurde bisher davon ausgegangen, dass diejenigen Gewichtungsfunktionen, die Zentrumskoordinaten $\underline{\mu}_i$ sowie die Standardabweichungen $\underline{\sigma}_i$ a priori bekannt sind. Im Rahmen der Strukturoptimierung werden nun diese Parameter festgelegt. Durch die Bestimmung der Zentrumskoordinaten $\underline{\mu}_i$ bzw. der Standardabweichungen $\underline{\sigma}_i$ wird festgelegt, für welche Bereiche des Eingangsraums die individuellen lokalen linearen Modelle *aktiv* sind und somit einen wesentlichen Beitrag zum Gesamtausgang $\hat{y}$ beitragen. Zusätzlich wird durch die Strukturoptimierung die Anzahl der LLM und damit auch die Komplexität des Gesamtmodells festgelegt. Zur Strukturoptimierung gibt es mehrere Strategien [87]. In dieser Arbeit erfolgt die Festlegung der Modellstrukturierung nach dem LoLiMoT-Algorithmus, welcher im Folgenden genauer beschrieben wird.

**LoLiMoT-Algorithmus**

Bei dem Local Linear Model Tree (LoLiMoT)-Algorithmus handelt es sich um einen Konstruktionsalgorithmus mit baumförmiger Struktur. Der Algorithmus startet mit der Bestimmung eines initialen, globalen linearen Modells und fügt mit jedem Iterationsschritt ein weiteres lokales lineares Teilmodell hinzu [86]. Die Iteration endet, wenn entweder eine vorgegebene Modellkomplexität, d.h. eine maximale Anzahl von lokalen linearen Modellen erreicht ist oder der Ausgangsfehler zwischen Modell und realem Prozess eine zuvor definierte Schranke unterschreitet.

Zu jedem Iterationsschritt wird zunächst durch die Bestimmung der Parameter $\underline{\mu}_i$ und $\underline{\sigma}_i$ der Gewichtungsfunktionen die Strukturierung des Eingangsraumes festgelegt. Hierdurch wird die Lage und die Anzahl der Teilmodelle bestimmt. Der LoLiMoT-Algorithmus teilt dazu den Eingangsraum $\underline{u}$ in Hyperquader[5] auf. Jedem dieser Hyperquader wird ein lokales lineares Modell (LLM) und damit eine Gewichtungsfunktion $\Psi_i(\underline{u})$ zugeordnet. Die Zentrumskoordinaten $\underline{\mu}_i$ der Gewichtungsfunktionen werden dazu in die Mitte des zugehörigen Hyperquaders

---
[5]Ein Hyperquader beschreibt einen mehrdimensionalen Quader im $p$-dimensionalen Raum $\mathbb{R}^p$.

gelegt. Die Standardabweichungen $\sigma_i$ werden proportional zur Ausdehnung des Hyperquaders bezüglich der Eingangsgröße $u_i$ gewählt:

$$\sigma_{ij} = k_\sigma \cdot \Delta_{ij} \qquad (5.52)$$

Dabei stellt $k_\sigma$ einen Proportionalitätsfaktor und $\Delta_{ij}$ die Ausdehnung des entsprechenden Hyperquaders dar. Der LoLiMoT-Algorithmus läuft wie folgt ab:

1. **Beginn mit Startmodell**: Der Algorithmus beginnt mit einem Startmodell. Ist kein Vorwissen vorhanden, wird genau ein Hyperquader gewählt, der exakt alle Datenpunkte des gesamten Eingangsraumes $\underline{u}$ umschließt. Für diesen Hyperquader wird genau ein LLM berechnet. Da dieses global gültige, lineare Modell den gesamten Eingangsraum abdeckt, entartet die Gütefunktion zu eins: $\Phi_1(\underline{u}) = 1$.

2. **Ermittlung des schlechtesten LLM**: Es wird nun eine lokales Gütefunktional $Q_{l,i}$ für jedes der $i = 1 \ldots M$ lokalen linearen Modelle bestimmt. Die lokale Gütefunktion lässt sich aus der gewichteten Summation der Ausgangsfehler des Gesamtmodells beschränkt auf den jeweiligen Hyperquader ($N_{Data} = N_{Hyp}$) berechnen.

$$Q_{l,i} = \sum_{k=1}^{N_{Hyp}} e^2(k) \Phi_i(\underline{u}(k)) = \sum_{k=1}^{N_{Hyp}} (y(k) - \hat{y}(k))^2 \Phi_i(\underline{u}(k)) \qquad (5.53)$$

Das LLM mit dem größten lokalen Ausgangsfehler, wird ausgewählt und mit dem nächsten Schritt fortgefahren. Im Falle des initialen Modells wird das initiale globale Modell ausgewählt, da es den größten Fehler aufweist.

3. **Orthogonale Teilung**: Der Hyperquader des lokalen linearen Modelles mit dem größten Ausgangsfehler, welches in Schritt 2 bestimmt wurde, wird nun durch eine achsenorthogonale Teilung in zwei Hälften geteilt. Es entstehen zwei neue Hyperquader. Diese Teilung wird für jede Eingangsdimension $j = 1 \ldots p$ separat durchgeführt. Bei $p$ Eingängen ergeben sich somit $p$ verschiedene Teilungsmöglichkeiten. Für jede Teilung werden im Anschluss folgende Schritte durchgeführt.

    (a) Bestimmung der Gewichtungsfunktionen sämtlicher Hyperquader der unterschiedlichen Teilungen

    (b) Parameteridentifikation der beiden neuen LLM für jede Teilungsmöglichkeit

    (c) Berechnung des Gütefunktionals (5.53) für jede Teilung

## 5.3 Erweiterung des Arbeitsbereichs

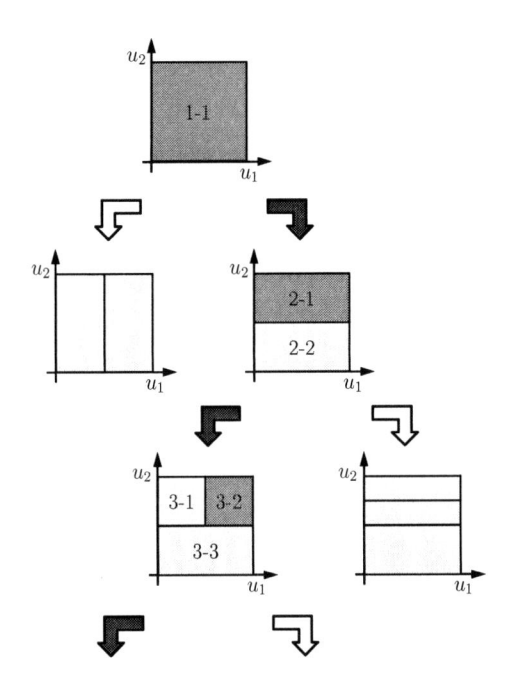

**Abbildung 5.10:** Grafisches Beispiel zum LOLIMOT-Algorithmus

4. **Ermittlung des besten Gesamtmodells**: Aus sämtlichen, in Schritt 3 ermittelten Teilungsmöglichkeiten wird diejenige mit dem geringsten Ausgangsfehler ausgewählt. Die Anzahl der lokalen linearen Modelle im Verbund erhöht sich von $M$ auf $M+1$.

5. **Überprüfung des Abbruchkriteriums**: Der Algorithmus wird solange iterativ bei Schritt 2 fortgesetzt, bis das Abbruchkriterium erfüllt ist, d.h. bis entweder die maximale Anzahl von Modellen erreicht ist oder der Ausgangsfehler eine zuvor definierte Schranke unterschreitet.

Anhand eines einfachen Beispiels soll der Ablauf des LoLiMoT–Algorithmus verdeutlicht werden (Abbildung 5.10). Es wird von einem zweidimensionalen Eingangsraum mit den Eingangsgrößen $u_1$ und $u_2$ ausgegangen. Der Algorithmus beginnt mit einem globalen linearen Startmodell $LLM_1$. Da dieses lineare Modell für den gesamten Eingangsraum gilt, ist die Gewichtungsfunktion $\Phi_1 = 1$. Im nächsten Schritt wird der Eingangsraum entlang $u_1$ bzw. entlang $u_2$ symmetrisch unterteilt. Es ergeben sich dadurch zwei, strukturell unterschiedliche Gesamtmodelle. Im ersten Iterationsschritt werden nun die Gewichtungsfunktionen

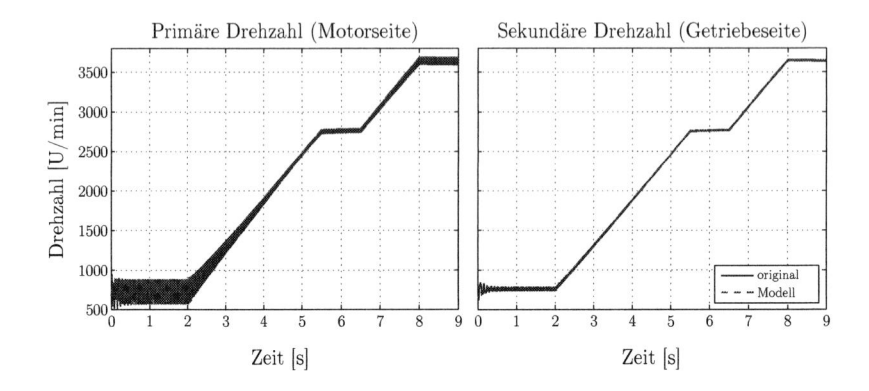

**Abbildung 5.11:** Ergebnisse des LOLIMOT-Modells bei einem typischen Beschleunigungsvorgang

der Teilmodelle festgelegt. Im zweiten Iterationsschritt werden die Parameter der lokalen linearen Modelle identifiziert sowie der Ausgangsfehler für beide Gesamtmodelle berechnet. Das Gesamtmodell mit dem kleineren Ausgangsfehler wird übernommen, das andere wird verworfen. Im nächsten Schritt wird das schlechteste lokale lineare Modell des aktuellen Gesamtmodells ausgewählt und erneut entlang $u_1$ bzw. $u_2$ aufgeteilt. Es entstehen wieder zwei neue Gesamtmodelle und der Algorithmus wiederholt sich nach bekanntem Schema. Der Algorithmus endet, bis entweder eine maximale Anzahl von lokalen linearen Modellen erreicht oder der Ausgangsfehler einer zuvor definierten Schranke unterschritten ist.

### 5.3.4 Schätzung des dynamischen ZMS-Verhaltens

Durch die Anwendung der LoLiMoT-Struktur auf das ZMS-Modell lässt sich der Gültigkeitsbereich auf den gesamten Arbeitsbereich des Verbrennungsmotors bzw. des ZMS erweitern. Das lineare ZMS-Modell nach (5.4) und (5.5) wird dabei als lokales Modell im Sinne von (5.36) interpretiert. Die Charakteristik der Bogenfeder ist stark von der Drehzahl sowie dem sekundärseitig wirkenden Lastmoment des ZMS abhängig. Dieses Lastmoment bewirkt zusammen mit dem Motormoment eine Torsion des ZMS. Die Wahl der Eingangsgrößen, welche den Eingangsraum der Gewichtungsfunktionen der einzelnen LLM aufspannen, fällt somit auf die mittlere Motordrehzahl $n$ sowie den Torsionswinkel $\Delta\varphi_{ZMS}$. Die Mittelung der Drehzahl über ein Arbeitsspiel des Verbrennungsmotors stellt hierbei sicher, dass die Aktivierung einzelner LLM, durch die Gewichtungsfunktionen bei stark fluktuierender Drehzahl, keiner allzu starken Veränderung unterliegt.

## 5.3 Erweiterung des Arbeitsbereichs

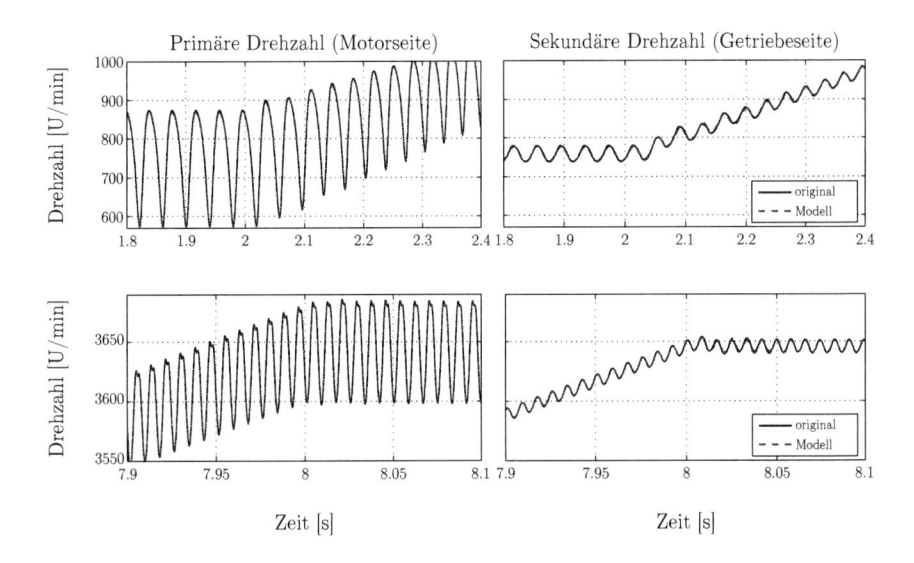

**Abbildung 5.12:** Ergebnisse des LOLIMOT-Modells bei einem typischen Beschleunigungsvorgang (vergrößerte Darstellung)

Dies könnte, speziell im Interpolationsbereich, zwischen zwei LLM zu einer stärkeren Modellabweichung führen, als dies bei der Verwendung von nur einem LLM der Fall wäre. Die Torsion des ZMS lässt sich anhand der Drehzahldifferenz zwischen primärem und sekundärem Schwungrad bilden.

$$\Delta\varphi_{ZMS}(t) = \int_{t_0}^{t} (\dot{\varphi}_{pri} - \dot{\varphi}_{sek})dt + \varphi(t_0) \tag{5.54}$$

Aufgrund der in Abschnitt 2.5.1 vorgestellten, inkrementellen Methode der Drehzahlerfassung lässt sich die Winkeldifferenz anhand der gemessenen Zeitintervalle, welche dem Passieren eines definierten Winkelsegments am Sensor entsprechen, bestimmen. Es bietet sich auch hierbei an, statt einem zeitlich stark veränderlichen Verlauf einen Mittelwert über ein größeres Winkelsegment (z.B. einem Arbeitsspiel des Motors) zu bilden. Das Winkelsegment sollte dabei jedoch nicht zu groß gewählt werden, da dies zu einer schlechteren Approximation der transienten Vorgänge (z.B. Beschleunigung des Motors) führen könnte.

Zur Identifikation des ZMS-Modells mit Hilfe des LoLiMoT-Algorithmus wurde ein Beschleunigungsvorgang von 700 - 4000 U/min an einem umfassenden, kalibrierten Systemmodell des Motors mit ZMS aufgezeichnet. Abbildung 5.11 zeigt das Ergebnis der Identifikation mit 18 lokalen linearen Modellen. Der Datensatz, welcher zur Validation verwendet wurde, unterschied sich von jenem der

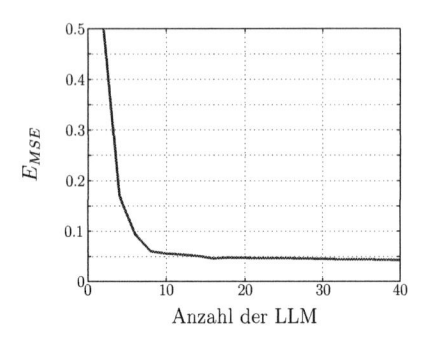

**Abbildung 5.13:** Verlauf des mittleren quadratischen Fehlers in Abhängigkeit der Anzahl der LLM

Identifikation. Der geschätzte Drehzahlverlauf stimmt sowohl in stationären als auch in transienten Betriebsbereichen sehr gut mit dem Original überein. Eine vergrößerte Darstellung 5.12 zeigt, dass selbst die zündungsbedingten Drehzahlschwankungen mit hoher Güte approximiert werden. Die Isolationseigenschaft des ZMS wird vollständig erfasst.

Die Güte des Modells im gesamten Arbeitsbereich hängt im wesentlichen von der Anzahl der lokalen linearen Modelle ab. Desto mehr Modelle angesetzt werden, desto kleiner wird der Fehler des Modellverbundes. Abbildung 5.13 zeigt den mittleren quadratischen Fehler $E_{MSE}$ über der Anzahl der LLM. Der mittlere quadratische Fehler (Mean Square Error (MSE)) berechnet sich zu:

$$\begin{aligned} E_{MSE} &= \frac{1}{N_{Data}} \sum_{k=1}^{N_{Data}} \sum_{j=1}^{q} \underline{e}_j^2(t_k) \\ &= \frac{1}{N_{Data}} \sum_{k=1}^{N_{Data}} \sum_{j=1}^{q} (y_j(t_k) - \hat{y}_j(t_k))^2 \end{aligned} \quad (5.55)$$

wobei $N_{Data}$ dem Umfang des Validationsdatensatzes entspricht. Es ist deutlich zu erkennen, dass ab einer bestimmten Anzahl lokaler linearer Modelle eine weitere Steigerung keinen nennenswerten Zugewinn an Modellgüte erbringt. Der Rechenaufand zum Betrieb des Modells steigt mit zunehmender Anzahl der LLM linear an. Der Aufwand für die Identifikation des LoLiMoT-Modellverbunds steigert sich pro zusätzlichem LLM überproportional. Es ist daher stets jene Anzahl von LLM zu finden, ab welcher der mittlere quadratische Fehler nur noch in geringem Maße abnimmt. Diese Forderung lässt sich in die Abbruchbedingungen des LoLiMoT-Algorithmus integrieren. Steigert man die Anzahl der LLM weit über diese Grenze hinaus, so lässt sich erkennen, dass der MSE sich zunehmend

## 5.3 Erweiterung des Arbeitsbereichs

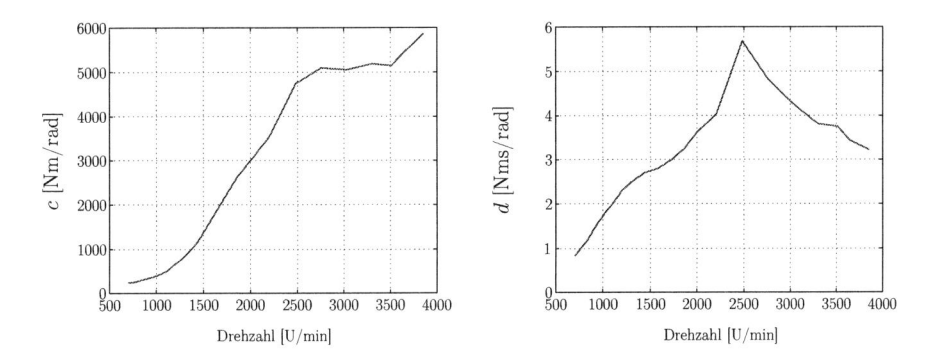

**Abbildung 5.14:** Verlauf der linearen Feder- bzw. Dämpferkonstante des Modellverbunds in Abhängigkeit der Drehzahl

wieder vergrößert. Dieser Effekt wird in Anlehnung an die Statistik häufig als *Overfitting* bezeichnet. Overfitting tritt dann auf, wenn ein Modell über weitaus mehr Freiheitsgrade als nötig verfügt. Dieses Phänomen lässt sich anschaulich anhand eines Beispiels verdeutlichen. Zur Beschreibung einer Parabel ist ein Polynom zweiter Ordnung mit drei Parametern hinreichend und notwendig. Möchte man eine Parabel mit einem Polynom zwölfter Ordnung approximieren, tritt eine Überbestimmung ein. Der Fehler ist größer als bei einer Approximation durch ein Polynom zweiter Ordnung.

Betrachtet man die linearen Federkonstanten $c$ der LLM in Abhängigkeit der drehzahlbedingten Zentrumskoordinaten ihrer Gewichtungsfunktionen $\Psi(\underline{u})$, so erkennt man, dass die Federkonstante mit zunehmender Drehzahl ansteigt (Abbildung 5.14). Diese Aussage deckt sich mit der Erwartung aufgrund der Betrachtung der Bogenfederhysterese (Abbildung 3.11). Bei einer Erhöhung der Drehzahl spreizt sich die Hysteresekurve. Dadurch erhöht sich die Steigung der Teilschleifen und somit die effektive Federrate der Bogenfeder im Zug- und Schubbetrieb. Die lineare Dämpfungskonstante $d$ beschreibt den Reibverlust, basierend auf einer Änderung der Relativgeschwindigkeit beider Schwungmassen des ZMS. Die Erfassung der realen Reibverluste des ZMS gestaltet sich aufgrund der ereignisdiskreten Aktivierung einzelner Federwindungen sehr kompliziert. Der in Abbildung 5.14 gezeigte Verlauf der Dämpfungskonstanten $d$ lässt sich daher, im Vergleich zur Federkonstante $c$, nicht derart anschaulich deuten. Die identifizierten Parameter geben jedoch Aufschluss darüber, inwiefern die Reibbeiwerte eines realen ZMS abgebildet werden. Die identifizierten Parameter $J_{pri}$ bzw. $J_{sek}$ lagen für sämtliche LLM in einem sehr schmalen Bereich ($<5\%$) um die tatsächlich messtechnisch erfassbaren Nominalwerte. Um den Aufwand der Identifikation

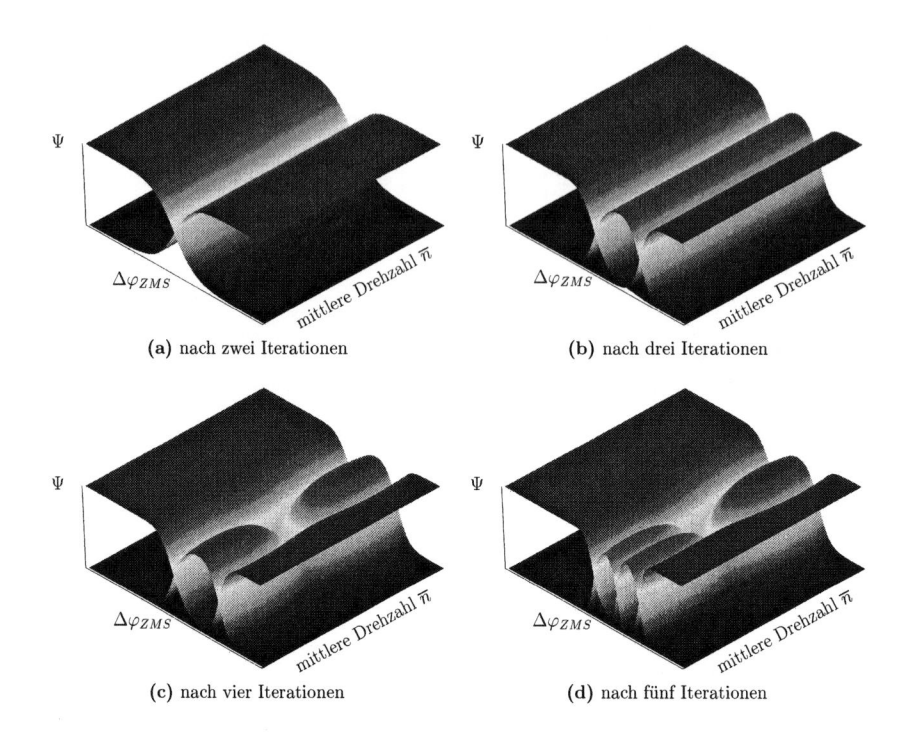

(a) nach zwei Iterationen  
(b) nach drei Iterationen  
(c) nach vier Iterationen  
(d) nach fünf Iterationen

**Abbildung 5.15:** Gewichtungsfunktionen $\Psi_i$ nach unterschiedlicher Anzahl von Iterationsschritten im Rahmen des LoLiMoT-Algorithmus

des LoLiMoT-Modells bezüglich der benötigten Rechenkapazität zu reduzieren, können die Parameter $J_{pri}$ und $J_{sek}$ als konstant angenommen werden. Die Modellgüte verschlechtert sich dadurch nur in sehr geringem Maße (MSE<3%).

### 5.3.5 Schätzung des Motormoments

Um das Motormoment im gesamten Arbeitsbereich des ZMS bzw. des Verbrennungsmotors schätzen zu können, wird nun das lineare ZMS-Modell nach (5.33) bzw. (5.34) als lokales Modell im Sinne von (5.36) interpretiert. Zum Erhalt der Baumstruktur können nun entweder die Gewichtungsfunktionen, welche für die Approximation des dynamischen ZMS-Verhaltens (Kapitel 5.3.4) identifiziert wurden, verwendet werden oder eine unabhängige Neuidentifikation mit den invertierten ZMS-Modellen als LLM der Baumstruktur erfolgen. Die zweite Methode liefert etwas bessere Ergebnisse, da im Gütefunktional das Motor- bzw. Lastmoment hierbei explizit erfasst wird. In Abbildung 5.15 sind die Gewich-

## 5.3 Erweiterung des Arbeitsbereichs 143

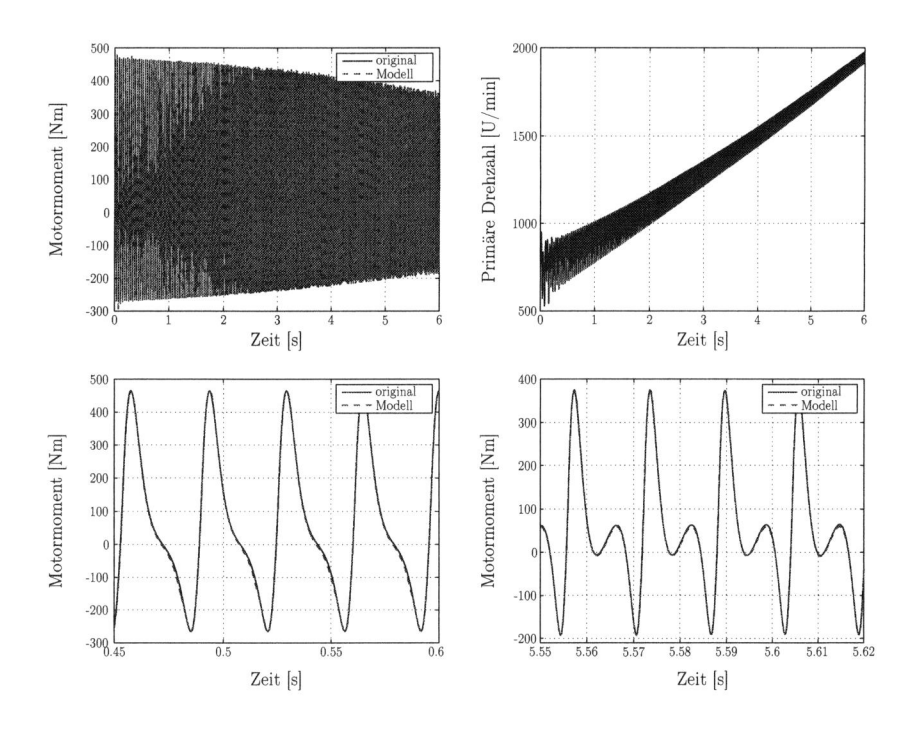

**Abbildung 5.16:** Rekonstruktion des direkt indizierten Motormoments bei einer Beschleunigung von 700 auf 2000 U/min

tungsfunktionen $\Psi_i$ der lokalen linearen Modelle bei der LoLiMoT-Identifikation in Abhängigkeit der Eingangsparameter $\underline{u}$ für die ersten fünf Iterationsschritte qualitativ dargestellt.

Abbildung 5.16 zeigt das rekonstruierte Motormoment bei steigender Motordrehzahl. Durch den Verbund lokaler linearer Modelle mit Baumstruktur wird das direkt indizierte Motormoment im gesamten Drehzahlbereich sehr gut nachgebildet. Die vergrößerte Darstellung (Abbildung 5.16 unten) zeigt, dass das Motormoment auch bei transienten Vorgängen sehr gut wiedergegeben wird. Bei dem Originalmodell des identifizierten ZMS handelte es sich um ein einfaches Modell mit einem Bogenfederpaar und einem Freiwinkel. Weist das ZMS zusätzliche Komponenten wie z.B. eine Reibsteuerscheibe oder einen Innendämpfer auf, so kann das Ergebnis der Identifikation trotz einer sehr großen Anzahl lokaler Modelle, aufgrund zu geringer Freiheitsgrade jener, einen höheren Fehler aufweisen. Diesem Effekt lässt sich entgegenwirken, indem man z.B das Gütefunktional anpasst bzw. die Modellstruktur der lokalen linearen Modelle erweitert.

## 5.4 Erweiterung der lokalen Modellstruktur

Einfache Zweimassenschwungräder setzten sich aus einem Bogenfederpaar und zwei Schwungmassen zusammen. Durch die, in Abschnitt 3.2.4 vorgestellten Bauformvarianten ergeben sich für komplexe mechanische Anordnungen stark nichtlineare Systeme, welche durch ein Ensemble mehrerer lokaler linearer Funktionen, in bestimmten Fällen, bezüglich den Anforderungen zur weiteren Verarbeitung im Motormanagement, nur unzureichend genau approximiert werden können. Lässt sich durch eine zusätzliche Erhöhung der Anzahl lokaler linearer Modelle keine Verbesserung mehr erreichen und weicht der rekonstruierte Verlauf des Motormoments selbst bei stationären Arbeitspunkten, welche sich in einer näheren Umgebung der Zentrumskoordinaten der korrespondierenden Gewichtungsfunktionen einzelner LLM befinden, stark vom zu approximierenden Original ab, so ist die Modellgüte der lokalen Einzelmodelle als unzureichend zu betrachten.

### 5.4.1 Erhöhung der Ordnung des linearen Modells

Weist das ZMS einen Innendämpfer (Abschnitt 3.2.4) auf, lässt sich das System topologisch als eine sequentielle Verkettung zweier Torsionsdämpfer interpretieren. Für die Rekonstruktion des Motormoments ist nun ein lokaler Modellansatz zu wählen, welcher dieses erweiterte Modell bezüglich der Systemdynamik möglichst detailliert beschreibt, ohne dabei selbst eine sehr komplexe Struktur anzunehmen. Aus diesem Grund bietet sich, in erster Näherung, ein Modell mit zwei linearen Feder-/Dämpferelementen (5.17) zur lokalen Modellierung eines ZMS mit Innendämpfer, topologisch betrachtet, an (Abbildung 5.17). Analog zu Abschnitt 5.1 lässt sich das Zustandsraummodell des linearen Dreimassenschwingers anhand der Differentialgleichungen, welche sich aus dem zweiten Newtonschen Axiom ergeben, herleiten:

$$\underline{\dot{x}} = \begin{pmatrix} -\frac{d}{J_{pri}} & -\frac{c}{J_{pri}} & \frac{d}{J_{pri}} & 0 & 0 \\ 1 & 0 & -1 & 0 & 0 \\ \frac{d}{J_{Fl}} & \frac{c}{J_{Fl}} & \frac{-d-d_{FL}}{J_{Fl}} & -\frac{c_{FL}}{J_{Fl}} & \frac{d_{FL}}{J_{Fl}} \\ 0 & 0 & 1 & 0 & -1 \\ 0 & 0 & \frac{d_{FL}}{J_{sek}} & \frac{c_{FL}}{J_{sek}} & -\frac{d_{FL}}{J_{sek}} \end{pmatrix} \cdot \underline{x} + \begin{pmatrix} \frac{1}{J_{pri}} & 0 \\ 0 & 0 \\ 0 & 0 \\ 0 & 0 \\ 0 & -\frac{1}{J_{sek}} \end{pmatrix} \cdot \underline{u} \quad (5.56)$$

mit dem Ausgangsvektor $\underline{y}$:

$$\underline{y} = \begin{pmatrix} 1 & 0 & 0 & 0 & 0 \\ 0 & 0 & 0 & 0 & 1 \end{pmatrix} \cdot \underline{x} \quad (5.57)$$

dem Eingangsvektor $\underline{u}$:

$$\underline{u}^T = \begin{pmatrix} M_{Mot} & M_{sek} \end{pmatrix} \quad (5.58)$$

## 5.4 Erweiterung der lokalen Modellstruktur

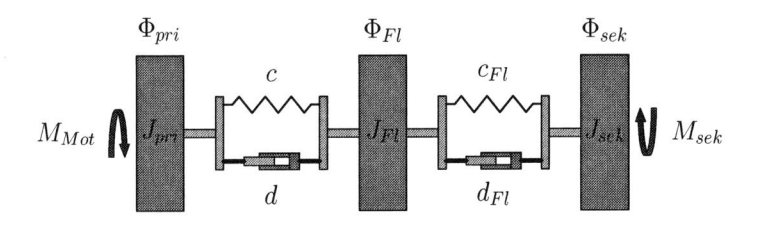

**Abbildung 5.17:** Lokales Modell mit zwei linearen Feder-/Dämpferelementen (FDE) zur Modellierung des ZMS

und den Zustandsgrößen $\underline{x}$:

$$\underline{x} = \begin{pmatrix} \dot{\varphi}_{pri} \\ \varphi_{pri} - \varphi_{Fl} \\ \dot{\varphi}_{Fl} \\ \varphi_{Fl} - \varphi_{sek} \\ \dot{\varphi}_{sek} \end{pmatrix} \tag{5.59}$$

Die Determinante der Matrix $(s\underline{I} - \underline{A})$ ergibt sich auch in diesem Fall, analog zu (5.18), im Allgemeinen ungleich Null, mit Ausnahme der Systempole. Das Motormoment lässt sich auch für das erweiterte Modell, bedingt durch die Existenz der invertierten Übertragungsfunktion, schreiben zu:

$$\hat{M}_{Mot} = \begin{bmatrix} G_1^{-1}(s) & G_2^{-1}(s) \end{bmatrix} \cdot \begin{bmatrix} \dot{\varphi}_{pri} \\ \dot{\varphi}_{sek} \end{bmatrix} \tag{5.60}$$

mit:

$$G_1^{-1}(s) = \frac{a_{1,4}\,s^4 + a_{1,3}\,s^3 + a_{1,2}\,s^2 + a_{1,1}\,s + a_{1,0}}{b_{1,3}\,s^3 + b_{1,2}\,s^2 + b_{1,1}\,s + b_{1,0}} \tag{5.61}$$

$$G_2^{-1}(s) = \frac{a_{2,2}\,s^2 + a_{2,1}\,s + a_{2,0}}{b_{2,3}\,s^3 + b_{2,2}\,s^2 + b_{2,1}\,s + b_{2,0}} \tag{5.62}$$

Die Koeffizienten $a_{i,j}$ bzw. $b_{i,j}$ ergeben sich aus den Parametern des Dreimassenschwingers ($J_{pri}$, $J_{Fl}$, $J_{sek}$, $c$, $d$, $c_{Fl}$ und $d_{Fl}$). Die Übertragungsfunktionen des sekundärseitig wirkenden Lastmoments $M_{sek}$ lassen sich in analoger Weise ableiten. Wiederum ist zu erkennen, dass die Übertragungsfunktion $G_1^{-1}(s)$ akausal ist. Auch in diesem Fall lässt sich diese Einschränkung durch eine Vorlagerung der Differentation der primären Motordrehzahl umgehen. Das Strukturbild hierzu ist in Abbildung 5.18 dargestellt. Wird neben der primären bzw. sekundären ZMS-Drehzahl die Winkelbeschleunigung $\ddot{\varphi}_{pri}$ als dritte Eingangsgröße des Systems interpretiert, so lässt sich aus dem Strukturbild ein Zustandsraummodell dritter Ordnung zur Schätzung des Motormoments ableiten:

$$\dot{\underline{x}} = \begin{bmatrix} -g & 1 & 0 \\ -h & 0 & 1 \\ 0 & 0 & 0 \end{bmatrix} \cdot \underline{x} + \begin{bmatrix} (-gb+c) & -ga & -f \\ (-hb+d) & -ha & -d \\ e & 0 & -e \end{bmatrix} \cdot \begin{bmatrix} \dot{\varphi}_{pri} \\ \ddot{\varphi}_{pri} \\ \dot{\varphi}_{sek} \end{bmatrix} \quad (5.63)$$

$$\hat{M}_{Mot} = \begin{bmatrix} 1 & 0 & 0 \end{bmatrix} \cdot \underline{x} + \begin{bmatrix} b & a & 0 \end{bmatrix} \cdot \begin{bmatrix} \dot{\varphi}_{pri} \\ \ddot{\varphi}_{pri} \\ \dot{\varphi}_{sek} \end{bmatrix} \quad (5.64)$$

Dieses Zustandsraummodell kann nun zur Erweiterung der lokalen Modellstruktur herangezogen werden. Durch die Erweiterung der LLM um ein lineares FDE lässt sich der Innendämpfer des ZMS modelltechnisch erfassen. Bei der Wahl des LLM ist stets darauf zu achten, ob die geforderte Modellgüte tatsächlich einer Erweiterung auf ein Dreimassenmodell bedarf oder bereits mit einem elementaren FDE zu erreichen ist. Bei einigen ZMS Konfigurationen mit Innendämpfer stellt sich durch die Modellerweiterung lediglich eine sehr geringe Verbesserung der Modellgüte (<3%) ein, weshalb es, im Hinblick auf die, zur Berechnung des Modells notwendigen Rechenleistung, von Vorteil ist, auf eine Erweiterung gänzlich zu verzichten. Durch die Erweiterung der LLM um ein FDE wird die Anzahl der Freiheitsgrade erhöht. Dies führt dazu, dass nichtlineare Effekte wie z.B. die Berücksichtigung einer Reibsteuerscheibung, eine stark nichtlineare Bogenfedercharakteristik sowie die Grundreibungsverluste besser durch den gesamten LoLiMoT-Modellverbund approximiert werden können.

### 5.4.2 Modifikation der lokalen Modellstruktur

Lässt sich nach Anpassung der Modellordnung sowie der Erhöhung der Anzahl der LLM die gewünschte Approximationsqualität der Momentenschätzung nicht erreichen, so bietet es sich zusätzlich an, die lokale Modellstruktur zu modifizieren. Hiebei können zusätzliche Eigenschaften wie z.B. der Freiwinkel $\Delta\varphi_{FW}$ des ZMS erfasst und entsprechend modellbasiert abgebildet werden. Durch die Berücksichtigung einer größeren Menge nichtlinearer Effekte des ZMS steigt die Modellgüte weiter an. Jedoch ist hierbei ebenfalls zu beachten, dass die, für die Realisierung des Modells notwendige Rechenleistung ebenso mit der Komplexität des Systems ansteigt. Speziell bei nichtlinearen Ansätzen für die LLM steigt die notwendige Rechenkapazität stark an. Darüber hinaus gestalten sich die Analysemöglichkeiten für nichtlineare Teilmodelle weitaus stärker eingeschränkt, z.B. bezüglich der Überprüfung der Stabilität sowie des generellen Systemverhaltens. Es sollte daher, falls es die Vorgaben hinsichtlich der geforderten Approximationsgüte erlauben, ein möglichst einfaches, lineares Modell angesetzt werden,

## 5.5 Validierung

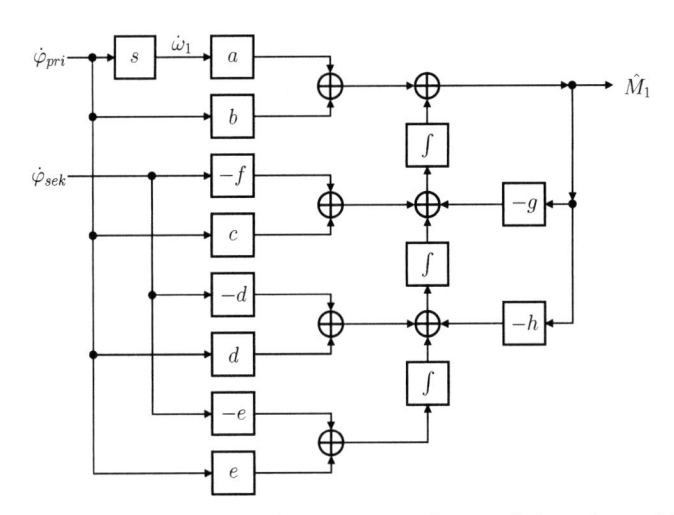

**Abbildung 5.18:** Strukturbild der Motormomentenschätzung bei erweiterter lokaler linearer Modellstruktur mit Dreimassenschwinger

wenngleich dadurch nicht jeder Arbeitspunkt des ZMS mit sehr hoher Modellgüte approximiert wird. Das Ziel der Rekonstruktion des Motormoments ist die einfache Schätzung einer elementar relevanten Motorkenngröße unter Verwendung eines möglichst einfachen Schätzmodells. Ein Modell, welches nahezu jedem möglichen Effekt des ZMS Rechnung trägt, kann dies, im Hinblick auf die Echtzeitfähigkeit, bei derzeitigem Stand der Technik aktueller, zur Verfügung stehender Steuergeräte des Motormanagements, nicht erfüllen.

## 5.5 Validierung

### 5.5.1 Variation diverser ZMS-Bauformen

In Kapitel 3.2.4 wurden unterschiedliche ZMS-Bauformen vorgestellt und klassifiziert. Aufgrund mehrerer fertigungstechnisch flexibel wählbarer ZMS-Parameter ergibt sich eine nahezu unüberschaubare Vielfalt an ZMS-Modellen, welche sich entsprechend ihrer Anforderungsprofile im Hinblick auf Motor- und Antriebskonzepte teils deutlich in ihrer Charakteristik unterscheiden können. Da im Rahmen dieser Arbeit keine Überprüfung jeder ZMS-Konfiguration vorgestellt werden kann, wurden exemplarisch vier Varianten ausgewählt und bezüglich ihrer Eignung zur Rekonstruktion des Motormoments überprüft. Die unterschiedlichen ZMS unterscheiden sich dabei hauptsächlich hinsichtlich Topologie und Komplexität:

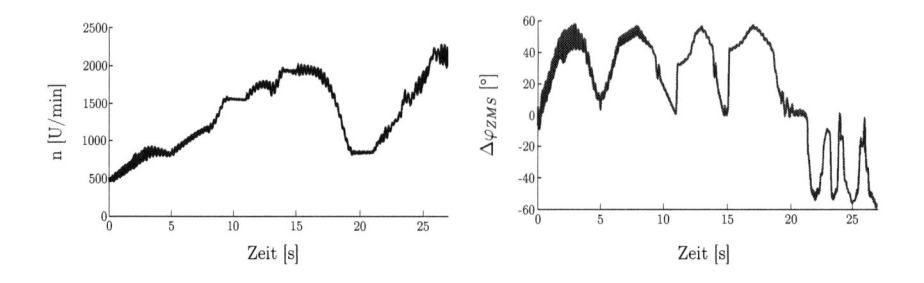

**Abbildung 5.19:** Datensatz für LoLiMoT-Identifikation

- ZMS3: mit zwei Bogenfedern und Reibsteuerscheibe
- ZMS4: mit vier Bogenfedern und Reibsteuerscheibe
- ZMS6: mit einer Bogenfeder und einem Innendämpfer
- ZMS7: mit zwei Bogenfedern, Innendämpfer und Reibsteuerscheibe

Neben der Modellstruktur zeigte sich zusätzlich eine starke Abhängigkeit des Schätzfehlers bezüglich des Identifikationsdatensatzes. Eine hohe Schätzgüte des Modells erfordert eine ausreichend starke Anregung des ZMS in sämtlichen abzubildenden Arbeitspunkten. Die Anzahl der Stützstellen sowie die abgebildete Systemdynamik des Datensatzes sollte dabei bei sehr komplexen ZMS-Bauformen etwas umfangreicher angelegt werden. Abbildung 5.19 zeigt den hier verwendeten Datensatz für die Identifikation des LoLiMoT-Modellverbunds. Bei der Auswahl wurde ein typischer Verlauf einer Testfahrt im Straßenverkehr zugrunde gelegt. Durch die starke Variation der ZMS-Zustandsgrößen wird eine ausreichend starke Anregung des Modells im Rahmen der Identifikation gewährleistet. Der Datensatz wurde unter Verwendung des bereits vorgestellten komplexen Systemmodells generiert.

Abbildung 5.20 zeigt einen Ausschnitt der Validierung der vier unterschiedlichen ZMS-Bauformen. Generell lässt sich festhalten, dass die Momentenrekonstruktion für alle Bauformen möglich war. Es lässt sich jdoch eine Beziehung zwischen Komplexität und Schätzgüte erkennen. Speziell in jenen Arbeitsbereichen des ZMS, welche sehr stark durch die nichtlinearen Einflüsse geprägt sind (Flansch trifft nach Spieldurchlauf auf vorgespannte Bogenfeder) weist die Momentenschätzung einen größeren Fehler gegenüber stationären Arbeitspunkten im Zug- bzw. Schubbetrieb auf. Verbrennungsbedingte Zylinderungleichheiten werden unabhängig von der Bauform sehr gut im Hinblick auf Phase und Amplitude wiedergegeben. Um ein Kriterium für die Eignung eines ZMS für die Rekonstruktion

## 5.5 Validierung

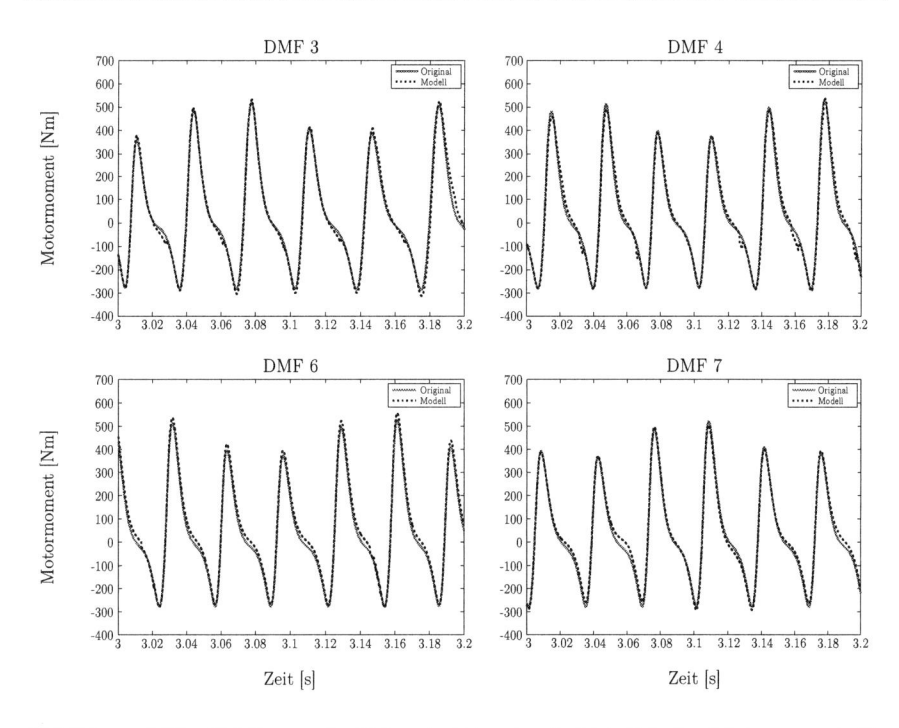

**Abbildung 5.20:** Validierung der Rekonstruktion des direkt indizierten Motormoments für unterschiedliche ZMS-Bauformen

des Motormoments etablieren zu können sei an dieser Stelle vermerkt, dass ein ZMS hierfür generell so einfach wie möglich konfektioniert sein sollte. Dies beinhaltet, vor allem, den Verzicht auf ein stark nichtlineares Systemverhalten in stationären Arbeitspunkten. Die Eignung eines ZMS im Speziellen ist für jede Bauform, durch eine Validierung unter Variation diverser Bauteileparameter, im Rechnerdialog durchzuführen. Bei allen im Rahmen dieser Arbeit untersuchten ZMS wurde eine maximale Abweichung von 10% im stationären Betrieb und 20% in transienten Bereichen für sehr komplexe Bauformen nur in sehr seltenen Fällen überschritten. Bei einfachen ZMS-Bauformen (ein Bogenfederpaar ohne RSS und ID) stellte in stationären Arbeitsbereichen ein maximaler relativer Schätzfehler von unter 2% ein.

### 5.5.2 Vergleich mit realen Messdaten

Die bisher vorgestellte Validierung des rekonstruierten Motordrehmoments wurden am Rechner mit Hilfe eines sehr genauen Systemmodells des Motors, des ZMS sowie des Antriebsstrangs durchgeführt. Es stellte sich dabei heraus, dass

## 150  5 Rekonstruktion des direkt indizierten Motordrehmoments

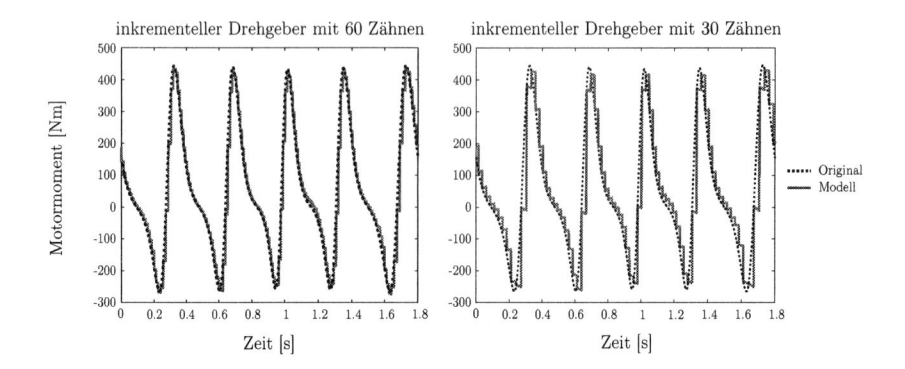

**Abbildung 5.21:** Rekonstruktion des direkt indizierten Motormoments bei winkeldiskreten Drehzahlsignalen

unter Einsatz des invertierten ZMS-Modells eine sehr gute Approximation des Motordrehmoments im gesamten Arbeitsbereich des Verbrennungsmotors erzielt werden kann. Um eine endgültige Aussage über die Qualität der Schätzung treffen zu können, bedarf es jedoch zusätzlich der Validierung anhand realer, im Fahrzeug gemessener Datensätze. Das mittelfristige Ziel der ZMS-basierten Momentenrekonstruktion ist die Implementierung auf einem Steuergerät. Es ist daher zu überprüfen, inwiefern der Algorithmus auf die, seitens der Sensoren zur Verfügung gestellten Messdaten, welche gleichzeitig die Eingangsdaten des Schätzers darstellen, reagiert. Im Gegensatz zur Simulation am Rechner liegt die Drehzahlinformation der Sensoren im Fahrzeug nicht zeitdiskret, sondern winkeldiskret vor (vgl. Abschnitt 2.5.1). Zur Vorbereitung der Validierung im Fahrzeug wurde der Schätzalgorithmus deshalb zunächst mit winkeldiskreten Eingangssignalen am Rechner simuliert. Hierfür wurde ein inkrementeller Drehgeber analog zu Abschnitt 2.5.1 modelliert [136]. Dabei wurde angenommen, dass nach dem Passieren eines Zahn-Tal-Paares, ein neuer Drehzahlwert am Ausgang des Messsystems anliegt (Periodendauermessung).

Abbildung 5.21 zeigt das rekonstruierte Motormoment auf der Basis des winkeldiskreten Drehzahlsignals für inkrementelle Sensoren mit Quantisierungsstufen unterschiedlicher Anzahl. Mit dem, nach gängigem Industriestandard verwendeten Sensor mit 60 Zähnen lässt sich das Motormoment sehr gut nachbilden. Bei einer Quantisierung mit nur 30 Zähnen werden zwar deutliche Abweichungen erkennbar, jedoch stimmt der geschätzte Wert in den Abtastpunkten mit dem original sehr gut überein. Für die weitere Verarbeitung des rekonstruierten Moments sollte daher ein ebenfalls winkeldiskretes System Anwendung finden. Gängige Steuergeräte verarbeiten Ein- bzw. Ausgangssignale in der Anwendungsschicht häufig winkeldiskret. Da es sich um ein elektronisch getaktetes System handelt,

## 5.5 Validierung

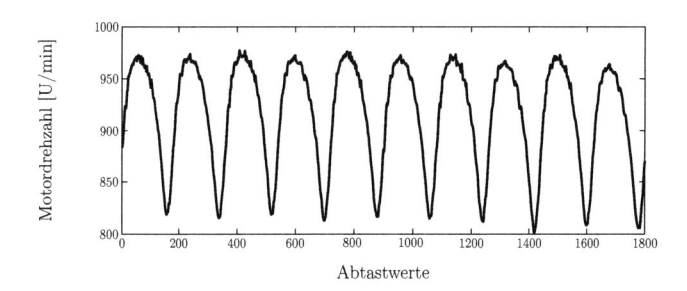

**Abbildung 5.22:** Am Testfahzeug aufgezeichnete Motordrehzahl (Sensor mit 360 Zähnen)

findet im Bereich tieferliegender Verarbeitungsschichten jedoch eine zeitdiskrete Verarbeitung der Signale statt. Die zeitdiskrete Realisierung stellt somit eine dynamische Ratenumsetzung der winkeldiskreten Eingangssignale auf zeitdiskreter Ebene dar. Dies lässt sich im einfachsten Fall durch eine zeitdiskrete Abtastung des winkeldiskreten Signals erreichen.

Steht neben der Sensorik zur Erfassung der Motordrehzahl kein Sensor zur Erfassung der sekundären Drehzahl zur Verfügung, so lässt sich die Momentenschätzung auch unter Verwendung weiterer standardmäßig verbauter Sensorik, wie z.B. einem Getriebegeschwindigkeitssensor bzw. ABS-Raddrehzahlsensor implementieren. In jedem Fall ist jedoch die gesamte Dynamik des ZMS inklusive des Antriebsstrangs, bezogen auf die adjazente Sensorik, modelltechnisch zu erfassen. Bei Verwendung von ABS-Sensoren an Stelle von Drehzahlgebern der sekundären ZMS-Schwungmasse wäre der komplette Antriebsstrang zwischen Motor und Radnabe zu erfassen. Durch die hohe Systemordnung (selbst unter Anwendung eines reduzierten Antriebsstrangmodells (Kapitel 4.2.2)) wäre die Realisierung auf einem Steuergerät, aufgrund der hohen erforderlichen Rechenkapazität, mit einer deutlichen Steigerung der Kosten verbunden. Es ist daher abzuwiegen, ob der Verzicht eines zweiten Drehzahlssensors die damit verbundene Steigerung der Modellkomplexität aus wirtschaftlicher Sicht rechtfertigt. Zusätzlich hat ein sekundärer Drehzahlsensor den Vorteil, dass die Momentenrekonstruktion im ausgekuppelten Zustand voll funktionsfähig bleibt. Getriebe- bzw. Raddrehzahlsensoren werden durch die Betätigung der Kupplung mechanisch vom Motor entkoppelt.

Für die Aufzeichnung realer Validationsdaten wurde ein Testfahzeug mit einem 2.0 Liter Dieselmotor verwendet. Zur möglichst genaue Erfassung der Drehzahlen wurde motorseitig ein Sensor mit 360 und sekundärseitig mit 120 Quantisierungsstufen installiert. Die Drehzahlberechnung wurde durch die sog. Periodendauermessung (Kapitel 2.5.1) durchgeführt. Es wird somit ein Messwert pro Quan-

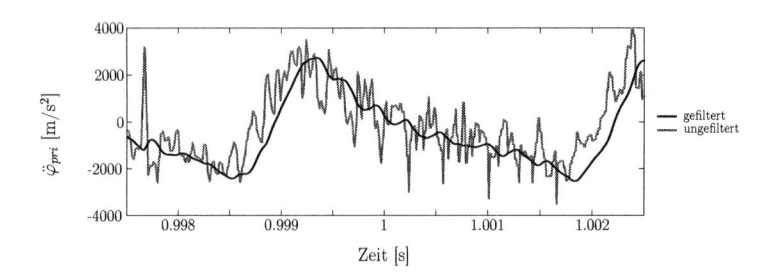

**Abbildung 5.23:** Vergleich zwischen ungefilterter und gefilterter Beschleunigung des Motors

tisierungsstufe winkelsynchron generiert. Die Messfrequenz[6] ist daher abhängig von der Drehzahl $n$ der jeweiligen Trägheitsmasse:

$$f_{Mess} = \frac{n}{60} \cdot N_{Zahn} \qquad (5.65)$$

Die im Laufe einer Testfahrt aufgezeichneten Daten lassen sich in Form von Kennfeldern für die Validation des Motormoments am Rechner nutzen. Da je nach verwendeter Sensorik die Messdaten der Drehzahlsensoren mehr oder weniger stark verrauscht sind ist in einigen Fällen eine Vorverarbeitung der Daten notwendig, bevor sie für eine weitere Verwendung im Rahmen der Momentenrekonstruktion verwendet werden können. Abbildung 5.22 zeigt einen Ausschnitt der gemessenen, hochaufgelösten Motordrehzahl im Leerlauf.

Die Komplexität der Vorverarbeitung hängt dabei von der Qualität des Drehzahlsensors ab. Durch Effekte wie z.B. einer unzentrischen Lagerung des Messrades sowie fertigungstechnisch bedingte Toleranzen der Zahnabstände wird die Qualität des Sensors maßgeblich beeinflusst. Zur Kompensation dieser Effekte werden in [54, 80] Verfahren zur Korrektur vorgestellt. Für die genaue Rekonstruktion des Motormoments ist eine möglichst rauscharme Darstellung der primären Winkelbeschleunigung von besonderer Bedeutung, da diese stark in dessen Berechnung eingeht. Bedingt durch die bereits genannten Messungenauigkeiten des Sensors sowie der, im unmittelbaren Bereich des Verbrennungsmotors auftretenden Vibrationen, treten zumeist mittelwertfreie Störungen auf. In Abbildung 5.23 ist ein Ausschnitt der zeitlichen Ableitung des Drehzahlsignals dargestellt. Durch die Verarbeitung des Signals mit Hilfe eines Butterworth-Tiefpassfilters [62] lässt sich eine deutliche Glättung des Beschleunigungsverlaufes erzielen. Der Butterworth-Ansatz zeichnet sich hierbei durch einen flachen Verlauf im Durchlassbereich aus. Somit wird der Anteil des Nutzsignals möglichst gering verändert. Die Grenzfrequenz des Filters ist aufgrund des einhergehenden Phasenversatzes möglichst

---
[6]Frequenz, mit welcher neue Messwerte zur Verfügung stehen

## 5.5 Validierung

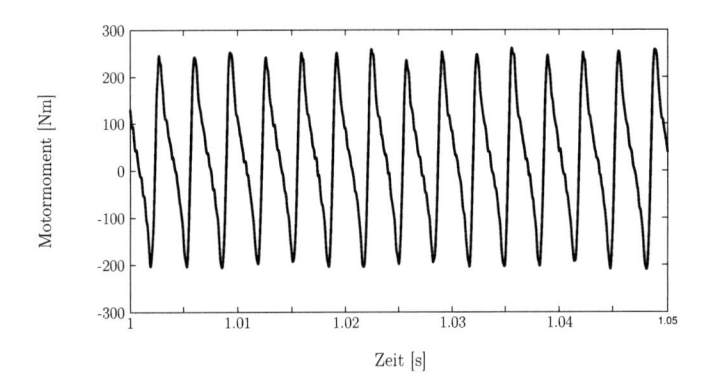

**Abbildung 5.24:** Rekonstruiertes Motormoment unter Verwendung realer Messdaten eines Testfahrzeugs

hoch zu wählen. Es muss daher ein Kompromiss zwischen der Dämpfung der höherfrequenten Störungen sowie eines möglichst geringen Phasenversatzes durch die Filterung gefunden werden. Die Phasenreserve im Bereich der Grenzfrequenz des Filters vergrößert sich, bei Erhöhung der Filterordnung, zusätzlich proportional. Mit steigender Motordrehzahl nähert sich die Nutzfrequenz des Drehzahl- bzw. Beschleunigungssignals der Grenzfrequenz des Filters. Für höhere Motordrehzahlen ist die Grenzfrequenz entsprechend höher zu wählen. Um dennoch eine ausreichend starke Dämpfung bei niedrigen Motordrehzahlen gewährleisten zu können wurde eine sog. Filterbank eingeführt. Diese setzt sich aus mehreren, strukturell identischen Filtern mit unterschiedlichen Grenzfrequenzen zusammen. Analog zur LoLiMoT-Struktur werden diese über drehzahlabhängige Gewichtungsfunktionen aktiviert. Somit lässt sich die Grenzfrequenz des Filters je nach Betriebspunkt des Motors anpassen.

Eine weitere Methode zur Glättung des Drehzahlverlaufs stellt die sog. Multiperiodendauermessung dar. Hierbei werden mehrere Messwerte zusammengefasst und stellvertretend ein Mittelwert gebildet. Die Abtastrate reduziert sich somit im Verhältnis zur Anzahl der zusammengefassten Werte. Da die Momentenrekonstruktion selbst bei einer Quantisierung mit 60 Zähnen ausreichend gute Ergebnisse liefert ließen sich im konkreten Fall die Drehzahlwerte sechs winkeldiskreter Stützstellen zusammenfassen.

Wendet man nun die gefilterten Messdaten für die Rekonstruktion des Motormoments an, so ergibt sich der in Abbildung 5.24 dargestellte Verlauf. Dieser stimmt, hinsichtlich der prinzipiellen Kurvenform sowie der zu erwartenden Amplituden-

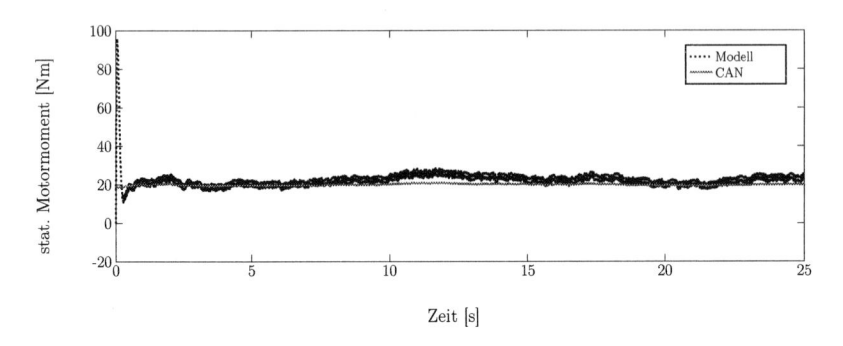

**Abbildung 5.25:** Vergleich des mittlern stationären Moments mit dem statischen Motormoment des CAN-Busses

und Phasenlage, eines auf den Motor des Testfahrzeugs abgestimmten Systemmodells, überein. Ein direkter Vergleich mit dem tatsächlich indizierten Drehmoment des realen Motors kann aufgrund fehlender Messdaten derzeit noch nicht durchgeführt werden. Die Messung des tatsächlich direkt indizierten Motordrehmoments erfordert eine spezielle Sensorik, welche zwischen Motor und ZMS zu installieren ist. Da dieser Bauraum lediglich eine sehr stark eingeschränkte Dimensionierung eines Messwandlers erlauben würde, gestaltet sich die Realisierung sehr schwierig. Generell stellen die Betriebsbedingungen im Testfahrzeug hohe Anforderungen an ein Messsystem, da dieses permanent starken Vibrationen und Temperaturschwankungen ausgesetzt ist. Ein Messsystem zur Erfassung des Motormoments sollte daher eine möglichst geringe Querempfindlichkeit bezüglich dieser äußeren Einflüsse aufweisen. Mit Hilfe eines Prüfstandes, welcher sämtliche, für die Betrachtung der Fahzeuglängsdynamik relevanten Komponenten aufweist, ließe sich zumindest die Beschränkung durch den Bauraum hinsichtlich der Messung des direkt indizierten Moments aufheben. Eine alternative Methode zur Bestimmung des Motordrehmoments wäre die Betrachtung des Zylinderdruckes. Dies setzt jedoch die Verwendung von Testfahrzeugen, welche mit einer entsprechenden Sensorik zur Erfassung dessen ausgestattet sind, voraus. Die Verwendung von Zylinderdrucksensoren erlaubt die Bestimmung des Gasmoments (2.23). Das direkt indizierte Motormoment setzt sich jedoch aus weiteren additiven Anteilen wie dem Massen- und Reibmoment zusammen (vgl. Abschnitt 2.2.1). Speziell die Bestimmung des Reibmoments gestaltet sich schwierig, da diese stark vom jeweiligen Betriebspunkt des Motors abhängig ist (vgl. Abschnitt 2.2.6).

Um dennoch eine grobe Abschätzung über die Qualität der Momentenschätzung anhand real gemessener Daten umsetzen zu können, wurde das rekonstruierte Motormoment über ein Arbeitsspiel gemittelt und mit dem Motormoment, welches über den CAN-Bus vom Steuergerät ausgegeben und aufgezeichnet wurde, verglichen. Abbildung 5.25 zeigt das Ergebnis des Vergleichs. Die starke Abweichung zu Beginn kommt durch die anfänglich unbekannten Startwerte des Schätzmodells zustande. Ansonsten stimmt der stationäre Verlauf des geschätzten Motormoments in etwa mit den Ausgangsdaten des Steuergerätes überein. Allerdings stimmt der stationäre Wert auf dem CAN Bus häufig nur in sehr grober Näherung mit dem tatsächlich vom Motor generierten Moment überein. Dieser wird auf der Basis von Kennfeldern, in Abhängigkeit der eingespritzten Kraftstoffmenge sowie des aktuellen Betriebszustandes des Motors, generiert. Fertigungstoleranzen, Alterungseffekte sowie Unterschiede bei der Kraftstoffzusammensetzung können somit nicht wiedergegeben werden. Jedoch zeigt dieses Ergebnis, dass das zu erwartende Motormoment tendenziell durch den Rekonstruktionsalgoithmus wiedergegeben wird.

## 5.6 Langzeitadaption

### 5.6.1 Fertigungstoleranzen und Alterungseffekte des ZMS

Bei der Fertigung mechanischer Bauteile wird je ein Toleranzbereich für verschiedene Kenngrößen definiert, welcher über die weitere Verarbeitung bzw. den Verwurf entscheidet. Durch die Kombination mehrerer, toleranzbehafteter Bauteile unterscheiden sich die Charakteristika der gefertigten Endprodukte geringfügig. Im konkreten Fall des ZMS stellen die Variationen der Bogenfederlänge bzw. -härte die am stärksten ausgeprägten Bauteiltoleranzen dar. Die Toleranzbereiche übriger Komponenten gestalten sich derart gering, dass ihre Relevanz einen vernachlässigbar geringen Einfluss auf die Genauigkeit der Modellgüte bewirkt. Neben den Fertigungstoleranzen unterliegen die Parameter des ZMS im Laufe der Betriebsdauer, aufgrund von Alterungseffekten, zusätzlichen Abweichungen bezüglich des Nominalwertes. Um die Auswirkungen von Fertigungstoleranzen und Alterungseffekten, im Hinblick auf die Schätzgüte der Momentenrekonstruktion des Motordrehmoments zu überprüfen, wurde ein *worst-case* Modell eines ZMS betrachtet. Dabei wurden die höchsten, gemessenen Bauteilvarianzen eines ZMS bei regulärem Betrieb nach Ende der Betriebsdauer berücksichtigt. Tabelle 5.1 zeigt die Bauteilvarianzen eines ZMS mit Reibsteuerscheibe.

Zur Überprüfung der Auswirkungen wurde zunächst ein Identifikationsdatensatz mit Hilfe des nominalen ZMS erstellt. Dieser wurde im Anschluss für die LoLiMoT-Identifikation des Modellverbunds zu Grunde gelegt. Für die Struktur der einzelnen LLM wurde ein einfaches lineares FDE angenommen. Das identifizierte Modell zeichnete sich bei einer Validierung mit einem zweiten Datensatz,

|  | Grundreibung [Nm] | Reibsteuerscheibe [Nm] | BF Steifigkeit | BF Länge |
|---|---|---|---|---|
| Nominal | 2,5 | 10,5 |  |  |
| „worst-case" | 0 | 6 | -7 % | -3 % |

**Tabelle 5.1:** Auflistung der nominellen sowie der „worst-case"-Parameter eines ZMS mit Reibsteuerscheibe

welcher ebenfalls am nominellen ZMS aufgezeichnet wurde, über den gesamten Arbeitsbereich durch eine hohe Modellgüte aus. Für die Überprüfung wurde ein Validationsdatensatz mit Hilfe des worst-case-ZMS generiert. Die aufgezeichneten Daten der Kinematik von primärer und sekundärer Schwungmasse werden nun dem identifizierten Modell zugeführt, welches hieraus das indizierte Motormoment berechnet. Die Ergebnisse der Validierung sind in Abbildung 5.26 dargestellt.

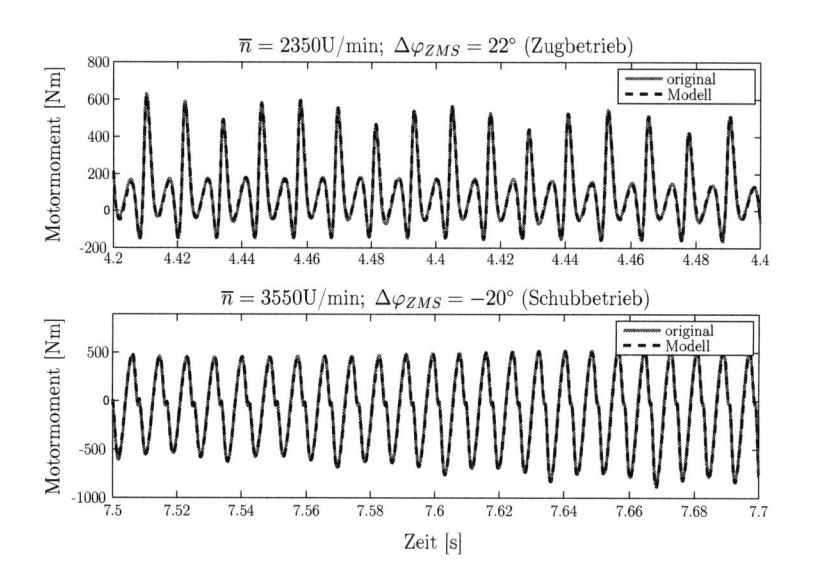

**Abbildung 5.26:** Validierung des identifizierten LoLiMoT-Modellverbundes mit „worst-case" Datensatz

Es ist deutlich erkennbar, dass das Modell, welches mit den Daten des worst-case-ZMS angeregt wurde, ebenfalls eine sehr hohe Modellgüte im gesamten Arbeitsbereich aufweist. Für dieses ZMS sind die Bauteilvarianzen aufgrund von Alterungseffekten bzw. Fertigungstoleranzen für die Approximationsgüte der Momentenrekonstruktion unerheblich. Diese Aussage lässt sich jedoch nicht ohne

5.6 Langzeitadaption 157

Weiteres auf jede ZMS-Bauvariante verallgemeinern. Der Fall der Unerheblichkeit ist für jedes ZMS separat, anhand entsprechender Validationsrechnungen, zu überprüfen.

### 5.6.2 Schätzwertkorrektur durch Torsionsnachführung

Zu Beginn der Schätzung sind die Integratoren (Abbildung 5.7 und 5.18) bzw. zeitdiskreten Verzögerungsglieder mit Startwerten zu initialisieren. Werden diese Startwerte falsch gewählt, tritt ein Offset bei der Rekonstruktion des Motormoments auf. Ein zusätzliches Problem ist die Drift des rekonstruierten Moments. Die Eingangsdaten des LoLiMoT-Modellverbunds werden bei der Implementierung des Algorithmus im Fahrzeug durch inkrementelle Drehzahlgeber (Abschnitt 2.5.1) zur Verfügung gestellt. Sensordaten sind in der Regel von Messrauschen überlagert (z.B. Quantisierungsrauschen bei inkrementeller Drehzahlerfassung). Selbst durch einen geringen Offset der Sensordaten kommt es an den Integratoren der lokalen linearen Modelle zu einem kontinuierlich ansteigenden Fehler, einer sog. Drift. Um einem Offset, durch unbekannte Initialwerte des Modells sowie einer Drift entgegen zu wirken, wurden zwei Verfahren zur Torsionsnachführung entwickelt. Die Torsion zwischen der primären und der sekundären Schwungmasse wird am ZMS nicht direkt gemessen. Somit kann die Torsion nur mit Hilfe der Drehzahlsensoren bestimmt werden. Stehen die Zeitintervalle zwischen zwei vorbeistreichenden Zahnflanken nicht explizit zur Verfügung, wird die Rotationsgeschwindigkeit beider Sensoren subtrahiert und integriert. Diese Methode funktioniert jedoch nur dann zuverlässig, wenn zu Beginn, bzw. zu fest definierten Zeitpunkten, die absolute Torsion bekannt ist. Daher werden in den folgenden Abschnitten zwei unterschiedliche Methoden eingeführt, mit Hilfe derer sich die absolute Torsion des ZMS zu einem festen Zeitpunkt schätzen lässt.

**Zeitdifferenz am oberen Totpunkt**

Eine Detektion des oberen Totpunkts, des ersten Zylinders, wird in der Praxis üblicherweise dadurch erreicht, dass das Zahnrad an dieser Stelle auf Höhe des Sensors zwei fehlende Zähne aufweist, die eine charakteristische Veränderung des Drehzahlsignals bewirken. Die OT-Positionen der übrigen Zylinder lassen sich nun anhand der baulich festgelegten Winkeldifferenz in Bezug zum OT des ersten Zylinders eindeutig bestimmen. Je nach Belastungsfall des ZMS passiert entweder die OT-Markierung der Primärschwungscheibe (Zugbetrieb) bzw. die korrespondierende Nullmarkierung der Sekundärschwungscheibe (Schubbetrieb) den jeweilig zugehörigen Drehzahlsensor zuerst. Durch die Messung des Zeitintervalls bis zum Eintreffen der Markierung der jeweilig gegenüberliegenden

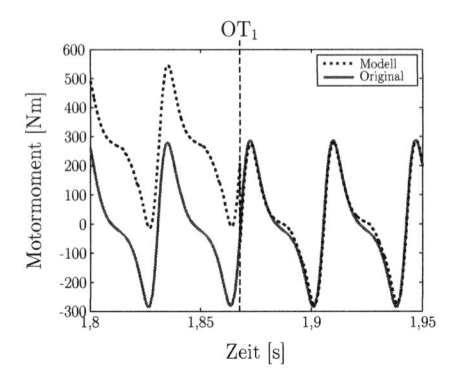

**Abbildung 5.27:** Reinitialisierung des Zustandsraummodells aufgrund einer zu hohen Drift

Schwungscheibe kann die Zeitdifferenz des Gangunterschieds bestimmt werden. Die zugehörige Torsion des ZMS ergibt sich somit näherungsweise zu:

$$\Delta\varphi_{ZMS} \approx |t_{pri,OT} - t_{sek,OT}| \cdot \dot{\varphi}_{pri} \tag{5.66}$$

Die Genauigkeit dieser linearen Näherung hängt von der momentanen Beschleunigung der Schwungmassen ab. Mit Hilfe dieses Wertes für die Torsion kann nun ein Startwert für den Integrator des einfachen invertierten linearen ZMS-Modells (ein FDE) festgelegt werden. Zusätzlich ist es generell möglich, in jedem oberen Totpunkt eine Reinitialisierung des Modells durchführen. Damit lässt sich, speziell einer Drift der Schätzung, entgegenwirken. Die Reinitialisierung des Schätzalgorithmus im OT des ersten Zylinders ist in Abbildung 5.27 dargestellt.

Hierbei wurde eine, durch einen Offset des Geschwindigkeitssignals künstlich generierte Drift wirkungsvoll korrigiert. Im Falle von LLM mit mehreren linearen FDE lässt sich dieses Verfahren nur eingeschränkt anwenden, da keine Informationen über die Position der ZMS-internen Schwungmassen (z.B. Flansch) vorliegen.

### Bestimmung des absoluten Schätzfehlers

Ein weiterer, möglicher Ansatz zur Korrektur eines fehlerbehafteten Schätzverlaufs stellt die Bestimmung des absoluten Schätzfehlers anhand fest definierter, klar detektierbarer Referenzpunkte innerhalb des Motormomentenverlaufs dar. Einen solchen Referenzwert liefert die Detektion des oberen Totpunkts (OT) der einzelnen Zylinder, da zu diesen Zeitpunkten der Motormomentenverlauf seinen von der negativen in die positive Halbebene übergehenden Nulldurchgang besitzt. In diesem Referenzzeitpunkt ist das direkt indizierte Motormoment, gleich null.

$$M_{Mot}(\varphi = 2k\pi) \stackrel{!}{=} 0 \, , \qquad (k \in \mathbb{N}) \tag{5.67}$$

Die Reibmomente des Motors werden dabei als parasitäre Verlustmomente der primären Schwungscheibe separat berücksichtigt. Mit (5.67) kann nun in jeder Periode des geschätzten Momentenverlaufs der entstandene Schätzfehler im oberen Totpunkt des entsprechenden Zylinders bestimmt werden, so dass eine Korrektur dieses Schätzfehlers möglich ist. Dazu wird anhand zweier, aufeinanderfolgender Schätzfehlerwerte eine Geradengleichung aufgestellt, welche den linearen Verlauf des Schätzfehlers beschreibt. Diese wird iterativ für jeden Arbeitstakt des Motors anhand der zuletzt gemessenen Schätzfehlerwerte neu bestimmt. Diese Methode erlaubt somit eine Korrektur additiver und multiplikativer Schätzfehler.

## 5.7 Diskretisierung im Zeit- und Wertebereich

Bevor der Algorithmus zur Momentenrekonstruktion auf einem Steuergerät im Fahrzeug implementiert werden kann, ist das, im kontinuierlichen Zeitbereich entwickelte System, vorab zu diskretisieren. Da sich der LoLiMoT-Modellverbund aus mehreren linearen Teilmodellen zusammensetzt, deren Ausgänge sich unter individueller Gewichtung zum Gesamtausgang aufsummieren, wird zunächst die Diskretisierung der lokalen Teilmodelle vorgestellt. Diese lassen sich im Anschluss, aufgrund der linearen Struktur des Modellverbunds, in analoger Weise bezüglich des kontinuierlichen Falls, zum Gesamtmodell addieren. Zur Diskretisierung der lokalen linearen Modelle wurden verschiedene Verfahren untersucht und bezüglich ihrer Eignung hinsichtlich der Approximation des kontinuierlichen Momentenverlaufs verglichen.

### 5.7.1 Diskretisierung der lokalen linearen Modelle im Zeitbereich

Die lokalen linearen Teilmodelle werden durch ein invertiertes lineares zeitinvariantes Feder-/Dämpferelement (5.23) repräsentiert. Die Übertragungsmatrix zur Schätzung des Motormoments ergibt sich somit zu:

$$\hat{M}_{Mot}(s) = \begin{bmatrix} \frac{s^2 J_{pri} + sd + c}{s} & -\frac{sd+c}{s} \end{bmatrix} \cdot \begin{bmatrix} \omega_{pri} \\ \omega_{sek} \end{bmatrix} \tag{5.68}$$

Die Umformung der Übertragungsmatrix in die sog. maschinentechnische Darstellung schafft einen direkten Überblick über die, in den Teilübertragungsfunktionen enthaltenen, elementaren Übertragungsglieder und vereinfacht somit die nachfolgende Diskretisierung des Systems:

$$\hat{M}_{Mot}(s) = \left[ K_P \cdot \left\{1 + \frac{1}{T_N s} + T_V s\right\} \quad -K_P \cdot \left\{1 + \frac{1}{T_N s}\right\} \right] \cdot \begin{bmatrix} \omega_{pri} \\ \omega_{sek} \end{bmatrix} \quad (5.69)$$

Hierbei ist zu erkennen, dass jene, der primären Winkelgeschwindigkeit zugeordnete Teilübertragungsfunktion ein reines Differenzierglied aufweist. Eine praktische Realisierung eines so genannten idealen D-Anteils ist in der Praxis nicht möglich, da zum Zeitpunkt der Differenziation bereits der nächst folgende Eingangswert bekannt sein müsste, um die Steigung im aktuellen Zeitpunkt exakt bestimmen zu können. Diese Aussage ist konsistent mit der Feststellung der Akausalität einer Übertragungsfunktion. Eine mögliche Lösung dieses Problems stellt nach [39] eine Erweiterung des idealen Differenziergliedes um eine Verzögerungszeitkonstante $T_D$ dar. Dies entspricht dem Übergang zu einer linksseitigen Differentiation und somit einer Eliminierung der Akausalität. Dabei ist die eingeführte Verzögerungszeitkonstante $T_D$ so zu wählen, dass sie die kleinste, im System vorkommende Zeitkonstante darstellt. Eine derart erweiterte Übertragungsmatrix besitzt folgende Gestalt:

$$\hat{M}_{Mot}(s) = \left[ K_P \cdot \left\{1 + \frac{1}{T_N s} + \frac{T_V \cdot s}{1 + T_D s}\right\} \quad -K_P \cdot \left\{1 + \frac{1}{T_N s}\right\} \right] \cdot \begin{bmatrix} \omega_{pri} \\ \omega_{sek} \end{bmatrix} \quad (5.70)$$

Die Proportionalitätskonstante $K_P$ sowie die Zeitkonstanten $T_V$ und $T_N$ setzen sich dabei im konkreten Fall aus Linearkombinationen der Parameter $J_{pri}$, $c$, $d$ des Schätzmodells zusammen:

$$K_P = d \quad (5.71)$$

$$T_V = \frac{J_{pri}}{d} \quad (5.72)$$

$$T_N = \frac{d}{c} \quad (5.73)$$

Ausgehend von dieser Darstellung wurden mehrere Ansätze zur Diskretisierung angewendet. Gegenüber dem Halteglied-Äquivalent gemäß [107] sowie der Euler-Approximation [37] hat sich die Trapez- bzw. Tustin-Approximation bei der Diskretisierung der LLM als das geeignetste Verfahren, hinsichtlich der Modellgenauigkeit, erwiesen.

**Tustin-Approximation**

Die Tustin-Approximation stellt eine, in der Regelungstechnik stark verbreitete Methode zur Diskretisierung kontinuierlicher Systeme dar. Dabei wird gemäß

## 5.7 Diskretisierung im Zeit- und Wertebereich

[107] die Definition der z-Transformation als Ausgangsbasis für die Herleitung verwendet:

$$z \; \hat{=} \; e^{sT} \tag{5.74}$$

Unter Berücksichtigung der Konvergenzgebiete der komplexen Exponentialfunktion ergibt sich für die Umkehrfunktion:

$$s \; \hat{=} \; \frac{1}{T} \cdot \ln z \tag{5.75}$$

Stellt man nun den natürlichen Logarithmus $\ln z$ durch eine Potenzreihe dar, so erhält man:

$$s \; \hat{=} \; \frac{1}{T} \cdot 2 \cdot \left\{ \frac{z-1}{z+1} + \frac{1}{3} \cdot \left(\frac{z-1}{z+1}\right)^3 + \frac{1}{5} \cdot \left(\frac{z-1}{z+1}\right)^5 + \cdots \right\} \tag{5.76}$$

Durch Abbruch nach dem ersten Glied der Reihe ergibt sich die Äquivalenzbeziehung der Tustin-Approximation:

$$s \; \hat{=} \; \frac{2}{T} \cdot \frac{z-1}{z+1} \tag{5.77}$$

Anhand dieser Beziehung ist eine Überführung des kontinuierlichen Schätzmodells (5.70) in den z-Bereich durch Substitution der Variablen $s$ möglich. Die Stabilität des diskreten Systems bleibt erhalten, da (5.77) die linke Halbebene der s-Ebene bijektiv auf den Einheitskreis der z-Ebene abbildet. Die diskretisierte Übertragungsmatrix des geschätzten Motormoments ergibt sich somit zu:

$$\hat{M}_{Mot}(z) = \left[ \frac{b_{1,0} + b_{1,1} \cdot z^{-1} + b_{1,2} \cdot z^{-2}}{1 - (1 - a_{1,1}) \cdot z^{-1} - a_{1,1} \cdot z^{-2}} \quad \frac{b_{2,0} + b_{2,1} \cdot z^{-1}}{1 - z^{-1}} \right] \cdot \begin{bmatrix} \omega_{pri}(z) \\ \omega_{sek}(z) \end{bmatrix} \tag{5.78}$$

mit:

$$\begin{aligned}
b_{1,0} &= \frac{K_P T}{T+2T_D} \cdot \left\{ 1 + \frac{2(T_D+T_V)}{T} + \frac{T+2T_D}{2T_N} \right\} \\
b_{1,1} &= \frac{K_P T}{T+2T_D} \cdot \left\{ \frac{T}{T_N} - \frac{4 \cdot (T_D+T_V)}{T} \right\} \\
b_{1,2} &= \frac{K_P T}{T+2T_D} \cdot \left\{ -1 + \frac{2(T_D+T_V)}{T} + \frac{T-2T_D}{2T_N} \right\} \\
a_{1,0} &= (1 - a_{1,1}) \\
a_{1,1} &= \frac{T-2T_D}{T+2T_D} \\
b_{2,0} &= -K_P \cdot \frac{2T_N+T}{2T_N} \\
b_{2,1} &= -K_P \cdot \frac{T-2T_N}{2T_N}
\end{aligned} \tag{5.79}$$

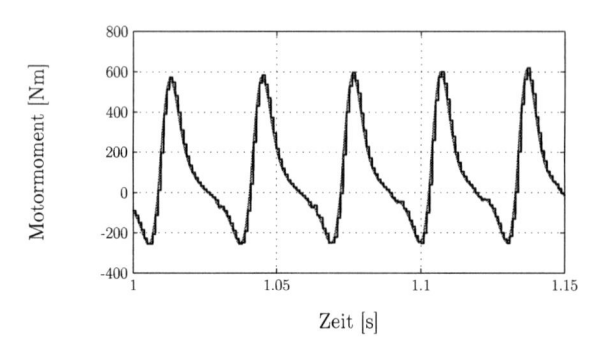

**Abbildung 5.29:** Zeitdiskret rekonstruiertes Motormoment durch die Tustin-Approximation im Vergleich zum kontinuierlichen Original

Abbildung 5.29 zeigt einen Vergleich zwischen diskretem und originalem, kontinuierlichen Schätzmodell. Hierbei ist zu erkennen, dass der diskretisierte Schätzwert den kontinuierlichen Verlauf, sowohl in Phase als auch bezüglich des Betrags, in, für die weitere Verarbeitung hinreichender Weise, darstellt. Durch eine Vergrößerung der eingeführten Verzögerungszeitkonstanten $T_D$ kann eine Glättung des zu approximierenden Verlaufs erzielt werden. Allerdings bedingt eine Glättung im Gegenzug einen vergrößerten Phasenversatz gegenüber dem kontinuierlichen Verlauf. Diese Aussage erweist sich als konsistent im Vergleich zur Rauschunterdrückung des Beschleunigungssignals mittels Tiefpassfilterung.

### 5.7.2 Positionsalgorithmus des linearen Schätzmodells

Das durch Anwendung der Tustin-Approximation gewonnene, zeitdiskrete Schätzmodell stellt in seiner, im z-Bereich vorliegenden Form, noch keinen auf einem Digitalrechner implementierbaren Algorithmus dar. Aus diesem Grund muss die z-Transformierte des Systems aus dem Bildbereich in den Zeitbereich zurücktransformiert werden, um eine, dem Schätzmodell entsprechende Differenzengleichung, zu erhalten. Diese lässt sich im Anschluss durch die Anwendung einfacher Multiplikationen und Additionen auf einem Digitalrechner implementieren. Unter Anwendung der Verschiebungsregel [40] ergibt sich die zu (5.78) korrespondierende Differenzengleichung:

$$\hat{M}_{Mot}(kT) = b_{1,0} \cdot \omega_{pri}(kT) + b_{1,1} \cdot \omega_{pri}(kT - T) + b_{1,2} \cdot \omega_{pri}(kT - 2T) + \\ a_{1,0} \cdot M^*_{pri}(kT - T) + a_{1,1} \cdot M^*_{pri}(kT - 2T) + \\ b_{2,0} \cdot \omega_{sek}(kT) + b_{2,1} \cdot \omega_{sek}(kT - T) + M^*_{sek}(kT - T) \quad (5.80)$$

Das diskrete Schätzergebnis $\hat{M}_{Mot}(kT)$ setzt sich aus aktuellen und vergangenen Eingangswerten sowie vergangenen, aus den jeweiligen Teilübertragungs-

## 5.7 Diskretisierung im Zeit- und Wertebereich

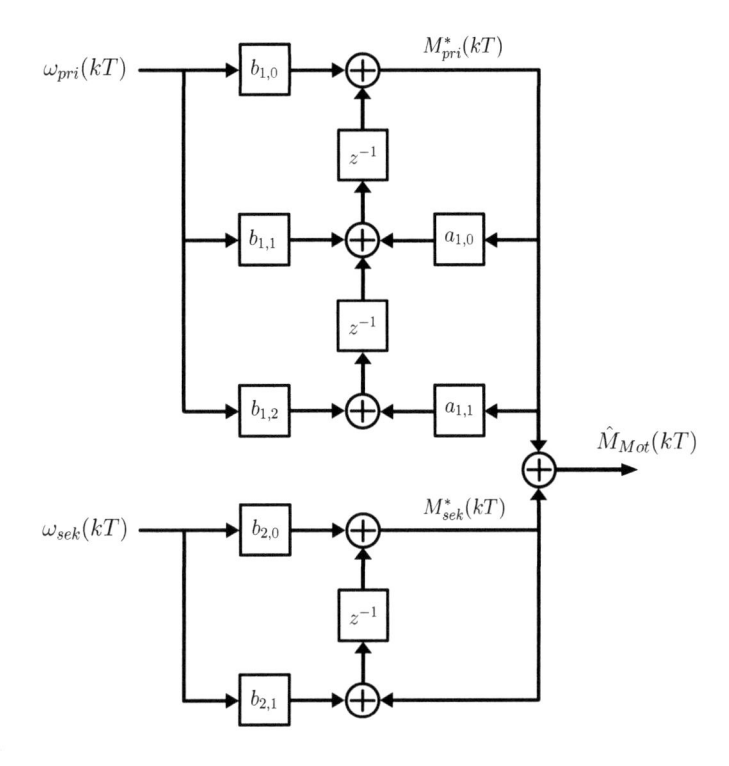

**Abbildung 5.30:** Strukturbild der Differenzengleichungen des Schätzalgorithmus

funktionen resultierenden Momentenbeiträgen $M^*_{pri}(kT - T)$, $M^*_{pri}(kT - 2T)$ und $M^*_{sek}(kT - T)$ zusammen. Bei diesen Momenten handelt es sich um jene fiktiven Beiträge[7], welche durch eine singuläre Berücksichtigung der primären bzw. sekundären Drehzahl auftreten würden. Die Summe beider Beiträge ergibt stets das Gesamtschätzmoment:

$$\hat{M}_{Mot}(kT) = M^*_{pri}(kT) + M^*_{sek}(kT) \tag{5.81}$$

Das Strukturbild der Differenzengleichung ist in Abbildung 5.30 veranschaulicht. Anhand dieser Darstellung wird deutlich, dass es sich bei den fiktiven Momentenbeiträgen $M^*_{pri}(kT)$ und $M^*_{sek}(kT)$ um so genannte *ARMA*-Systeme handelt, welche aus der unabhängigen Diskretisierung der beiden Teilübertragungsfunktionen resultieren [62].

---

[7]Die fiktiven Momentenbeiträge $M^*_{pri}(kT)$ und $M^*_{sek}(kT)$ sind nicht mit den, adjazent zum ZMS wirkenden Momenten $M_{pri}(kT)$ und $M_{sek}(kT)$ identisch

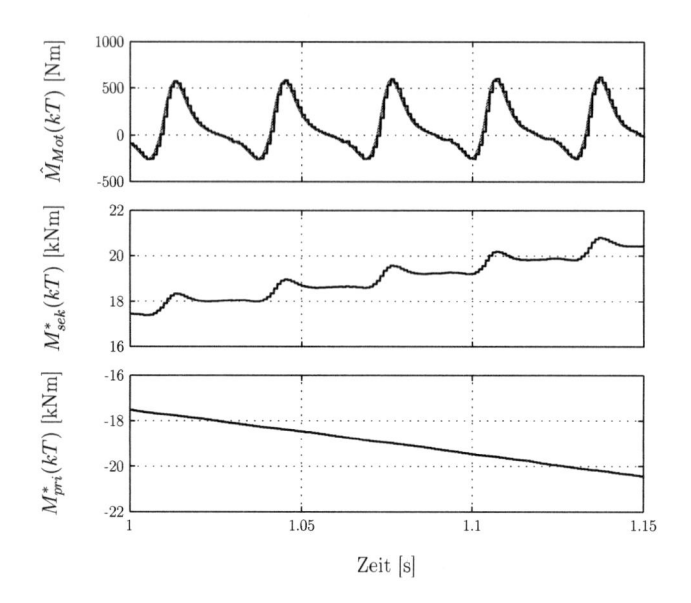

**Abbildung 5.31:** Simulationsverläufe des Positionsalgorithmus

In Abbildung 5.31 sind die beiden Momentenbeiträge $M^*_{pri}(kT)$ und $M^*_{sek}(kT)$ sowie das Gesamtschätzmoment dargestellt. Da der Absolutwert des Motormoments zu jedem Abtastzeitpunkt neu errechnet wird, bezeichnet man diesen Algorithmus auch Positionsalgorithmus. Bei der genaueren Betrachtung offenbart sich ein strukturelles Problem bei der diskreten Berechnung. Die tendenziell stetig wachsenden bzw. fallenden Momentenbeiträge $M^*_{pri}(kT)$ und $M^*_{sek}(kT)$ weisen auf ein integrierendes Verhalten der zugehörigen Teilsysteme hin. Hinsichtlich der Implementierung des Algorithmus auf einem Digitalrechner, führt dieses Verhalten zunächst zu einem stetig wachsenden Rundungsfehler[8] und schließlich zu einem Überlauf der arithmetisch-logischen Einheit.

### 5.7.3 Geschwindigkeitsalgorithmus des linearen Schätzmodells

Das kontinuierliche Ansteigen des Betrages der rückgekoppelten Momentenbeiträge $M^*_{pri}(kT)$ und $M^*_{sek}(kT)$ kann vermieden werden, indem man nicht den Absolutwert des Schätzergebnisses zu jedem Abtastzeitpunkt, sondern lediglich

---

[8]Durch stetig wachsende bzw. fallende Variablen ergibt sich, begrenzt durch eine endliche Mantisse der Zahlendarstellung im Mikrorechner, eine gröbere Auflösung der Quantisierungsstufen des Wertebereichs.

## 5.7 Diskretisierung im Zeit- und Wertebereich

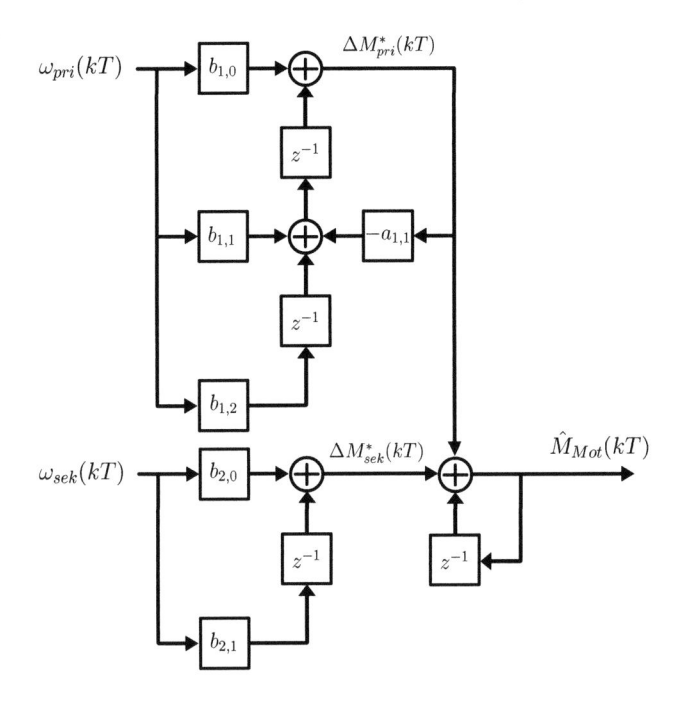

**Abbildung 5.32:** Strukturdarstellung des modifizierten Schätzalgorithmus

dessen Änderung zwischen dem aktuellen und vorangegangenen Abtastzeitpunkt bestimmt:

$$\Delta \hat{M}_{Mot}(kT) = \hat{M}_{Mot}(kT) - \hat{M}_{Mot}(kT - T) \qquad (5.82)$$

$$= \underbrace{M^*_{pri}(kT) - M^*_{pri}(kT - T)}_{\Delta M^*_{pri}(kT)} + \underbrace{M^*_{sek}(kT) - M^*_{sek}(kT - T)}_{\Delta M^*_{sek}(kT)}$$

Führt man nun die Differenzenbildung für die beiden Momentenbeiträge

$$\begin{aligned} M^*_{pri}(kT) &= b_{1,0} \cdot \omega_{pri}(kT) + b_{1,1} \cdot \omega_{pri}(kT - T) + b_{1,2} \cdot \omega_{pri}(kT - 2T) \\ &\quad + a_{1,0} \cdot M^*_{pri}(kT - T) + a_{1,1} \cdot M^*_{pri}(kT - 2T) \end{aligned} \qquad (5.83)$$

$$M^*_{sek}(kT) = b_{2,0} \cdot \omega_{sek}(kT) + b_{2,1} \cdot \omega_{sek}(kT - T) + M^*_{sek}(kT - T) \qquad (5.84)$$

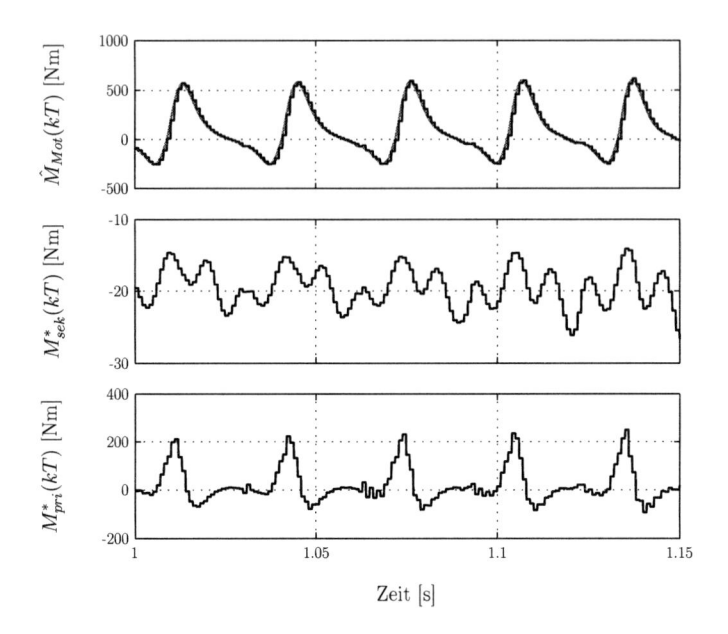

# 166　　5 Rekonstruktion des direkt indizierten Motordrehmoments

**Abbildung 5.33:** Simulationsverläufe des Geschwindigkeitsalgorithmus

durch, so erhält man:

$$\Delta M^*_{pri}(kT) = b_{1,0} \cdot \omega_{pri}(kT) + b_{1,1} \cdot \omega_{pri}(kT - T) + b_{2,2} \cdot \omega_{pri}(kT - 2T)$$
$$- a_{1,1} \cdot \Delta M^*_{pri}(kT - T) \quad (5.85)$$

$$\Delta M^*_{sek}(kT) = b_{2,0} \cdot \omega_{sek}(kT) + b_{2,1} \cdot \omega_{sek}(kT - T) \quad (5.86)$$

Das aktuelle Schätzergebnis errechnet sich folglich aus der Summe der absoluten Momentenbeiträge des vorangegangenen Abtastzeitpunkts und den Beitragsdifferenzen $\Delta M_{pri}(kT)$ und $\Delta M_{sek}(kT)$ zwischen aktuellem und vorangegangenem Abtastzeitpunkt:

$$\hat{M}_{Mot}(kT) = M^*_{pri}(kT-T) + \Delta M^*_{pri}(kT) + M^*_{sek}(kT-T) + \Delta M^*_{sek}(kT) \quad (5.87)$$

Bei einem Vergleich der Strukturdarstellungen in Abbildung 5.30 bzw. 5.32 lässt sich erkennen, dass der modifizierte Algorithmus zur Berechnung des Schätzergebnisses jeweils eine Multiplikations- und Additionsoperation weniger als der Positionsalgorithmus benötigt. Dies verleiht der vorliegenden Struktur den Namen *Geschwindigkeitsalgorithmus*, da die Reduktion der notwendigen Rechenoperationen eine Rechenzeitersparnis impliziert. Abbildung 5.33 zeigt, dass sich die rückgekoppelten Beitragsdifferenzen $\Delta M^*_{pri}(kT)$ bzw. $\Delta M^*_{sek}(kT)$ nun innerhalb eines beschränkten Intervalls bewegen. Somit ist die Gefahr eines Überlaufs der arithmetisch-logischen Einheit des Digitalrechners gebannt.

Ein zusätzlicher Vorteil, welcher sich ebenfalls aus der Beschränktheit der rückgekoppelten Größen ergibt, ist die optimale Skalierbarkeit. Da ein Festkommaprozessor allgemein mit der Zahlendarstellung der, im Intervall von $[-1, 1)$ definierten, Fraktalzahlen arbeitet, ist eine Skalierung bzw. Normierung des zur Berechnung verwendeten Dezimalbereichs notwendig. Unter Ausnutzung der Tatsache, dass sich nun die, an der Berechnung des Gesamtausgangs beteiligten Größen, innerhalb eines beschränkten Intervalls bewegen, kann dieses auf den Bereich der Fraktalzahlen gestaucht und somit eine optimale Auflösung erzielt werden. Dadurch minimiert sich der Quantisierungsfehler im Wertebereich des diskreten Systems. Der in diesem Abschnitt vorgestellte Schätzalgorithmus bildet im Folgenden die Grundlage für die Implementierung des kompletten LoLiMoT-Modellverbundes auf einer Hardware-Einheit.

## 5.8 Hardwareimplementierung

In Abschnitt 5.5.2 wurde gezeigt, dass der Algorithmus zur Rekonstruktion des direkt indizierten Motormoments in der Lage ist, anhand real gemessener Daten, welche winkeldiskret aufgezeichnet wurden, einen realistischen Schätzwert zu berechnen. Um die Information des indizierten Motormoments dem Motormanagement als wertvolle Informationsquelle für vielfältige Steuerungs-, Regelungs- und Diagnoseaufgaben zur Verfügung zu stellen, bedarf es der Umsetzung des Algorithmus auf einer Hardwareeinheit, welche einen echtzeitfähigen, autarken Betrieb des Rekonstruktionsalgorithmus erlaubt. Im Rahmen dieser Arbeit, wurde hierzu der Schätzalgorithmus auf einer DSP-Hardware implementiert, um somit einen Nachweis zu erbringen, dass die Realisierung auf einem entsprechenden Steuergerät in Echtzeit möglich ist.

### 5.8.1 DSP-Hardwareumgebung

Die im Rahmen dieser Arbeit verwendete DSP-Hardware-Plattform, stellt das eigens am Institut für Industrielle Informationstechnik der Universität Karlsruhe (TH) entwickelte, sog. *SAPS-RC*[9]-Board, dar. Diese Entwicklungsplattform wurde ursprünglich für die Analyse der Signale eines magnetoelastischen Drucksensors zur Beurteilung des Einspritzverlaufs eines Common-Rail-Systems ent-

---
[9]Signal Analyzer for Pressure Sensor - Realtime, CAN-Bus

wickelt [111] und im Zuge dessen als Dual-Prozessor-System konzipiert. Es baut sich im Wesentlichen aus folgenden Kernkomponenten auf:

- Mikrocontroller: C167CR-LM der Firma Infineon
  - 16-Bit single-chip CMOS Mikrocontroller
  - 25 MHz Taktfrequenz
- Flash-Speicher des Mikrocontrollers: PSD4235G2
  - 16 kBit × 16 Boot-Flash-Speicher
  - 256 kBit × 16 Main-Flash-Speicher
- DSP: XC56309 der Firma Motorola
  - 24-Bit Festkomma-Signalprozessor
  - 100 MHz Taktfrequenz
- Flash-Speicher des DSPs: AM29LV002BB der Firma AMD
  - 256 kBit × 8 Main-Flash-Speicher
- Dual-Port-RAM: IDT70V28L der Firma IDT
  - 64 kBit × 16 SRAM

Der Datenaustausch zwischen Mikrocontroller und DSP findet mittels eines Dual-Port-RAMs statt. Die Anbindung an externe Peripherie wird durch zwei serielle Schnittstellen, vier digitale Ein- und Ausgänge, einen 4-Kanal A/D-Wandler und eine CAN-Bus-Schnittstelle realisiert. Die externen RAM-Bausteine dienen dabei der Erweiterung der internen Speicherkonfiguration beider Prozessoren. Die Benutzerprogramme der Prozessoren werden in den jeweiligen Flash-Modulen hinterlegt. Diese halten ihre Information auch bei einer temporären Abkopplung des Boards von der Versorgungsspannung. Sobald die Versorgungsspannung an das SAPS-RC-Board angelegt wird, werden die Benutzerprogramme unmittelbar in die internen Programmspeicher der Prozessoren geladen und schließlich gestartet. Das Programmieren des Entwicklungsboards sowie die generelle Kommunikation der Prozessoren mit dem PC findet mittels der seriellen Schnittstellen statt. Eine detaillierte Beschreibung des Board-Aufbaus sowie der einzelnen Komponenten ist in [44] zu finden. Für die Implementierung des Schätzmodells wurde lediglich die DSP-Funktionseinheit des Boards verwendet.

## 5.8 Hardwareimplementierung

**DSP XC56309**

Digitale Signalprozessoren (DSP) sind für die digitale, echtzeitfähige Verarbeitung fortlaufend abgetasteter Signale mittels digitaler Filter konzipiert. Im Zuge dessen weisen sie einen, auf relevante mathematische Operationen geschwindigkeitsoptimierten Prozessor auf, welcher in der Lage ist, mehrere Rechenoperationen und Datentransfers in einem Maschinenzyklus durchzuführen [15]. Dazu ist er mit mehreren Rechenwerken, den so genannten *arithmetic logic units* (ALUs) ausgestattet, die eine parallele Verarbeitung verschiedener mathematischer Operationen erlauben. Zusätzlich besitzt er mehrere Einheiten zur Adressenerzeugung, so genannte *address generation units* (AGUs), welche die für Datentransfers benötigten Speicheradressen, parallel zu den arithmetischen Operation der ALUs generieren, sodass bereits während der Ausführung einer aktuellen Rechenoperation die Speicheradressen, der am nächsten Berechnungsschritt beteiligten Daten, zur Verfügung stehen.

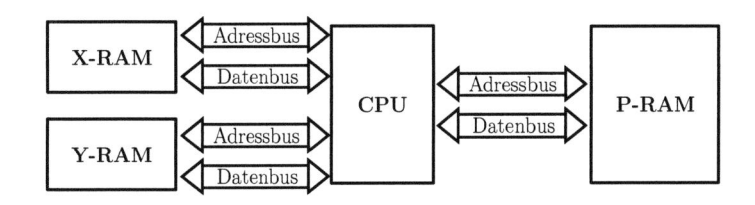

**Abbildung 5.34:** Harvard-Architektur eines digitalen Signalprozessors (DSP)

Eingebettet ist dieser Rechenkern in die in Abbildung 5.34 dargestellte sog. Harvard Architektur. Diese bindet sowohl den Programm- als auch die beiden Datenspeicher über jeweils einen Adress-, Kontroll- und Datenbus an den Prozessor an. Diese Struktur befähigt den DSP innerhalb eines Maschinenzyklus je ein Wertepaar aus dem X- bzw. Y-Datenspeicher zu multiplizieren und das Ergebnis, im Anschluss, dem Akkumulator hinzuzuaddieren. Simultan ist der DSP in der Lage, das für den nächsten Berechnungsschritt benötigte Wertepaar aus den beiden Datenspeichern vorzuladen, sodass es im folgenden Maschinenzyklus der Multiplikation unmittelbar zur Verfügung steht (MAC-Befehl). Die Struktur des DSPs ist somit auf eine möglichst schnelle Berechnung von Skalarprodukten optimiert. Die Implementierung digitaler Routinen zur System- und Signalverarbeitung lassen sich auf die Berechnung von Skalarprodukten zurückführen [42]. Der DSP gestaltet sich daher als hervorragend geeignet für die Berechnung des Schätzalgorithmus, dessen Realisierung durch zwei IIR-Filter (5.87) repräsentiert wird. Die Funktionseinheiten des zusätzlich zur Verfügung stehenden Mikrocontrollers werden für die Schätzung des Motormoments nicht benötigt. Der auf dem Board befindliche DSP XC56309 der Firma Motorola besitzt u.a. folgende Merkmale:

- 24-Bit Festkomma-DSP
- 100 MHz Taktfrequenz
- 20 kBit × 24 interner Programmspeicher
- 8 kBit × 24 internet X-/Y-Datenspeicher
- 1 asynchrone serielle Schnittstelle
- 2 synchrone serielle Hochgeschwindigkeitsschnittstellen
- 3 Timer-Module
- 34 digitale Ein-/Ausgänge

Die Entwicklung des DSP-Benutzerprogramms wurde mittels des „TASKING DSP563xx Software Development Toolset" der Firma Altium durchgeführt. Diese ist speziell an die Eigenschaften der verwendeten Prozessor-Familie 563xx der Firma Motorola angepasst und ist daher in der Lage, die Vorteile der Hardware-Architektur in vollem Umfang zu nutzen. So bietet sie eine umfangreiche Unterstützung von MAC-Befehlen und Hardware-Schleifen unter Verwendung eines ANSI-C-Compilers. Dadurch kann bei der Implementierung des Schätzalgorithmus auf die Hochsprache C zurückgegriffen werden. Dies ermöglicht eine strukturierte und übersichtliche Umsetzung des Algorithmus und bietet zusätzlich effiziente Möglichkeiten zur Fehlersuche.

### 5.8.2 Implementierung der Gewichtungsfunktionen

Der Modellverbund zur Rekonstruktion des Motordrehmoments setzt sich aus mehreren lokalen linearen Teilmodellen (LLM) zusammen, welche durch eine individuelle Gewichtungsfunktion einem Gültigkeitsbereich innerhalb des Eingangsraumes zugewiesen sind (Abbildung 5.8). Die Gewichtungsfunktionen $\Psi(\underline{u})$ wurden dabei als normierte Gauß'sche Glockenfunktionen gemäß (5.38) angenommen. Dieser Ansatz wirft jedoch, im Hinblick auf die Hardwareimplementierung, einige Probleme auf, da zur Ermittlung eines Gewichtungsbeitrags stets mehrere multi-dimensionale Exponentialfunktionen berechnet werden müssen. Dies steht aufgrund der hierfür notwendigen, hohen Rechenkapazität im Gegensatz zur angestrebten, möglichst kostengünstigen Realisierung auf einem Steuergerät im Fahrzeug. Die Glockenkurve liefern dabei einen Gewichtungsbeitrag,

## 5.8 Hardwareimplementierung

der in weiten Bereichen des Eingangsraumes äußerst gering ist. Die zugehörigen LLM tragen somit in diesen Bereichen keinen nennenswerten Beitrag zum Gesamtschätzergebnis bei. Trotz dessen ist die Berechnung dieses marginalen Gewichtungsbeitrags gleichermaßen rechenintensiv und verschlechtert damit die Rechenzeiteffizienz des Algorithmus zusätzlich.

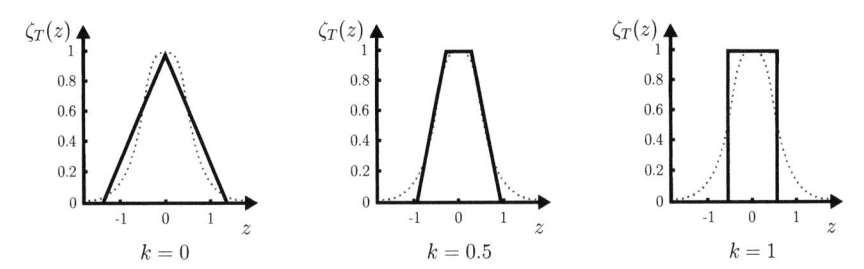

**Abbildung 5.35:** Trapezfunktionen unter Variation des Parameters

Es konnte gezeigt werden, dass die Gauß'schen Glockenkurven ohne merklichen Verlust an Schätzgüte durch Trapezfunktionen ersetzt werden können. Werden die Trapezfunktionen bereits bei der Identifikation des Modellverbunds angesetzt, verringert sich der dadurch erkaufte, ohnehin sehr kleine Fehler zusätzlich (<1%). Eine Trapezfunktion setzt sich dabei aus drei stückweise definierten Geradengleichungen zusammen (Abbildung 5.35). Die lineare Struktur kommt der Architektur des DSPs stark entgegen. Der notwendige Rechenbedarf bei der Verwendung von Trapezfunktionen reduziert sich somit um Größenordnungen gegenüber den Glockenfunktionen. Zusätzlich liefern die Trapezfunktionen ausserhalb ihrer Gültigkeitsbereiche keinen Beitrag und müssen in diesem Fall nicht berechnet werden. Analytisch lassen sich die Trapezfunktionen beschreiben durch:

$$\zeta_{T,j}(u_i) = \begin{cases} \frac{u_i-\mu_j}{\sqrt{2\pi}\sigma_j(1-k)} + \frac{2-k}{2(1-k)} &, -\frac{\sqrt{2\pi}\sigma_j(2-k)}{2} + \mu_j \leq u_i < -\frac{\sqrt{2\pi}\sigma_j k}{2} + \mu_j \\ 1 &, -\frac{\sqrt{2\pi}\sigma_j k}{2} + \mu_j \leq u_i < \frac{\sqrt{2\pi}\sigma_j k}{2} + \mu_j \\ \frac{-(u_i-\mu_j)}{\sqrt{2\pi}\sigma_j(k-1)} + \frac{2-k}{2(1-k)} &, \frac{\sqrt{2\pi}\sigma_j k}{2} + \mu_j \leq u_i < \frac{\sqrt{2\pi}\sigma_j(2-k)}{2} + \mu_j \\ 0 &, \text{sonst} \end{cases}$$

(5.88)

Die Wahl des Parameters $k$ im Intervall [0,1] erlaubt eine beliebige Variation der Form des symmetrischen Trapezes zwischen der entarteten Form des Dreiecks ($k=0$) bzw. Rechtecks ($k=1$). Die Zentrumskoordinate, d.h. der Schwerpunkt des Trapezes wird mittels des Parameters $\mu_j$ festgelegt. Die Steigung der beiden äußeren Geradengleichungen kann mittels der Standardabweichung $\sigma_j$ variiert

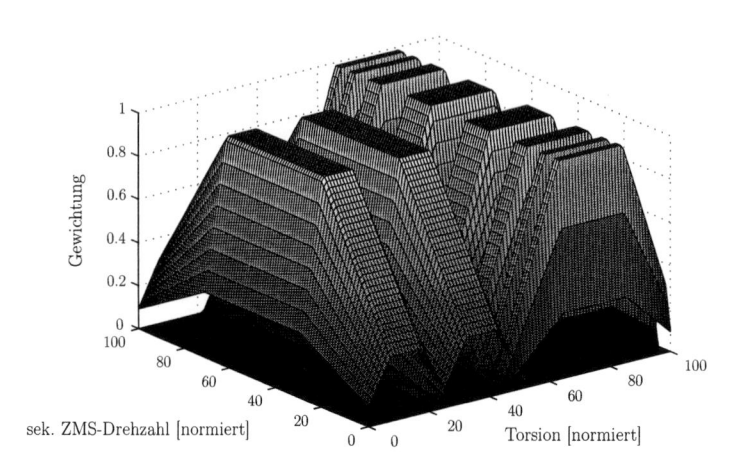

**Abbildung 5.36:** Neuro-Fuzzy-Schätzmodell mit 10 LLM und trapezförmigen Gewichtungsfunktionen

werden. Im konkreten Fall handelt es sich um Gewichtungsfunktionen mit zweidimensionalem Eingangsraum. Der Gesamtgewichtungsbeitrag $\zeta_{tot,i}(\underline{u}(k))$ des lokalen, linearen Modells $j$ errechnet sich somit aus dem Produkt dieser Teilgewichtungsbeiträge:

$$\zeta_{tot}(\underline{u}(k)) = \zeta_{T,1}(u_1(k)) \cdot \zeta_{T,2}(u_2(k)) \tag{5.89}$$

Da im Allgemeinen mehrere LLM an der Berechnung eines Schätzwerts beteiligt sind, sind die einzelnen Gewichtungsbeiträge analog den Glockenfunktionen zu normieren. Die Gesamtgewichtung des aktuellen Rekonstruktionswerts ergibt sich somit stets zu eins.

$$\Psi_{tot,j}(\underline{u}(k)) = \frac{\zeta_{tot,j}(\underline{u}(k))}{\sum_{i=1}^{n} \zeta_{tot,i}(\underline{u}(k))} \tag{5.90}$$

Dadurch entsteht über dem zweidimensionalen Eingangsraum ein Gewichtungsgebirge (Abbildung 5.36), das sich aus $N_{LLM}$ Pyramidenstümpfen mit rechteckiger Grundfläche zusammensetzt.

### 5.8.3 Rechenzeitoptimierung durch Modelldeaktivierung

Im vorherigen Abschnitt wurde die Approximation der Gauß'schen Gewichtungsfunktionen durch Trapezfunktionen vorgestellt. Neben der enormen Einsparung an Rechenkapazität durch deren lineare Struktur weisen die Trapezfunktionen

## 5.8 Hardwareimplementierung

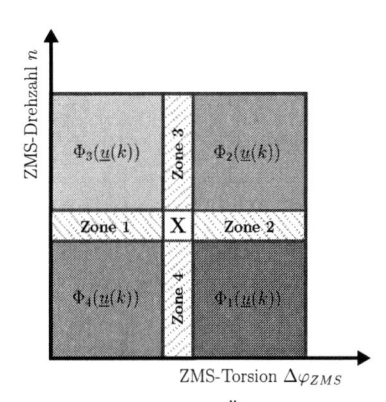

**Abbildung 5.37:** Schematische Darstellung der Überlappung trapezförmiger Gewichtungsfunktionen

einen weiteren Vorteil, hinsichtlich der Implementierung auf einer digitalen Hardwareeinheit, auf. Außerhalb eines durch (5.88) definierten Bereichs nehmen die Gewichtungsfunktionen den Wert Null an. Dies bedeutet, dass das zugehörige lokale lineare Modell im Falle eines, außerhalb dieses Gültigkeitsbereichs liegenden Eingangswerttupels $(u_1, u_2)$ keinen Beitrag zur Bildung des Gesamtschätzergebnisses leisten wird. Infolgedessen ist eine Berechnung dieses LLM im aktuellen Rekonstruktionsschritt nicht notwendig, es kann *deaktiviert* werden. Durch die Deaktivierung der LLM, deren Gewichtungsfunktion bezüglich des aktuell vorliegenden Eingangstupels keinen Beitrag liefert, ergibt sich zusätzlich eine deutliche Rechenzeitersparnis.

Abbildung 5.37 zeigt die Unterteilung des zweidimensionalen Eingangsraums für vier Gewichtungsfunktionen. Es lässt sich hierbei erkennen, dass sich in den Zonen 1 - 4 die Gewichtungsfunktionen jeweils zweier LLM überschneiden. Die Kernzone **X** repräsentiert jenen Überschneidungsbereich der Zonen 1 - 4, zu welchem sich die Gewichtungsfunktionen sämtlicher, adjazenter LLM überdecken. Im konkreten Fall bedeutet dies, dass lediglich in der Kernzone die Berechnung aller vier LLM, zur Bildung des Gesamtschätzergebnisses, von Nöten ist. Deaktiviert man all diejenigen LLM des Gesamtverbunds, welche keinen Beitrag zum Schätzergebnis leisten, so reduziert sich der Rechenaufwand im Falle eines zweidimensionalen Eingangsraumes auf maximal vier zu berechnende LLM. Im allgemeinen Fall reduziert sich der Aufwand auf maximal $2^{q_\Psi}$ zu berechnende LLM unabhängig der Gesamtanzahl $N_{LLM}$. $q_\Psi$ entspricht dabei der Dimension des Eingangsraumes der Gewichtungsfunktionen $\Psi(\underline{u})$.

Die Deaktivierung der, zur aktuellen Schätzung nicht benötigten LLM, stellt jedoch ein neues Problem in den Vordergrund. Die LLM weisen, wie in Abschnitt

5.7.2 und 5.7.3 beschrieben, eine interne Rückkopplung vergangener Ausgangswerte auf. Eine Deaktivierung der LLM bewirkt, dass die rückgekoppelten Ausgangswerte im Laufe des fortschreitenden Schätzverlaufs nicht aktualisiert werden. Wechselt nun die Eingangsgrößen in einen Bereich, in dem die Aktivierung eines zuvor deaktivierten LLM notwendig wird, so sind die rückgekoppelten vergangenen Ausgangswerte veraltet und führen zu einem falschen Schätzbeitrag. Dies zeigt die Notwendigkeit einer Strategie zur Reinitialisierung der Rückkopplungsvariablen, um Schätzfehler aufgrund der Rechenzeitoptimierung zu reduzieren.

### 5.8.4 Reinitialisierung inaktivierter lokal linearer Modelle

Im konkreten Fall des Neuro-Fuzzy-Modells, mit interner Rückführung der Zustandsgrößen, kann das Prinzip der externen Rückkopplung (Abbildung 5.9) genutzt werden, um eine Reinitialisierung der Rückkopplungsgrößen temporär deaktivierter LLM zu erreichen. Dementsprechend gestaltet sich die Struktur des implementierten Neuro-Fuzzy-Schätzmodells zu einer Mischform aus interner und externer Rückkopplung. Abbildung 5.38 zeigt das zugehörige Strukturbild. Dabei wird im inaktiven Zustand eines LLM$_i$ nicht die ungewichtete Teilmomentendifferenz $\Delta \widetilde{M}^*_{pri,i}(kT)$ zurückgekoppelt, sondern die Summe der gewichteten Teilmomentendifferenzen aller aktiven, d.h. jener an der Schätzung beteiligten, lokalen Modelle gemäß:

$$\Delta M^*_{pri}(kT) = \sum_{i=1}^{n} \left[ \Delta \widetilde{M}^*_{pri,i}(kT) \cdot \Psi_i(\underline{u}(kT)) \right] = \sum_{i=1}^{n} \Delta M^*_{pri,i}(kT) \quad (5.91)$$

Im Allgemeinen entspricht die rückgekoppelte Summe der gewichteten Teilmomentendifferenzen nicht exakt der Teilmomentendifferenz $\Delta \widetilde{M}^*_{pri,i}(kT)$ des entsprechenden inaktiven LLM, wäre dieses im Vergleich aktiv gewesen. Somit entsteht durch die Reinitialisierung des Modells zum Reaktivierungszeitpunkt ein kleiner Schätzfehler, der im weiteren Schätzverlauf eine Drift der rekonstruierten Motormomentenkurve zur Folge hat. Diese führt im weiteren Verlauf zu einer kontinuierlichen Verschlechterung der Schätzgüte im fortlaufenden Schätzprozess, sodass eine Korrektur notwendig wird.

### 5.8.5 Korrektur additiver und multiplikativer Schätzfehler

Ein möglicher Ansatz zur Korrektur eines fehlerbehafteten Schätzverlaufs stellt die Bestimmung des Schätzfehlers anhand klar detektierbarer Referenzpunkte innerhalb des Motormomentenverlaufs dar. Einen solchen Referenzwert liefert die Detektion des oberen Totpunkts (OT) der einzelnen Zylinder, da zu diesen Zeitpunkten der Motormomentenverlauf einen Nulldurchgang aufweist. Eine

## 5.8 Hardwareimplementierung

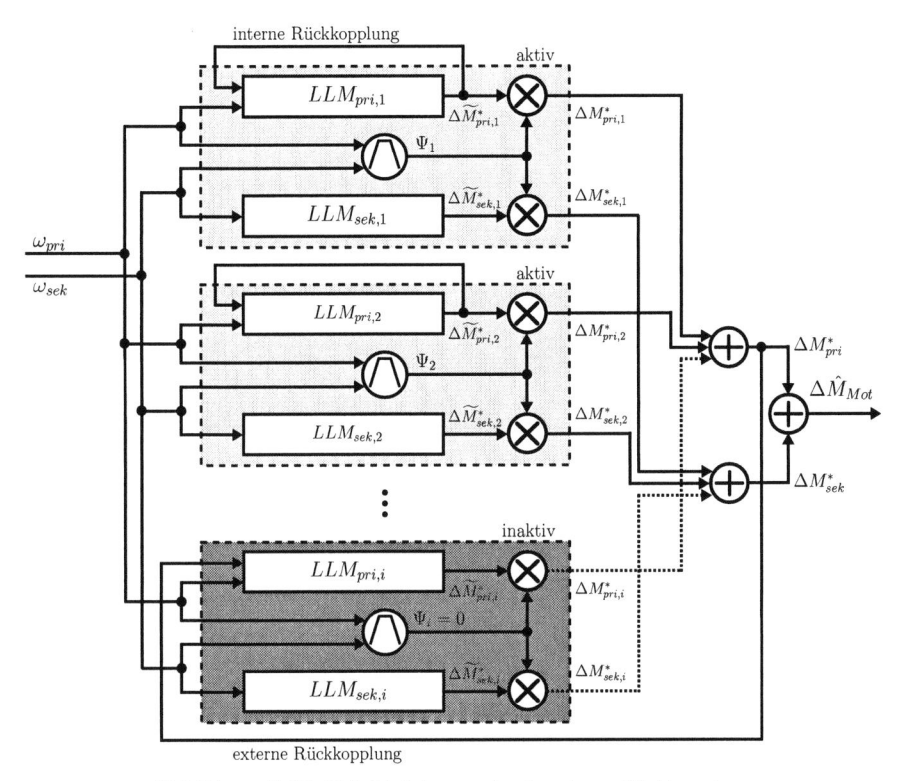

**Abbildung 5.38:** Reinitialisierung durch externe Rückkopplung

OT-Detektion des ersten Zylinders wird in der Praxis häufig dadurch erreicht, dass der Zahnkranz eines inkrementellen Drehzahlsensors an exakt dieser Stelle zwei fehlende Zähne aufweist, welche eine charakteristische Veränderung des Drehzahlsignals am Sensorausgang bewirken. Die OT-Positionen der übrigen Zylinder lassen sich nun anhand der baulich festgelegten Winkeldifferenz bezüglich des ersten Zylinders eindeutig[10] bestimmen.

Wie Abbildung 5.39 veranschaulicht, kann nun nach jedem Arbeitstakt des Motors der entstandene Schätzfehler des rekonstruierten indizierten Drehmoments im oberen Totpunkt des korrespondierenden Zylinders bestimmt werden, sodass eine Korrektur dieses Schätzfehlers möglich ist. Dazu wird anhand zweier aufeinanderfolgender Schätzfehlerwerte eine Trendlinie in Form einer Geraden aufgestellt, welche den Verlauf des Schätzfehlers linear beschreibt. Diese wird nun kontinuierlich nach jedem Arbeitstakt anhand der zuletzt gemessenen Schätz-

---
[10]Hierfür ist die Kenntnis des Drehsinns des Motors notwendig.

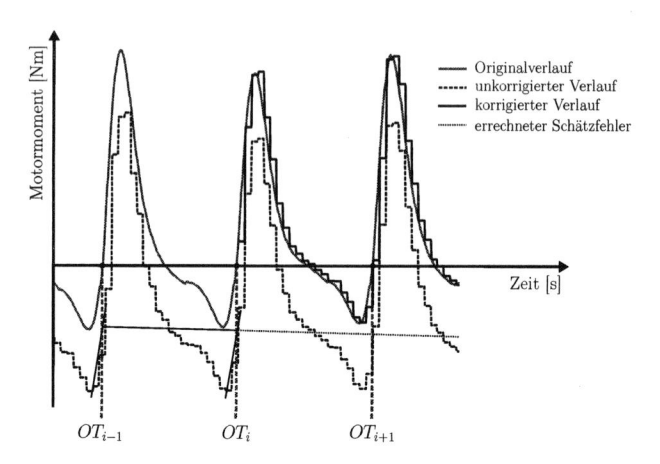

**Abbildung 5.39:** Schätzfehlerkorrektur anhand der OT-Referenzpunkte

fehlerwerte neu bestimmt. Verfahren für die Erstellung von Trendlinien werden in [61] vorgestellt. Der korrigierte Schätzwert $\hat{M}_{Mot}^k(kT)$ innerhalb der Periode $i$ errechnet sich somit durch die Subtraktion des Korrekturwerts $\Delta\hat{M}_{Mot,i}(k'T)$ vom ursprünglichen Schätzwert des Neuro-Fuzzy-Modells.

$$\hat{M}_{Mot}^k(kT) = \hat{M}_{Mot}(kT) - \Delta\hat{M}_{Mot,i}(k'T) \tag{5.92}$$

Diese Methode erlaubt die Korrektur additiver und multiplikativer Schätzfehler. Dadurch ist sie in der Lage, den, durch die notwendige Reinitialisierung temporär deaktivierter Modelle entstandenen Schätzfehler (nach Abschnitt 5.8.4), zu korrigieren.

### 5.8.6 Rechenzeitanalyse

Im Zuge der Globalisierung unterliegen die Automobilkonzerne heute mehr denn je dem Preisdruck der internationalen Konkurrenz. Demzufolge entscheidet sich die Einführung einer Innovation in ein Fahrzeugmodell nicht ausschließlich anhand der gewonnen, technischen Vorteile, sondern zunehmend auf der Basis des, dadurch entstehenden Mehrkostenaufwands bei der Fertigung. Vor diesem Hintergrund kann der entwickelte Schätzalgorithmus zur Rekonstruktion des Motordrehmoments nur dann Einzug in die Fahrzeuge der kommenden Generationen halten, wenn die hierfür notwendigen Integrationskosten im Vergleich zu den erzielten Vorteilen ausreichend gering sind. Die Integrationskosten hängen dabei sehr stark von Anforderungen bezüglich des zusätzlichen Hardwareaufwandes ab, der für eine Realisierung des Schätzalgorithmus benötigt wird. So ist, neben

## 5.8 Hardwareimplementierung

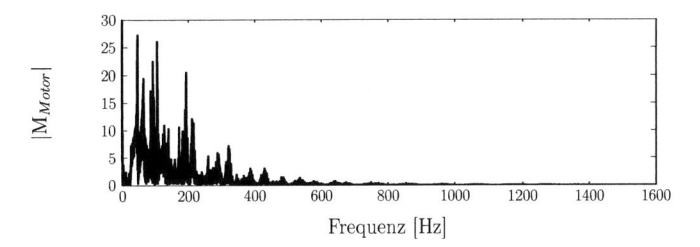

**Abbildung 5.40:** Frequenzspektrum des Momentenverlaufs

den Kosten einer zweiten Einheit zur Drehzahlmessung[11], im Wesentlichen, die benötigte Rechenleistung und damit die geforderte Leistungsfähigkeit des DSP entscheidend, ob der Schätzalgorithmus wirtschaftlich realisierbar ist.

### Bedingung für Echtzeitfähigkeit

Die erforderliche Leistungsfähigkeit des DSPs ergibt sich im Wesentlichen anhand der benötigten Rekonstruktionsauflösung in Verbindung mit der Einhaltung der Echtzeitfähigkeitsbedingung. Die minimale Rekonstruktionsauflösung kann dabei mit Hilfe der Fast Fourier Transformation (Abbildung 5.40) des Momentenverlaufs ermittelt werden. So liefert jene, im Momentenverlauf enthaltene Maximalfrequenz $f_{max}$ unter Berücksichtigung des Abtasttheorems die kleinstmögliche Abtastfrequenz $f_{T,min}$, bei der kein Aliasing[12] auftritt.

$$f_{T,min} > 2 \cdot f_{max} \tag{5.93}$$

In Abhängigkeit der Abtastfrequenz lässt sich nun auf die, zur Verfügung stehende Anzahl interner Maschinenzyklen für die Berechnung des zu implementierenden Algorithmus, innerhalb eines Iterationsschrittes, schließen. In diesem Zusammenhang bedeutet die Eigenschaft der Echtzeitfähigkeit, dass für die Ausführung eines Iterationsschrittes ein Zeitintervall angegeben werden kann, nach welchem das Rekonstruktionsergebnis garantiert zur Verfügung steht. Im konkreten Fall wird dieses Zeitlimit durch die geforderte zeitliche Auflösung des Signals nach oben hin beschränkt. Unter der Annahme, dass die Abtastfrequenz $f_T$ gleich der Rekonstruktionsfrequenz ist, gilt somit, dass die Rechenzeit des Algorithmus kleiner der Abtastzeit $T$ sein muss. Da der Schätzalgorithmus ohne Interrupt-Eingriffe implementiert wurde, genügt der Nachweis, dass die maximale Rechenzeit die Abtastzeit in jedem Betriebspunkt unterschreitet, um dessen Echtzeitfähigkeit zu bestätigen.

---
[11] Mit Hilfe des zweiten Drehzahlsensors wird die sekundäre Drehzahl des ZMS erfasst.
[12] Treten bei der Abtastung eines tiefpassbegrenzten Signals aufgrund der periodischen Wiederholungen im Frequenzbereich Überlappungen auf, so spricht man von Aliasing [62]

## Ergebnisse der Rechenzeiterfassung

Aus dem in Abbildung 5.40 gezeigten Frequenzspektrum eines zur Modellvalidierung verwendeten Momentenverlaufs geht hervor, dass sich das zu schätzende Signal im Wesentlichen auf einen Frequenzbereich von 0 bis 1000 Hz beschränkt. Der Momentenverlauf wurde dabei anhand der Simulation eines 2,0 Liter Vier-Zylinder-Dieselmotors in einem Drehzahlbereich von 0 bis 3300 U/min$^{-1}$ aufgezeichnet. Es kann somit angenommen werden, dass auch für Motor mit höherer Zylinderzahl bei höheren Drehzahlen eine Maximalfrequenz von 5000 Hz innerhalb des Spektrums des Momentenverlaufs nicht in bedeutendem Maße überschritten wird. Die Zündfrequenz eines 12-Zylinder Viertakt-Motors liegt bei 9000 U/min bei 900 Hz. Dies erlaubt die Annahme, dass gemäß des Abtasttheorems eine Abtastfrequenz von 10 kHz ausreicht, um den Momentenverlauf mit ausreichender Genauigkeit im Zeitbereich zu rekonstruieren.

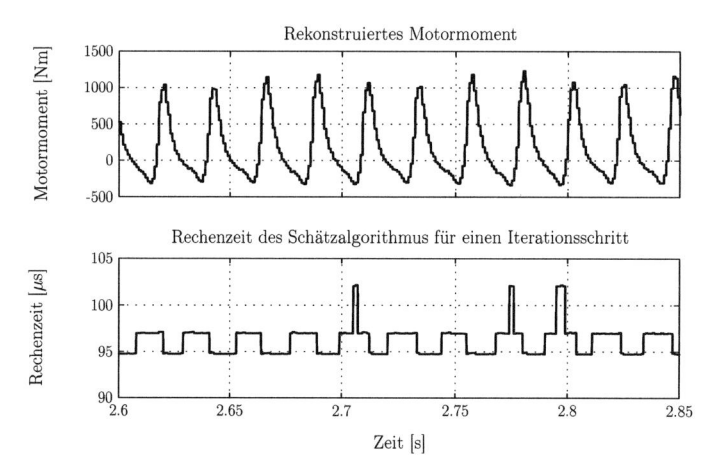

**Abbildung 5.41:** Rechenzeitanalyse des Neuro-Fuzzy-Schätzmodells mit 10 aktiven LLM

Abbildung 5.41 zeigt den rekonstruierten Momentenverlauf des, auf dem vorgestellten DSP implementierten Schätzalgorithmus, inklusive der benötigten Rechenzeiten. Dabei kommt ein diskretisiertes Neuro-Fuzzy-Modell zum Einsatz, welches zehn LLM zur Errechnung des Schätzergebnisses aufweist. Der Algorithmus wurde in diesem Fall dazu veranlasst, in jedem Rekonstruktionsschritt alle lokalen, linearen Modelle in die Berechnung mit einzubeziehen, selbst wenn sie keinen Schätzbeitrag zu dem Gesamtergebnis leisten. Der dargestellte Rechenzeitverlauf lässt erkennen, dass bei Verwendung zehn aktiver LLM eine Rechenzeit von 100 $\mu s$ pro Iterationsschritt nicht nennenswert überschritten wird. Deaktiviert man nun jene Modelle, die keinen Beitrag zur aktuellen Schätzung leisten, ergibt sich der in Abbildung 5.42 gezeigte Verlauf der Rechenzeiten. Man

## 5.8 Hardwareimplementierung

erkennt, dass sich die, für einen Iterationsschritt benötigte Rechenzeit auf etwa 45 $\mu s$ reduziert. Geht man von einer geforderten Abtastfrequenz von 10 kHz aus, so ist eine maximale Berechnungsdauer von 100 $\mu s$ zulässig. Die in den Abbildungen 5.41 und 5.42 erkennbaren Spitzen der Rechenzeit sind eine Folge der im Zuge der Implementierung gewählten Fließkomma-Arithmetik. Da es sich bei dem DSP XC 56309 um einen Festkomma-Prozessor handelt, musste diese Fließkomma-Arithmetik mittels Software emuliert werden. Um eine möglichst hohe Rechenzeiteffizienz zu erreichen, arbeitet diese Fließkomma-Emulation mit einer dynamischen Multiplikations- und Additionseinheit, die es ermöglicht, in Abhängigkeit der benötigten binären Stellen zur Einhaltung der geforderten Genauigkeit, die Anzahl der notwendigen Rechenoperationen zu variieren.

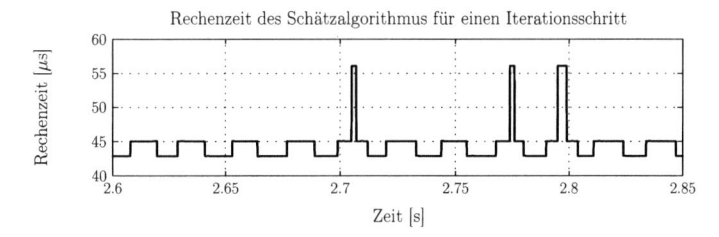

**Abbildung 5.42:** Rechenzeitanalyse bei angewendeter Modelldeaktivierung

Es wird dadurch deutlich, dass der Algorithmus unter Verwendung der dynamischen Modellaktivierung auf dem verwendeten DSP XC56309 echtzeitfähig ist und mit etwa 40 $\mu s$ ausreichend Spielraum für eine ebenfalls echtzeitfähige Datenübertragung sowie Overhead mitbringt. Dabei stellt der DSP XC56309 der Firma Freescale derzeit einen der günstigsten digitalen Signalprozessoren dar, welche auf dem derzeitigen Markt verfügbar sind.

# 6 Motormanagement

Als Motormanagement werden jene Diagnose-, Steuerungs- und Regelungsaufgaben bezeichnet, welche die Funktionalität des Motors hinsichtlich Effizienz, Umweltverhalten, Dynamik und Komfort während des Betriebs im Fahrzeug überwachen bzw. gezielte Stelleingriffe zu deren Optimierung generieren. Durch die Integration des Zweimassenschwungrads in den Kfz-Antriebsstrang wird, aufgrund des stark nichtlinearen Verhaltens, die Komplexität der Strecke deutlich erhöht. Durch die Fähigkeit des ZMS, temporär Energie speichern zu können, kann es zu schnellveränderlichen Rückmomenten an der Kurbelwelle kommen. Konventionelle Motormanagementsysteme setzen für viele Anwendungen ein konstantes Lastmoment an der Kurbelwelle voraus. Damit auch für verschärfte, zukünftige Diagnose-, Steuerungs- und Regelungsaufgaben bei Fahrzeugen mit ZMS eine hohe Zuverlässigkeit in sämtlichen Arbeitsbereichen gewährleistet werden kann, bedarf es der Modifizierung aktueller bzw. der Entwicklung neuer, verbesserter Systeme, welche den schnellveränderlichen Lastmomenten der Kurbelwelle Rechnung tragen. Im Rahmen dieser Arbeit werden hierzu Ansätze bezüglich der Leerlaufregelung (LLR), der Zylindergleichstellung (ZAR), der Antriebsstrangregelung (ARR) sowie der Analyse des Verbrennungsprozesses vorgestellt und mit konventionellen Ansätzen verglichen. Um den Abstraktionsgrad zu beschränken wurde hierbei analog zu Abschnitt 2.4.2 der Verbrennungsmotor, das Steuergerät sowie die vermittelnde Aktorik als Funktionseinheit zusammengefasst. Dies erlaubt eine Reduzierung der möglichen Stelleingriffe auf eine überschaubare Anzahl. In Anlehnung an gängige Steuergerätekonzepte aktueller Generationen wurde hierzu das statische Motormoment als zentrale Stellgröße definiert. Die Stelleingriffe erfolgen somit auf Basis einer Momentenbilanz. Das Steuergerät setzt sämtliche Einzelstellmomente zu einem Gesamtstellmoment zusammen und errechnet im Anschluss, anhand von Kennfeldern, unter Berücksichtigung des aktuellen Motorzustandes, die spezifischen Stellgrößen (z.B. Drosselklappenstellung, Einspritzzeitpunkt, Einspritzmenge, Abgasrückführung, etc.). Sollten die reduzierten Stellgrößen nicht ausreichend sein, um das System in den gewünschten Zustand zu überführen, so sind weitere Stellgrößen hinzuzufügen. Die hardwareseitige Implementierung der Algorithmen des Motormanagements werden in die Steuergeräte des Verbrennungsmotors integriert.

## 6.1 Leeraufregelung

Als *Leerlauf* (LL) des Motors wird jener Zustand bezeichnet, indem das Fahrerwunschmoment $M_{FW}$ bei gleichzeitiger Betätigung der Kupplung keinen Beitrag aufweist. Damit der Motor bei Unterschreiten einer kritischen Drehzahl $n_{LL,soll}$ nicht zunehmend langsamer wird und schließlich zum Stillstand kommt, muss ein Leerlaufmoment $M_{LL}$ generiert werden, welches den parasitären Reibmomenten $M_{Reib}$ entgegenwirkt. Die kritische Drehzahl ist dabei nicht konstant, sondern hängt vom aktuellen Betriebszustand des Verbrennungsmotors ab. Während ein heißer Motor, bei warmer Umgebungstemperatur, mit einer Leerlaufdrehzahl von z.b. 600 bis 800 U/min auskommt, um genügend Drehmoment, im Falle eines schnellen Einkuppel-Vorgangs des Fahrers, generieren zu können, bedarf es bei einem identischen, jedoch kalten Motors im Winter, einer entsprechend höheren Leerlaufdrehzahl von z.B. 1000 bis 1400 U/min. Um den Kraftstoffverbrauch und somit den Kohlendioxidausstoß zu reduzieren, wird eine möglichst geringe Leerlaufdrehzahl angestrebt. Daher ist diese, während des Warmlaufprozesses des Motors, stetig auf ein möglichst niedriges Niveau anzupassen.

### 6.1.1 Aufgabe der Leerlaufregelung

Der Leerlaufregelung (LLR) liegen somit im Wesentlichen zwei wichtige Aufgaben zu Grunde. Zum einen soll die Drehzahl des Verbrennungsmotors bei Ausbleiben eines Fahrerwunschmoments nicht unter einen bestimmten Wert $n_{LL,soll}$ im Leerlauf fallen, da dies zum Stillstand des Motors und somit einer kritischen Fahrsituation führen könnte. Zum Anderen sollen kurbelwellenseitige Lastsprünge möglichst gut abgefangen werden, um die dadurch entstehenden Änderungen der Leerlaufdrehzahl auszugleichen. Mögliche Ursachen für primär wirkende Lastsprünge stellen z.B. starke, elektrische Verbraucher, Kompressoren von Klimaanlagen sowie Servolenkungen dar. Durch eine starke, sprunghafte Erhöhung des Motormoments werden die Kurbelwelle sowie das ZMS zu Drehschwingungen angeregt. Bei der Überführung der aktuellen Motor- zur Leerlaufdrehzahl ist darauf zu achten, dass möglichst keine Schwingungen im System angeregt werden. Deshalb ist für den Entwurf eines robusten und zuverlässigen Ansatzes zur Stabilisierung der Leerlaufdrehzahl, mit zügigem Lastwechselausgleich bei geringem Überschwingen, die Systemdynamik des ZMS entsprechend zu berücksichtigen.

### 6.1.2 Konventionelle Ansätze

Ein simpler, derzeit in der Praxis weit verbreiteter Ansatz stellt die Leerlaufregelung mittels eines einfachen, standardmäßigen PID-Reglers dar [63]. Abbildung 6.1 zeigt die prinzipielle Struktur eines konventionellen PI-Leerlaufreglers. Der D-Anteil wurde hierbei zu Null gewählt.

## 6.1 Leeraufregelung

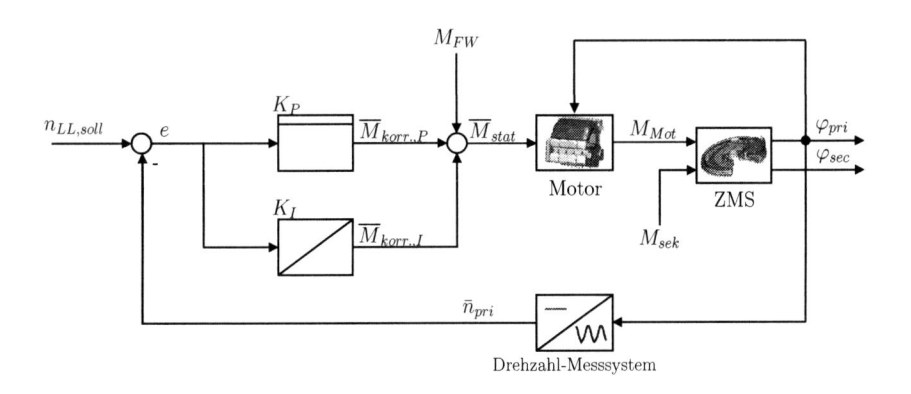

**Abbildung 6.1:** Prinzipielle Struktur einer konventionellen PI-Leerlaufregelung

Durch das Drehzahl-Messsystem wird die primäre ZMS-Drehzahl erfasst, und über ein fest definiertes Winkelsegment $\Delta\varphi_n$ der Kurbelwelle gemittelt. Bei inkrementellen Drehzahlsensoren ergibt sich das Winkelsegment aus einer festen Anzahl $N_{DMS}$ von Einzelinkrementen $\Delta\varphi_n = N_{DMS} \cdot \Delta\varphi_Z$. In der Praxis wird dabei häufig über eine halbe Kurbelwellenumdrehung ($\Delta\varphi_n = 180°$) gemittelt. Aufgrund dieser Mittelung ergibt sich eine Totzeit $\tau_{t,DMS}$ im geschlossenen Regelkreis. Der Verbrennungsmotor als Stellglied lässt eine Intervention in Form einer Freisetzung eines Antriebsmoments nur zu festen Zeitpunkten im Rahmen der Arbeitsspiele (Abschnitt 2.1.2) zu. D.h. die Änderung des Motormoments kann nur zu bestimmten Zeitpunkten erfolgen. Nachdem der Einspritzvorgang beendet ist kann, in der Regel, kein weiterer Einfluss auf das implizierte Motormoment genommen werden. Die Totzeit des Regelkreises erhöht sich somit zusätzlich. Um den Einfluss der Totzeit des Systems zur Gemisch- bzw. Frischluftzufuhr zu reduzieren wird in [63] ein Verfahren vorgestellt, welches der Luftmassendynamik im Ansaugkrümmer Rechnung trägt.

Einfache PI-Regler weisen einen entscheidenden Nachteil bei der Leerlaufregelung auf. Tritt an der Kurbelwelle ein starker Lastsprung auf, so bewirkt dies zunächst einen ausgeprägten Abfall der Motordrehzahl. Um die Drehzahl im Leerlauf zu stabilisieren und dem Lastsprung ausreichend schnell entgegen zu wirken bedarf es eines entsprechend hohen Proportional-Anteils[1]. Wählt man den P-Anteil sehr groß, so reagiert der Regler selbst auf geringe Abweichungen der Istdrehzahl $\bar{n}_{pri}$ bezüglich der Sollleerlaufdrehzahl $n_{LL,soll}$ mit einem starken Stelleingriff. Geringe Schwankungen der Motordrehzahl begründen ihre Ursache z.B. in einer unterschiedlichen Zylindercharakteristik, Kraftstoffqualität, etc. Dies kann, aufgrund

---

[1] Über den P-Anteil lässt sich die Schnelligkeit eines PID-Reglers bezüglich der Kompensation von Störungen sowie dem Folgen einer Führungsgröße einstellen.

der totzeitbehafteten Streckendynamik des Verbrennungsmotors, zu künstlich angeregten, niederfrequenten Drehzahlschwingungen führen. Speziell bei Fahrzeugen mit ZMS tritt dieser Effekt durch dessen, näherungsweise als Verzögerungsglied zweiter Ordnung zu interpretierende Streckencharakteristik, verstärkt auf. Um diesem Phänomen zu entgegnen, bedient man sich in der Praxis [56] häufig PI-LL-Reglern mit variablen proportionalen sowie integrierenden Verstärkungsfaktoren $K_P$ bzw. $K_I$. Dadurch lässt sich die konventionelle PI-Struktur erhalten, ein Neuentwurf des LL-Reglerkonzepts entfällt. Zur Reduktion der niederfrequenten Schwingungen lässt sich z.B. der proportionale Verstärkungsfaktor in Abhängigkeit der Regeldifferenz $e = n_{LL,soll} - \bar{n}_{pri}$ variieren (Abbildung 6.2).

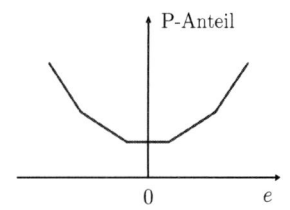

**Abbildung 6.2:** Variabler, proportionaler Verstärkungsfaktor eines konventionellen PI-LL-Reglers

Dadurch wird ein geringer P-Anteil für kleine Abweichungen $e$ sowie ein entsprechend größerer für starke realisiert. Es hat sich dabei im Rahmen mehrerer Versuchsreihen gezeigt, dass vor allem der Proportional-Anteil des Reglers für die Entstehung niederfrequenter Schwingungen im geschlossenen Kreis verantwortlich ist. Mit Hilfe der Variation der Reglerverstärkungen lässt sich eine deutliche Verbesserung gegenüber Konzepten mit konstanten Werten erzielen. Es ist jedoch nicht möglich, mit Hilfe dieses Verfahrens für eine beliebige Konfiguration von Motor, ZMS und Messwerterfassung Kennfelder für $K_I$ bzw. $K_P$ zu bestimmen, welche ein Auftreten niederfrequenter Schwingungen gänzlich ausschließt. Um die Funktionalität der Leerlaufregelung hinsichtlich dieses Phänomens über die gesamte Betriebsdauer des Fahrzeugs zu gewährleisten, bedarf es einer vorausgehenden, ausführlichen simulativen Betrachtung anhand von Variationsrechnungen. Sollte es nicht möglich sein, eine Konfiguration der Verstärkungsfaktoren festzulegen, bei welcher keine oder nur sehr geringe, im tolerierbaren Bereich befindlichen Drehschwingungen zu beobachten sind und zusätzlich ein adäquates Lastwechselverhalten erreicht wird, so bedeutet dies oftmals eine, mit teuren Entwicklungskosten[2] verbundene Modifikation des Motors bzw. des ZMS.

---

[2] Das Redesign des Motors bzw. des ZMS ist mit hohen Entwicklungskosten aufgrund konstruktionstechnischer Änderungen einhergehend mit Simulationsrechungen und Prototypenbau verbunden.

## 6.1.3 Subharmonische Schwingungen

Die im vorangegangenen Abschnitt phänomenologisch vorgestellten, niederfrequenten Schwingungen des geschlossenen Leerlauf-Regelkreises, werden im Rahmen dieser Arbeit als *subharmonische Schwingungen* (SHS) bezeichnet. In diesem Zusammenhang bedeutet *subharmonisch*, dass die Grundfrequenz dieser Schwingungen $f_{SHS}$ einen Bruchteil der Zündfrequenz des Motors $f_{Zünd}$ beträgt. Die absolute Frequenz der SHS hingegen, ist stets von der Drehzahl $n$ des Motors abhängig. Eine gängige Beschreibungsform zur Erfassung subharmonischer Schwingungen stellt der Begriff der *Ordnung* dar. Die Ordnung einer Schwingung beschreibt das Verhältnis deren Frequenz in Bezug auf die Motorfrequenz als Referenz.

$$\text{Ordnung}_{\text{SHS}} = \frac{f_{SHS}}{f_{Zünd}} \qquad (6.1)$$

Abbildung 6.3 veranschaulicht diesen Zusammenhang anhand der Motor-, Zünd- und Nockenwellenfrequenz eines Viertakt-Vierzylindermotors.

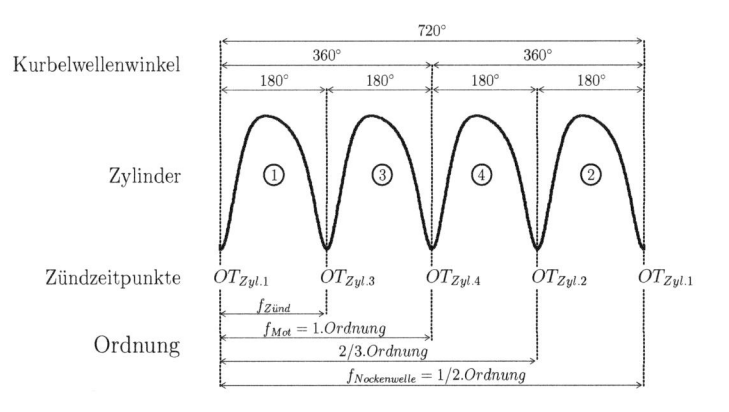

**Abbildung 6.3:** Ordnung verschiedener Frequenzen eines Vierzylinder-Viertaktmotors

Subharmonische Schwingungen lassen sich im Leerlauffall durch eine plötzliche Änderung des kurbelwellenseitigen bzw. sekundärseitigen[3] Lastmoments anregen. Kurbelwellenseitige Laständerungen sind dabei auf die Zu- bzw. Abschaltung von Nebenaggregaten des Motors rückzuführen. Sekundärseitige Lastmomente werden durch eine Betätigung des Kupplungspedals (Abschnitt 4.3) generiert. Abbildung 6.4 zeigt einen Ausschnitt der Motordrehzahl bei sprunghaftem Zuschalten einer primärseitig wirkenden Last von 15 Nm bei t=7s. Der im

---
[3] sekundärseitig bezüglich dem ZMS

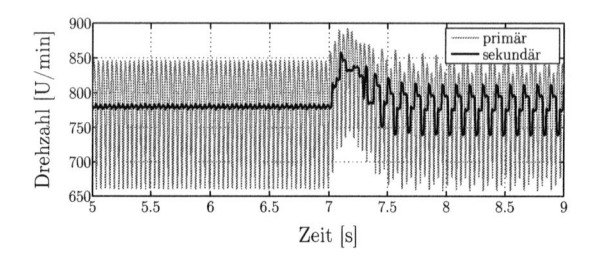

**Abbildung 6.4:** Primäre- bzw. sekundäre ZMS-Drehzahl bei primärseitig wirkendem Lastsprung

vorherigen Abschnitt 6.1.2 vorgestellte, konventionelle PI-LLR weist dabei ein ordentliches Lastwechselverhalten durch eine zügige Rückführung der mittleren Drehzahl auf. Allerdings sind nach Rückführung der Drehzahl starke SHS zu beobachten, welche sich, bezüglich Amplitude und Phasenlage, während des gesamten Intervalls, indem die primäre Laständerung wirksam ist, beständig zeigen. In Abbildung 6.5 sind die zugehörigen Frequenzspektren[4] dargestellt.

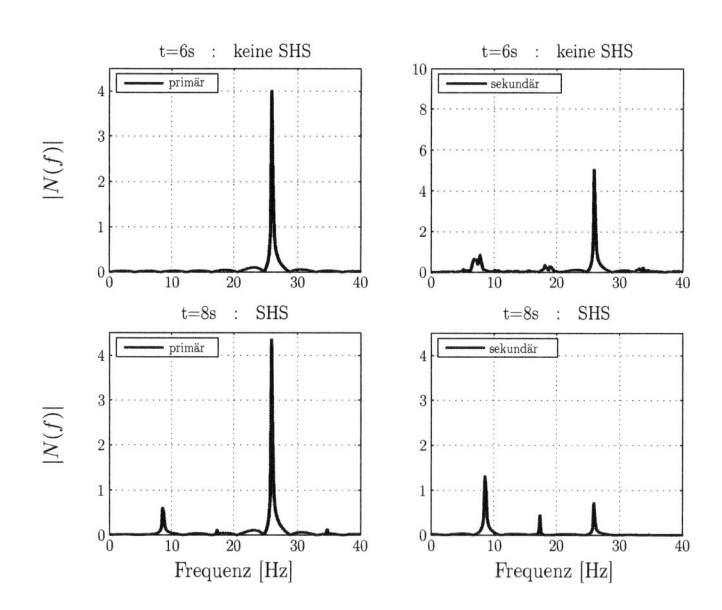

**Abbildung 6.5:** Frequenzspektren der primären und sekundären Drehzahlen vor bzw. nach dem Lastsprung

---

[4]Hierbei wurde der Offset bei $f = 0$ aus Gründen der Übersichtlichkeit außer Acht gelassen

## 6.1 Leeraufregelung

Selbst eine kurze, sekundärseitig wirkende Anregung des Systems kann zu einer ausgeprägten, beständigen subharmonischen Drehschwingung führen, welche erst nach einer erneuten Änderung der aktuellen Lastmomente wieder abklingt. Es drängt sich in diesem Zusammenhang die Annahme auf, dass SHS lediglich durch die Präsenz des ZMS eine Grundlage ihrer Existenz finden. Diese Vermutung wurde anhand der Anwendung der sog. Harmonischen Balance [38] detailliert untersucht [143].

**Analyse subharmonischer Schwingungen mit Hilfe der Harmonischen Balance**

Die Harmonische Balance stellt ein Verfahren zur Untersuchung bzw. des Nachweises von Grenzzyklen in geschlossenen, nichtlinearen Regelkreisen dar. Dabei werden die Übertragungsglieder in zwei Kategorien aufgeteilt und zu einer gemeinsamen linearen Übertragungsfunktion $L(s)$ bzw. einer nichtlinearen Beschreibungsfunktion $N(\alpha)$ zusammengefasst. Dies setzt allerdings voraus, dass sich die einzelnen Übertragungsglieder, bezüglich ihrer Position im Regelkreis, entsprechend vertauschen lassen. Die einzelnen Übertragungsglieder des nichtlinearen LL-Regelkreises ergeben sich im konkreten Fall zu:

- **Motor:** In Anlehnung an Abschnitt 2.3.1 lässt sich das stationäre Verhalten des Verbrennungsmotors näherungsweise durch ein totzeitbehaftetes Verzögerungsglied erster Ordnung beschreiben:

$$G_{Mot} = \frac{K_{V,Mot}}{1 + \tau_{V,Mot} s} \cdot e^{-s\tau_{t,Mot}} \tag{6.2}$$

- **ZMS:** Aufgrund des ZMS-Freiwinkels sowie des anschließend näherungsweise linear verlaufenden Bogenfedermoments (Abbildung 3.11) lässt sich die Bogenfedercharakteristik im Leerlauf stark vereinfacht als eine *Lose* (Abbildung 6.6) beschreiben. Der Vorteil dieser Beschreibungsform liegt in der Existenz einer analytisch geschlossenen Beschreibungsfunktion [38]:

$$N_L(\alpha) = \frac{1}{2} + \frac{1}{\pi}\left[\arcsin\alpha + \alpha\sqrt{1-\alpha^2}\right] - j\frac{1}{\pi}\left(1-\alpha^2\right)$$
$$\text{mit:} \quad \alpha = 1 - \frac{2\Delta\varphi_{FW}}{A}; \quad -1 < \alpha < 1 \tag{6.3}$$

Die Übertragungsfunktion des gesamten ZMS im Leerlauf lässt sich durch die Kombination einer Losen sowie der Berücksichtigung der Trägheitsmasse $\theta_{ZMS} = \theta_{pri} + \theta_{sec} = $ konst. in grober Näherung angeben [143].

- **Messwerterfassung:** Die resultierende mittlere Motordrehzahl $n_{pri}$ ergibt sich über einem Winkelsegment $\Delta\varphi_n$. Die Ausgabe des Mittelwertes der Drehzahl ist daher totzeitbehaftet.

$$G_{DMS} = e^{-sT_{t,DMS}} \tag{6.4}$$

- **LLR:** Anhand umfassender Variationsrechnungen mit unterschiedlichen Motor- und ZMS-Konfigurationen sowie PI-LLR-Kennfeldern hat sich gezeigt, dass hauptsächlich der Proportortional-Anteil der konventionellen PI-Regelkreisstruktur die Auftrittswahrscheinlichkeit der subharmonischen Schwingungen beeinflusst. Bei einer Änderung des I-Anteils war im Vergleich hierzu kein nennenswerter Unterschied zu erkennen. Deshalb wurde im Rahmen der Analyse der SSH lediglich die Variation des P-Anteils $K_P$ der PI-LLR untersucht.

Fasst man diese stark vereinfachten Übertragungs- bzw. Beschreibungsfunktionen des LL-Regelkreises zusammen, so ergibt sich folgende Struktur:

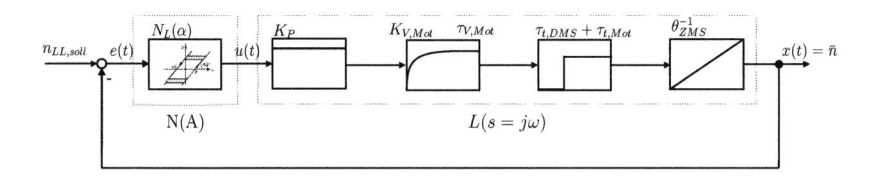

**Abbildung 6.6:** Struktur des stark vereinfachten LL-Regelkreises mit ZMS

Da mit Hilfe der Harmonischen Balance die Dauerschwingungen (Grenzzyklen) des nichtlinearen Regelkreises untersucht werden sollen, wird angenommen, dass $x(t)$, $u(t)$ und $e(t) = -x(t)$ periodische Funktionen darstellen. Der Arbeitspunkt der Dauerschwingung $n_{LL,soll}$ wird ohne Beschränkung der Allgemeinheit zu Null gewählt. Im Fall einer Dauerschwingung gilt somit nach [38] folgende Beziehung:

$$[L(j\omega)N(A) + 1]\,e \stackrel{!}{=} 0 \tag{6.5}$$

Diese Beziehung wird als charakteristische Gleichung der Harmonischen Balance bezeichnet. Da der Zusammenhang für alle $t$ der anhaltenden Dauerschwingung gelten muss, folgt hieraus:

$$L(j\omega) = -\frac{1}{N(A)} =: N_J(A) \tag{6.6}$$

$N_J(A)$ wird hierbei als nichtlineare Ortskurve bezeichnet. Trägt man die Ortskurve $L(j\omega)$ des linearen Systemanteils zusammen mit der nichtlinearen Ortskurve

## 6.1 Leeraufregelung

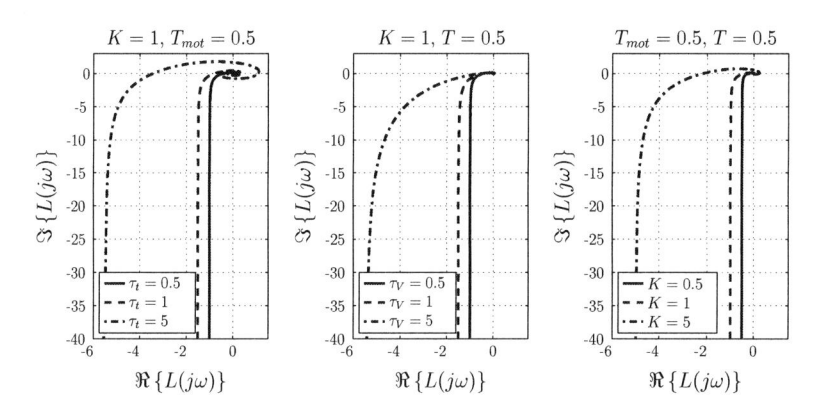

**Abbildung 6.7:** Ortskurven des vereinfachten linearen LLR-Systems bei Variation der Parameter

in einem Diagramm auf, so entsprechen die Schnittpunkte beider Kurven genau jenen Arbeitspunkten, welche sich durch die Existenz von Grenzzyklen im nichtlinearen Regelkreis auszeichnen. Anhand des Schnittpunktes ergeben sich dabei die Amplitude $A$ sowie die Frequenz $\omega$ der Dauerschwingung. Neben der Überprüfung der Existenz von Grenzzyklen lässt sich anhand der Betrachtung beider Ortskurven zusätzlich eine Aussage über die Stabilität der Dauerschwingung treffen[5]. Eine Dauerschwingung wird dabei als stabiler Grenzzyklus bezeichnet, falls die nichtlineare Ortskurve mit ansteigender Amplitude $A$ die lineare Ortskurve von rechts nach links schneidet. In diesem Fall bleibt die Dauerschwingung bezüglich ihrer Amplitude und Frequenz beständig. Im umgekehrten Fall handelt es sich um eine instabile Grenzschwingung, welche entweder asymptotisch abklingt, oder, im Falle eines instabilen Systems über alle Grenzen hinaus anwächst.

Im konkreten Fall der LLR ergibt sich die lineare Ortskurve vereinfacht zu:

$$L(j\omega) = \frac{K}{j\omega(1+j\omega\tau_V)} \cdot e^{-j\omega\tau_t} \tag{6.7}$$

wobei

$$K = \frac{K_P \cdot K_{V,Mot}}{\theta_{ZMS}}, \quad \tau_t = \tau_{t,Mot} + \tau_{t,DMS} \quad \text{und} \quad \tau_V = \tau_{V,Mot} \tag{6.8}$$

Abbildung 6.7 zeigt verschiedene lineare Ortskurven gemäß (6.7) bei Variation unterschiedlicher Parameter. Die nichtlineare Ortskurve hingegen ergibt sich lediglich aus der Beschreibungsfunktion der Losen (6.3). Für $A \to +\infty$ bzw. $\alpha \to 1$ strebt die nichtlineare Ortskurve $N_J(A)$ stets gegen -1 und für $A \to \Delta\varphi_{FW}$ bzw.

---
[5]In Analogie zum Nyquist-Kriterium für den Fall eines linearen Systems [38]

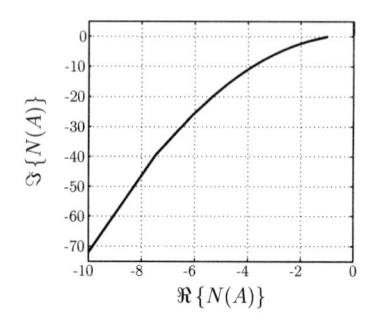

**Abbildung 6.8:** Nichtlineare Ortskurve $N_J(A)$ des vereinfachten LLR-Systems bei Variation des Parameters $A$

$\alpha \to -1$ strebt der Real- sowie der Imaginärteil der nichtlinearen Ortskurve gegen $-\infty$. Die Lage der Punkte der nichtlinearen Ortskurve sind durch $\alpha$ bestimmt. Bei einer Modifikation des Freiwinkels $\varphi_{FW}$ ändert sich der Verlauf der nichtlinearen Ortskurve (Abbildung 6.8) daher nicht.
Trägt man nun sowohl die lineare als nichtlineare Ortskurve in ein Diagramm ein (Abbildung 6.9), so ergeben sich hierbei drei mögliche Fälle von Schnittmengen. Mit $L_i$ werden dabei lineare Ortskurven unterschiedlicher Parameter indiziert.

1. Es existiert kein Schnittpunkt zwischen linearer und nichtlinearer Ortskurve. D.h. es treten keine Dauerschwingungen im gesamten Arbeitsbereich des Reglers auf (Abbildung 6.9: $L1$).

2. Es existieren genau zwei Schnittpunkte. Dabei handelt es sich um einen stabilen, bzw. einen instabilen Arbeitspunkt. D.h. innerhalb dieser Konfiguration können beständige Dauerschwingungen im geschlossenen Regelkreis auftreten (Abbildung 6.9: $L2$).

3. Es existiert genau ein Schnittpunkt. Es handelt sich hierbei um einen instabilen Arbeitspunkt, d.h. der Regelkreis kann gegebenenfalls instabil werden (Abbildung 6.9: $L3$).

Es ist hierbei erkennbar, dass selbst durch ein sehr stark vereinfachtes Modell des nichtlinearen Regelkreises die Existenz von SHS nachgewiesen werden kann. Anhand von Abbildung 6.7 wird deutlich, dass durch eine Erhöhung der Streckenverstärkung $K$ und somit durch die Erhöhung des P-Anteils des LLR die Auftrittswahrscheinlichkeit für die Existenz von SHS ansteigt. Die Annahme, welche sich anhand mehrerer Simulationsrechnungen hinsichtlich dieser Beobachtung ergab, lässt sich somit durch analytische Berechnung bestätigen. Des Weiteren trägt

## 6.1 Leeraufregelung

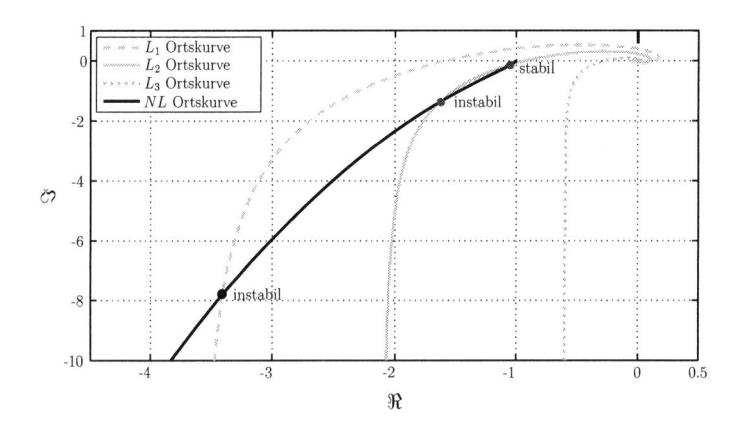

**Abbildung 6.9:** Diagramm mit linearer und nichtlinearer Ortskurve

eine Erhöhung der Systemtotzeit $\tau_t$ ebenfalls zu einer Erhöhung der Auftrittswahrscheinlichkeit der SHS bei. Auch diese Aussage war zuvor anhand mehrerer Simulationsrechnungen bei Variation verschiedener Reglerparameter beobachtet worden. Zusammenfassend lässt sich festhalten, dass es bei entsprechender Konfiguration der Streckenparameter im nichtlinearen LL-Regelkreis zu Grenzzyklen bzw. Dauerschwingungen kommen kann, welche sich schließlich als niederfrequente Schwingungen der Motordrehzahl (SHS), zu erkennen geben.

### 6.1.4 Modifizierter PI-Leerlaufregler

Im vorherigen Abschnitt wurde verdeutlicht, dass die Existenz subharmonischer Schwingungen durch die Variation der Streckenparameter und somit in eingeschränktem Maße durch die Parametrierung der Regeleinrichtung beeinflussbar ist. Um subharmonische Schwingungen zu vermeiden, sollte sowohl die Streckenverstärkung $K$ als auch die Totzeit des Systems $\tau_t$ möglichst klein gewählt werden. Eine Änderung der Verzögerungszeit $\tau_V$ gestaltet sich schwierig, da dies, angesichts deren Zusammensetzung, (Abschnitt 2.3.1) nur durch eine generelle, konstruktive Modifikation[6] des Verbrennungsmotors möglich ist. Die Streckenverstärkung $K$ lässt sich, infolge von (6.8), durch eine Verringerung der Motorverstärkung, des P-Anteils des LLR sowie durch eine Erhöhung der Massenträgheit des ZMS erzielen. Eine Änderung der Motorverstärkung $K_{V,Mot}$ erfordert einen weitreichenden Eingriff in das Motorkonzept, welcher wiederum mit hohen Kosten, aufgrund zusätzlich anfallender Simulationsrechnungen sowie der Erstellung von Prototypen, verbunden ist. Die Erhöhung der Massenträgheit $\theta_{ZMS}$ des ZMS

---
[6]z.B. einer Erhöhung der Zylinderanzahl $N_{zyl}$

ist einhergehend mit einem höheren Kraftstoffverbrauch und somit einem verstärkten Ausstoß an Kohlendioxid. Zusätzlich schränkt eine erhöhte Trägheitsmasse des Motors dessen Fähigkeit zur schnellen Drehzahlsteigerung ein. Das Fahrzeugkonzept verliert dadurch an Agilität. Die Reduzierung des P-Anteils $K_P$ ist ebenfalls nur in eingeschränktem Maße sinnvoll, da der PI-LLR dadurch, wie bereits in Abschnitt 6.1.2 beschrieben, ein deutlich verschlechtertes Lastwechselverhalten aufweist. Durch die Darstellung dieser Punkte wird erkennbar, dass für die Reduzierung der Streckenverstärkung $K$ sowohl wirtschaftliche, als auch technische Aspekte hinsichtlich der Sicherheit sowie des Fahrkomforts, eine untere Schranke bilden, welche keine darüber hinausgehende Absenkung dieses Wertes erlauben.

Eine Möglichkeit zur Verbesserung bestehender konventioneller PI-LLR besteht daher in der Reduzierung der Totzeit $\tau_t$ des Systems. Gemäß (6.8) setzt sich die Totzeit des Systems aus der derselbigen des Verbrennungsmotors $\tau_{t,Mot}$ sowie des Messsystems $\tau_{t,DMS}$ zur Erfassung und Mittelung der Motordrehzahl zusammen. Während sich die Änderung der Motortotzeit in Analogie zur Motorverstärkung nicht ohne zusätzliche, intensive Modifikationen des Motorkonzeptes realisieren lässt, kann die Totzeit des Drehzahlmesssystems durch einfache Maßnahmen deutlich reduziert werden. Gängige Systeme zur Messwerterfassung bestimmen den Mittelwert der Drehzahl über ein definiertes Winkelsegment (z.B. eine halbe Kurbelwellenumdrehung). Dieser Mittelwert steht dem Motormanagement jedoch erst nach dessen Berechnung zur Verfügung. Jüngste Veränderungen der Motordrehzahl gehen nicht bzw. nur sehr schwach in den Mittelwert ein. Das Steuergerät errechnet nun anhand dieses Mittelwertes die Stelleingriffe für den Arbeitstakt des nachfolgenden Zylinders. Während dieser Berechnungszeit kann sich die Drehzahl des Motors weiter verändern, die Totzeit des Regelkreises erhöht sich. Nachdem die Stellgrößen berechnet wurden, verstreicht erneut eine zusätzliche Totzeit, bis das Moment tatsächlich durch die Verbrennung des Kraftstoffes generiert wird. Diese Totzeiten gilt es so weit wie möglich zu reduzieren.

Eine einfache Methode zur Reduzierung der Totzeit ist die Verwendung der Zahn-zu-Zahn Drehzahl an Stelle der, über ein größeres Kurbelwellensegment gemittelten Drehzahl [143]. Diese Drehzahl kann mit Hilfe der Periodendauermessung (Abschnitt 2.5.1) generiert werden. Der Vorteil dieses Verfahrens liegt in dem aktuellen Drehzahlwert, welcher zeitnah vor Beginn der Berechnung der Stellgrößen des nächsten Arbeitstaktes, zur Verfügung steht. Abbildung 6.10 zeigt einen Vergleich des konventionellen PI-LLR, dessen Drehzahl über ein Winkelsegment von 180° gemittelt wird sowie der identischen Reglerstruktur, deren Regeldifferenz $e$ auf Basis eines, durch die Periodendauermessung generierten Drehzahlsignals gebildet wird. Während der konventionelle PI-LLR, nach dem sprungförmigen Abschalten einer primärseitig wirkenden Last von 15 Nm, starke SHS aufweist, zeigt

## 6.1 Leeraufregelung

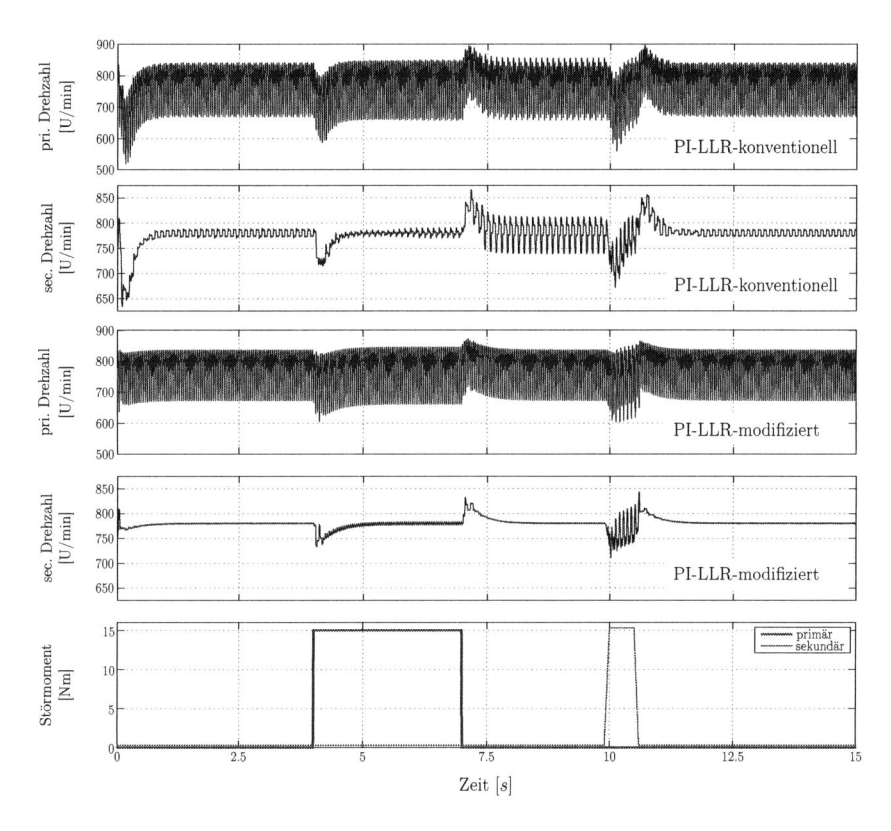

**Abbildung 6.10:** Validierung des modifizierten PI-Leerlaufreglers mit Periodendauermessung der Drehzahlen

der modifizierte Ansatz ein zügiges Ausregeln ohne nennenswerte Dauerschwingungen auf. Die Auswirkungen dieser geringfügigen Modifikation hinsichtlich der Auftrittswahrscheinlichkeit von SHS wurde anhand zahlreicher Simulationsreihen untersucht. Dabei wurden hauptsächlich Motor-ZMS-LLR-Konfigurationen untersucht, welche sich bisher durch ausgeprägte SHS auszeichneten. Abbildung 6.11 zeigt die Reduzierung der SHS unter Variation der ZMS-Konfiguration. Die Elemente der Tabellen zeigen die mittlere Amplitude der Drehzahlschwankung. Es ist deutlich zu erkennen, dass die SHS halber Ordnung, durch die Rückführung der Zahn-zu-Zahn-Drehzahl, deutlich reduziert werden. Eine ähnliche Reduzierung konnte auch für SHS erster und 2/3-ter Ordnung erzielt werden. Für Steuergeräte kommender Generationen ist zu erwarten, dass eine aufbereitete (siehe Abschnitt 2.5.1) Zahn-zu-Zahn Drehzahl intern bereits zur Verfügung steht. Somit kann sich diese Modifikation einfach und ohne zusätzliche Steige-

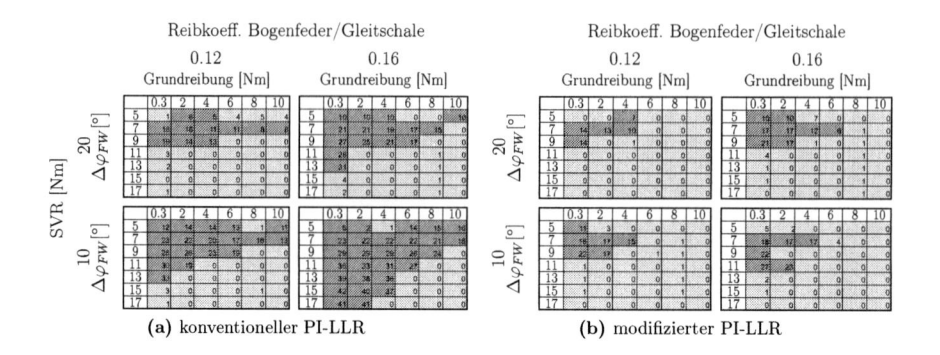

**Abbildung 6.11:** Variationsrechnung zur Überprüfung des LL-Regelkreises bzgl. SHS halber Ordnung

rung der Kosten innerhalb des Motormanagements umgesetzt werden.

Durch den Einsatz von Piezo-Injektoren lassen sich die Steuerzeiten der Kraftstoffzufuhr zusätzlich reduzieren. Schnelle Schaltzyklen erlauben eine bezüglich des Verbrennungsprozesses zeitnahe Korrektur der einzuspritzenden Kraftstoffmenge. Dieser Vorteil kann, in Kombination mit einer zusätzlichen Entkopplung des Proportional-Reglers, zur Beeinflussung der Schließzeiten der Injektoren verwendet werden [143]. Dadurch werden Drehzahlabweichungen wesentlich unmittelbarer verarbeitet und SHS weitgehend unterdrückt.

### 6.1.5 Modellbasierte Leerlauf-Regelung im Zustandsraum

Eine weiterer Ansatz zur LLR stellt die modellbasierte Regelung im Zustandsraum dar. Hierfür wird ein lineares Streckenmodell des ZMS gemäß Abschnitt 5.1 zugrunde gelegt. Durch den, bezüglich der Drehzahl sowie der Torsion stark beschränkten Arbeitsbereich des ZMS im Leerlauf, genügt für die Beschreibung der prinzipiellen Dynamik ein (lokales) lineares Modell in Form eines doppelten[7] FDE. Dieses wird anhand je eines, mit Hilfe des vorgestellten umfassenden Streckenmodells bzw. Testfahrzeuges generierten Datensatzes identifiziert und validiert. Da im realen Fahrzeug in der Regel kein hochaufgelöstes Signal des direkt indizierten Motormoments verfügbar ist, wurde das lineare ZMS-Modell durch das stationäre Motormoment angeregt. Dieses wird im Fahrzeug durch eine Berechnung des Steuergerätes zur Verfügung gestellt (Abschnitt 2.5.3). Die dadurch entstehenden Abweichungen der Systemtrajektorien wurden durch den Einsatz eines Zustandsbeobachters [39] korrigiert. Zuvor wurde dabei überprüft, ob das

---

[7]ein doppeltest FDE ist nur dann erforderlich, falls das betrachtete ZMS einen Innendämpfer aufweist.

## 6.1 Leeraufregelung

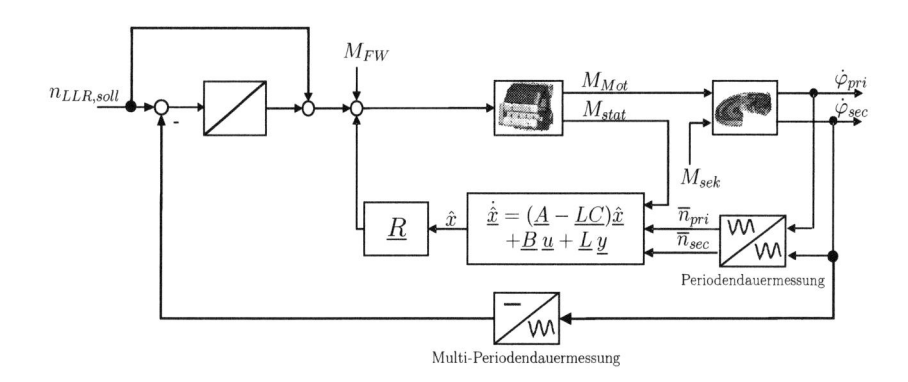

**Abbildung 6.12:** Struktur des modellbasierten LLR im Zustandsraum mit Beobachter

lineare ZMS-Modell beobachtbar ist. Es hat sich gezeigt, dass das identifizierte ZMS Modell sowohl vollständig steuerbar als auch beobachtbar ist. Eine genaue Beschreibung des Nachweises hierfür ist in [39] angegeben. Die Struktur des Systems mit Regler und Beobachter ist in Abbildung 6.12 dargestellt. Die genaue Nachführung der Systemtrajektorien durch den Beobachter erfordert möglichst hoch aufgelöste Drehzahlsignale $\bar{n}_{pri/sec}$ der ZMS-Schwungmassen. Deshalb wurde auch hierbei die sog. Periodendauermessung angewendet, welche eine, im Falle eines inkrementellen Drehgebers mit 60 Zähnen, mit einer Auflösung von 6° genaue, winkeldiskrete Drehzahlinformation zur Verfügung stellt. Der vorgelagerte Integrator sorgt für die stationäre Genauigkeit der geregelten Strecke bezüglich des Erreichens der nominalen Leerlaufdrehzahl $n_{LLR,soll}$. Aufgrund einer im Vergleich zur Zustandsregelung geringen Zeitkonstanten, ist eine gemittelte Drehzahl über mehrere Zahn-zu-Zahn Perioden des Drehgebers ausreichend genau für die Ansteuerung dessen.

### Zustandsrekonstruktion

Der Zustandsbeobachter wurde anhand einer numerischen Lösung der Matrix-Riccati-Differentialgleichung parametriert. Die Berechnung der Beobachtermatrix $\underline{L}$ lässt sich dabei durch die Ersetzung folgender Matrizen auf einen Reglerentwurf nach Riccati zurückführen [39]:

- $\underline{A}^T$ anstelle von $\underline{A}$
- $\underline{C}^T$ anstelle von $\underline{B}$
- $\underline{L}^T$ anstelle von $\underline{R}$

Der Riccati-Entwurf ergibt dabei einen, bezüglich des folgenden Gütemaßes, optimalen Regler:

$$Q_{\text{Riccati}} = \int_0^{t_e} \left( \underline{x}^T \underline{Q}\, \underline{x} + \underline{u}^T \underline{S}\, \underline{u} \right) dt \tag{6.9}$$

Für den Beobachterentwurf wurden die Gewichtungsmatrizen $\underline{Q}$ und $\underline{S}$ wie folgt gewählt:

$$\underline{Q} = \begin{pmatrix} \frac{1}{80^2} & 0 & 0 & 0 & 0 \\ 0 & 1 & 0 & 0 & 0 \\ 0 & 0 & 1 & 0 & 0 \\ 0 & 0 & 0 & \frac{1}{80^2} & 0 \\ 0 & 0 & 0 & 0 & 1 \end{pmatrix} \quad ; \quad \underline{S} = \begin{pmatrix} \frac{1}{80^2} & 0 \\ 0 & \frac{1}{80^2} \end{pmatrix} \tag{6.10}$$

Da die Zustandsgrößen $x_1$ die primäre bzw. $x_4$ die sekundäre Drehzahl des ZMS darstellen und daher messbare Größen repräsentieren, werden sich beim Beobachterentwurf entsprechend gering gewichtet. Die übrigen Zustandsgrößen stellen die Torsion zwischen primärem Schwungrad und Flansch ($x_2$) bzw. zwischen Flansch und sekundärem Schwungrad ($x_5$) sowie die Drehzahl des Flansches ($x_3$) dar und sind nicht direkt messbar, da der Flansch ein gekapseltes, mechanisches Element im ZMS darstellt. Die Pollagen des Beobachters sind in Tabelle 6.1 dargestellt. Die Pole vier und fünf liegen dabei sehr nahe den Systempolen. Mit Hilfe des Zustandsbeobachters lassen sich die Systemtrajektorien des realen ZMS durch das ZMS-Modell hinreichend genau annähern, um subharmonische Schwingungen der Drehzahlen darstellen zu können. Somit kann ein Reglerentwurf im Zustandsraum zur gezielten Reduzierung dieser durchgeführt werden.

Neben der Rekonstruktion der Zustandsgrößen für eine modellbasierte Regelung im Zustandsraum lassen sich durch den Beobachterentwurf nicht direkt messbare Größen wie z.B. die Kinematik des Flansches rekonstruieren. Dies eröffnet die Möglichkeit einer nichtinvasiven Betrachtung der Flanschbewegung. Neben dem Ansatz eines Zustandsbeobachters wurde in diesem Zusammenhang die Rekonstruktion der Systemtrajektorien mittels eines linearen bzw. extended Kalman-Filters sowie Partikelfiltern untersucht. Durch den Einsatz von linearen bzw. erweiterten (extended) Kalman-Filtern ergab sich hierbei eine bessere Rekonstruktion der nicht messbaren Zustandsgrößen. Allerdings wird dieser Zugewinn an Modellgenauigkeit durch einen erhöhten Rechenaufwand erkauft. Noch deutlicher zeigt sich diese Diskrepanz bei der Betrachtung des Partikelfilters. Zwar können die Schätzergebnisse des Kalman-Filters um durchschnittlich 5% verbessert werden, die Rekonstruktion eines Datensatzes, mit zehn Sekunden Länge und einer Abtastfrequenz von 10 kHz, benötigt auf einem derzeit aktuellen Desktop-PC, mit einem Rechenkern und einer Taktfrequenz von 3 GHz, derzeit mehrere Stunden. An eine echtzeitfähige Implementierung auf einem Steuergerät des Fahrzeugs ist daher, bei derzeitigem Stand der Technik nicht zu denken.

**Reglerentwurf**

Der Regelerentwurf wurde ebenfalls mit Hilfe des Riccati-Ansatzes durchgeführt. Da der Riccati-Entwurf jedoch nicht die gesamte, linke s-Halbebene für die Platzierung der Pollagen des geregelten Systems berücksichtigt, wurde mit Hilfe der sog. Polvorgabe [39] jene, mittels des Riccati-Entwurfs erzielten Pollagen, gezielt nachgebessert. Die freie Wahl der Pollagen ist jedoch nicht uneingeschränkt möglich. In Abbildung 6.13 ist eine Übersicht der Auswirkungen auf das Systemverhalten bei manueller Verschiebung der Pole dargestellt.

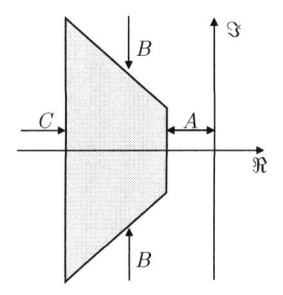

$A$: Mindestabstand zur imaginären Achse
→ Schnelligkeit

$B$: Winkelhalbierende
→ Überschwingen

$C$: Mindestrealteil
→ Stellgrößenbeschränkung

**Abbildung 6.13:** Auswahlkriterien für die manuelle Festlegung der Pollagen bei der Polvorgabe-Regelung

Es wird dabei angestrebt, die Pollagen des geregelten System möglichst weit nach links zu schieben, um eine schnelle Ausregelung der Störungen zu gewährleisten. Dieser Wunsch steht jedoch im Gegensatz zu begrenzten Stellgrößen. Im konkreten Fall liefert der Verbrennungsmotor im Leerlauf lediglich ein positives, nach oben beschränktes Stellmoment. Um ein Überschwingen der Systemtrajektorien im Falle einer sprunghaften Anregung zu reduzieren, sollte der Imaginäranteil der komplexen Pollagen möglichst gering gewählt werden. Die Wahl der Pollagen gestaltet sich, aufgrund dieser Einschränkungen und des sich somit ergebenden möglichen Parameterraumes, schwierig. Der Entwurf einer Polvorgaberegelung erfolgt daher im Rechnerdialog wobei die gewählte Polkonfiguration simulativ validiert wird. Im Rahmen dieser Arbeit wurden lediglich sie sog. dominanten[8] Streckenpole durch die Polvorgabe verschoben. Aufgrund des Separationstheorems lassen sich die Beobachterpollagen unabhängig von den Pollagen des gere-

---
[8] Als dominante Streckenpole werden diejenigen Pole bezeichnet, welche in Relation bezüglich der übrigen Streckenpolen einen betragsmäßig geringeren Realteil aufweisen.

gelten Systems festlegen [39]. Die Pole des geregelten Systems sind ebenfalls in Tabelle 6.1 dargestellt.

|   | Systempole $s$ | Reglerpole $r$ | Beobachterpole $p$ |
|---|---|---|---|
| 1 | 0 | -1 | -80,45 |
| 2 | -1,8 + 54,32i | -2,8 + 54,32i | -47,87 + 45,99i |
| 3 | -1,8 - 54,32i | -2,8 - 54,32i | -47,87 - 45,99i |
| 4 | -357,19 + 685,34i | -357,19 + 685,34i | -357,2 + 685,32i |
| 5 | -357,19 - 685,34i | -357,19 - 685,34i | -357,2 - 685,32i |

**Tabelle 6.1:** System-, Regler- und Beobachterpole der Zustandsregelung

Mit Hilfe des Ansatzes der Polvorgabe lässt sich nun, anhand der Kenntnis der Pollagen, die Rückführmatrix $\underline{R}$ des Zustandsreglers generieren. Abbildung 6.14 zeigt den geregelten Verlauf der primären bzw. sekundären ZMS-Drehzahl, basierend auf dem, bereits in Abbildung 6.10 eingeführten Lastprofil. Der Regler weist ein zügiges Ausregeln der Lastsprünge auf. Bei der Anregung durch primäre Lastsprünge sind keine subharmonischen Schwingungen zu beobachten. Während der, im vorigen Abschnitt vorgestellte modifizierte PI-Ansatz vereinzelt zu beständigen SHS bei sekundärer Anregung neigte, werden diese, durch den modellbasierten Reglerentwurf, nach kurzer Ausregelzeit von ca. einer Sekunde in den überwiegend auftretenden Fällen gedämpft. Durch die Modellierung der Systemdynamik des ZMS werden die lastseitig auf die Kurbelwelle wirkenden, schnell veränderlichen Rückmomente erfasst und somit bei der Regelung berücksichtigt. Dieser Vorteil wird durch die Notwendigkeit eines zweiten Drehzahlsensors zur Erfassung der sekundären ZMS-Drehzahl erkauft. Ein weiterer Vorteil der Zustandsraumregelung ergibt sich bezüglich der Integration der Leerlaufregelung innerhalb einer global agierenden Antriebsstrangregelung [138]. Die Reduzierung der SHS bzw. die Erhaltung einer Solldrehzahl im Leerlauf stellt dabei eine spezielle Teildisziplin der, über den gesamten Arbeitsbereich des Verbrennungsmotors aktiven Regelung dar.

### 6.1.6 Robuste Leerlauf-Regelung

Sowohl der Verbrennungsmotor als auch das ZMS stellen gemäß den Kapiteln 2 und 3 hochgradig komplexe, nichtlineare Systeme dar. Für die bisherige Analyse der subharmonischen Schwingungen bzw. der modellbasierten Regelung des Motorleerlaufs, wurden jeweils sehr stark vereinfachte Modelle zu Grunde gelegt, welche die Anwendung klassischer Analyse- und Reglerentwurfsverfahren ermöglichten. Anhand komplexer und weitreichender Streckenmodelle ließen sich die entwickelten Systeme bezüglich ihrer Tauglichkeit, hinsichtlich der Funktions-

## 6.1 Leerlaufregelung

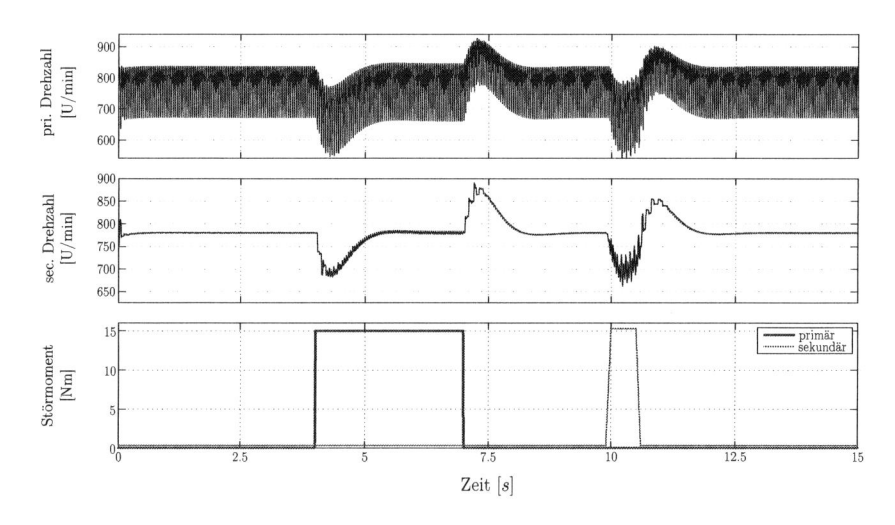

**Abbildung 6.14:** Validierung des modellbasierten Zustandsreglers mit Periodendauermessung der Drehzahlen

fähigkeit im realen Fahrzeug, simulativ überprüfen. Aufgrund von Fertigungstoleranzen bzw. Alterungserscheinungen kommt es im Laufe des Betriebes zu Parameteränderungen der zu regelnden Strecke. Dies erfordert entweder ein, sich selbstständig adaptierendes Modell, bzw. den Ansatz einer robusten Regelung. Im Rahmen dieser Arbeit wurde daher ein Verfahren zur robusten Leerlaufregelung auf Basis eines $H_\infty$-Regelungsansatzes entwickelt.

Ein robuster $H_\infty$-Regler zeichnet sich hierbei durch die Erfüllung der seiner prinzipiellen Regelungsziele, selbst bei starker Variation der Streckenparameter, aus. Die Synthese des Reglers setzt sich aus mehreren Entwurfsschritten zusammen:

1. Erstellung eines nominalen Streckenmodells $\underline{G}_n$: Im konkreten Fall wurde ein $H_\infty$-Ansatz für ein lineares, zeitinvariantes Streckenmodell gewählt.

2. Festlegung der Systemanforderungen.

3. Auswahl der Struktur des geschlossenen Regelkreises in Abhängigkeit des nominalen Streckenmodells.

4. Erstellung von Gewichtungsmatrizen und somit des erweiterten Streckenmodells $\underline{G}_e$

5. Lösung des Optimierungsalgorithmus.

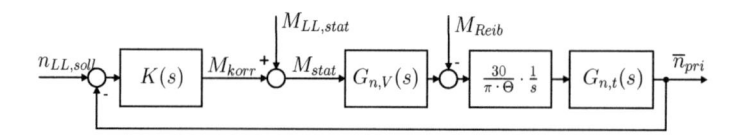

**Abbildung 6.15:** Strukturbild des Regelkreises der $H_\infty$-Leerlaufregelung

## Nominales Streckenmodell

Das Ziel des $H_\infty$-Reglerentwurfs dieser Arbeit besteht darin, die in Abschnitt 6.1.2 vorgestellte konventionelle PI-LL-Regelung durch einen robusten Ansatz zu ersetzen. Dabei wurde die Dynamik des ZMS im Leerlauf und die damit, bei schlechter Isolation auftretenden schnellveränderlichen Rückmomente als Modellunsicherheit interpretiert [140]. Das Streckenmodell für den Reglerentwurf reduziert sich somit auf die Momentenbilanz der Kurbelwelle.

$$\theta \ddot{\varphi} = M_{Mot} - M_{Reib} - M_{Last} \tag{6.11}$$

Im Leerlauffall gilt dabei annäherungsweise $M_{Last} = 0$. Das stationäre Motor- bzw. Reibmoment lässt sich gemäß Abschnitt 2.3.1 durch ein Verzögerungsglied erster Ordnung mit Totzeit beschreiben. Da im Falle der Leerlaufregelung die Betrachtung des mittleren Drehzahlwertes hinreichend gute Ergebnisse liefert, ist die stationäre Modellierung des Verbrennungsmotors sinnvoll. Die Übertragungsfunktion des nominalen Streckenmodells ergibt sich somit zu:

$$G_n(s) = \frac{\bar{n}_{pri}(s)}{\bar{M}_{stat}(s)} = \frac{60}{2\pi \cdot \Theta} \cdot \frac{1}{s} \cdot \frac{1}{1 + \tau_{V,Mot} \cdot s} \cdot e^{-\tau_{t,Mot}s} \tag{6.12}$$

Das Totzeitelement wird nach [39] durch ein Verzögerungsglied vierter Ordnung angenähert, damit die erforderliche Linearität des Streckenmodells gewährleistet ist. Das Strukturbild des geschlossenen Regelkreises ist in Abbildung 6.15 dargestellt. $G_{n,t}(s)$ beschreibt die Totzeit des Motors. $G_{n,V}(s)$ repräsentiert das Verzögerungsglied erster Ordnung.

## Erweitertes Streckenmodell

Zur Erstellung des erweiterten Streckenmodells, welches neben dem nominellen Modell zusätzlich Gewichtungsmatritzen beinhaltet, wurde zunächst das sog. SRT-Gewichtungsschema [45] angewendet. Da die nominelle Strecke ein integrierendes Verhalten aufweist ist eine wichtige Randbedingung, des für die Berechnung des optimalen $H_\infty$-Reglers verwendeten DGKF-Verfahrens [31, 79], nicht erfüllt. Diese Einschränkung lässt sich jedoch durch die in [64] vorgestellte Modifizierung der Struktur des erweiterten Modells beheben. Nach der Lösung des

## 6.1 Leeraufregelung

$H_\infty$-Optimierungsproblems zeigte sich, dass der resultierende Regler zwar ein ausgezeichnetes Führungsverhalten aufweist, jedoch bei auftretenden Lastsprüngen, welche als mittig in der Strecke wirkende Störungen interpretiert werden können, ein nicht zufriedenstellendes Verhalten bezüglich der stationären Genauigkeit aufzeigt. Um das Verhalten des Reglers bezüglich mittig in der Strecke wirkender Störungen zu optimieren wurde das SRT-Verfrahren um eine Gewichtung $\underline{W}_d(s)$ hinsichtlich dieses Störszenarios erweitert [140]. Hierfür wird die nominale Strecke zunächst ähnlich dem Loop-Shaping-Verfahren [45] in zwei Faktoren $\underline{G}_{n1}(s) \in \mathbb{R}^{q_d \times p}$ und $\underline{G}_{n2}(s) \in \mathbb{R}^{q \times q_d}$ aufgeteilt. Dabei wird im Gegensatz zum Loop-Shaping nicht die erweiterte Strecke aufgeteilt, sondern das nominelle Streckenmodell. Zusätzlich müssen die beiden Faktoren nicht normalisierte linkskoprime[9] Faktoren sein. Die Struktur des Regelkreises ist in Abbildung 6.16 dargestellt. Die Empfindlichkeitsmatrix $M_{o_n}$ bezüglich Störungen in der Mitte der Strecke wird mit

$$\underline{M}_{o_n} = \underline{S}_{o_n} \underline{G}_{n2} \in \mathbb{R}^{q \times q_d} \tag{6.13}$$

bezeichnet. Sie kann durch Wahl der Gewichtungsmatrix $\underline{W}_d(s) \in \mathbb{R}^{q_d \times q_d}$ gezielt beeinflusst werden[10]. Aus diesem Grunde wird das vorgestellte Verfahren mit **SRTM-Verfahren** benannt [140]. Dabei lässt sich das Problem des integrierenden Systemverhaltens durch analoges Vorgehen wie zuvor für das SRT-Verfahren nach [64] durch eine Modifikation der Modellstruktur umgehen.

### Lösung des $H_\infty$-Optimierungsproblems

Mit der Festlegung der Gewichtungsfunktionen $\underline{W}_e(s), \underline{W}_u(s), \underline{W}_y(s)$ bzw. $\underline{W}_d(s)$ ergibt sich das erweiterte Streckenmodell. Der $H_\infty$-Regler berechnet sich nun durch numerische Lösung des optimalen bzw. suboptimalen $H_\infty$-Regelungsproblems der erweiterten Strecke $\underline{G}_{z_e w}(s)$. Das suboptimale $H_\infty$-Regelungsproblem besteht darin, einen reellen rationalen proper Regler $\underline{K}_e(s)$ zu finden, welcher die reelle rationale proper Strecke $\underline{G}_{se}(s)$ stabilisiert, sodass für die $H_\infty$-Norm der Übertragungsmatrix des geschlossenen Regelkreises $\underline{G}_{zw}(s) = \mathcal{F}_u(\underline{G}_{se}, \underline{K}_e)$

$$\|\underline{G}_{z_e w}\|_\infty \leq \gamma \tag{6.14}$$

mit $\gamma > 0$ gilt [45]. Im Falle des optimalen $H_\infty$-Regelungsproblems ist genau jenes $\gamma$ zu finden, für das zusätzlich folgende Bedingung erfüllt ist[11].

$$\gamma = \gamma_{min} = \inf_{\underline{G}_{z_e w}} \left( \|\underline{G}_{zw}\|_\infty \mid \underline{K}_e \in \mathbb{RH}_\infty \right) \tag{6.15}$$

---

[9] Zwei Matrizen $\underline{A}(s) \in \mathbb{R}^{n \times m}$ und $\underline{B}(s) \in \mathbb{R}^{n \times l}$ sind genau dann linkskoprim, falls die Bezout Identität $\underline{A}(s) \underline{X}(s) + \underline{B}(s) \underline{Y}(s) = \underline{E}$ mit $\underline{X}(s) \in \mathbb{R}^{m \times n}$ und $\underline{B}(s) \in \mathbb{R}^{l \times n}$ lösbar ist [104].
[10] $q_d$ entspricht dabei der Dimension der mittig wirkenden Störung.
[11] In diesem Fall gilt in 6.14 das Gleichheitszeichen.

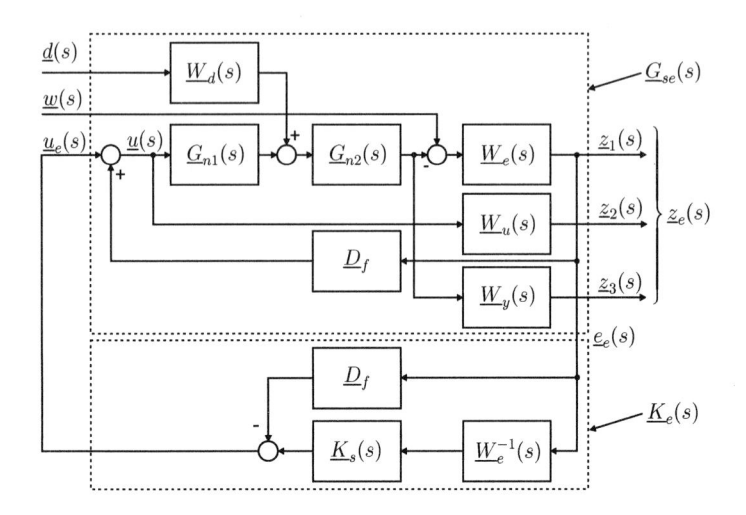

**Abbildung 6.16:** SRTM-Gewichtungsschema bei integrierender, nominaler Strecke

Die $H_\infty$-Norm einer Übertragungsmatrix $\underline{G}(s)$ ist dabei über dem sog. Hardy-Raum [41] aller reellen, proper rationalen Übertragungsmatrizen definiert:

$$\|\underline{G}(s)\|_\infty = \sup_{\Re\{s\}>0} \left(\sigma_{max}(\underline{G}(s))\right). \tag{6.16}$$

Dabei ist $\sigma_{max}$ der maximale Singulärwert[12] der Übertragungsmatrix $\underline{G}(s)$. Hierbei lässt sich die $H_\infty$-Norm als maximal mögliche Verstärkung eines Systems bezüglich des Ein-/Ausgangsverhaltens veranschaulichen. Bei Mehrgrößensystemen (MIMO) entspricht dies der maximalen Amplitude im Singulärwertschaubild. Bei Eingrößensystemen (SISO) ist das Singulärwertschaubild gleich dem Bodediagramm. Daher kann dieses zur Bestimmung der $H_\infty$-Norm herangezogen werden.

Zur numerischen Lösung des suboptimalen bzw. optimalen $H_\infty$-Regelungsproblems finden sich in der Literatur zahlreiche Ansätze [49, 69, 64, 31]. Im konkreten Anwendungsfall der LLR wurde aufgrund der besseren Handhabbarkeit bei der numerischen Berechnung ein allgemeiner Ansatz nach [45] verwendet. Der sich somit ergebende Regler weist folgende Übertragungsfunktion auf:

---

[12]Die Singulärwerte $\sigma_i$ einer Matrix $\underline{A}$ ergeben sich durch die Lösung der Gleichung $\underline{A}^* \underline{A} \underline{v}_i = \sigma_i \underline{v}_i$. $\underline{v}_i$ sind dabei die zugehörigen Rechtseigenvektoren von $\underline{A}$.

## 6.1 Leeraufregelung

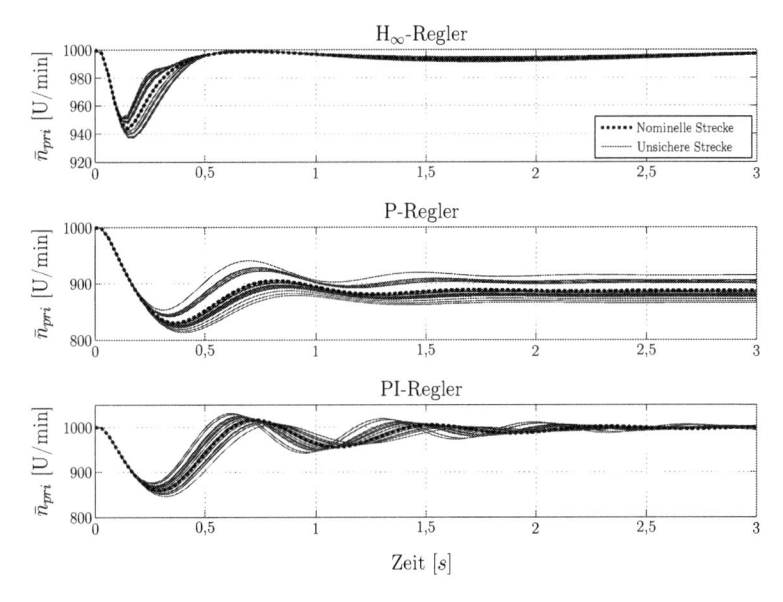

**Abbildung 6.17:** Lastmomentensprung mit SRTM-$H_\infty$-, P- und PI-Regelung

$$K_{e,SRTM}(s) = \frac{\begin{array}{c}-13{,}19 \cdot s^{14} - 6{,}402 \cdot 10^5 \cdot s^{13} + 3{,}109 \cdot 10^{10} \cdot s^{12} + 3{,}294 \cdot 10^{14} \cdot s^{11} + \\ 1{,}245 \cdot 10^{17} \cdot s^{10} + 1{,}83 \cdot 10^{19} \cdot s^9 + 1{,}262 \cdot 10^{21} \cdot s^8 + 3{,}862 \cdot 10^{22} \cdot s^7 + \\ 3{,}705 \cdot 10^{23} \cdot s^6 + 1{,}237 \cdot 10^{24} \cdot s^5 + 1{,}64 \cdot 10^{24} \cdot s^4 + 8{,}047 \cdot 10^{23} \cdot s^3 + \\ 1{,}854 \cdot 10^{23} \cdot s^2 + 2{,}012 \cdot 10^{22} \cdot s + 9{,}107 \cdot 10^{20}\end{array}}{\begin{array}{c}s^{14} + 7{,}876 \cdot 10^4 \cdot s^{13} + 2{,}568 \cdot 10^8 \cdot s^{12} + 2{,}517 \cdot 10^{11} \cdot s^{11} + \\ 8{,}19 \cdot 10^{13} \cdot s^{10} + 1{,}287 \cdot 10^{16} \cdot s^9 + 1{,}113 \cdot 10^{18} \cdot s^8 + 5{,}548 \cdot 10^{19} \cdot s^7 + \\ 1{,}592 \cdot 10^{21} \cdot s^6 + 1{,}458 \cdot 10^{21} \cdot s^5 + 3{,}261 \cdot 10^{21} \cdot s^4 + 2{,}502 \cdot 10^{20} \cdot s^3 + \\ 4{,}848 \cdot 10^{18} \cdot s^2\end{array}}$$

(6.17)

Bei der näheren Betrachtung der Koeffizienten wird sofort deutlich, dass sich eine Implementierung des Regelalgorithmus auf einem Steuergerät des Motors, aufgrund der starken Unterschiede bezüglich der vorkommenden Größenordnungen sehr schwierig gestaltet. Die Ordnung des Reglers entspricht dabei jener, der erweiterten Strecke. Zur Reduzierung der Streckenordnung werden z.B. in [90] mehrere Ansätze vorgeschlagen. Durch die Reduktion der Streckenordnung lässt sich in vielen Fällen, anhand einer entsprechende Normierung, eine größenordnungsmäßige Annäherung der Koeffizienten realisieren.

### Ergebnisse der Regelung

Die Amplitudengänge der Empfindlichkeit, der komplementären Empfindlichkeit, des Serie-Kompensators sowie der Berücksichtigung des Einflusses der Mittenstö-

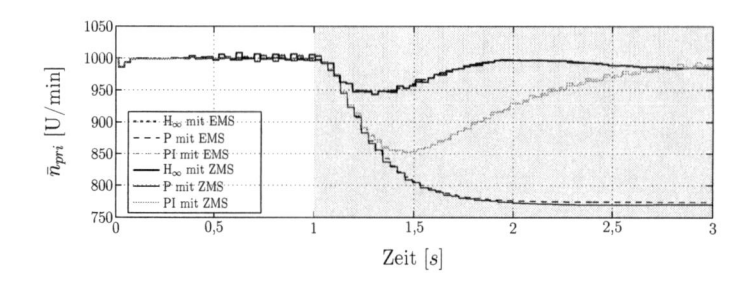

**Abbildung 6.18:** Validierung der S/R/T/M-$H_\infty$-, P- und PI-Regler am realistischen Streckenmodell bei einem Lastsprung von 15 Nm

rung des entwickelten SRTM-Verfahrens werden in [133] vorgestellt. Abbildung 6.17 zeigt die Fähigkeiten des entwickelten SRTM-$H_\infty$-Reglers bezüglich der Ausregelung eines Lastmomentensprungs von 15 Nm. Der Lastsprung wird durch den $H_\infty$-Regler sehr zügig ausgeregelt. Zur Überprüfung der Robustheit des Reglers wurde die Trägheitsmasse $\theta$ des Systems um $\pm 25\%$ variiert. Hierdurch werden die winkelabhängige Kurbelwellenträgheit sowie jene, durch das ZMS wirkende Rückmomente in grober Näherung approximiert. Der $H_\infty$-Regler erweist sich, bezüglich dieser Variation der Streckenparameter, als robust. Selbst bei maximaler Streckenabweichung von $\pm 25\%$ wird die Istdrehzahl des Motors zuverlässig und im direkten Vergleich mit dem PI-Regler schneller zum Nominalwert rückgeführt.

### Validation am komplexen Streckenmodell

Um letztlich über die Güte der SRTM-$H_\infty$-Regelung entscheiden zu können, bedarf es einer Validierung des Reglers anhand der realen Strecke in Form eines Fahrzeugs bzw. eines realistischen Streckenmodells, welches zuvor auf die zu approximierende Strecke abgestimmt wurde und dessen Systemtrajektorien mit hoher Genauigkeit wiedergibt. Hierfür wurden die in Kapitel 2.4 bzw. 3.3 vorgestellten komplexen Streckenmodelle verwendet. Dabei wurde je ein Modell mit EMS sowie eines mit ZMS untersucht. Die Ergebnisse der Validierung sind in Abbildung 6.18 dargestellt. Es ist deutlich zu erkennen, dass der $H_\infty$-Ansatz sowohl bei Antriebskonzepten mit EMS, als auch für jene mit ZMS, für eine vergleichsmäßig schnelle Rückführung der Drehzahl, bei Anregung durch einen Lastsprung sorgt.

### Fazit

Der vorgestellte $H_\infty$-Regler zeichnet sich durch eine zügige und robuste Ausregelung von Lastsprüngen aus. Dieser Vorteil wird jedoch durch eine hohe Streckenordnung und den damit verbundenen starken Unterschieden bezüglich der

Größenordnungen der Koeffizienten der Übertragungsfunktion erkauft. Speziell dieser Punkt kann im Fall beschränkter Rechenleistung, die Anwendbarkeit des $H_\infty$-Reglers stark einschränken. Konventionelle P- bzw. PI-Regler erlauben aufgrund der elementaren Struktur eine einfache Justierung der Reglerparameter. Die Feinabstimmung eines $H_\infty$-Reglers setzt ein fundiertes regelungstechnisches Grundverständnis sowie Spezialwissen, bezüglich der $H_\infty$-Theorie des Anwenders, voraus. Dies erschwert eine Nachbesserung der Reglerparameter im Rahmen der Post-Entwicklungsprozesse der Produktion.

## 6.2 Zylindergleichstellung

Das zu generierende, stationäre Motordrehmoment $\overline{M}_{Mot,ref}$ des folgenden Arbeitstaktes setzt sich aus dem Fahrerwunschmoment $\overline{M}_{FW}$ sowie den Stelleingriffen $\overline{M}_R$ der Motor- bzw. Antriebsstrangregelung zusammen. Das Steuergerät des Verbrennungsmotors berechnet hieraus die notwendigen Stellsequenzen der Aktorik des Motors. Aufgrund von Fertigungstoleranzen, Alterungseffekten sowie inhomogener Kraftstoffzusammensetzung kann es bei identischen Stellsequenzen des Steuergeräts zu unterschiedlichen, tatsächlich generierten Drehmomenten $\overline{M}_{Zyl,ist,i}$ der Einzelzylinder kommen. Die Hauptursache der Verbrennungsungleichheit begründet sich dabei häufig durch ungleiche Einspritzmengen an Kraftstoff. Die individuell pro Zylinder eingespritzte Kraftstoffmenge ändert sich im Laufe des Betriebes durch Fertigungstoleranzen bzw. Alterungserscheinungen des Injektors (z.B. Rußablagerung an der Düsenöffnung) sowie dem Raildruck [17].

### 6.2.1 Aufgabe der Zylindergleichstellung

Die Aufgabe der Zylinderausgleichsregelung (ZAR) besteht nun darin, jene Zylinder, deren individuelles, mittleres Drehmoment $\overline{M}_{Zyl,ist,i}$ vom gewünschten Referenzwert $\overline{M}_{Mot,ref}$ abweicht, zu identifizieren und die Abweichung durch eine entsprechende Korrektur des zylinderindividuellen Moments, für zukünftige Arbeitstakte des Zylinders zu korrigieren. Für konventionelle Antriebssysteme mit Einmassenschwungrad findet man in der Literatur zahlreiche Ansätze zur Lösung dieses Problems [28, 63, 66, 89]. Bei diesen Ansätzen wird, in nahezu allen bekannten Fällen, ein konstantes Lastmoment an der Kurbelwelle vorausgesetzt. Die Detektion erfolgt dabei im Zeit- bzw. Frequenzbereich. Bei Fahrzeugen mit ZMS treten, aufgrund dessen Dynamik, schnellveränderliche Rückmomente an der Kurbelwelle auf.

$$\theta(\varphi) \cdot \ddot{\varphi} = M_{Mot}(\varphi) - M_{ZMS}(\varphi) \qquad (6.18)$$

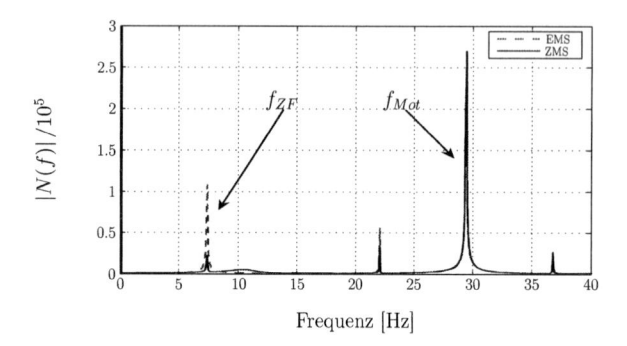

**Abbildung 6.19:** Amplitudenspektrum des Motordrehzahlverlaufs mit EMS bzw. ZMS

Bei konstantem Lastmoment der Kurbelwelle $M_{ZMS}(\varphi)$, lassen sich ungleiche Zylindermomente anhand der Motorkinematik $\Phi_{Mot}$ detektieren. Treten jedoch schnellveränderliche Rückmomente auf, so ist eine eindeutige Identifikation der Zylinderfehler durch eine singuläre Betrachtung der Motorkinematik nicht möglich. Die Funktionalität konventioneller ZAR-Verfahren für Antriebsstränge mit EMS kann dadurch stark eingeschränkt werden. Zusätzlich lässt sich dieser Sachverhalt anhand der Betrachtung des Amplitudenspektrums[13] der Motordrehzahl (6.19) erklären. Hierbei sind die Spektren zweier, bis auf das Schwungrad, identischer Motor-Antriebsstrangkonfigurationen dargestellt. Es ist deutlich zu erkennen, dass die Frequenzanteile bei ca. 7Hz, welche durch einen Zylinderfehler induziert wurden, bei Fahrzeugen mit EMS deutlich stärker ausgeprägt sind, als dies bei jenen mit ZMS der Fall ist. Ein konventionelles ZAR-Verfahren erkennt durch die augenscheinlich geringe Ausprägung der Zylinderungleichheit bei Fahrzeugen mit ZMS nur einen relativ kleinen Fehler und wird mit einem entsprechend geringen Stelleingriff, zur Korrektur dessen, reagieren. In diesem Zusammenhang können z.B. auch subharmonische Schwingungen (siehe Abschnitt 6.1.3) als Zylinderfehler missinterpretiert werden. Durch eine, in diesem Falle ungerechtfertigte Aktivierung der ZAR, können diese dann durch die implizit falschen Korrekturmomente zusätzlich verstärkt werden.

Im Rahmen dieser Arbeit wurden daher, zur Lösung dieser Problemstellung, mehrere Ansätze hinsichtlich der effektiven ZAR für Fahrzeuge mit ZMS entwickelt. Die Verfahren lassen sich dabei in zwei Kategorien unterteilen. Zum einen wurden Verfahren entwickelt, welche die Kenntnis der primären und sekundären ZMS-Drehzahlen voraussetzen. In diesem Fall spricht man von einer Zwei-Sensor-Lösung. Da bei aktuell in Produktion befindlichen Fahrzeugkonzepten oftmals

---

[13]Der Offset der Motordrehzahl bei $f = 0$ wurde zum Erhalt der Übersichtlichkeit mittels eines Hochpassfilters unterdrückt.

kein zweiter Drehzahlsensor zur Erfassung der sekundären ZMS-Drehzahl zur Verfügung steht, wurde zusätzlich ein Verfahren auf der Basis eines PI-Reglers entwickelt, welches mit der ausschließlichen Kenntnis der primären Motordrehzahl auskommt. Bevor die Verfahren zur ZAR im einzelnen vorgestellt werden können, müssen zunächst Merkmale zur Erkennung von Zylinderfehlern eingeführt werden.

### 6.2.2 Identifizierung und Quantifizierung von Zylinderfehlern

Da die alleinige Betrachtung der Motorkinematik nach (6.18) keine eindeutigen Rückschlüsse auf Zylinderfehler zulässt, wurde im Rahmen dieser Arbeit das Motormoment als zentrale Größe zur Detektion von Zylinderfehlern herangezogen. Dieses steht, durch den entwickelten Algorithmus zur Rekonstruktion des direkt indizierten Motormoments (Kapitel 5), mit hoher Auflösung zur Verfügung. Anhand von Abbildung 5.20 ist deutlich zu erkennen, dass die Zylinderfehler durch das rekonstruierte Motormoment sehr gut wiedergegeben werden. Die Identifizierung und Quantifizierung von Zylinderfehlern lässt sich anhand des Motormoments durch den Ansatz verschiedener Methoden durchführen.

**Spitzenwerte des direkt indizierten Motormoments**

In Abbildung 6.20 ist das indizierte Drehmoment des Motors über ein komplettes Arbeitsspiel dargestellt. Hierbei ist deutlich zu erkennen, dass ein Zylinderfehler anhand der Spitzenmomente sehr gut erkennbar und quantisierbar ist. Allerdings gilt dies nur für niedrige Drehzahlbereiche. Bei höheren Drehzahlen dominiert das Massenmoment die Spitzenwerte des Gesamtmomentenverlaufs. Dieses ist jedoch im Gegensatz zum Verbrennungsmoment in erster Näherung unabhängig von den Verbennungsunterschieden der Zylinder. Die Spitzenwerte des Gesamtmoments verlieren in diesem Fall ihre Aussagekraft. Um die Detektion dennoch anhand der Spitzenwerte, selbst bei maximaler Motordrehzahl durchführen zu können, bedarf es der Kompensation des drehzahlabhängigen Massenmoments.

Zur Reduktion des Einflusses von Störungen im Bereich des Spitzenmoments, wird für die Quantifizierung der individuellen Zylinderfehler ein symmetrisches Fenster $[\varphi_{Z,i} - \Delta\varphi, \varphi_{Z,i} + \Delta\varphi]$ verwendet. $\varphi_{Z,i}$ beschreibt dabei das Maximum des Motormoments des i-ten Arbeitsspiels. Liegt das rekonstruierte Motormoment als abgetastetes Signal vor, so lassen sich mit Hilfe dieses Fensters zylinderindividuelle Datenvektoren erzeugen:

$$\underline{M}_{max,Z,i} = [M_{Motor}(\varphi_{Z,i} - \Delta\varphi) \ ... \ M_{Motor}(\varphi_{Z,i} + \Delta\varphi)] \tag{6.19}$$

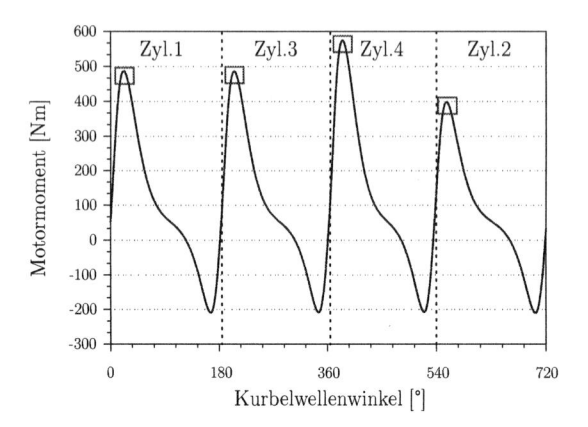

**Abbildung 6.20:** Quantifizierung der Zylinderfehler anhand zylinderindividueller Spitzenmomente

Für jeden Datenvektor, der jeweiligen Zylinder, wird der Mittelwert über zugehörige Dimension $N$ bestimmt. Es ergeben sich somit die mittleren, zylinderindividuellen Amplituden[14]:

$$A_{Z,i} = \frac{1}{N} \sum_{k=1}^{N} \underline{M}_{max,Z,i}(k) \tag{6.20}$$

Die mittlere Amplitude eines kompletten Arbeitsspiels des Motors ergibt sich zu:

$$\bar{A}_{Z,ges} = \frac{1}{N_{zyl}} \sum_{i=1}^{N_{zyl}} A_{Z,i} \tag{6.21}$$

Mit Hilfe von (6.20) und (6.21) können nun die zylinderindividuellen Arbeitsfehler $\Delta A_{Z,i}$ dargestellt werden.

$$\Delta A_{Z,i} = A_{Z,i} - \bar{A}_{Z,ges} \tag{6.22}$$

Wird jeder zylinderindividuelle Arbeitsfehler aus (6.22) auf die mittlere Amplitude pro Arbeitszyklus (6.21) bezogen, so können die sog. *Residuen* für jeden Zylinder berechnet werden:

$$R_i = \frac{A_{Z,i} - \bar{A}_{Z,ges}}{\bar{A}_{Z,ges}} = \frac{\Delta A_{Z,i}}{\bar{A}_{Z,ges}} \tag{6.23}$$

---

[14]Die Spitzenmomente werden in diesem Fall als Amplituden bezeichnet.

## 6.2 Zylindergleichstellung

Die zylinderindividuellen Residuen beschreiben dabei den relativen Fehler jedes Zylinders bezüglich der mittleren Amplitude pro Arbeitsspiel. Die somit berechneten Residuen können, mit Hilfe eines Korrekturalgorithmus, zur Kompensation von Zylinderfehlern genutzt werden.

**Zylinderindividuelle Arbeit**

Unterschiedliche Kraftstoffmassen pro Zylinder beeinflussen in direktem Zusammenhang dessen geleistete Arbeit [63]. Der positive Arbeitsbeitrag pro Zylinder berechnet sich zu:

$$W_{Mot,i} = \int_{\varphi_i}^{\varphi_i + \Delta\varphi_i} M_{Mot}\, d\varphi = \int_{\varphi_i}^{\varphi_i + \Delta\varphi_i} (M_{Verb} + M_{Mass} + M_{K/E} + M_{Reib})\, d\varphi$$
$$= W_{Verb,i} + \underbrace{W_{Mass,i} + W_{K/E,i} + W_{Reib,i}}_{W_{konst,i}} = W_{Verb,i} + W_{konst,i}$$

(6.24)

Treten in einem stationären Arbeitspunkt Verbrennungsungleichheiten auf, führen diese zu einer Änderung der zylinderindividuellen Verbrennungsarbeit $W_{Verb,i}$. Die Beiträge $W_{Mass,i}$, $W_{K/E,i}$ und $W_{Reib,i}$ werden bei stationärer Motordrehzahl nur geringfügig zwischen zwei aufeinanderfolgenden Arbeitsspielen verändert und sollen deshalb als ein konstanter Arbeitsbeitrag $W_{konst,i}$ betrachtet werden. Alternativ hierzu kann der Beitrag des Massenmoments sowie des KE-Moments bei entsprechender Wahl der Integrationsgrenzen gemäß (2.62) und (2.39) vernachlässigt werden. Abbildung 6.21 verdeutlicht den Zusammenhang zwischen Motormoment sowie den positiven Arbeitsbeiträgen der einzelnen Zylinder.

Die in den Zylindern umgesetzte Verbrennungsarbeit lässt sich in eine Referenzarbeit $W_{Verb,Ref}$ sowie einen zylinderindividuellen Arbeitsfehler $\Delta W_{Verb,i}$ aufteilen:

$$W_{Verb,i} = W_{Verb,Ref} + \Delta W_{Verb,i} \tag{6.25}$$

Die Referenzarbeit ist dabei für jeden Zylinder gleich groß. Da ein stationärer Arbeitspunkt beim Auftreten von Verbrennungsungleichheiten nicht verlassen werden darf, muss die Summe der Arbeitsfehler stets Null betragen. Die Bedingung hierfür lautet:

$$\sum_{i=1}^{N_{zyl}} \Delta W_{Verb,i} = 0 \tag{6.26}$$

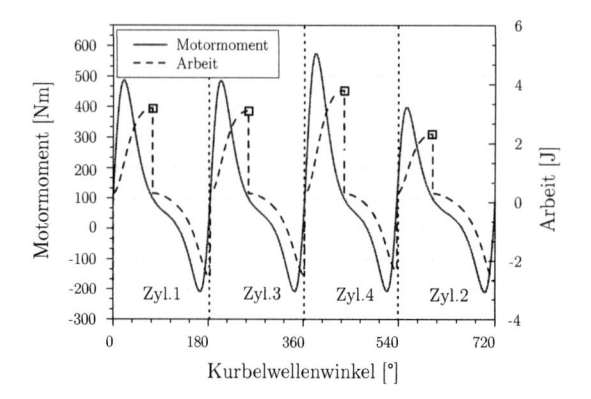

**Abbildung 6.21:** Quantifizierung der Zylinderfehler anhand zylinderindividueller Arbeitsbeiträge

Mit (6.25) und (6.24) ergibt sich die mittlere positive Arbeit pro Arbeitsspiel zu:

$$\overline{W}_{Mot} = \frac{1}{N_{zyl}} \sum_{i=1}^{N_{zyl}} W_{Mot,i} = \frac{1}{N_{zyl}} \sum_{i=1}^{N_{zyl}} (W_{Verb,i} + W_{konst,i})$$

$$= W_{Verb,Ref} + \frac{1}{N_{zyl}} \sum_{i=1}^{N_{zyl}} W_{konst,i} \qquad (6.27)$$

Für stationäre Arbeitspunkte und näherungsweise auch für Beschleunigungsvorgängen gilt:

$$\overline{W}_{Mot} = W_{Verb,Ref} + W_{konst,k} \qquad (6.28)$$

Aus der mittleren zylinderindividuellen Arbeit (6.24) sowie der mittleren positiven Arbeit pro Arbeitszyklus (6.28) lässt sich der absolute zylinderindividuelle Arbeitsfehler bestimmen:

$$\Delta W_{Verb,i} = W_{Mot,i} - \overline{W}_{Mot} \qquad (6.29)$$

Der relative Arbeitsfehler, das Residuum, ergibt sich entsprechend zu:

$$R_i = \frac{\Delta W_{Verb,i}}{W_{Verb,Ref}} \qquad (6.30)$$

Die vorgestellte Methode lässt sich, im Vergleich zur Quantifizierung mit Hilfe des Spitzenmoments, auch dann problemlos anwenden, falls die Motordrehzahlen ansteigen und somit das Massenmoment bezüglich seiner Amplitude das Verbrennungsmoment übertragt.

## Statistischer Ansatz

Die zylinderindividuellen Momentenbeiträge lassen sich auch als statistische Größen interpretieren. Dabei wird die Breite eines *zylinderspezifischen Segments* in Abhängigkeit der Zylinderanzahl $N_{Zyl}$ bestimmt. Bei einem Vierzylinder-Motor beträgt die Breite 180° Kurbelwellenwinkel. Mit dieser Festlegung kann nun für jeden Zylinder ein Datenvektor bestimmt werden:

$$\underline{M}_{Z,i} = \underbrace{[M_{Mot}(n \cdot 180°) \ldots M_{Mot}((n+1) \cdot 180°)]}_{(1 \times N_{Data})} \; ; \quad n \in \mathbb{N} \tag{6.31}$$

Die Elemente der Datenvektoren werden nun für jeden Zylinder in Klassen eingeteilt. Anschließend wird für jede Klasse die relative Häufigkeit gemäß [61] bestimmt. Mit Hilfe dieser Größen lässt sich für jeden zylinderspezifischen Momentenbeitrag ein Histogramm darstellen (Abbildung 6.22). Das Histogramm der Zylinder eins und drei beschreibt dabei den fehlerfreien Momentenverlauf. Für den Fall, dass ein Zylinder (hier konkret Zylinder zwei) ein zu niedriges Moment erzeugt, wird die Breite des Histogramms, im Vergleich zum fehlerfreien Fall, kleiner. Dagegen vergrößert sich die Breite des Histogramms, falls ein Zylinder (hier konkret Zylinder vier) ein zu hohes zylinderindividuelles Moment liefert. Die Änderung der Breite des Histogramms, veranschaulicht deutlich, dass je nach Fehlerart die (zentralen) Momente der Datenvektoren verändert werden. Für die Quantifizierung der Momentenbeiträge der einzelnen Zylinder werden der Stichprobenmittelwert $\hat{\mu}_{Z,i}$ sowie die Stichprobenvarianz $\hat{\sigma}^2_{Z,i}$ berechnet:

$$\hat{\mu}_{Z,i} = \frac{1}{N_{Data}} \sum_{k=1}^{N_{Data}} \underline{M}_{Z,i}(k) \; ; \quad \hat{\sigma}^2_{Z,i} = \frac{1}{N_{Data}-1} \sum_{k=1}^{N_{Data}} (\underline{M}_{Z,i}(k) - \hat{\mu}_{Z,i})^2 \tag{6.32}$$

Der Stichprobenmittelwert sowie die Stichprobenvarianz pro Arbeitsspiel des Motors stellen die Referenzwerte dar:

$$\hat{\mu}_{Ref} = \frac{1}{N_{zyl}} \sum_{i=1}^{N_{zyl}} \hat{\mu}_{Z,i} \; ; \quad \hat{\sigma}^2_{Ref} = \frac{1}{N_{zyl}} \sum_{i=1}^{N_{zyl}} \hat{\sigma}^2_{Z,i} \tag{6.33}$$

Mit (6.32) und (6.33) lässt sich wiederum ein zylinderindividueller Arbeitsfehler bestimmen, der, bezogen auf den Mittelwert und die Varianz pro Arbeitszyklus, ein Residuum für die einzelnen Zylinder ergibt:

$$R_{\hat{\mu},i} = \frac{\hat{\mu}_{Z,i} - \hat{\mu}_{Ref}}{\hat{\mu}_{Ref}} \quad \text{und} \quad R_{\hat{\sigma},i} = \frac{\hat{\sigma}_{Z,i} - \hat{\sigma}_{Ref}}{\hat{\sigma}_{Ref}} \tag{6.34}$$

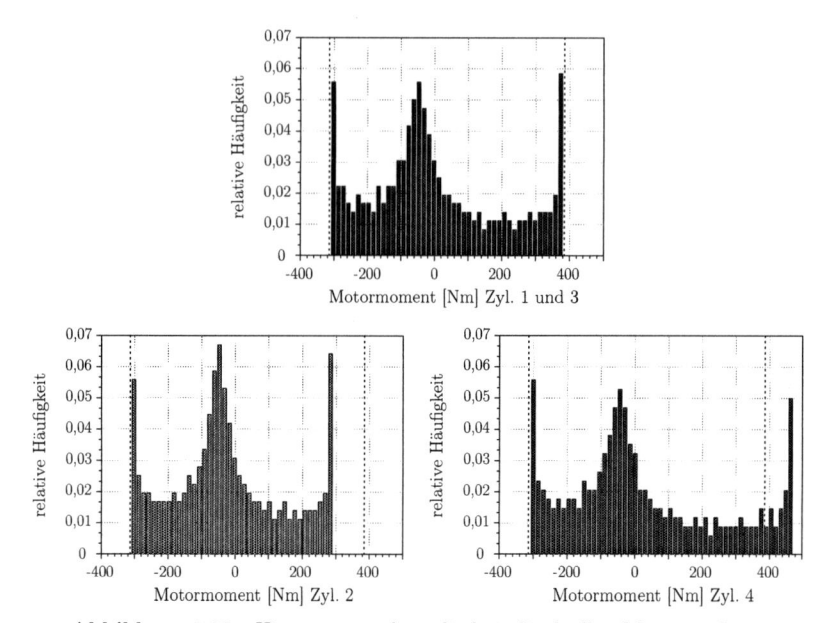

**Abbildung 6.22:** Histogramme der zylinderindividuellen Momentenbeträge

### 6.2.3 Korrektur von Zylinderfehlern

Im vorherigen Kapitel wurden Methoden zur Identifikation und Quantifizierung des stationären Zylinderfehlers vorgestellt. Im Folgenden werden, basierend auf den quantifizierten Werten, unterschiedliche Verfahren zur Korrektur von Zylinderfehlern vorgestellt. Die Lösungsansätze werden dabei in Zwei-Sensor- bzw. Ein-Sensor-Systeme unterteilt. Die Ein-Sensor-Systeme basieren dabei auf der singulären Erfassung der Motordrehzahl. Bei Zwei-Sensor-Systemen hingegen finden Quantifizierungsmethoden Anwendung, welche sich aus dem geschätzten Motormoment ableiten lassen. Wie in Kapitel 5 gezeigt wurde, ist für die Rekonstruktion des Motormoments die Erfassung der primären $\omega_{pri}$ und sekundären Winkelgeschwindigkeit $\omega_{sek}$ am Zweimassenschwungrad notwendig.

**Residuenbasierte Zylindergleichstellung**

Durch die Berechnung der relativen Zylinderfehler (Residuen) (siehe Abschnitt 6.2.2) lassen sich zylinderindividuelle Korrekturwerte für die auftretenden Zylinderfehler bestimmen. Die Korrektur der Zylinderfehler darf dabei zu keinem Zeitpunkt zu einer Beschleunigung oder Verzögerung des Fahrzeugs führen. Aus dieser Forderung wird ersichtlich, dass die Summe der individuellen Zylinderarbeit im unkorrigierten sowie im korrigierten Fall identisch sein müssen. Es ändert

## 6.2 Zylindergleichstellung

sich somit lediglich die Verteilung der Kraftstoffmasse auf die einzelnen Zylinder. Gemäß [63] und [139] lässt sich ein residuenbasierter Zylinderausgleich für einen Vierzylinder-Motor exemplarisch durch die Anwendung des folgenden Ansatzes realisieren:

$$\begin{pmatrix} K_{1,k} \\ K_{2,k} \\ K_{3,k} \\ K_{4,k} \end{pmatrix} = \begin{pmatrix} K_{1,k-1} \\ K_{2,k-1} \\ K_{3,k-1} \\ K_{4,k-1} \end{pmatrix} - l \cdot \left[ \begin{pmatrix} R_{1,k-1} \\ R_{2,k-1} \\ R_{3,k-1} \\ R_{4,k-1} \end{pmatrix} - \frac{1}{3} \begin{pmatrix} R_{2,k-1} + R_{3,k-1} + R_{4,k-1} \\ R_{3,k-1} + R_{4,k-1} + R_{1,k-1} \\ R_{4,k-1} + R_{1,k-1} + R_{2,k-1} \\ R_{1,k-1} + R_{2,k-1} + R_{3,k-1} \end{pmatrix} \right] \tag{6.35}$$

Die stationären Korrekturmomente $K_{i,k}$ der einzelnen Zylinder $i$ zum Abtastpunkt $k$ berechnen sich rekursiv aus den unmittelbar vergangenen Korrekturwerten $K_{i,k-1}$ sowie den Residuen $R_{i,k-1}$ der jeweiligen Quantifizierungsmethode. Die Anfangswerte der Korrekturmomente wurden ohne Beschränkung der Allgemeinheit zu Null gewählt. Um eine Änderungen des statischen Motormoments über ein gesamtes Arbeitsspiel zu vermeiden, muss die Summe der Korrekturterme für einen Vierzylinder-Motor

$$\sum_{i=1}^{N_{zyl}=4} K_i(k) = 0 \tag{6.36}$$

betragen. Die Lernrate $l$ ist ein Maß für die Korrekturgeschwindigkeit des Algorithmus und vergleichbar mit dem Verstärkungsfaktor eines klassischen Regelkreises. Eine zu hohe Lernrate resultiert in einer zu starken Fehlerkorrektur. Dies kann im ungünstigen Fall zu einer Instabilität des Gesamtsystems führen. Zwischen der Geschwindigkeit der Fehlerkorrektur und der Schwingungsdämpfung muss bei der Festlegung der Lernrate $l$ somit ein Kompromiss gefunden werden. Der strukturelle Aufbau des Gesamtkonzeptes zur Korrektur von Zylinderungleichheiten ist in Abbildung 6.23 dargestellt. Das Motormoment wird mit Hilfe der gemessenen primären und sekundären Drehzahl rekonstruiert. Die Datenerfassung des Motormoments erfolgt dabei für ein komplettes Arbeitsspiel. Im Anschluss werden für einen stationären Arbeitspunkt, gemäß der vorgestellten Methoden, die zylinderindividuellen Residuen bestimmt. Basierend auf diesen Residuen berechnet der Algorithmus die Korrekturmomente für jeden Zylinder. Die aktuellen Korrekturterme werden mit dem ursprünglichen Sollmoment $\overline{M}_{Mot,ref}$ überlagert und kompensieren die auftretenden Fehler. Der Korrekturalgorithmus lässt sich auf eine beliebige Anzahl von Zylindern erweitern.

**PI-Regler**

Eine weitere Methode für den Entwurf einer ZAR stellt der PI-Regler-Ansatz dar. Hierbei wird das rekonstruierte zylinderindividuelle Motormoment als Regelgröße

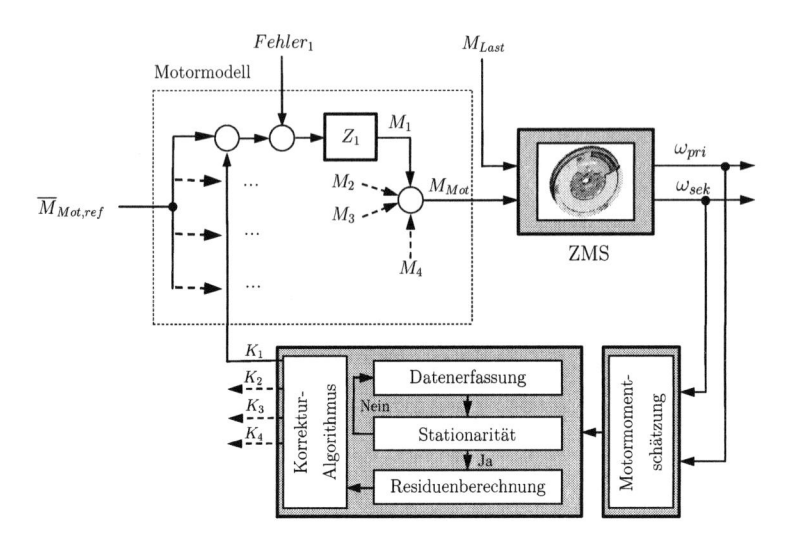

**Abbildung 6.23:** Struktur des Gesamtkonzepts zur Korrektur von Zylinderfehlern anhand der bestimmten Residuen aus der Signalanalyse des Motormoments

verwendet. In Abbildung 6.24 ist der strukturelle Aufbau der Zylinderausgleichsregelung dargestellt. Die zu regelnde Strecke besteht aus Motor und ZMS. Das geschätzte Motormoment wird zylinderindividuell über eine halbe Kurbelwellenumdrehung gemittelt. Die Führungsgröße des Regelkreises stellt $\overline{M}_{Mot,stat}$, das statische Motormoment dar. Die Regeldifferenz $e$ ergibt sich aus der Differenzbildung des statischen Motormoments und dem gemittelten Moment des Zylinders $\overline{M}_{Zyl,1}$. Der PI-Regler reagiert in Abhängigkeit des Verstärkungsfaktors $K_P$ auf die auftretende Regeldifferenz $e$. Die stationäre Genauigkeit der Regelung wird mit Hilfe des I-Anteils $M_{Korr,I}$ gewährleistet. Die Stabilität des Regelkreises lässt sich, analog zur Analyse subharmonischer Schwingungen mit Hilfe der Harmonischen Balance (Abschnitt 6.1.3), überprüfen. Die Stellgröße des Reglers für den jeweiligen Zylinder ergibt sich aus der Addition von $M_{Korr,P}$ und $M_{Korr,I}$. Durch zylinderindividuelle Stellgrößen, welche dem Fahrerwunschmoment $M_{FW}$ überlagert werden, wird eine Reduzierung vorhandener Zylinderungleichheiten erreicht. Im eingeschwungenen Zustand ist die Regeldifferenz $e$ Null und die Stellgrößen der einzelnen Zylinder kompensieren die auftretenden Zylinderfehler. Der Aufbau der Regelungen für die übrigen Zylinder des Motors erfolgt nach gleichem Schema. Auch dieses ZAR-Verfahren weist keine Beschränkung auf eine bestimmte Anzahl von Zylinder auf. Bei einer Erweiterung auf eine beliebige Zylinderzahl $N_{Zyl}$ muss lediglich das Intervall für die Mittelwertbildung der zylinderindividuellen Momente entsprechend angepasst werden.

## 6.2 Zylindergleichstellung

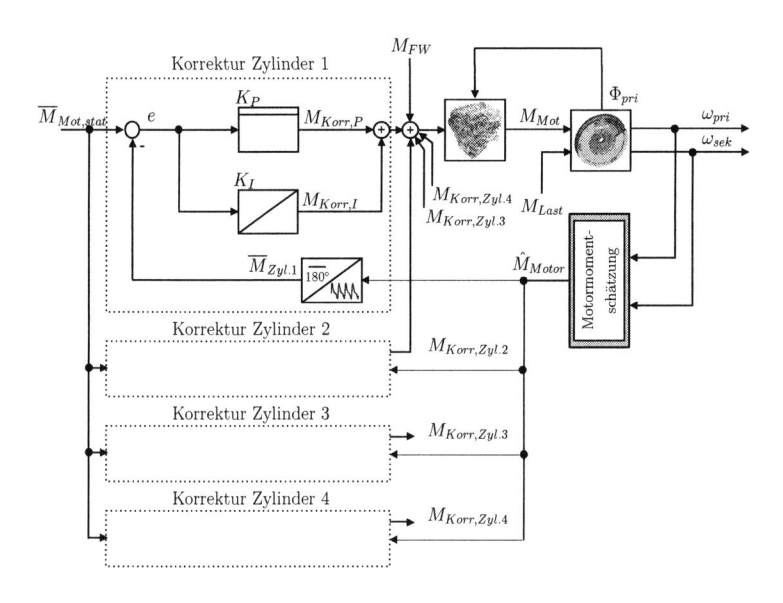

**Abbildung 6.24:** Struktur des Gesamtkonzepts zur Korrektur von Zylinderfehlern mit einem PI-Regler anhand des mittleren rekonstruierten Motormoments

### Ein-Sensor-PI-ZAR

Die Motivation dieser Methode basiert auf der Leerlaufregelung des Motors. Dabei soll die mittlere Drehzahl des Motors möglichst lastunabhängig konstant gehalten werden. Die ZAR übernimmt dabei die Aufgabe, jene, seitens der Zylinder unterschiedlich erzeugten Drehmomentenbeiträge, auszugleichen. Im Gegensatz zu den bereits vorgestellten Methoden soll für beide Regler ein, ausschließlich auf der primären Winkelgeschwindigkeit $\omega_{pri}$ basierendes Informationssignal, verwendet werden. Für den Leerlauf- und Zylinderausgleichsregler werden zwei unterschiedliche Regelgrößen verwendet. Die Regelgröße des Leerlaufreglers basiert auf dem gemittelten Drehzahlsignal des Motors. Auftretende Zylinderfehler führen je nach Vorzeichen zu einer Erhöhung bzw. Absenkung der, im konkreten Fall, über eine halbe Kurbelwellenumdrehung gemittelten Drehzahl. Diese Drehzahlfluktationen wirken sich ebenso auf die Beschleunigung $\alpha_{pri}$ der Kurbelwelle aus und können als eine Indikationsgröße zur Bewertung von Zylinderungleichheiten herangezogen werden [18]. Die Regelgröße der ZAR ergibt sich somit z.B. durch die zylinderindividuelle Mittelwertbildung der primären Beschleunigung über eine halbe Kurbelwellenumdrehung[15]. Steht ein hochaufgelöstes Drehzahlsignal zu Verfügung, so lässt sich dieses ebenfalls, aufgrund der dadurch reduzierten Totzeit, ähnlich gewinnbringend wie zuvor im Rahmen der LLR beschrieben (Ab-

---

[15]für den Viertakt-Vierzylinder-Motor

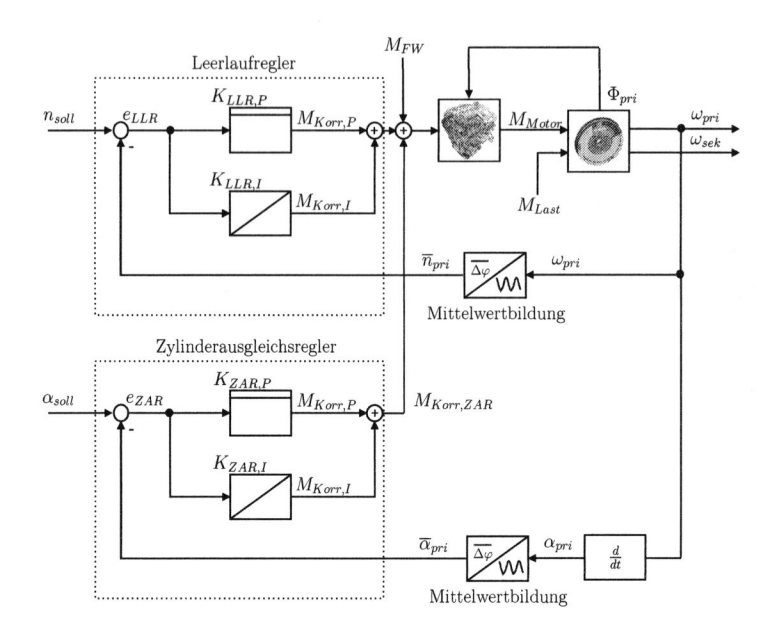

**Abbildung 6.25:** Struktur des Gesamtkonzepts zur Korrektur von Zylinderfehlern mit einem PI-Regler anhand der primären Beschleunigung $\alpha_{pri}$

schnitt 6.1.4), einsetzen. Abbildung 6.25 zeigt die Gesamtstruktur der beiden Regelungskonzepte. Die Struktur des PI-LLR gleicht der in Abschnitt 6.1.1 vorgestellten Form. Die Regelabweichung $e_{ZAR}$ der PI-ZAR ergibt sich durch die Differenzbildung von Sollbeschleunigung $\alpha_{soll}$ und Regelgröße $\overline{\alpha}_{pri}$. Im ungestörten Fall ist die Regeldifferenz Null und der ZAR wirkt nicht auf die zu regelnde Strecke ein. Bei auftretenden Zylinderfehlern ergibt sich eine Abweichung der Regeldifferenz. Der eingesetzte PI-Regler reagiert mit Hilfe von Korrekturmomenten $M_{Korr,ZAR}$ um die Zylinderfehler auszugleichen. Dabei müssen die Korrekturmomente phasenrichtig den jeweiligen Zylindern zugeführt werden.

Beide hier vorgestellten Regelungskonzepte LLR sowie ZAR stellen einen Lösungsansatz für einen Vierzylinder-Viertakt-Motor dar, können aber für Motoren mit anderer Zylinderzahl angepasst werden.

### 6.2.4 Validierung

Zur Überprüfung der Funktionalität der im letzten Abschnitt vorgestellten ZAR-Methoden, werden im Folgenden simulative Validierungen für verschiedene Betriebszustände vorgestellt. Für die Durchführung der Simulation wurden die im Rahmen dieser Arbeit bereits mehrfach genutzten komplexen Systemmodelle des Verbrennungsmotors, ZMS sowie des Antriebsstranges verwendet. Die Parameter der verwendeten Modelle sind im Anhang A.1, A.2 sowie A.3 aufgeführt. Eine Übersichtsdarstellung der Validierungsergebnisse für die verschiedenen ZAR-Verfahren ist ebenfalls im Anhang C.4 aufgeführt. Bei der Beurteilung der unterschiedlichen ZAR-Verfahren wird im Wesentlichen auf die Geschwindigkeit der Fehlerkorrektur Wert gelegt. Dabei steht zusätzlich ein möglichst ungestörter Drehzahlverlauf der Primär- bzw. Sekundärseite des ZMS im Fokus.

**Sprunghafte Zylinderfehler im Leerlauffall**

In diesem Abschnitt werden die vorgestellten ZAR-Verfahren bezüglich sporadisch auftretenden Zylinderfehlern im Leerlauf untersucht. Dieser Fehlerfall kann z.B. durch eine temporäre Fehlfunktion der Kraftstoffinjektoren verursacht werden. Das stationäre Motormoment $\overline{M}_{Mot,ref}$ beträgt im Folgenden 20 Nm. Das Fahrerwunschmoment $\overline{M}_{FW}$ ist im Leerlauffall zu Null anzusetzen. Die Abweichungen der zylinderindividuellen Ist-Momente wurden für die Validierung wie folgt angenommen:

$$M_{Fehler\ Z1}(t) = \begin{cases} -0{,}5\ Nm & (-2{,}5\%) & \text{für } 2\ s < t \leq 5\ s \\ +2{,}0\ Nm & (+10{,}0\%) & \text{für } 5\ s < t \leq 7.5\ s \\ 0\ Nm & (\pm 0\%) & \text{sonst} \end{cases} \quad (6.37)$$

$$M_{Fehler\ Z2}(t) = \begin{cases} +4{,}0\ Nm & (+20{,}0\%) & \text{für } 2\ s < t \leq 5\ s \\ -4{,}0\ Nm & (-20{,}0\%) & \text{für } 5\ s < t \leq 7.5\ s \\ 0\ Nm & (\pm 0\%) & \text{sonst} \end{cases} \quad (6.38)$$

$$M_{Fehler\ Z3}(t) = \begin{cases} +2{,}0\ Nm & (+10{,}0\%) & \text{für } 2\ s < t \leq 5\ s \\ -1{,}0\ Nm & (-5{,}0\%) & \text{für } 5\ s < t \leq 7.5\ s \\ 0\ Nm & (\pm 0\%) & \text{sonst} \end{cases} \quad (6.39)$$

$$M_{Fehler\ Z4}(t) = \begin{cases} -5{,}5\ Nm & (-27{,}5\%) & \text{für } 2\ s < t \leq 5\ s \\ +3{,}0\ Nm & (+15{,}0\%) & \text{für } 5\ s < t \leq 7.5\ s \\ 0\ Nm & (\pm 0\%) & \text{sonst} \end{cases} \quad (6.40)$$

Die Werte in den Klammern beschreiben den prozentualen Zylinderfehler im Bezug auf das stationäre Soll-Motormoment $\overline{M}_{Mot,ref}$. Die angenommenen Abweichungen wurden in Anlehnung an reale, am Verbrennungsmotor gemessene Zylinderunterschiede festgelegt [63]. Abbildung 6.26 zeigt den Verlauf der primären und sekundären ZMS-Drehzahlen bei aktiver Zylinderausgleichsregelung basierend auf der Berechnung von Residuen (hier exemplarisch: Spitzenmomen-

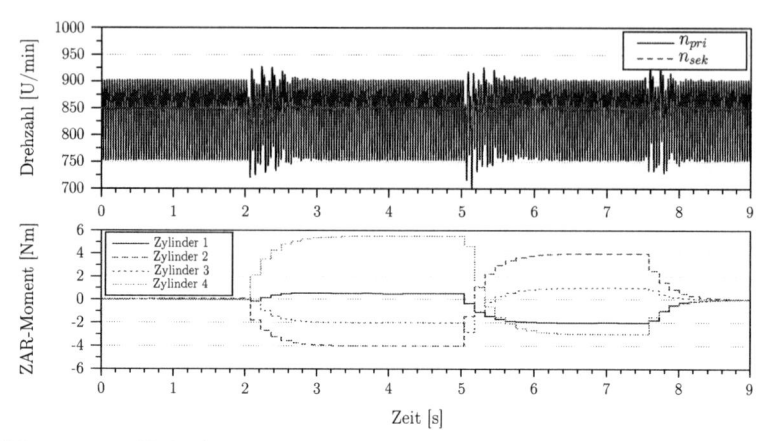

**Abbildung 6.26:** Verlauf der primären und sekundären Drehzahl sowie der ZAR-Korrekturmomente basierend auf der Residuenberechnung bei sprunghaften Zylinderfehlern im Leerlauf

te). Zusätzlich sind die zylinderindividuellen Korrekturwerte dargestellt. Im ungestörten Fall liefert die Zylinderausgleichsregelung keine Korrekturwerte. Es ist jedoch deutlich zu erkennen, dass im Fehlerfall bei $t=2$s Drehzahlfluktationen an der primären und sekundären Seite des ZMS auftreten. Die Zylinderausgleichsregelung reagiert auf die Drehungleichförmigkeit und korrigiert die aufgeschalteten Fehler innerhalb ca. 1,5 Sekunden. Nach der Fehlerkorrektur stellt sich ein ungestörter Drehzahlverlauf ein. Werden die Zylinderfehler nach $t=5$s sprungartig geändert, entstehen erneut niederfrequente Schwingungen der Drehzahlen, welche durch die ZAR ebenfalls innerhalb kürzester Zeit korrigiert werden. Um eine bessere Vergleichsmöglichkeit zu erhalten, wurden die Konvergenzzeiten und Drehzahldifferenzen $\Delta n_{pri}$ im Bezug auf die Soll-LL-Drehzahl der implementierten Verfahren untersucht (siehe Abbildung C.1). Grundlage für diesen Vergleich ist das Zylinderfehlerprofil zwischen $2s < t \leq 5s$. Je nach Verfahren werden die aufgeschalteten Fehler zwischen $1,3s < t < 2,4s$ korrigiert.

Drehzahldifferenzen aufgrund von Zylinderungleichheiten werden, unter Anwendung des Korrekturalgorithmus (6.35) basierend auf der Residuenberechnung, im allgemeinen Fall weitgehend reduziert. Für die übrigen, im Rahmen dieser Arbeit vorgestellten Quantifizierungsmethoden konnten ähnlich gute Ergebnisse erzielt werden. Der PI-Regler-Ansatz, welcher das zylinderindividuelle mittlere Motormoment als Regelgröße verwendet, zeigt bei der primären Drehzahldifferenz geringe Oszillationen. Ein ähnliches Verhalten ist auch für die PI-Ein-Sensor-Lösung zu beobachten. Diese weist zusätzlich eine deutlich höhere Amplitude der Oszillationen sowie eine wesentlich längere Korrekturzeit auf (siehe Anhang C.1).

## 6.2 Zylindergleichstellung

**Linear zeitvariante Zylinderfehler im Leerlauf**

Sprunghafte Änderungen der Zylinderfehler stellen ein hohes Anforderungsprofil für die ZAR dar. In der Praxis treten Zylinderungleichheiten oftmals nicht sprunghaft, sondern eher schleppend, durch z.B. alterungsbedingte Bauteilvarianzen auf. Es konnte durch analoge Validierungsuntersuchungen gezeigt werden, dass linear zeitvariante Fehler ebenfalls durch die vorgestellten ZAR-Verfahren korrigiert werden können. Die Geschwindigkeit der ZAR liegt dabei in ähnlichen Bereichen wie zuvor bei sprunghafter Anregung. Allerdings setzt dies voraus, dass die maximal vorkommende zeitliche Änderung der Zylinderfehler etwas geringer als die Zeitkonstante der ZAR dimensioniert ist. Abbildung C.2 zeigt die Konvergenzzeiten der ZAR sowie die Geschwindigkeitsverläufe bei linear zeitvariantem Zylinderfehler. Das zugrunde liegende Störszenario ist nachfolgend im Anhang durch (C.1) bis (C.4) angegeben.

**Variation der Leerlaufdrehzahl**

Die Funktionalität der ZAR soll unabhängig der eingestellten Leerlaufdrehzahl gewährleistet sein. Um die Erfüllung dieser Forderung zu überprüfen, wurden alle vorgestellten ZAR-Verfahren für einen Drehzahlbereich von 750 - 1000 U/min untersucht. Als Leerlaufregler wurde ein konventioneller PI-Regler (siehe Abschnitt 6.1.2) eingesetzt. Es konnte simulativ nachgewiesen werden, dass die niederfrequenten Schwingungen aufgrund von Zylinderungleichheiten für den gesamten Drehzahlbereich von 750 - 1000 U/min zufriedenstellend korrigiert werden. Gleichzeitig konnte beobachtet werden, dass im Leerlauffall die Interaktion der beiden Regler - LLR und ZAR - keine Probleme bereitete. Die Zylinderungleichheiten wurden kompensiert und ein stationärer Drehzahlverlauf mit der gewünschten Solldrehzahl stellte sich ein. Um jedoch das Auftreten von Grenzzyklen zu vermeiden, müssen die Reglerparameter des PI-Zylinderausgleichsreglers, welcher die primäre Winkelbeschleunigung als Regelgröße verwendet, im unteren Drehzahlbereich entsprechend angepasst werden.

**Höhere und transiente Drehzahlen**

Neben der zuverlässigen Funktion der ZAR bei niedrigen Drehzahlen im Leerlauf, ist es zusätzlich wünschenswert, auftretende Zylinderfehler auch bei höheren und transienten Drehzahlen zu korrigieren. Die vorgestellte Ein-Sensor-Lösung wurde speziell für den Leerlauf entwickelt und ist daher nicht für höhere Drehzahlen geeignet. Die Validierung der übrigen ZAR-Methoden bei höheren Drehzahlen zeigte eine insgesamt zufriedenstellende Fehlerkorrektur auf. Dabei wurde ein Drehzahlbereich von 800 - 3500 U/min untersucht. Ab 3500 U/min wurden, bei dem verwendeten Testmotor, die Massenmomente, bei einer kontinuierlichen Steigerung der Drehzahl, betragsmäßig größer als die Gasmomente. Dies hatte

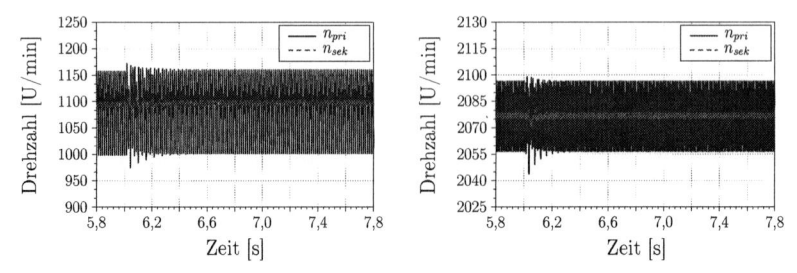

**Abbildung 6.27:** Zylinderfehler für unterschiedliche Drehzahlen am Beispiel des ZAR basierend auf den Residuen der Spitzenwerte des Motormoments

zur Folge, dass auftretende Zylinderfehler bei hohen Drehzahlen weniger starke Drehzahlfluktationen hervorriefen als bei niedrigen. Im Folgenden sind exemplarisch die ZAR-Ergebnisse für unterschiedliche stationäre Drehzahlen, basierend auf der Berechnung der Spitzenmoment-Residuen, aufgeführt (Abbildung 6.27). Hierbei ergeben sich unterschiedliche Korrekturzeiten, welche abhängig von der jeweiligen mittleren Drehzahl sind. Es hat sich gezeigt, dass die Korrekturzeiten $\tau_{ZAR,Korr}$ bei unveränderter Lernrate $l$ bzw. Verstärkungsfaktor $K_P$ der Zylinderausgleichsregelungen umgekehrt proportional zur Drehzahl des Motors sind:

$$\tau_{ZAR,Korr} \sim \frac{1}{n} \qquad (6.41)$$

Dieser Zusammenhang ist anschaulich nachvollziehbar, da bei hohen Drehzahlen mehr Arbeitstakte pro gleichem Zeitintervall auftreten und somit ein schnellerer Stelleingriff der ZAR erfolgen kann. Die Validierung der übrigen Zwei-Sensor-Lösungen lieferte vergleichbare Ergebnisse.

Transiente Vorgänge umschreiben im Folgenden die Beschleunigung bzw. Verzögerung des Fahrzeugs und damit des Motors. Die Ein-Sensor-Lösung kann für die Fehlerkorrektur während transienten Vorgängen ebenfalls nicht eingesetzt werden, da sie explizit für den stationären Leerlauffall entworfen wurde. Die Ergebnisse für einen transienten Vorgang sind in Abbildung 6.28 für den ZAR basierend auf der Residuenberechnung der Spitzenmomente dargestellt. Die aufgeschalteten, sprungförmigen Zylinderfehler lassen sich anhand der sich ergebenden Korrekturwerte ableiten. Es ist deutlich erkennbar, dass auftretende Zylinderfehler während eines Beschleunigungsvorganges sowie der darauffolgenden Verzögerung erkannt und korrigiert werden. Die dabei in Erscheinung tretenden, niederfrequenten Schwingungen werden innerhalb von ca. $t=0,6$ s ausgeregelt und es stellt sich ein ungestörter transienter Vorgang ein.

## 6.2 Zylindergleichstellung

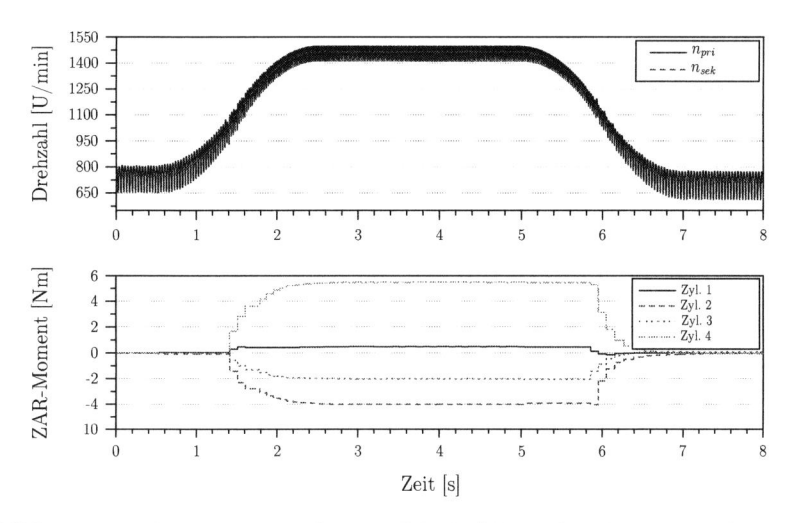

**Abbildung 6.28:** Korrektur sprungförmiger Zylinderfehler während transienten Vorgängen basierend auf der Residuenberechnung der Spitzenmomente

### Variation des ZMS

In Abschnitt 5.5.1 konnte gezeigt werden, dass die Rekonstruktion des direkt indizierten Motormoments für eine breite Palette von gängigen ZMS-Bauformen sehr gut möglich ist. Da die vorgestellten Zwei-Sensor-Lösungen auf der Interpretation des rekonstruierten Motormoments basieren, konnte die Funktionalität der ZAR, durch die Validierung mit stark unterschiedlichen ZMS Bauformen, für ein breites Spektrum nachgewiesen werden. Die Funktionalität im Einzelnen ist jedoch, aufgrund des stark nichtlinearen Verhaltens des ZMS, vorab simulativ zu überprüfen, da eine allgemein gültige Aussage, aufgrund der großen Vielfalt an ZMS-Bauformen, durch eine alleinige Stützung auf die exemplarisch untersuchten ZMS-Konfigurationen nicht sinnvoll ist. Die PI-Ein-Sensor-ZAR zeigte dabei ebenso, für eine Vielzahl von ZMS-Konfigurationen, ein gutes Verhalten bezüglich der Ausregelung von Zylinderfehlern im Leerlaufbetrieb.

### Zug- bzw. Schubbetrieb

Ein weiterer zu untersuchender Fall ist die Überprüfung der Funktionalität der ZAR bei geschlossener Kupplung, d.h. mit mechanisch gekoppeltem Antriebsstrang. Die simulierten, sprungförmigen Zylinderfehler entsprechen (6.37) bis (6.40). Abbildung 6.29 verdeutlicht die Simulationsergebnisse bei gekoppeltem Antriebsstrang und sprunghaften Zylinderfehlern für jene ZAR, basierend auf der Residuenberechnung der Spitzenmomente. Im ungestörten Zustand weisen die primäre und sekundäre Drehzahl eine schwache, niederfrequente Schwingung

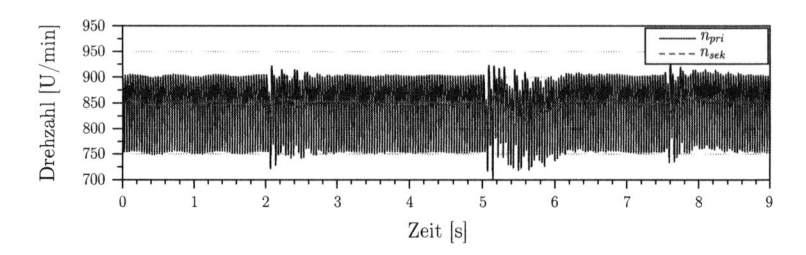

**Abbildung 6.29:** Validierung der ZAR basierend auf der Residuenberechnung der Spitzenmomente bei angekoppeltem Antriebsstrang

auf. Dabei handelt es sich ebenfalls um Grenzzyklen im nichtlinearen Regelkreis, da der LLR im gezeigten Kriech-Fall[16] aktiviert ist. Die Validierung mit linear zeitvariantem Zylinderfehler lieferte ähnliche Ergebnisse. Der Nachweis der Funktionalität konnte für sämtliche, vorgestellte Zwei-Sensor-Systeme nachgewiesen werden. Die PI-Ein-Sensor-ZAR lieferte bei angekoppeltem Antriebsstrang keine zufriedenstellenden Ergebnisse. Den Grund hierfür, stellen die schnellveränderlichen Rückmomente des ZMS dar, welche zu einer Missinterpretation der primären Drehzahlschwankung führen können. Im Rahmen dieser Arbeit wurden zahlreiche Simulationen zur Validierung der ZAR durchgeführt. Eine tabellarische Übersicht der dabei gewonnenen Ergebnisse bzw. Erkenntnisse ist im Anhang C.4 aufgeführt.

## 6.3 Anti-Ruckel-Regelung

Der Antriebsstrang stellt gemäß seiner Struktur nach Abschnitt 4.1 ein schwingfähiges System dar. Bei einer sprungförmigen Anregung durch das Motor- bzw. Lastmoment kann es somit zu einer, in der Regel gedämpften Drehschwingung des Antriebsstrangs kommen. Speziell moderne, direkteinspritzende Dieselmotoren erzeugen bereits in niedrigen Drehzahlbereichen hohe und steilflankige Antriebsmomente, bei sprungförmiger Anregung durch das Fahrerwunschmoment. Dies stellt vor allem in den unteren Fahrstufen, bedingt durch das dort herrschende größere Übersetzungsverhältnis ein Problem dar, da sich der Antriebsstrang hierbei stärker verspannt. Die induzierten Drehschwingungen des Antriebsstrangs wirken sich in erster Linie negativ auf den subjektiven Fahrkomfort der Insassen aus, da sie als unangenehmes *Ruckeln* (engl.: „jerking") wahrgenommen werden. Ohne entsprechende Dämpfungsmaßnahmen treten sie bei nahezu jeder schnelleren Änderung des Fahrerwunschmoments mehr oder weniger stark auf. Die

---

[16] Der Kriechfall beschreibt jenen Betriebszustand, bei welchem die Kupplung geschlossen, der komplette Antriebsstrang angekoppelt und die Motordrehzahl sich in Bereichen aktiver LLR bewegt.

Reduzierung dieser Schwingungen stellt daher eine der essentiellen Aufgaben, im Hinblick auf die Verbesserung des Fahrkomforts sowie einer Reduzierung der Materialbeanspruchung, dar.

### 6.3.1 Drehschwingungen des Antriebsstrangs

Der Verbrennungsmotor repräsentiert das Stellglied des Antriebsstranges mit ZMS. Durch das zündungsbedingt ungleichförmige Motormoment wird der Antriebsstrang mit ZMS zu Schwingungen angeregt. Die Hauptaufgabe des ZMS besteht darin, durch seinen Tiefpasscharakter die höherfrequenten Drehschwingungen vom Antriebsstrang zu entkoppeln (siehe Abschnitt 3.2). Die 3dB-Grenzfrequenz des ZMS ist dabei stark abhängig vom jeweiligen Arbeitspunkt bezüglich Motordrehzahl und Last. Um dennoch eine Aussage über die Grenzfrequenz machen zu können, wurde die Streckenkombination aus ZMS und Antriebsstrang durch ein künstliches, sinusförmiges Motormoment angeregt. Die sich dabei ergebenden Frequenzgänge sind in Abbildung 6.30 dargestellt.

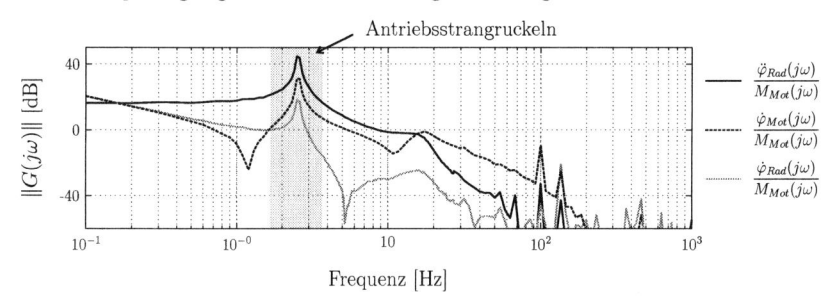

**Abbildung 6.30:** Frequenzgänge unterschiedlicher Indikationsgrößen des Antriebsstrangs in Anhängigkeit des Motormoments

Es ist deutlich zu erkennen, dass der Frequenzgang der Motordrehzahl im Bereich unter 30 Hz zwei ausgeprägte Resonanzüberhöhungen aufzeigt. In erster Näherung kann angenommen werden, dass jene Antriebsstrangkomponenten, welche sich durch die niedrige Eigenfrequenzen auszeichnen, für diese Überhöhungen verantwortlich zu machen sind. Die effektive Federrate (siehe Abschnitt 3.2.3) des ZMS ist dabei im Bereichen zwischen 10 bis 30 Hz anzusiedeln. Bei der Betrachtung der Antriebsstrangparameter (siehe Anhang A.3) weist die Gelenkwelle die kleinste Federsteifigkeit auf. Für die zu untersuchende Konfiguration bedeutet dies, dass die unteren beiden Resonanzüberhöhungen im wesentlichen durch die Eigenfrequenzen des ZMS sowie der Gelenkwellen geprägt werden. Im Unterschied zu konventionellen Antriebsstrangregelungen ist daher, bei Fahrzeugen mit ZMS, eine zweite Resonanzfrequenz im unteren Frequenzbereich (bis 20 Hz) anzusetzen und beim anschließenden Reglerentwurf entsprechend zu berücksichtigen. Antriebsstrangschwingungen, deren Eigenfrequenzen im Bereich von

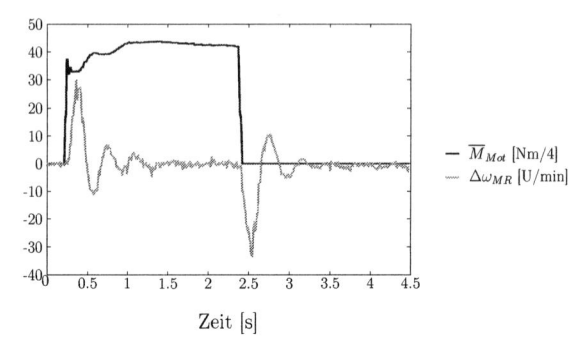

**Abbildung 6.31:** Drehzahldifferenz $\Delta\omega_{MR}$ bei sprungförmiger Änderung des stationären Motormoments $\overline{M}_{Mot}$

1 bis 10 Hz liegen, werden nach experimentellen Erkenntnissen [114] als besonders unangenehm von den Fahrzeuginsassen empfunden. Neben der absoluten Längsbeschleunigung, hat sich die Differenz zwischen Motor- und Raddrehzahl $\Delta\omega_{MR}$ als eine gute Indikationsgröße für das Ruckeln des Fahrzeugs, aufgrund von Antriebsstrangoszillationen, bewährt [94]. Abbildung 6.31 zeigt die Drehzahldifferenz $\Delta\omega_{MR}$ über einer, näherungsweise sprungförmigen Anregung, durch das stationäre Motormoment. Dieses wurde durch eine schnelle Betätigung des Gaspedals, einem sog. *Tip-In* induziert. Das hierfür verwendete Testfahrzeug war frontgetrieben und mit einem 1,6 Liter Vierzylinder Dieselmotor bestückt. Das stationäre Motormoment sowie die Drehzahlwerte wurden am CAN-Bus aufgezeichnet.

Die Drehzahldifferenz $\Delta\omega_{MR}$ zeigt den Verlauf einer gedämpften Oszillation mit einer Frequenz von ca. 3Hz auf. Zur Differenzbildung wurde ein entsprechender Übersetzungsfaktor $i$ zwischen Motor- und Raddrehzahl berücksichtigt. Durch die Bestückung des Testfahrzeuges mit Sensoren zur Erfassung der Längsbeschleunigung sowie der subjektiven Wahrnehmung der Antriebsstrangoszillationen durch die Fahrzeuginsassen konnte eine starke Korrelation zwischen der Drehzahldifferenz $\Delta\omega_{MR}$ und dem Auftreten des Phänomens „Ruckeln" bestätigt werden.

### 6.3.2 Konventionelle Ansätze

Generell lassen sich Antriebsstrangschwingungen durch Modifikationen der mechanischen Komponenten reduzieren. Die Erhöhung der primären Trägheitsmasse des Systems sowie die Steigerung der individuellen Federkonstanten der Antriebsstrangkomponenten sorgt für eine Reduktion der Amplituden bzw. einer

## 6.3 Anti-Ruckel-Regelung

Verschiebung der Haupteigenfrequenz in einen schwingungstechnisch günstigeren, höheren Frequenzbereich [48]. Die Erhöhung der Trägheitsmasse (z.B. durch Tilgergewichte an den Wellen) des Antriebsstrangs ist gleichbedeutend mit einem erhöhten Kraftstoffverbrauch sowie einem gesteigerten Ausstoß an Kohlendioxid. Zusätzlich verliert das Fahrzeug durch den Einsatz großer Massenträgheiten an Agilität und Spritzigkeit hinsichtlich der Längsbeschleunigung. Eine Erhöhung der Federsteifigkeit lässt sich z.b. durch eine Verstärkung des Wellendurchmessers erreichen. Eine Erhöhung des Wellendurchmessers bzw. die Verwendung eines, im Hinblick auf die Schwingungsisolation, höherwertigen Materials steigert die Produktionskosten des Fahrzeugs. Um die Trägheitsmasse des Antriebsstranges und dabei den Kraftstoffverbrauch sowie die Emission von Kohlendioxid, bei Erhalt einer adäquaten Fähigkeit zur Längsbeschleunigung möglichst gering zu halten, wurden in der Vergangenheit zahlreiche Ansätze zur aktiven Dämpfung von Antriebsstrangschwingungen entwickelt und implementiert [111], [63], [94], [46]. Im Gegensatz zu diesen Arbeiten, welche für konventionelle Antriebsstrangsysteme mit EMS entwickelt wurden, werden im Rahmen dieser Arbeit modifizierte und neu entwickelte Ansätze vorgestellt, die gezielt für Antriebssysteme mit ZMS abgestimmt sind.

### 6.3.3 Streckenmodelle

Für die Untersuchung des Ruckel-Phänomens sowie der Validierung konventioneller, modifizierter bzw. neu entwickelter Regleralgorithmen bedarf es eines genauen, flexibel anpassbaren Streckenmodells des Motors, des ZMS sowie des Antriebsstrangs. Hierfür wurden die Ansätze der, in den Abschnitten 2.4.2, 3.3.1 und 4.1 vorgestellten, komplexen Systemmodelle verwendet. Anhand von Testdaten, welche an der realen Strecke, dem Fahrzeug, gemessen wurden, zeigte sich, dass niederfrequente, gedämpfte Antriebsstrangschwingungen, welche durch eine sprungförmige Änderung des Motorsollmoments hervorgerufen werden, mit hoher Genauigkeit nachgebildet werden können. Zur modellbasierten Reglersynthese bzw. Implementierung sind diese Streckenmodelle aufgrund ihrer hohen Komplexität, der teilweise starken Nichtlinearitäten sowie der daraus resultierenden hohen Anforderungen bezüglich der Rechenleistung, bei derzeitigem Stand der Technik, nicht geeignet. Für die modellbasierte Reglersynthese bzw. zur echtzeitfähigen Zustandsrekonstruktion im Fahrzeug wurde in Abschnitt 4.2.2 ein lineares Modell des Antriebsstranges vorgestellt. Je nach Verfügbarkeit von Messdaten wie z.B. dem indizierten Motormoment bzw. der sekundären ZMS-Drehzahl ist dieses lineare, reduzierte Streckenmodell entsprechend, um Modellansätze des Verbrennungsmotors bzw. des ZMS, zu erweitern. Um die Modellordnung dabei möglichst gering zu halten bedient man sich hierbei möglichst einfacher, linearer Ansätze (siehe Abschnitt 2.3.1 und 5.1). Zwar wird durch das MWM des Verbren-

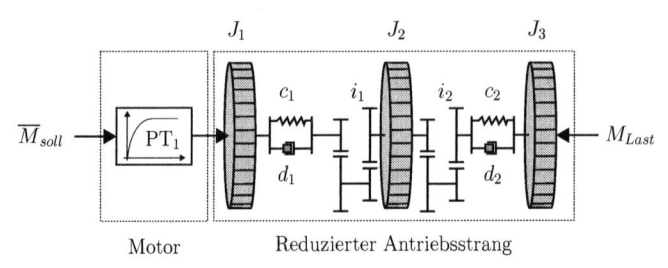

**Abbildung 6.32:** Stark vereinfachtes lineares Streckenmodell

nungsmotors lediglich die Übertragung der stationären Momente berücksichtigt, jedoch stellt dies, angesichts der geforderten Modellierung der niederfrequenten Antriebsstrangschwingungen, nur eine untergeordnete Einschränkung dar. Die Modellbildung lässt sich im konkreten Fall, der Nachbildung des Antriebsstrangruckelns, sogar gänzlich auf die Betrachtung der stationären Werte, bezüglich Drehmoment und Drehzahl, reduzieren, da die dominierenden Eigenfrequenzen deutlich unterhalb der Motorgrundfrequenz liegen. Steht das rekonstruierte Motormoment nicht zur Verfügung, so ergibt sich ein Streckenmodell mit zwei FDE (Abbildung 6.32) als das einfachste lineare Modell, zur Beschreibung des Antriebsstrangruckels für Fahrzeuge mit ZMS. Ein Modell mit einfachem FDE stellte, für zahlreiche Antriebsstrang-ZMS-Kombinationen, die zu betrachtenden Antriebsstrangschwingungen nicht in ausreichendem Maße genau dar.

Für direkteinspritzende Motoren kann die stark reduzierte Totzeit $\tau_{t,Mot}$ bei der Modellierung des Motors in erster Näherung vernachlässigt werden. Gemäß Abschnitt 4.2.2 ergibt sich somit ein reduziertes Zustandsraummodell sechster Ordnung mit:

$$\underline{\dot{x}} = \begin{pmatrix} 0 & 1 & 0 & -i_1 & 0 & 0 \\ \frac{-c_1}{J_1} & \frac{-d_1}{J_1} & 0 & \frac{d_1 i_1}{J_1} & 0 & \frac{1}{J_1} \\ 0 & 0 & 0 & \frac{1}{i_2} & -1 & 0 \\ \frac{c_1 i_1}{J_2} & \frac{d_1 i_1}{J_2} & \frac{-c_2}{J_2 i_2} & \frac{-d_1 i_1^2 - \frac{d_2}{i_2^2}}{J_2} & \frac{d_2}{J_2 i_2} & 0 \\ 0 & 0 & \frac{c_2}{J_3} & \frac{d_2}{J_3 i_2} & \frac{-d_2}{J_3} & 0 \\ 0 & 0 & 0 & 0 & 0 & \frac{-1}{T_{Mot}} \end{pmatrix} \cdot \underline{x} + \begin{pmatrix} 0 & 0 \\ 0 & 0 \\ 0 & 0 \\ 0 & 0 \\ 0 & \frac{-1}{J_3} \\ \frac{K_{V,Mot}}{\tau_{V,Mot}} & 0 \end{pmatrix} \begin{pmatrix} \overline{M}_{soll} \\ M_{Last} \end{pmatrix}$$

(6.42)

bzw.

$$\underline{y} = \begin{pmatrix} 0 & 1 & 0 & 0 & 0 & 0 \\ 0 & 0 & 0 & 0 & 1 & 0 \\ 0 & \frac{1}{i_1 \cdot i_2} & 0 & 0 & -1 & 0 \end{pmatrix} \underline{x}$$

(6.43)

## 6.3 Anti-Ruckel-Regelung

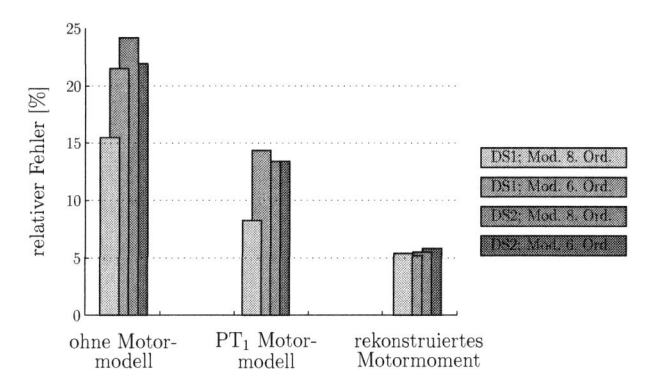

**Abbildung 6.33:** Relativer Fehler des Streckenmodells (6. bzw. 8. Ordnung) im Vergleich zur realen Strecke bei unterschiedlichen Motormodellen und Validationsdatensätzen (DS1 bzw. DS2)

Die Zustandsgrößen $x_1$ bis $x_5$ stellen dabei die Winkeldifferenzen (4.34) bzw. die Winkelgeschwindigkeiten (4.35) der jeweiligen Trägheitsmassen dar. Die Zustandsgröße $x_6$ beschreibt das stationäre Motormoment $\overline{M}_{stat}$. Die Ausgangsgrößen $\underline{y}$ setzen sich je nach vorhandener Sensorik aus einer Linearkombination der Zustandsgrößen zusammen. Im konkreten Fall werden die Motor- und Raddrehzahlen sowie die zugehörige, um das Übersetzungsverhältnis bereinigte Drehzahldifferenz ausgegeben. Die Implementierung eines Zustandsraummodells sechster Ordnung stellt, durch die sich somit ergebenden Matrizenrechnung, einen vertretbaren Rechenaufwand dar, welcher jedoch, auf zahlreichen Motorsteuergeräten aktueller Generationen, noch nicht ohne Weiteres realisierbar ist. Von einer zusätzlichen Ordnungserhöhung des Streckenmodells zur Verbesserung der Modellgenauigkeit ist daher, im Hinblick auf den aktuellen Stand der Technik, abzusehen. Steht zusätzlich das rekonstruierte Motormoment zur Verfügung (Kapitel 5), so kann eine zusätzliche Ordnungsreduktion durch den Wegfall des Verzögerungsgliedes erster Ordnung erfolgen. Darüber hinaus verbessert sich die Modellgenauigkeit, da das Mittelwertmodell des Motors eine sehr starke Vereinfachung darstellt.

Abbildung 6.33 zeigt hierzu einen Vergleich des Fehlers zwischen dem komplexen Streckenmodell sowie dem stark vereinfachten, reduzierten. Es ist deutlich zu erkennen, dass die Modellierung des Verbrennungsmotors, durch ein Verzögerungsglied erster Ordnung, zwar etwas schlechtere Werte bezüglich des relativen Fehlers liefert, jedoch die Approximationseigenschaft des Gesamtmodells, im Vergleich zu einer Vernachlässigung der Motordynamik, nachhaltig verbessert.

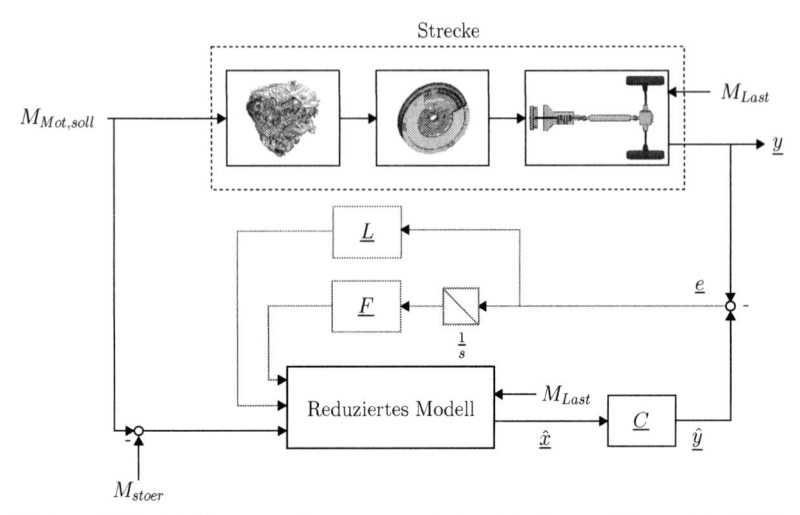

**Abbildung 6.34:** Struktur eines linearen, reduzierten Streckenmodells gemäß Abbildung 6.32 mit Zustands- und Störgrößenbeobachter

### Zustandsbeobachter

Um die Modellgüte weiter zu verbessern, ohne die Streckenordnung signifikant zu erhöhen, wurde zusätzlich ein Zustandsbeobachter [39] dem Streckenmodell hinzugefügt. Die Aufgabe des Beobachters besteht in der Nachführung der Zustandstrajektorien, des reduzierten Streckenmodells, an jene des komplexen bzw. realen Systems. Das im vorherigen Abschnitt beschriebene Streckenmodell ist vollständig beobachtbar [39], ein Zustandsbeobachter somit realisierbar. Die Struktur des Streckenmodells mit Beobachter ist in Abbildung 6.34 dargestellt. Der Zustandsbeobachter $\underline{L}$ wurde analog zur Vorgangsweise aus Abschnitt 6.1.5 mit Hilfe der Lösung des Riccati-Regleransatzes berechnet. Die Diagonalelemente der Gewichtungsmatrizen $\underline{Q}$ bzw. $\underline{S}$ im Sinne von (6.9) wurden dabei, unter Berücksichtigung der unterschiedlichen Größenordnungen der Systemzustände, gleich stark mit jeweils $q_{ii} = s_{ii} = 10^{-2}$ festgelegt. Die Ergebnisse der Validierung des reduzierten Streckenmodells mit Zustandsbeobachter sind in Abbildung 6.35 dargestellt. Das reduzierte Streckenmodell gibt dabei den Verlauf der niederfrequenten Schwingungen sehr gut wieder. Die hochfrequenten Anteile im Bereich der Motorgrundfrequenz können durch das Modell nicht wiedergegeben werden, da zum einen eine Anregung durch das stationäre Motormoment erfolgt, bzw. der Beobachter hierfür zu langsam ist.

Die Verlustmomente des Motors $M_{stoer}$ sowie die auf den Reifen in Längsrichtung rückwirkenden Lastmomente $M_{Last}$ sind im allgemeinen Fall unbekannt. Dies kann zu einer beständigen, konstanten Abweichung einzelner, rekonstruier-

## 6.3 Anti-Ruckel-Regelung

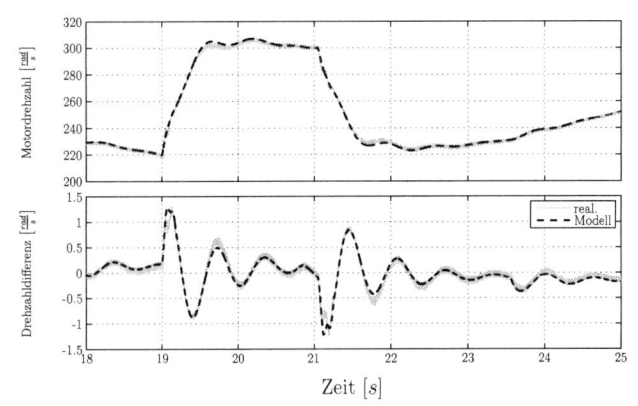

**Abbildung 6.35:** Validierung des reduzierten, linearen Streckenmodells mit Zustands- und Störgrößenbeobachter

ter Zustandsgrößen führen, welche durch den Zustandsbeobachter $\underline{L}$ allein nicht korrigiert werden können. Aus diesem Grunde wurde zusätzlich ein sog. Störgrößenbeobachter $\underline{F}$ eingeführt. Dadurch lassen sich jene Zustandsgrößen, welche eine stationäre Differenz zum tatsächlichen, realen Verlauf aufweisen, korrigieren. Im konkreten Fall wurde die Differenz der Raddrehzahl über eine entsprechende Gewichtung, durch die Beobachtermatrix $\underline{F}$, direkt auf das zu generierende Motormoment rückgeführt. Dies bewirkt ähnlich des I-Anteils einer PI-Regelung die Korrektur einer stationären Abweichung.

### 6.3.4 Ausgangsrückführung

Eine einfache Methode zur Anti-Ruckel-Regelung (ARR) besteht in der gewichteten Rückführung $\overline{M}_{ARR,korr}$ einer Indikationsgröße, welche dem stationären Motorsollmoment $\overline{M}_{Mot,soll}$ aufaddiert wird. Im konkreten Fall wurde die Drehzahldifferenz $\dot{\varphi}_{Mot}/i_1 i_2 - \dot{\varphi}_{Rad}$ zwischen Motor und Rad als Indikationsgröße des Ruckel-Phänomens eingeführt. Abbildung 6.36 zeigt die Struktur der ARR basierend auf einer Ausgangsrückführung. Im Gegensatz zu einem modellbasierten Ansatz erlaubt diese Methode die direkte Verwendung gemessener Drehzahlsignale. Da die ARR jedoch lediglich auf niederfrequente Schwingungen des Antriebsstranges reagieren soll, wurde ein Tiefpassfilter zweiter Ordnung (TP) eingeführt. Dieses reduziert die höherfrequenten Anteile im Drehzahlsignal und weist, bei genügend hoher 3dB-Grenzfrequenz, eine ausreichend geringe Phasenreserve auf. Da im konkreten Fall die Ruckelfrequenzen bei ca. zwei bis vier Hertz zu erwarten sind wurde die Grenzfrequenz des Filters auf 10 Hertz festgelegt. Da-

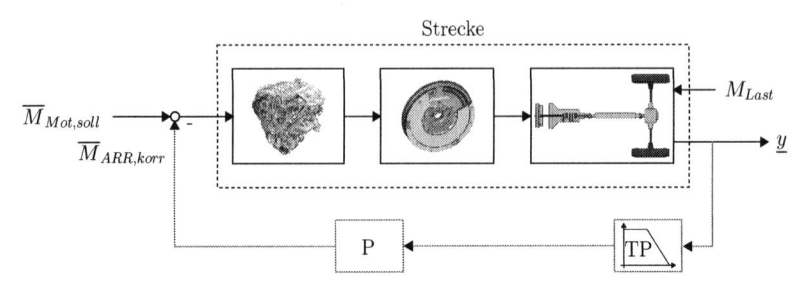

**Abbildung 6.36:** Struktur des ARR basierend auf einer Ausgangsrückführung

durch bleiben die Eigenschwingungen des ZMS weitgehend ungestört durch den Regeleingriff. Das ARR-Korrekturmoment ergibt sich zu:

$$\overline{M}_{ARR,korr} = P \cdot \left[ g_{TP}(kT) * \left( \frac{\dot{\varphi}_{pri}}{i_1 i_2} - \dot{\varphi}_{Rad} \right) \right] \tag{6.44}$$

Die Validierung der ARR mit Ausgangsrückführung ist in Abbildung 6.37 dargestellt. Hierzu wurde ein stark schwingender Antriebsstrang mit einem Momentensprung von $\Delta \overline{M}_{Mot,soll} = 100$ Nm angeregt. Die Verläufe der Motordrehzahl sowie der Drehzahldifferenz zwischen Motor und Rad sind unter Variation der Regelverstärkung $P$ dargestellt. Mit ansteigender Regelverstärkung werden die Antriebsstrangschwingungen zunehmend gedämpft. Allerdings stellt sich durch die zunehmende Dämpfung gleichzeitig ein trägerer Beschleunigungsverlauf ein. In diesem Fall ist ein Kompromiss zwischen der Unterdrückung der Antriebsstrangschwingungen sowie einer zügigen Längsbeschleunigung zu wählen. Ein weiteres Manko stellt die hohe Empfindlichkeit dieses Regelkreises gegenüber Störeinflüssen, welche motor- bzw. radseitig auftreten können, dar. Die Missinterpretation von Störeinwirkungen lassen sich, durch variable Verstärkungsfaktoren ähnlich des in Abschnitt 6.1.2 vorgestellten Verfahrens bzw. einer Aktivierung der Regelung nach erfolgtem, sprunghaft verändertem Fahrerwunsch reduzieren.
Liegen die zu dämpfenden, niederfrequenten Ruckelschwingungen im Bereich der ZMS-Eigenfrequenz, kann dies, aufgrund der Vernachlässigung jener, im Antriebsstrang befindlichen, schwingungsfähig gelagerten Trägheitsmassen, zu subharmonischen Schwingungen führen, welche haptisch von den Fahrzeuginsassen wahrgenommen werden, jedoch durch die Ausgangsrückführung nicht kompensiert werden können. Da die Eigenfrequenz des ZMS stark von dessen aktuellem Betriebszustand abhängig ist, bedarf es einer sorgfältigen Überprüfung hinsichtlich dieses Phänomens. Um diese Problematik zu umgehen, bietet es sich an, einen modellbasierten Regleransatz zu wählen, welcher die Streckendynamik des ZMS in grober Näherung berücksichtigt und somit die Wahrscheinlichkeit des Auftretens subharmonischer Schwingungen deutlich reduziert.

## 6.3 Anti-Ruckel-Regelung

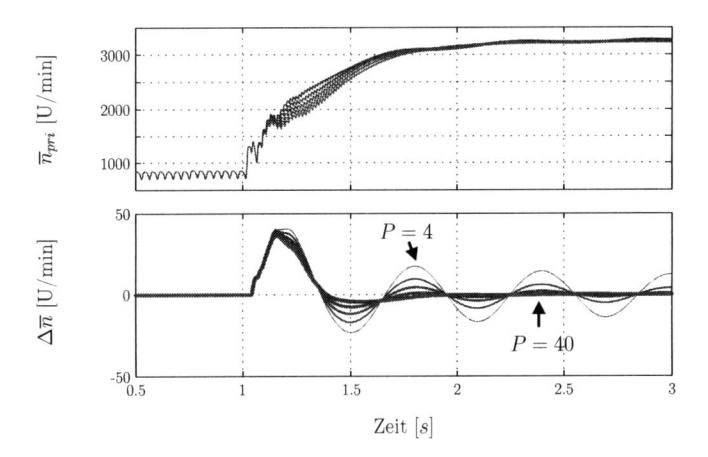

**Abbildung 6.37:** Ergebnisse des Anti-Ruckel-Reglers mit Ausgangsrückführung

### 6.3.5 Modellbasierte Regelung im Zustandsraum

Die modellbasierte ARR hat den Vorteil, dass die Systemdynamik des ZMS sowie des Antriebsstrangs in grober Näherung erfasst und somit durch eine Regelung gezielt beeinflusst werden können. Dies setzt jedoch die vollständige Steuerbarkeit [39] des Systems voraus. Bevor eine Regelung entworfen werden kann, ist ein identifiziertes Streckenmodell stets hinsichtlich dieser Systemeigenschaft zu überprüfen. Es hat sich gezeigt, dass identifizierte Streckenmodelle bis auf wenige, sehr selten auftretende Ausnahmefälle stets vollständig steuerbar sind. In der Literatur sind verschiedene Ansätze zur modellbasierten Regelung konventioneller Antriebsstrangsysteme mit EMS zu finden [43, 50, 94, 72, 111]. Im Gegensatz dazu, wird in dieser Arbeit eine modellbasierte Zustandsregelung für Antriebsstränge mit ZMS vorgestellt, welche dessen Systemdynamik, durch eine vereinfachend angenäherte, lineare Modellbildung, beschreibt:

$$\dot{\underline{x}} = \underline{A} \cdot \underline{x} + \underline{B} \cdot u + \underline{H} \cdot l \tag{6.45}$$

Die ursprüngliche Eingangsmatrix $\underline{B}$ aus (6.42) wird zu einer neuen Eingangsmatrix $\underline{B}$ bzw. einer Störmatrix $\underline{H}$ aufgeteilt. Dadurch wird das Lastmoment, welches im allgemeinen Fall unbekannt ist, als Störgröße von den, im Rahmen der Regelung beeinflussbaren Streckeneingängen, in konkretem Falle dem Motormoment, separiert.

$$\underline{B}^T = \begin{pmatrix} 0 & \dfrac{1}{J_1} & 0 & 0 & 0 & 0 \end{pmatrix} \tag{6.46}$$

$$\underline{H}^T = \begin{pmatrix} 0 & 0 & 0 & 0 & -\dfrac{1}{J_3} & 0 \end{pmatrix} \tag{6.47}$$

Der Reglerentwurf wurde ebenfalls durch die Lösung des Optimierungsproblems nach Riccati (siehe Abschnitt 6.1.5) durchgeführt. Mit Hilfe der Matrix $\underline{Q}$ lassen sich die Zustandsgrößen des Systems im Gütefunktional gewichten. Eine hohe Gewichtung einzelner Zustandsgrößen bedeutet dabei, dass der spätere Regler speziell diese Zustandsgröße möglichst zügig und ohne starke Überschwinger zum Sollwert hinführt. Leider tritt die bereits eingeführte Indikationsgröße für die Erfassung des Ruckel-Phänomens, die Drehzahldifferenz zwischen Motor und Rad, nicht als Linearkombination der Zustandsgrößen auf und kann daher nicht explizit gewichtet werden. Möchte man dennoch einen konventionellen Reglerentwurf nach Riccati realisieren, so muss die Gewichtung der Fähigkeit der Reglers, Antriebsstrangschwingungen aktiv zu unterdrücken, durch eine implizite Gewichtung der Zustandsgrößen des Modells erfolgen. Die zu dämpfenden Antriebsstrangschwingungen werden durch eine veränderliche Längsbeschleunigung initiiert. Es liegt daher nahe, zunächst die Raddrehzahl, welche eine explizite Zustandsgröße darstellt, entsprechend hoch zu bewerten. Somit wird erreicht, dass die Raddrehzahl innerhalb des geschlossenen Regelkreises zügig und möglichst frei von Oszillationen zum Sollwert überführt wird. Die Gewichtungsmatrix der Zustandsgrößen ergibt sich somit exemplarisch zu:

$$\underline{Q} = \begin{pmatrix} 0 & 0 & 0 & 0 & 0 & 0 \\ 0 & 0 & 0 & 0 & 0 & 0 \\ 0 & 0 & 0 & 0 & 0 & 0 \\ 0 & 0 & 0 & 0 & 0 & 0 \\ 0 & 0 & 0 & 0 & q_{Rad} & 0 \\ 0 & 0 & 0 & 0 & 0 & 0 \end{pmatrix} \qquad (6.48)$$

Um ein Überschwingen der übrigen Zustandsgrößen zu reduzieren, können diese gegebenenfalls ebenso bei der Gewichtung berücksichtigt werden. Die Stellenergie des Regelkreises ist durch das maximale Motormoment nach oben beschränkt. Dieses wiederum ist stark von der Drehzahl des Motors abhängig. Speziell im Bereich der Leerlaufdrehzahl steht nur ein Bruchteil des maximalen Motormoments zur Verfügung. Um die Tatsache der beschränkten, zur Verfügung stehenden Stellenergie beim Entwurf des Reglers mit einzubeziehen, kann das Motormoment, welches eine explizite Eingangsgröße der Regelstrecke darstellt, durch eine entsprechende Gewichtung innerhalb der Matrix $\underline{S}$ in (6.9) berücksichtigt werden.

$$S = \rho \qquad (6.49)$$

Eine starke Gewichtung $\rho$ bewirkt dabei betragsmäßig geringere Stellgrößen der Regelung, welche ebenso zu einer Erhöhung der Ausregelzeit führen. Dies garantiert jedoch nicht, dass das maximal zur Verfügung stehende Motordrehmoment nicht überschritten wird, da die betragsmäßige Stellgrößenbegrenzung im Rahmen des Riccati-Reglerentwurf nur implizit über die Gewichtung der Stellenergie

## 6.3 Anti-Ruckel-Regelung

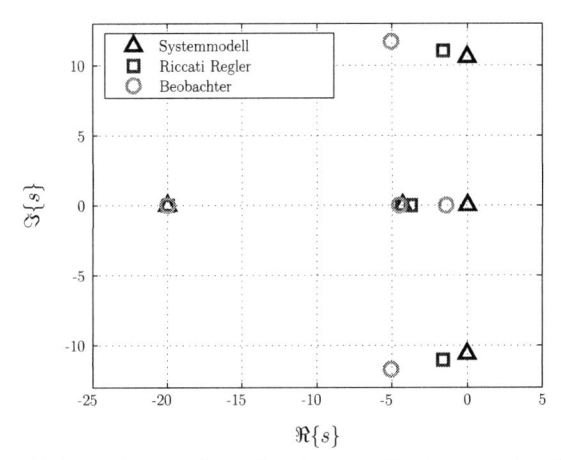

**Abbildung 6.38:** Pollagen des singulären Streckenmodells, des geregelten Systems sowie des Zustandsbeobachters

beeinflusst werden kann. Kann die erforderliche Stellenergie seitens des Verbrennungsmotors nicht erbracht werden, hat dies häufig eine eingeschränkte Funktionalität der ARR zur Folge. Auf das Lastmoment kann im Rahmen der Regelung kein Einfluss genommen werden. Es wird daher im Gütefunktional (6.9) nicht berücksichtigt. Wird $\rho = 1$ angenommen, so ergibt sich folgender Regler durch Berechnung einer Partikulärlösung der Riccati-Differentialgleichung [39]:

$$\underline{R} = \begin{pmatrix} 0{,}1205 & 0{,}0475 & 53{,}9173 & 12{,}9499 & -24{,}4691 & 0{,}3523 \end{pmatrix} \quad (6.50)$$

Zur Gewährleistung der stationären Genauigkeit des geregelten Systems wird ein zusätzliches Vorfilter $\underline{V}$ benötigt [39]:

$$\underline{V} = \left( \underline{C} \, (\underline{B} \, \underline{R} - \underline{A})^{-1} \, \underline{B} \right)^{-1} \quad (6.51)$$

Das korrigierte, stationäre Motormoment $\overline{M}_{Mot,korr}$ ergibt sich somit zu:

$$\overline{M}_{Mot,korr} = \underline{V} \, \overline{M}_{Mot,soll} - \underline{R} \, \underline{\hat{x}} \quad (6.52)$$

Durch die Angabe der stationären Momente soll verdeutlicht werden, dass durch die Regelung kein direkter Einfluss auf den kontinuierlichen Verlauf des Motormoments $M_{Mot}$ genommen wird. In Tabelle 6.2 sind die Pollagen des singulären Streckemodells, des Zustandsbeobachters sowie des geregelten Systems dargestellt.

Die Pollagen der dominanten Streckenpole sind zusätzlich graphisch in Abbildung 6.38 dargestellt. Es ist deutlich zu erkennen, dass jenes, für die niederfrequenten Schwingungen verantwortliche, konjungiert-komplexe Polpaar durch die

| Strecke | Beobachter | Regler |
|---|---|---|
| $-1730{,}300$ | $-1730{,}300$ | $-1730{,}300$ |
| $-4{,}307$ | $-4{,}527$ | $-4{,}337$ |
| $-0{,}012 + 10{,}597i$ | $-5{,}058 + 11{,}714i$ | $-1{,}642 + 11{,}041i$ |
| $-0{,}012 - 10{,}597i$ | $-5{,}058 - 11{,}714i$ | $-1{,}642 - 11{,}041i$ |
| $0$ | $-1{,}445$ | $-3{,}778$ |
| $-20{,}000$ | $-20{,}000$ | $-19{,}978$ |

**Tabelle 6.2:** Pollagen des singulären Streckenmodells, des geregelten Systems sowie des Zustandsbeobachters

Regelung weiter nach „links" in der s-Ebene geschoben wird, was einer Erhöhung der Dämpfung der Schwingung entspricht. Abbildung 6.39 zeigt exemplarisch ein Simulationsergebnis der Validierung der Riccati-ARR (6.50). Dabei wird der Motor durch einen typischen Beschleunigungsverlauf von 800 auf 3000 U/min ohne Gangwechsel beschleunigt. Bei deaktivierter ARR weist der Antriebsstrang sehr starke, niederfrequente Schwingungen auf. Durch die Aktivierung des Reglers und der Wiederholung des Testszenarios kann eine signifikante Verbesserung des Schwingungsverhaltens erzielt werden. Neben der Dämpfung der niederfrequenten Schwingungen stellt sich die gewünschte Motordrehzahl von 3000 U/min deutlich später ein. D.h. das geregelte System verhält sich bezüglich der Längsbeschleunigung etwas träger als das ungeregelte. Dieser Effekt lässt sich, durch eine verzögerte Aktivierung der ARR, etwas reduzieren. Während die erste Hälfte der ersten positive Auslenkung der Drehzahldifferenz zur Sicherstellung einer hohen Längsbeschleunigung möglichst unverändert durch der Regeleingriff bleiben sollte, hat der Regler im Anschluss dafür Sorge zu tragen, dass es, möglichst, zu keiner gedämpften Schwingung kommt. Ideal wäre hierbei der sog. aperiodische Grenzfall [39], bei welchem ein Oszillator nach minimaler Zeit von einer Auslenkung wieder in die ursprüngliche Ruhelage zurückkehrt und dort verbleibt. Die Dauer des Einschwingvorgangs ist hierbei im Wesentlichen durch den Faktor $\rho$ bei der Gewichtung der Eingangsgrößen geprägt. Eine Erhöhung der Gewichtung reduziert die Stellenergie des Reglers und führt somit zu einer langsameren Ausregelung der Antriebsstrangschwingung.

Im Vergleich zur Ausgangsrückführung aus Abschnitt 6.3.4, konnte durch den Ansatz eines Riccati-ARR keine wesentliche Verbesserung bezüglich der Dämpfung niederfrequenter Schwingungen bei sprungförmiger Anregung erzielt werden. Der herausragende Vorteil einer modellbasierten Regelung besteht jedoch darin, dass die Streckendynamik, wenn auch nur in grober Näherung, berücksichtigt wird. Dies erhöht die Robustheit des geregelten Systems gegenüber Störeinflüssen wie Lastschwankungen oder subharmonischen Schwingungen. Zusätzlich eröffnet sich durch die Zustandsraumdarstellung die Möglichkeit der Kombina-

## 6.4 Kombination unterschiedlicher Regelungskonzepte

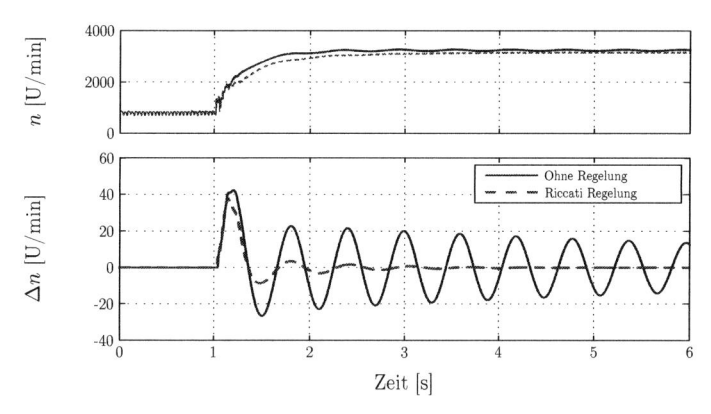

**Abbildung 6.39:** Validierung der modellbasierten ARR nach Riccati

tion mit weiteren Zustandsraumregelungen im Rahmen des Motormanagements. Beispielsweise lassen sich, aufgrund ähnlicher Streckenmodelle, Leerlauf- und Anti-Ruckel-Regler kombinieren und somit ein wirkungsvolles Konzept gegen subharmonische Schwingungen über den gesamten Arbeitsbereich des Verbrennungsmotors bzw. des ZMS realisieren [138].

## 6.4 Kombination unterschiedlicher Regelungskonzepte

In den vorhergegangenen Abschnitten wurden verschiedene Konzepte für die Leerlaufregelung, den Zylinderausgleich sowie die Kompensation von niederfrequenten Schwingungen im Antriebsstrang vorgestellt. Bei der isolierten Betrachtung der einzelnen Regelungskonzepte konnte dabei ein hoher Grad an Zuverlässigkeit bezüglich der Funktionalität in den jeweilig vorgesehenen Arbeitsbereichen beobachtet werden. Allerdings wirken die vorgestellten Konzepte in Rahmen des Motormanagements nicht isoliert, sondern stets im Verbund untereinander. So sind z.B. der LLR in Kombination mit dem ZAR während des Leerlaufprozesses aktiv. Um eine möglichst uneingeschränkte Funktionalität sämtlicher, aktiver Reglersysteme im Verbund zu gewährleisten, bedarf es der Überprüfung gegenseitiger Beeinflussung. Im zuvor erwähnten Beispiel des Motorleerlaufs gilt es zu verhindern, dass die Stelleingriffe des LLR aufgrund von Lastschwankungen von der ZAR missinterpretiert werden und dadurch unnötigerweise interveniert wird. Im Falle von auftretenden Konflikten ist eine geeignete Strategie anzusetzen, welche den Konflikt der beteiligten Regler behebt, ohne dabei die individuellen Regelungsziele signifikant einzuschränken.

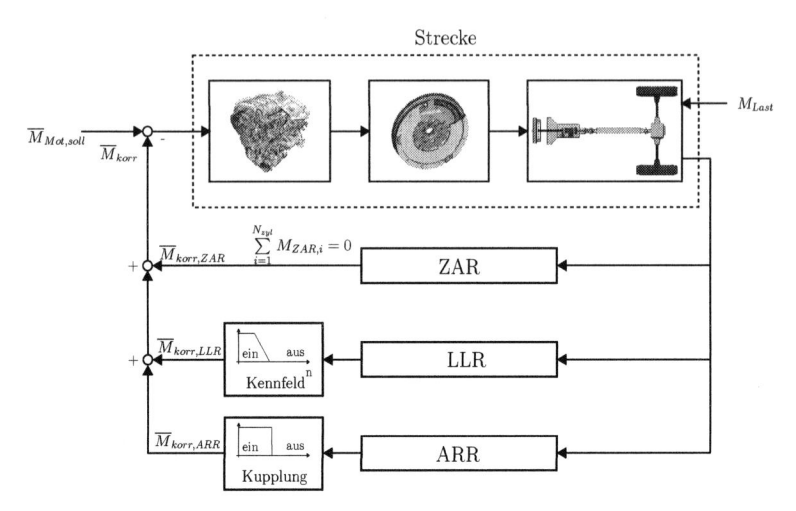

**Abbildung 6.40:** Kombination verschiedener Reglerkonzepte

## 6.4.1 Gewichtung der Ausgangsgrößen

Im Rahmen dieser Arbeit wurde die Kombination der drei vorgestellten Regelungskonzepte LLR, ZAR und ARR hinsichtlich ihrer Wechselwirkungen untersucht (Abbildung 6.40). Sämtliche Regler liefern einen Beitrag zum Gesamtkorrekturmoment $\overline{M}_{korr}$. Aufgrund der unterschiedlichen Regelungsziele kann dies zu Konflikten führen. Um dennoch sämtliche Regelungsziele konfliktfrei umsetzen zu können, wurde im Rahmen dieser Arbeit eine Strategie für die Kombination der drei Regelungskonzepte entwickelt. Die Grundidee besteht in der Tatsache, dass nicht alle Regler zu jedem Zeitpunkt, in gleichem Umfang aktiviert zu sein brauchen. Im Folgenden werden die Bedingungen hinsichtlich der Aktivierung der Regler aufgestellt und die sich daraus ergebenden Konsequenzen für die Implementierung diskutiert.

**Anti-Ruckel-Regler**

Der ARR dient der Reduktion niederfrequenter Schwingungen im Antriebsstrang, speziell bei sprungförmiger Anregung durch das Motormoment (Abschnitt 6.3). Wird der Antriebsstrang vom Motor mechanisch durch die Kupplung (Abschnitt 4.3) entkoppelt, so kann kein Stelleingriff durch den ARR erfolgen. Der Motor befindet sich im Leerlauf. Die Aktivität des ARR lässt sich somit an die Stellung des Kupplungspedals koppeln (Abbildung 6.40). Erfolgt die Zu- bzw. Abschaltung des ARR diskret, so ist lediglich eine binäre Information der aktuellen Position des Kupplungspedals erforderlich. Der Regler sollte jedoch nicht vollständig deaktiviert werden, da die Reinitialisierung der Zustandgrößen bei modellbasier-

## 6.4 Kombination unterschiedlicher Regelungskonzepte

ten Ansätzen einige Zeit in Anspruch nimmt und der Regler in dieser Zeit eine eingeschränkte Funktionalität aufweist.

**Leerlaufregelung**

Tritt ein Fahrerwunschmoment $M_{FW}$ auf, so darf dieses nicht durch den LLR kompensiert werden. Dies lässt sich dadurch erreichen, dass der Fahrerwunsch nur dann berücksichtigt wird, falls dieser größer als das Korrekturmoment des LLR wird.

$$M_{FW}^* = \begin{cases} M_{FW} - \overline{M}_{korr,LLR} & \text{für} \quad M_{FW} > \overline{M}_{korr,LLR} \\ 0 & \text{für} \quad M_{FW} \leq \overline{M}_{korr,LLR} \end{cases} \quad (6.53)$$

Zusätzlich wird die Aktivität des LLR auf niedrige Drehzahlbereiche beschränkt. Der Übergang zwischen vollständig aktivem bzw. deaktiviertem LLR kann diskret bzw. mit kontinuierlichem Übergang z.B. durch ein Kennfeld in Abhängigkeit der Motordrehzahl (Abbildung 6.40) erfolgen. Konflikte mit dem ARR treten sehr selten auf, da beide Regler während unterschiedlichen Betriebszuständen aktiv sind. Lediglich im sog. Kriechfall, d.h. im eingekuppelten Zustand bei sehr geringer Drehzahl sind beide Regler aktiv. Um hierbei einen Konflikt zu vermeiden, bietet sich eine modellbasierte Regelung im Zustandsraum an, welche auf der Basis eines gemeinsamen Streckenmodells ein Kombinat aus ARR und LLR darstellt [138].

**Zylinderausgleichsregler**

Der ZAR kann zu jedem Zeitpunkt einen Eingriff durch das Korrekturmoment vornehmen $\overline{M}_{korr}$, da die Summe aller Korrekturmomente $M_{ZAR,i}$ über ein gesamtes Arbeitsspiel keinen Beitrag leistet (siehe Abschnitt 6.2.3). Dies führt dazu, dass der Motor durch die ZAR keine Beschleunigung erfährt. Bei der Validierung im Rahmen mehrerer Simulationsrechnungen, war zu beobachten, dass der Regler selbst bei einer Beschleunigung des Systems für einen Abgleich der Zylinder sorgte. Die Kombination unterschiedlicher ZAR-Verfahren mit dem modifizierten LLR aus Abschnitt 6.1.4 zeigte ein überwiegend problemloses Zusammenspiel beider Regler. Bei der Validierung durch die Anregung mit primären bzw. sekundären Lastsprüngen waren vereinzelt bei bestimmten ZAR-Verfahren niederfrequente Schwingungen zu beobachten (C.3). Diese konnten aber, durch Austausch des ZAR, in nahezu allen betrachteten Fällen reduziert werden.

## 6.4.2 Zusätzliche Verbundstategien

Durch die Gewichtung der einzelnen Korrekturmomente mit Hilfe jener, im vorangegangenen Abschnitt vorgestellten Methoden, lässt sich in den überwiegenden Fällen eine Konfliktstellung der Regler vermeiden. Sollte es dennoch nicht möglich sein, durch die Gewichtung der individuellen Korrekturmomente funktionseinschränkende Konfliktstellungen zu verhindern, bieten sich weitere Möglichkeiten zum Verbund der Regler an. Liegen sämtliche Regelungen im Zustandsraum vor, so lassen sich durch eine gemeinsame Zustandsrückführung Konflikte aufgrund der bereits beim Entwurf berücksichtigen Kreuzkopplungen berücksichtigen. Darüber hinaus lässt sich eine Wissensbasis bezüglich der Aktivierung bzw. der gegeben Möglichkeit des Eingriffs, in Abhängigkeit verschiedener Arbeitsbereiche aufstellen und diese, z.B. durch einen Fuzzy-Logik-Ansatz [67, 23] unter Verwendung unscharfer Mengen umsetzen.

## 6.5 Analyse des Verbrennungsprozesses

Durch die Rekonstruktion des direkt indizierten Motormoments (Kapitel 5) wurde eine wertvolle Informationsquelle für vielfältige Diagnoseaufgaben in Bezug auf die Bewertung der Verbrennung bzw. der Motordynamik geschaffen. Die stetig ansteigenden Anforderungen an moderne Motorenkonzepte, bezüglich Kraftstoffverbrauch, Abgasemission und Komfortverhalten, bedürfen einer immer genaueren Kenntnis des tatsächlichen Betriebszustandes des Motors. Im Rahmen der vorliegenden Arbeit wurden hierfür Verfahren entwickelt, welche auf Basis des rekonstruierten Motormoments eine Erkennung von Verbrennungsaussetzern (EVA) sowie die Beurteilung des Verbrennungsprozesses ermöglichen. Durch die Wahl einfacher Berechnungsalgorithmen lassen sich diese Verfahren kostengünstig auf dem Steuergerät des Motors implementieren und somit im Rahmen der Diagnose während des autonomen Fahrzeugbetriebs (on-board diagnosis (OBD)[63]) nutzen.

### 6.5.1 Erkennung von Verbrennungsaussetzern

Ein Verbrennungsaussetzer (VA) ist ein Ereignis, bei welchem die Entflammung des Luft–Kraftstoff–Gemischs ausgeblieben ist. Da keine Verbrennung eintritt, weist der Zylinder keine positive Arbeitsbilanz auf, das Verbrennungsmoment (siehe Abschnitt 2.2.1) trägt keinen Beitrag zum Gesamtmoment des Motors bei. Abbildung 6.41 zeigt die Auswirkungen eines Verbrennungsaussetzers auf den Verlauf des Motordrehmoments.

Das Auftreten von Verbrennungsaussetzern (VA) kann unterschiedliche Ursachen haben. Bei Ottomotoren kann eine fehlerhafte Zündanlage bzw. abgenutzte Zünd-

## 6.5 Analyse des Verbrennungsprozesses

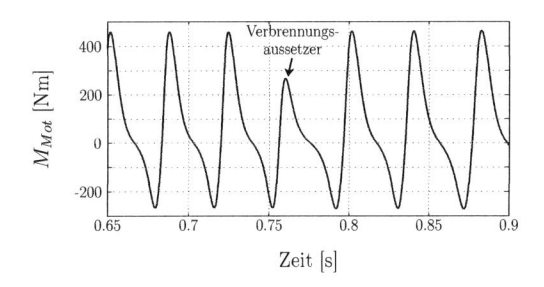

**Abbildung 6.41:** Auswirkungen eines Verbrennungsaussetzers auf den Verlauf des Motormoments

kerzen die erzwungene Entflammung des Kraftstoff-Luft-Gemischs verhindern. Ein weiterer Grund stellt ein zu mageres Kraftstoff-Luft-Gemisch im Bereich der Zündkerze dar [116]. Auch ein ungünstig verteiltes, inhomogenes Gemisch im Zylinder kann dazu führen, dass VA entstehen. Das Ausbleiben eines positiven Beitrages durch das Verbrennungsmoment hat in erster Linie einen Abfall der Drehzahl zur Folge. Tritt der VA wiederholt auf, wird die Laufruhe des Motors gestört. Das unverbrannte Arbeitsgas gelangt während des Ausstoßtaktes in das Abgassystem des Fahrzeugs und somit in den Katalysator. Aufgrund der dort vorherrschenden Bedingungen kommt es zu einer Nachverbrennung des Kraftstoffes. Dies ist einhergehend mit einer Erhöhung des Abgasdruckes sowie einem starken Anstieg der Abgastemperatur. Der Temperaturanstieg, insbesondere bei wiederholten VA in kurzen Zeitabständen, kann zum vorzeitigen Ausfall des Abgasreinigungssystems führen. Zusätzlich erhöht sich der Ausstoß von Kohlenwasserstoffen (HC) und Kohlenmonoxid (CO), was auf eine temporäre Absenkung der Brennkammertemperatur zurückzuführen ist. Durch die ausbleibende Reduktion des molekularen Sauerstoffes wird ein verfälschter Sauerstoffpartialdruck durch die Lambda-Sonde[17] ermittelt. Dies kann zu einer fehlerhaften Korrektur der Gemischzusammensetzung, durch die Lambda-Regelung [63], für die unmittelbar nachfolgenden Arbeitstakte der korrekt arbeitenden Zylinder, führen.

Aufgrund der zahlreichen, negativen Auswirkungen von Verbrennungsaussetzern wurde 1989 erstmals deren Erkennung im autonomen Betrieb des Fahrzeugs (OBD), durch die Regierung des US-Bundesstaates Kalifornien, für kommende Fahrzeuggenerationen mit elektronischem Motormanagement, gesetzlich vorgeschrieben [97]. Neben der Erkennung wird hierbei zusätzlich die zuverlässige Identifikation des verursachenden Zylinders gefordert. Mit Hilfe der Erkennung von VA lässt sich dem Fahrer eine Warnung auf der Instrumententafel anzei-

---

[17]Durch die Lambda-Sonde wird der Sauerstoffpartialdruck im Abgassystem erfasst [63].

gen. Die Rücksetzung der Warnung erfolgt in einer Service-Werkstatt nach einer gründlichen Untersuchung auf mögliche Ursachen.

**Stand der Technik**

Derzeit existieren mehrere Verfahren zur Erkennung von VA, welche auf der Erfassung unterschiedlicher Indikationsgrößen basieren. Zum Einen können die VA durch die Beurteilung der Laufruhe des Motors detektiert werden. Hierbei wird häufig eine Auswertung der Motordrehzahl durchgeführt [16, 54]. Aufgrund der Nutzung bestehender Sensorik stellen diese Verfahren eine kostengünstige und somit weit verbreitete Realisierung dar. Der Hauptnachteil jedoch, besteht in der hohen Querempfindlichkeit gegenüber Störeinflüssen, wie z.b. Lastsprüngen an der Kurbelwelle. Diese können, durch den EVA-Algorithmus, fälschlicherweise als VA missinterpretiert werden. Speziell für Fahrzeuge mit ZMS führt diese Tatsache aufgrund der schnellveränderlichen Rückmomente häufig zu Fehlerkennungen bei alleiniger Betrachtung der Motordrehzahl.

Eine weitere Methode stellt die EVA mittels Ionenstrommessung in der Brennkammer dar. Durch die Verbrennung werden positive $H_3O^+$ Ionen bzw. Elektronen freigesetzt. Diese lassen sich durch eine Potentialdifferenz an zwei, voneinander isolierten Leitern messtechnisch erfassen. In der Praxis werden hierfür des Öfteren spezielle Zündkerzen eingesetzt, welche neben ihrer Grundfunktion, der Entflammung des Arbeitsgases, zusätzlich als Sensor verwendet werden [63]. Der Vorteil der Ionenstrommessung besteht in der direkten Erfassung der VA am unmittelbaren Ort der Entstehung. Die Messung bleibt somit von mechanischen Störeinflüssen weitgehend unberührt. Der Hauptnachteil der Ionenstrommessung ergibt sich durch die lokale Beschränkung der Gültigkeit der Aussage, da die Verbrennung lediglich in einer stark eingeschränkten Umgebung des Sensors charakterisiert wird, und das Ergebnis somit stark von dessen Position abhängt.

Eine sehr zuverlässige Methode der EVA ist die messtechnische Erfassung des Zylinderdruckes. Durch den Vergleich mit, in Kennfeldern hinterlegten Referenzdrücken lässt sich eine Verbrennung hinsichtlich ihrer Existenz sehr gut klassifizieren. Der Nachteil der Zylinderdruckmessung besteht in der zusätzlich zu installierenden Sensorik. Zuverlässige Zylinderdrucksensoren zeichnen sich durch eine geringe Querempfindlichkeit gegenüber äußeren Einflüssen wie z.B. Temperaturunterschieden sowie einen weiten Arbeitsbereich aus. Sensoren mit geringer Querempfindlichkeit steigern die Kosten des Motormanagements deutlich und sind daher nach derzeitigem Stand überwiegend Fahrzeugen der Oberklasse vorbehalten.

## 6.5 Analyse des Verbrennungsprozesses

In [74] wird zusätzlich ein Verfahren vorgestellt, welches einen seismischen Sensor nutzt. Dieser wird hauptsächlich zur Klopf-Erkennung [63] verwendet. Die Nachteile des Klopfsensors ergeben sich durch die aufzuwendende, häufig komplexe Signalverarbeitung zur Extrahierung einer Indikationsgröße, bezüglich des Nachweises von VA. Ausserdem weisen Klopfsensoren eine hohe Querempfindlichkeit gegenüber Störeinflüssen in Form von Vibrationen auf, welche im Motorraum allgegenwärtig anzutreffen sind.

### Momentenbasierte Erkennung von Verbrennungsaussetzern

Im Rahmen dieser Arbeit wurde ein Verfahren entwickelt, welches auf Basis des rekonstruierten Motormoments und somit auf der Erfassung von primärer bzw. sekundärer ZMS-Drehzahl eine zuverlässige und robuste Detektion von Verbrennungsaussetzern für Fahrzeuge mit ZMS erlaubt. Durch die Betrachtung des direkt indizierten Motormomets wird der störende Einfluss der schnellveränderlichen ZMS-Rückmomente eliminiert. Im Gegensatz zu den, im Vorfeld vorgestellten Verfahren, bedarf es hierfür lediglich der Installation eines zusätzlichen Drehzahlsensors, welcher sich neben der momentenbasierten EVA, der Schätzung des Motor- bzw. ZMS-Lastmoments zusätzlich zur Verbesserung des gesamten Motor- bzw. Getriebemanagements als wertvolle Informationsquelle einsetzen lässt.

Ausgangspunkt der Erkennung von Verbrennungsaussetzern ist die Betrachtung der Drehmomentenbilanz der Kurbelwelle nach Abschnitt 2.2.1. Das direkt indizierte Motormoment ergibt sich hieraus zu:

$$M_{Mot} = M_{Mass} + M_{Verb} + M_{K/E} + M_{Reib} \tag{6.54}$$

Da ein Ausbleiben der Entflammung des Arbeitsgases lediglich das Verbrennungsmoment direkt[18] beeinflusst, bedarf es einer Quantifizierungsmethode, analog zu Abschnitt 6.2.2, mit welcher sich das Ausbleiben der Verbrennung quantitativ anhand der Betrachtung des Motormoments identifizieren lässt. Da die Erkennung eines singulären Ausbleibens einer Verbrennung als Spezialfall unausgeglichener Zylinder gewertet werden kann, lassen sich die in Abschnitt 6.2.2 vorgestellten Prinzipien der residuellen Quantifizierungsverfahren ebenfalls zur Erkennung von Verbrennungsaussetzern anwenden. Die Betrachtung der Spitzenmomente erlaubt eine sehr einfache Detektion von Verbrennungsaussetzern. Hierzu wird der maximale Wert des rekonstruierten Motormoments während eines Arbeitstaktes des Motors betrachtet und mit einem Referenzwert $M_{Mot,VA,Ref}$ verglichen.

$$\max_{\frac{4k\pi}{N_{zyl}} \leq \varphi < \frac{4(k+1)\pi}{N_{zyl}}} (M_{Mot}) \leq \nu_{VA} \cdot M_{\mathrm{Mot,VA,Ref}} \quad , \quad (k \in \mathbb{N}) \tag{6.55}$$

---
[18]Durch die Abhängigkeit der übrigen Momentenanteile von der Kurbelwellenkinematik werden diese indirekt durch das Ausbleiben der Verbrennung und dem somit induzierten Abfall der Drehzahl beeinflusst.

Dieser kann entweder durch Erfassung der Momentenspitzen anderer Zylinder bei gleichem stationären Motormoment erstellt, bzw. mit Hilfe von Kennfeldern hinterlegt werden. Der Faktor $\nu_{VA}$ stellt einen konstanten Faktor dar, mit Hilfe dessen sich die Schwelle, ab welcher ein VA detektiert werden soll, einstellen lässt. Der Hauptnachteil dieser Methode besteht darin, dass die Amplitude des Massenmoments $M_{Mass}$ ab einer bestimmten Drehzahl gemäß (2.60) gegenüber den übrigen Momentenanteilen aus (6.54) betragsmäßig größere Werte annimmt und somit den Verlauf des Gesamtmoments $M_{Mot}$ dominant bestimmt. Die Spitzenmomente sind somit nicht mehr durch das Gas- bzw. Verbrennungsmoment geprägt, sondern durch das Massenmoment (Abbildung 2.26). Eine Erkennung der VA nach (6.55) ist daher ab einer bestimmten Motordrehzahl $nVA,max$ nicht mehr möglich.

Diese Einschränkung kann durch die energetische Betrachtung des rekonstruierten Motormoments umgangen werden [137]. Hierzu wird das Motormoment über dem Kurbelwellenwinkel innerhalb eines Arbeitstaktes[19] integriert.

$$W_{mot}\bigg|_{\frac{4k\pi}{N_{zyl}}}^{\frac{4(k+1)\pi}{N_{zyl}}} = \int_{\frac{4k\pi}{N_{zyl}}}^{\frac{4(k+1)\pi}{N_{zyl}}} M_{Mot}\, d\varphi = \int_{\frac{4k\pi}{N_{zyl}}}^{\frac{4(k+1)\pi}{N_{zyl}}} (M_{Mass} + M_{Verb} + M_{K/E} + M_{Reib})\, d\varphi$$

$$= W_{Mass}\bigg|_{\frac{4k\pi}{N_{zyl}}}^{\frac{4(k+1)\pi}{N_{zyl}}} + W_{Verb}\bigg|_{\frac{4k\pi}{N_{zyl}}}^{\frac{4(k+1)\pi}{N_{zyl}}} + W_{K/E}\bigg|_{\frac{4k\pi}{N_{zyl}}}^{\frac{4(k+1)\pi}{N_{zyl}}} + W_{Reib}\bigg|_{\frac{4k\pi}{N_{zyl}}}^{\frac{4(k+1)\pi}{N_{zyl}}}$$

(6.56)

Aufgrund von (2.62) und (2.39) gilt im Falle eines VA ($M_{Mot} \stackrel{!}{=} 0$) bei stationärer mittlerer Motordrehzahl:

$$W_{mot}\bigg|_{\frac{4k\pi}{N_{zyl}}}^{\frac{4(k+1)\pi}{N_{zyl}}} = W_{Reib}\bigg|_{\frac{4k\pi}{N_{zyl}}}^{\frac{4(k+1)\pi}{N_{zyl}}} \tag{6.57}$$

Die Reibarbeit des Motors $W_{Reib}$ leistet dabei einen negativen Beitrag zum Gesamtmotormoment. Zur Detektierung der VA wird nun eine Schranke $\epsilon_{VA}$ eingeführt. Ein Verbrennungsaussetzer findet genau dann statt, falls

$$W_{mot}\bigg|_{\frac{4k\pi}{N_{zyl}}}^{\frac{4(k+1)\pi}{N_{zyl}}} < \epsilon_{VA} \tag{6.58}$$

---

[19]Bei Motoren mit mehr bzw. weniger als vier Zylindern ist das Integrationsintervall entsprechend anzupassen

## 6.5 Analyse des Verbrennungsprozesses

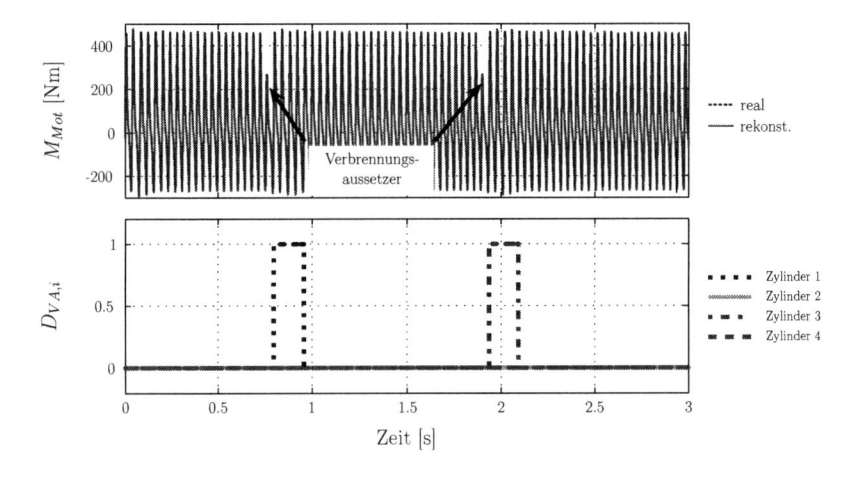

**Abbildung 6.42:** Momentenbasierte EVA auf Basis der Zylinderarbeit

gilt. Die Schranke $\epsilon_{VA}$ ist dabei so zu wählen, dass kleinere Zylinderungleichheiten nicht als VA interpretiert werden. Der Detektionsalgorithmus ergibt sich somit zu:

$$D_{VA,i} = \begin{cases} 1 & \text{für} \quad W_{Mot}\Big|_{\frac{4k\pi}{N_{zyl}}}^{\frac{4(k+1)\pi}{N_{zyl}}} < \epsilon_{VA} \\ 0 & \text{für} \quad W_{Mot}\Big|_{\frac{4k\pi}{N_{zyl}}}^{\frac{4(k+1)\pi}{N_{zyl}}} \geq \epsilon_{VA} \end{cases} \quad (6.59)$$

Das Detektionssignal $D_{VA,i}$ wird für jeden Arbeitstakt des entsprechenden Zylinders $i$ neu berechnet. Dies erlaubt die Erfassung der Verbrennungsaussetzer durch ein digitales Informationsverarbeitungssystem. Abbildung 6.42 zeigt den Verlauf des tatsächlichen und rekonstruierten Motormoments sowie die zugehörigen Detektionssignale. Zuerst tritt ein VA von Zylinder 1 auf, darauffolgend für Zylinder 3. Die VA werden durch das geschätzte Motormoment sehr gut nachgebildet. VA lassen sich somit, mit Hilfe des vorgestellten Algorithmus, auf Basis der energetischen Betrachtung des geschätzten Motormoments, in einem weiten Drehzahlbereich, zuverlässig detektieren.

Mit zunehmender Motordrehzahl steigt die Dominanz des Massenmoments stetig an. Hiermit nimmt auch die Dynamik des Systems zu, da, bezüglich ihrer Amplitude, stark ausgeprägte Wechselmomente auf den Antriebsstrang wirken. Die Gültigkeit des Ansatzes einer stationären Motordrehzahl hebt sich schließlich auf. Sollte die Betrachtung der Zylinderenergie, bei sehr hohen Drehzahlen, ihre

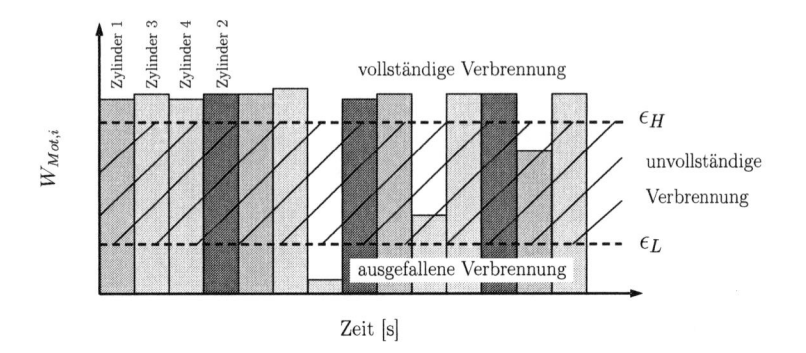

**Abbildung 6.43:** Klassifikation des Verbrennungsprozesses anhand der Zylinderenergie

Funktionalität, aufgrund der geforderten Stationarität der Motordrehzahl, einbüßen, wird eine zusätzliche Einrichtung zur Kompensation des Massenmoments von Nöten. Basierend auf dem Detektionssignal lassen sich, durch die Motorsteuerung, Maßnahmen zur Verbesserung der Zündfähigkeit des Arbeitsgases ergreifen bzw. eine Meldung im Fehlerspeicher hinterlegen. Sollten die eingeleiteten Maßnahmen keine Besserung erbringen, so kann, zum Schutze des Systems, die Kraftstoffeinspritzung für den betroffenen Zylinder komplett eingestellt[20] werden. Dadurch kann z.b. die Zerstörung einer teuren Abgasreinigungsanlage (Katalysator) verhindert werden.

### 6.5.2 Bewertung des Verbrennungsprozesses

Neben der Erkennung von Verbrennungsaussetzern erlaubt die genaue Kenntnis des rekonstruierten Motormoments zusätzlich eine Klassifikation bzw. Bewertung des Verbrennungsprozesses (BVP). Hierfür wird beispielsweise die Zylinderenergie (6.56) bzw. das Spitzenmoment (6.55) nicht in zwei Klassen wie bei der EVA unterteilt, sondern einem Element einer Menge von energetischen Zuständen zugeordnet. Dies erlaubt eine Klassifizierung der Güte der Verbrennung, anhand der umgesetzten Zylinderenergie [137]. Somit lassen sich Aussagen über den Wirkungsgrad sowie das Emissionsverhalten der individuellen Zylinder generieren. Sollte die Verbrennung einen unzulässigen Bereich erreichen, so kann ein Eintrag im Fehlerspeicher der Motorsteuerung bzw. ein Warnhinweis an den Fahrer erfolgen. Abbildung 6.43 zeigt ein Beispiel zur Klassifizierung des Verbrennungsprozesses anhand der Zylinderenergie auf Basis des rekonstruierten Motormoments.

---

[20]nur bei direkt einspritzenden Motoren möglich (siehe Abschnitt 2.1.5)

# 7 Zusammenfassung

Durch die in regelmäßiger Folge auftretenden Verbrennungsprozesse sowie der geometrischen Anordnung des Schubkurbeltriebes werden an der Kurbelwelle des Hubkolbenmotors Drehzahlschwankungen induziert. Infolge permanenter Optimierung der Fahrzeugkarosserie hinsichtlich des aerodynamischen Verhaltens konnte eine deutliche Reduktion der Geräuschkulisse erreicht werden. Dadurch treten die zuvor weniger stark subjektiv wahrzunehmenden Geräuschquellen dominant in den Vordergrund. Die zündungsbedingten Drehzahlschwankungen des Motors regen den Antriebsstrang des Fahrzeugs zu Schwingungen und somit zur Geräuschemission an. Um die Geräuschkulisse des Antriebsstrangs einzudämmen und somit einen hohen Grad an Fahrkomfort zu gewährleisten, bedarf es der Isolation der Drehzahlschwankungen. Durch den Trend zu stetig ansteigenden Drehmomenten in möglichst niedrigen Drehzahlbereichen wuchsen gleichzeitig die Anforderungen an das Torsionsdämpferkonzept zur Schwingungsisolation. Die Entwicklung konventioneller, in der Kupplungsscheibe integrierter Torsionsdämpfer stieß an die Grenzen des technisch Umsetzbaren. Die geforderten Isolationseigenschaften konnten durch dieses Konzept, für Motoren mit hohem Drehmoment, in zunehmendem Maße unzureichender erfüllt werden. Durch die Einführung des Zweimassenschwungrades (ZMS) in den achtziger Jahren war ein neuartiges Konzept geschaffen worden, welches eine sehr gute Isolation der zündungsbedingten Drehzahlschwankungen, selbst für Verbrennungsmotoren mit sehr hohem Drehmoment, erlaubt. Das ZMS ersetzt das konventionelle Einmassenschwungrad des Motors und zeichnet sich dabei vor allem durch seine kompakte Bauform aus. Neben der Schwingungsisolation weist das ZMS weitere Vorteile, wie z.B. die Reduzierung der Leerlaufdrehzahl und somit eine Senkung des Kraftstoffverbrauchs bzw. der Emission von Kohlendioxid, auf. Aufgrund dieser herausragenden Eigenschaften hat sich das ZMS in nahezu jedem Marktsegment des Automobilsektors als Standardkomponente etablieren können. Inzwischen wurden, alleine seitens der Firma LuK GmbH & Co. oHG in Bühl, mehr als 50 Mio. ZMS produziert.

Neben den genannten Vorzügen zeichnet sich das ZMS ebenso durch ein stark nichtlineares Systemverhalten, infolge des zum Einsatz kommenden Bogenfederkonzepts aus. Zusätzlich ist das ZMS in der Lage, temporär mechanische Energie zu absorbieren, um diese zeitversetzt wieder abzugeben. Dadurch kann es zu starken zeitvarianten Drehmomenten, welche auf die Kurbelwelle rückwirken, kommen. Das Drehzahlsignal der Kurbelwelle bildet die Grundlage vielfältiger

Algorithmen des Motormanagements zur Steuerung, Regelung und Diagnose. Konventionelle Algorithmen z.b. zur Leerlaufregelung, dem Zylinderausgleich sowie der Dämpfung von niederfrequenten Antriebsstrangschwingungen setzen sehr häufig ein konstantes, an der Kurbelwelle wirkendes Lastmoment voraus. Durch die Integration des ZMS ist diese Annahme nicht bzw. nur noch bedingt erfüllt. Dieser Umstand kann zur Einschränkung der Funktionalität bzw. dem totalen Ausfall der besagten Systeme führen. Um dem entgegen zu wirken, wurden im Rahmen dieser Arbeit bestehende, konventionelle Funktionseinheiten des Motormanagements entsprechend modifiziert bzw. durch neu entwickelte Ansätze ersetzt.

Um die Systemeigenschaften des Antriebsstrangs untersuchen zu können, wurden verschiedene Ansätze zur Modellierung des Hubkolbenmotors aufgestellt. Der Hubkolbenmotor stellt dabei das Stellglied des Antriebsstranges mit ZMS dar. Sämtliche Modelle des Motors basieren auf einer Bilanzierung der an der Kurbelwelle wirkenden Drehmomente. Diese wurden im Einzelnen physikalisch phänomenologisch bzw. empirisch erläutert und modelliert. Zur Modellierung des Verbrennungsprozesses wurden verschiedene Ansätze gewählt. Der vorgestellte, empirische Ansatz zeichnet sich durch seine, bezüglich der Rechenleistung, günstige und einfache Implementierung aus. Prozesse wie z.B. Vor-, Nach- oder multiple Einspritzungen lassen sich jedoch durch diesen Ansatz nicht realitätsgetreu darstellen. Deshalb wurde zusätzlich ein Modell mit thermodynamischem Hintergrund zur Beschreibung der Verbrennung eingeführt. Neben den komplexen Motormodellen zur simulativen Analyse des Systemverhaltens bedarf es zusätzlich einfacherer Modelle für den modellbasierten Reglerentwurf (COM). Im Rahmen dessen wurde ein in der Praxis weit verbreiteter Ansatz eines Mittelwertmodells vorgestellt.

Im Gegensatz zu vergleichbaren Arbeiten im Bereich der Antriebsstrangmodellierung und Regelung unterscheidet sich die vorliegende Arbeit generell durch die explizite, systemdynamische Erfassung des ZMS. In diesem Zusammenhang wurde zunächst zusammenfassend der Entwicklungshintergrund des ZMS beleuchtet, bevor genauer auf dessen Funktionsprinzip eingegangen wird. Hierbei wurden verschiedene ZMS-Bauformen sowie die zugehörigen Eigenschaften bezüglich z.B. der Isolation von Drehzahlschwingungen bzw. sprungförmiger Anregung bei Lastwechsel vorgestellt. Die Schwingungsisolation des ZMS hängt im Wesentlichen von der individuellen Bogenfedercharakteristik ab. Daher wurden die Auswirkungen verschiedener Parametervariationen, im Hinblick auf die Bogenfedercharakteristik, ausführlich untersucht und dargestellt. Um die Systemdynamik des ZMS untersuchen zu können, wurde dieses in den Modellverbund des Verbrennungsmotors mit Antriebsstrang integriert. Die Modellierung der Bogenfeder basiert dabei auf einer dynamischen Betrachtung der Einzelwindungen im Verbund. Als zusätzliche Komponenten des ZMS wurden der Innendämpfer sowie die Reibsteuerscheibe modelliert und in das Gesamtmodell integriert.

Im anschließenden Kapitel wird die prinzipielle Struktur und Systemdynamik verschiedener Antriebsstrangkonfigurationen eingeführt. Es folgt die Modellbildung anhand einer sequentiellen Kopplung mechanischer Einzelkomponenten. Dabei wird kurz auf die Funktion der einzelnen Elemente eingegangen. Für klassische, modellbasierte Reglerentwürfe wird zumeist ein lineares Streckenmodell vorausgesetzt. Aus diesem Grund wurde aus den funktionalen Zusammenhängen ein lineares Antriebsstrangmodell abgeleitet. Infolge der Beschränkung der verfügbaren Rechenleistung bei autarkem Betrieb des Modells im autonomen Fahrzeug wurde zusätzlich ein Ansatz eines linearen Modells mit reduzierter Systemordnung vorgestellt. Die Parametrierung des reduzierten Modells erfolgt durch die Identifizierung anhand geeigneter Datensätze. Das Kapitel schließt mit der Beschreibung bzw. modellhaften Erfassung einer konventionellen Reibkupplung, mit Hilfe derer sich der Motor mechanisch vom Antriebsstrang abkoppeln lässt.

In Kapitel 5 wird ein neues Verfahren zur echtzeitfähigen Rekonstruktion des direkt indizierten Motordrehmoments im autonomen Fahrzeugbetrieb vorgestellt. Dabei wird anhand der Invertierung eines linearen ZMS-Modells eine funktionale Beziehung geschaffen, mit Hilfe derer sich das Motormoment, durch die Erfassung von primärer und sekundärer ZMS-Drehzahl, in ausgezeichneter Qualität schätzen lässt. Das ZMS wird somit quasi als „virtueller Sensor" bzw. Messwandler zur Erfassung des Motordrehmoments genutzt. Durch den Ansatz eines Neuro-Fuzzy-Modells konnte der Gültigkeitsbereich des Rekonstruktionsalgorithmus auf den gesamten Arbeitsbereich des Verbrennungsmotors erweitert werden. Die Modellstruktur und -parametrierung ergibt sich durch den Ansatz eines sog. LoLiMoT-Algorithmus. Im Anschluss folgt eine ausführliche Validierung des entwickelten Algorithmus anhand verschiedener ZMS-Bauformen und realen, am Fahrzeug gemessenen Eingangsdaten. Es zeigte sich, dass das vorgestellte Verfahren in nahezu allen Betriebsbereichen und für zahlreiche ZMS-Konfigurationen das Motormoment als qualitativ hochwertiges und wertvolles Informationssignal für weitere Diagnose-, Regelungs- und Steuerungsaufgaben innerhalb des Motormanagements bereitstellt. Um die Robustheit des Verfahrens gegenüber Alterungserscheinungen und fertigungsbedingten Bauteilvarianzen zu erhöhen, wurden zusätzliche Algorithmen zur Langzeitadaption und Schätzwertkorrektur entwickelt. Schließlich wurde der Algorithmus mit vollständigem Funktionsumfang auf einer kostengünstigen DSP-Hardwareumgebung implementiert. Hierfür wurde zuvor eine Diskretisierung des Verfahrens im Zeit- und Wertebereich durchgeführt und simulativ überprüft. Um die Effizienz bezüglich der erforderlichen Rechenleistung weiter zu verbessern, wurde eine Strategie zur partiellen Abschaltung inaktiver Funktionseinheiten bzw. deren Reinitialisierung entwickelt und hardwareseitig implementiert. Durch die Rechenzeitanalyse konnte gezeigt werden, dass der Schätzalgorithmus unter Verwendung einer kostengünstigen DSP-Hardware für sämtliche Betriebsbereiche des Verbrennungsmotors echtzeitfähig arbeitet.

In Kapitel 6 werden verschiedene Ansätze zur Steuerung, Regelung bzw. der Diagnose des Verbrennungsmotors im Rahmen des echtzeitfähigen Motormanagements vorgestellt, welche der Existenz des ZMS Rechnung tragen und, im Vergleich zu konventionellen Systemen, einen höheren Grad an Funktionalität und Zuverlässigkeit, hinsichtlich dieser Erweiterung des Antriebsstrangs, aufweisen. Die vorgestellten Ansätze basieren dabei entweder auf einer entsprechenden Modifikation konventioneller Algorithmen bzw. neu entwickelten Ansätzen. Durch die Entwicklung des Verfahrens zur Rekonstruktion des Motormoments werden zusätzlich Lösungsansätze vorgestellt, welche sich der Kenntnis dessen bedienen. Die Systemdynamik des ZMS wird dadurch implizit erfasst. Ein Ausschluss schnellveränderlicher Rückmomente des ZMS erübrigt sich somit. Im Rahmen dieser Arbeit wurden verschiedene Lösungsansätze zur Leerlaufregelung, dem Zylinderabgleich sowie der Anti-Ruckel-Regelung vorgestellt, implementiert und anhand komplexer Streckenmodelle validiert. Zusätzlich wurde der Verbund verschiedener, häufig gemeinsam parallel implementierter Regelungsansätze hinsichtlich einer gegenseitigen Beeinflussung untersucht sowie Strategien zur Lösung eventuell auftretender Konflikte erarbeitet. Das Kapitel schließt mit der Vorstellung einer momentenbasierten Methode zur Erkennung von Verbrennungsaussetzern sowie der Bewertung des Brennverlaufs ab. Sämtliche vorgestellten Methoden wurden im Hinblick auf Funktionalität und Eignung für Fahrzeuge mit ZMS untersucht und mit konventionellen Ansätzen verglichen.

Als Fazit dieser Arbeit lässt sich festhalten, dass die nichtlineare Systemcharakteristik des ZMS in einigen Fällen eine Einschränkung der Funktionalität konventioneller Algorithmen des Motormanagements zur Folge hat. Diese lässt sich jedoch durch eine entsprechende Modifikation bzw. dem vollständigen Ersatz durch ein Konzept, welches der Charakteristik des ZMS Rechnung trägt, reduzieren bzw. komplett eliminieren. Dadurch kann die Funktionalität des Motormanagements für umfassende Arbeitsbereiche des Verbrennungsmotors, ebenso für Fahrzeuge mit ZMS, ausgezeichnet durch einen vergleichbar hohen Grad an Zuverlässigkeit, gegenüber konventionellen Antriebssträngen ohne ZMS, gewährleistet werden. Zusätzlich lässt sich das ZMS zur Rekonstruktion des direkt indizierten Motormoments nutzen und stellt somit eine wertvolle Informationsquelle für vielfältige Anwendungsbereiche im Motormanagement bereit.

# A Streckenparameter

## A.1 Motorparameter

| Parameter | Variable | Wert |
|---|---|---|
| Isentropenexponent | $\kappa$ | 1,35 |
| Kurbelradius [m] | $r$ | 0,04775 |
| Pleuellänge [m] | $l$ | 0,144 |
| Schubstangenverhältnis | $\lambda$ | 0,331 |
| Kolbendurchmesser [m] | $D$ | 0,0792 |
| Verdichtungsverhältnis | $\varepsilon$ | 20 |
| Oszillierende Masse des Kolbens [kg] | $m_{osz}$ | 0,974 |
| Hubvolumen [m³] | $V_h$ | $4{,}705e^{-4}$ |
| Verdichtungsvolumen [m³] | $V_c$ | $V_H/(\varepsilon\text{-}1)$ |
| Atmosphärendruck [bar] | $p_L$ | 1 |
| Bohrung [$m$] | $B$ | 0,081 |
| Hauptlagerdurchmesser [$m$] | $d_H$ | 0,058 |
| Breite des Hauptlagers [$m$] | $b_H$ | 0,02 |
| Pleuellagerdurchmesser [$m$] | $d_P$ | 0,0478 |
| Pleuellagerbreite [$m$] | $b_P$ | 0,018 |
| Anzahl der Einlassventile pro Zylinder | $N_V$ | 1 |
| Durchmesser des Einlassventiltellers [$m$] | $D_E$ | 0,036 |
| Anzahl der Kolben pro Pleuellager | $N_p$ | 1 |
| Anzahl der Zylinder | $N_{zyl}$ | 4 |

**Tabelle A.1:** Parameter Versuchsmotor1 (VM1) (2.0 Liter 4-Zylinder-Viertakt-Dieselmotor)

## A.2 Parameter des ZMS

| Parameter | ZMS3 Variable | Wert |
|---|---|---|
| Bogenfederanzahl | BF | 2 |
| Reibsteuerscheibe | RSS | ja |
| Innendämpfer | ID | nein |
| pri. Massenträgheit | $J_{pri}$ | 0,087 kg m$^2$ |
| sek. Massenträgheit | $J_{sek}$ | 0,026 kg m$^2$ |
| Massenträgheit Flansch | $J_{Fl}$ | 0,005 kg m$^2$ |
| Grundreibung | $M_{GR}$ | 5 Nm |
| Freiwinkel Zug | $\Delta\varphi_{FW,Z}$ | 5,1° |
| Freiwinkel Schub | $\Delta\varphi_{FW,S}$ | 3,6° |
| Federsteifigkeit ID | $c_{ID}$ | – |
| Dämpfung ID | $d_{ID}$ | – |
| RSS Reibung (nom.) | $M_{RSS}$ | 10,5 Nm |
| RSS Freiwinkel | $\Delta\varphi_{FW,RSS}$ | 16,8° |

| Parameter | ZMS4 Variable | Wert |
|---|---|---|
| Bogenfederanzahl | BF | 4 |
| Reibsteuerscheibe | RSS | ja |
| Innendämpfer | ID | nein |
| pri. Massenträgheit | $J_{pri}$ | 0,117 kg m$^2$ |
| sek. Massenträgheit | $J_{sek}$ | 0,041 kg m$^2$ |
| Massenträgheit Flansch | $J_{Fl}$ | 0,005 kg m$^2$ |
| Grundreibung | $M_{GR}$ | 2,5 Nm |
| Freiwinkel Zug | $\Delta\varphi_{FW,Z}$ | 3,8° |
| Freiwinkel Schub | $\Delta\varphi_{FW,S}$ | 2,3° |
| Federsteifigkeit ID | $c_{ID}$ | – |
| Dämpfung ID | $d_{ID}$ | – |
| RSS Reibung (nom.) | $M_{RSS}$ | 30 Nm |
| RSS Freiwinkel | $\Delta\varphi_{FW,RSS}$ | 12,0° |

**Tabelle A.2:** Parameter verschiedener ZMS Bauformen

## A.2 Parameter des ZMS

| ZMS6 | | |
|---|---|---|
| Parameter | Variable | Wert |
| Bogenfederanzahl | BF | 2 |
| Reibsteuerscheibe | RSS | ja |
| Innendämpfer | ID | ja |
| pri. Massenträgheit | $J_{pri}$ | 0,154 kg m$^2$ |
| sek. Massenträgheit | $J_{sek}$ | 0,06788 kg m$^2$ |
| Massenträgheit Flansch | $J_{Fl}$ | 0.005 kg m$^2$ |
| Grundreibung | $M_{GR}$ | 1 Nm |
| Freiwinkel Zug | $\Delta\varphi_{FW,Z}$ | 6° |
| Freiwinkel Schub | $\Delta\varphi_{FW,S}$ | 6° |
| Federsteifigkeit ID | $c_{ID}$ | 39 Nm/° |
| Dämpfung ID | $d_{ID}$ | 0 Nms/° |
| RSS Reibung (nom.) | $M_{RSS}$ | 20 Nm |
| RSS Freiwinkel | $\Delta\varphi_{FW,RSS}$ | 10,0° |

| ZMS7 | | |
|---|---|---|
| Parameter | Variable | Wert |
| Bogenfederanzahl | BF | 4 |
| Reibsteuerscheibe | RSS | ja |
| Innendämpfer | ID | ja |
| pri. Massenträgheit | $J_{pri}$ | 0,154 kg m$^2$ |
| sek. Massenträgheit | $J_{sek}$ | 0,06788 kg m$^2$ |
| Massenträgheit Flansch | $J_{Fl}$ | 0.005 kg m$^2$ |
| Grundreibung | $M_{GR}$ | 1 Nm |
| Freiwinkel Zug | $\Delta\varphi_{FW,Z}$ | 6° |
| Freiwinkel Schub | $\Delta\varphi_{FW,S}$ | 6° |
| Federsteifigkeit ID | $c_{ID}$ | 39 Nm/° |
| Dämpfung ID | $d_{ID}$ | 0 Nms/° |
| RSS Reibung (nom.) | $M_{RSS}$ | 20 Nm |
| RSS Freiwinkel | $\Delta\varphi_{FW,RSS}$ | 10,0° |

**Tabelle A.3:** Parameter verschiedener ZMS Bauformen

## A.3 Antriebsstrangparameter

| Parameter | Trägheitsmomente [kg m²] Variable | Wert |
|---|---|---|
| Kupplungsscheibe | $J_4$ | 0,0006 |
| Eingangsseite des Schaltgetriebes | $J_5$ | 0,0040 |
| Ausgangsseite des Schaltgetriebes | $J_6$ | 0,0069 |
| Differentialgetriebe | $J_7$ | 0,0061 |
| Rad | $J_8$ | 0,1206 |
| Fahrzeug | $J_9$ | 9,87 |

| Parameter | Steifigkeiten [Nm/rad] Variable | Wert |
|---|---|---|
| Getriebeeingangswelle | $c_5$ | 13579,1034 |
| Getriebegehäuse | $c_6$ | 8313,61986 |
| Kardanwelle | $c_7$ | 4421,5165 |
| Antriebswelle | $c_8$ | 1191,752538 |
| Reifen | $c_9$ | 9643,45527 |

| Parameter | Dämpfungen [Nms/rad] Variable | Wert |
|---|---|---|
| Getriebeeingangswelle | $d_5$ | 3 |
| Getriebegehäuse | $d_6$ | 1,5 |
| Kardanwelle | $d_7$ | 1 |
| Antriebswelle | $d_8$ | 0,2 |
| Reifen | $d_9$ | 10 |

**Tabelle A.4:** Parameter eines sequentiell aufgebauten Antriebsstrangs für einen 2.0 Liter Dieselmotor

# B Modellierung der Motorreibung

Die Reibungsverluste des Hubkolbenmotors setzen sich aus den mechanischen Verlusten in den Kolbengruppen, der Lagerstellen, der Ventilsteuerung und den Hilfsaggregaten zusammen.

## B.1 Zusammensetzung des Mittelreibdrucks

Die Mittelreibdrücke aus Kapitel 2.2.6 setzen sich nach [34] wie folgt zusammen:

- Reibungsmitteldruck der Kolbengruppe:

$$\overline{p}_{reib,K} = 0{,}248 + 0{,}00606 \cdot \varepsilon + 0{,}0125 \cdot \varepsilon^{(1{,}37 - 1{,}48 \cdot 10^{-4} \cdot r \cdot n)} \\ + 0{,}495 \cdot 10^{-3} \cdot (r \cdot n)^{1{,}03} \tag{B.1}$$

- Reibungsmitteldruck der Lager:

$$\overline{p}_{reib,L} = 34{,}45 \cdot 10^{-6} \cdot \frac{d_P \cdot n \cdot k}{r_P} \tag{B.2}$$

mit

$$k = \frac{6}{r^3} \cdot \left( d_H^2 \cdot l_H + \frac{d_P^2 \cdot l_P}{N_p} + d_Z^2 \cdot l_Z \right) \ .$$

Die Konstante $k$ ist konstruktionsabhängig. Dabei stellen $d_H$ den Hauptlagerdurchmesser, $d_P$ den Pleuellagerdurchmesser und $d_Z$ den Zusatzlagerdurchmesser dar. $N_p$ gibt die Anzahl der Kolben pro Pleuellager an.

- Reibungsmitteldruck der Hilfsaggregate:

$$\overline{p}_{reib,H} = 0{,}85 \cdot 10^{-6} \cdot n^{1{,}5} \tag{B.4}$$

Nach [111] lässt sich dieser Mitteldruck erweitern zu:

$$\overline{p}_{reib,H} = 0{,}85 \cdot 10^{-6} \cdot n^{1{,}5} + c_1 + c_2 \cdot n + c_3 \cdot p_{inj} \tag{B.5}$$

Die Koeffizienten $c_2$ und $c_3$ geben dabei die Abhängigkeit des Mitteldrucks von der Motordrehzahl $n$ bzw. des Kraftstoffdruckes $p_{inj}$ an.

- Reibungsmitteldruck der Ventilsteuerung:

$$\overline{p}_{reib,V} = (10{,}48 \cdot 10^{-3} - 1{,}4 \cdot 10^{-6} \cdot n) \cdot \frac{(N_V \cdot d_V)^{1,75}}{d^2 \cdot r_P} \qquad (B.6)$$

$N_V$ gibt die Anzahl der Ventile pro Zylinder an und $d_V$ den Durchmesser des Ventilsitzes.

Die aufgeführten Mitteldrücke sind für jeden Zylinder individuell zu berechnen.

# C Zusätzliche Ergebnisse

## C.1 ZAR bei sprungförmigem Zylinderfehler

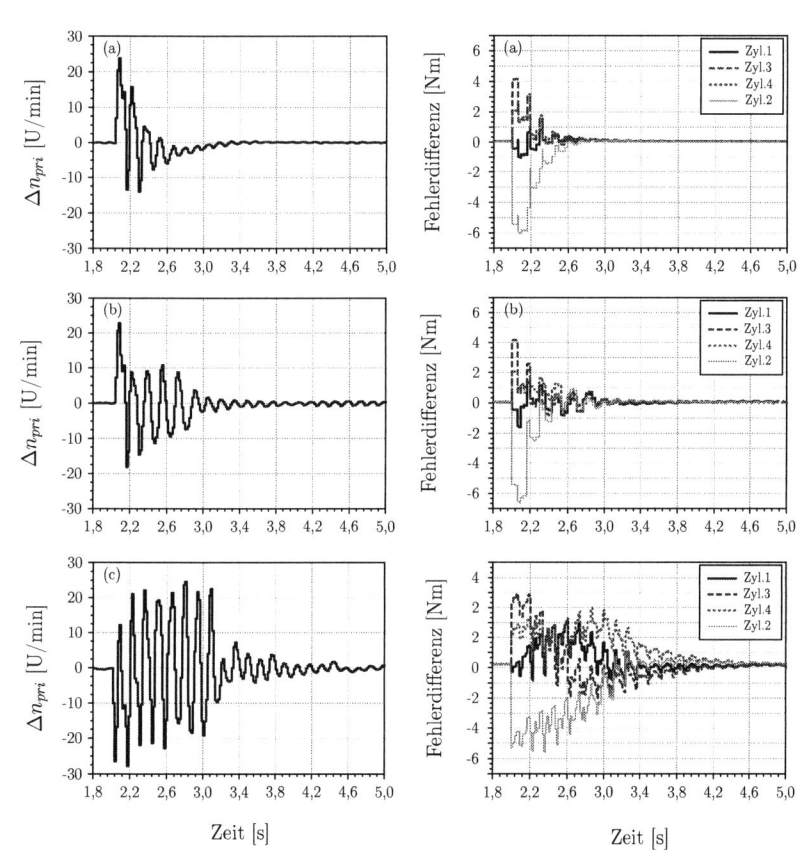

**Abbildung C.1:** Verlauf der Drehzahldifferenzen $\Delta n_{pri}$ (links) sowie der Fehlerdifferenzen (rechts) bei sprunghafter Fehleränderung unter Verwendung eines Korrekturalgorithmus basierend auf der Berechnung der Residuen (a), dem PI-Regler-Ansatz mit zwei Drehzahlsensoren (b) und dem PI-Regler mit einem Drehzahlsensor (c)

## C.2 ZAR bei linear zeitvariantem Zylinderfehler

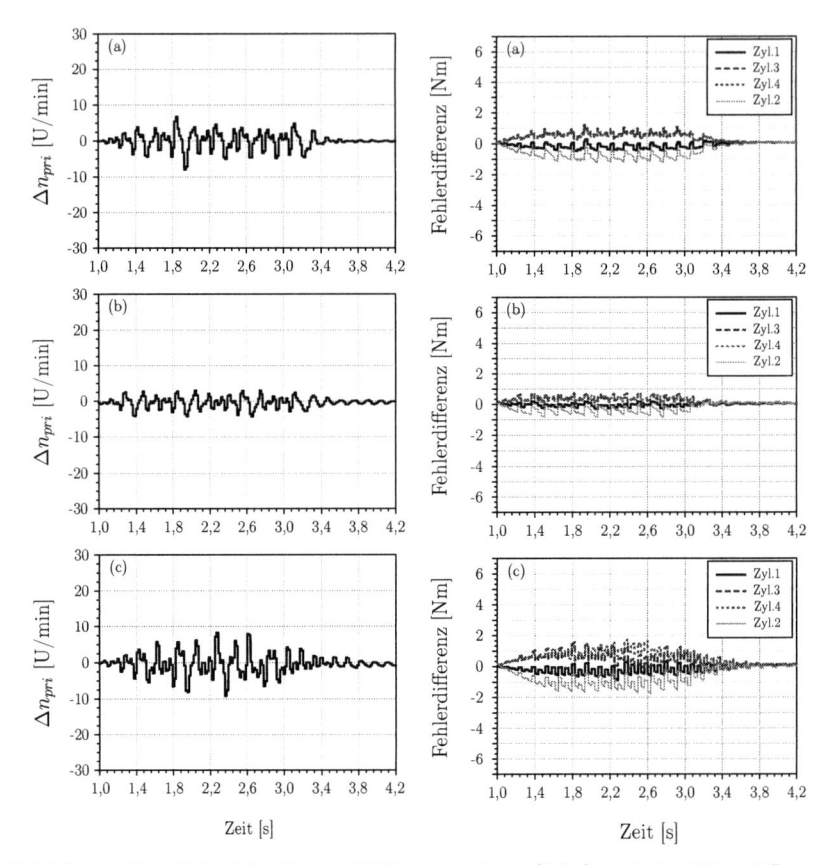

**Abbildung C.2:** Verlauf der Drehzahldifferenzen $\Delta n_{pri}$ (links) sowie der Fehlerdifferenzen (rechts) bei linear zeitvarianter Fehleränderung unter Verwendung eines Korrekturalgorithmus basierend auf der Berechnung der Residuen (a), dem PI-Regler-Ansatz mit zwei Drehzahlsensoren (b) und dem PI-Regler mit einem Drehzahlsensor (c)

Das zugehörige Fehlerprofil ist durch die folgenden Gleichungen beschrieben.

$$M_{Fehler\ Z1}(t) = \begin{cases} -0{,}75\ Nm/s \cdot (t-1) & \text{für } 1\ s < t \leq 3\ s \\ -1{,}50\ Nm & \text{für } 3\ s < t \leq 5\ s \\ +0{,}75\ Nm/s \cdot (t-7) & \text{für } 5\ s < t \leq 7\ s \\ 0\ Nm & \text{sonst} \end{cases} \quad (C.1)$$

## C.2 ZAR bei linear zeitvariantem Zylinderfehler

$$M_{Fehler\ Z2}(t) = \begin{cases} +2{,}25\ Nm/s \cdot (t-1) & \text{für } 1\ s < t \leq 3\ s \\ +4{,}50\ Nm & \text{für } 3\ s < t \leq 5\ s \\ -2{,}25\ Nm/s \cdot (t-7) & \text{für } 5\ s < t \leq 7\ s \\ 0\ Nm & \text{sonst} \end{cases} \quad (C.2)$$

$$M_{Fehler\ Z3}(t) = \begin{cases} +1{,}50\ Nm/s \cdot (t-1) & \text{für } 1\ s < t \leq 3\ s \\ +3{,}00\ Nm & \text{für } 3\ s < t \leq 5\ s \\ -1{,}50\ Nm/s \cdot (t-7) & \text{für } 5\ s < t \leq 7\ s \\ 0\ Nm & \text{sonst} \end{cases} \quad (C.3)$$

$$M_{Fehler\ Z4}(t) = \begin{cases} -3{,}00\ Nm/s \cdot (t-1) & \text{für } 1\ s < t \leq 3\ s \\ -6{,}00\ Nm & \text{für } 3\ s < t \leq 5\ s \\ +3{,}00\ Nm/s \cdot (t-7) & \text{für } 5\ s < t \leq 7\ s \\ 0\ Nm & \text{sonst} \end{cases} \quad (C.4)$$

Das statische Motorsollmoment beträgt $\overline{M}_{Mot,ref}$ = 20Nm.

## C.3 Kombination der ZAR mit LLR bei Lastsprüngen

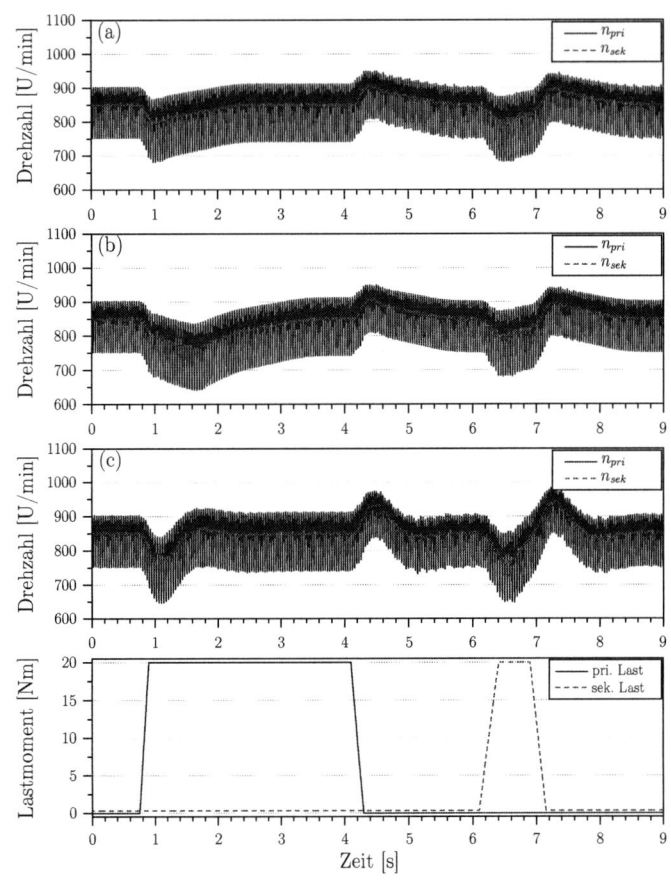

**Abbildung C.3:** Robustheit der untersuchten ZAR-Verfahren bei Lastsprüngen in Kombination mit dem modifizierten PI-LLR basierend auf den Residuen der Spitzenmomente (a), dem PI-Regler anhand des mittleren Motormoments (b) sowie des PI-Reglers anhand der primären Winkelbeschleunigung (c)

## C.4 ZAR Validierung - Übersicht

| | Zwei-Sensor-Lösung | | Ein-Sensor-Lösung |
|---|---|---|---|
| Methode für Zylinderausgleichsregelung | Korrekturalgorithmus | PI-Regler | PI-Regler |
| Informationssignal / Regelgröße | Residuen aus Quantifizierung | Mittleres rekonstruiertes Motormoment | primäre Beschleunigung |
| Dauer Fehlerkorrektur | ca.1,4 s | ca. 1,9 s | ca. 2,4 s |
| Korrektur unterschiedlicher Zylinderfehler | - sprunghafte Fehler | - sprunghafte Fehler | - sprunghafte Fehler |
| | - linear veränderliche Fehler | - linear veränderliche Fehler | - linear veränderliche Fehler |
| Funktionalität mit Leerlaufregler für unterschieliche Sollwerte | gegeben | gegeben | gegeben |
| Funktionalität bei transienten Vorgängen | gegeben | gegeben | nicht gegeben |
| Funktionalität bei unterschiedlichen Drehzahlen | bis 3500 U/min | bis 3500 U/min | nur im Leerlauffall |
| Funktionalität bei unterschiedlicher ZMS Konfiguration | gegeben | gegeben | gegeben |
| Robustheit bei Lastsprüngen | primäre und sekundäre Last | primäre und sekundäre Last | primäre und sekundäre Last |
| Einfluss bei gekoppeltem Antriebsstrang | gering | gering | sehr stark |
| Benötigte Rechenleistung | gering | gering | gering |

**Tabelle C.1:** Gegenüberstellung und Bewertung der vorgestellten Verfahren zur Zylinderausgleichsregelung

# D Nomenklatur

## D.1 Konstanten

Ideale Gaskonstante $R$ = $8{,}314472\,\text{J/mol}\cdot\text{K}$
Magnetische Feldkonstante $\mu_0$ = $4\cdot\pi\cdot 10^{-7}\,\text{Vs/Am}$

## D.2 Abkürzungen

| | |
|---|---|
| ARR | Anti-Ruckel-Regelung |
| AV | Auslassventil |
| BDE | Benzin-Direkteinspritzung |
| BF | Bogenfeder |
| BVP | Bewertung des Verbrennungsprozesses |
| COM | Control Oriented Models |
| EMS | Einmassenschwungrad |
| EV | Einlassventil |
| EVA | Erkennung von Verbrennungsaussetzern |
| FDE | Feder-/Dämpferelemente |
| ID | Innendämpfer |
| IEEE | Institute of Electrical and Electronic Engineers |
| GR | Grundreibung |
| LL | Leerlauf |
| LLM | Lokale lineare Modelle |
| LoLiMoT | Lokal Linear Model Tree |
| LLR | Leerlaufregler |
| MWM | Mittelwertmodell |
| MIMO | Multiple Input - Multiple Output |
| MISO | Multiple Input - Single Output |
| OBD | On Board Diagnosis |
| OT | oberer Totpunkt |
| PC | Personal Computer |
| RSS | Reibsteuerscheibe |
| SHS | Subharmonische Schwingungen |
| SISO | Single Input - Single Output |
| UT | unterer Totpunkt |
| VA | Verbrennungsaussetzer |
| ZAR | Zylinderausgleichsregelung |
| ZMS | Zweimassenschwungrad |

## D.3 Lateinische Variablen und Symbole

| Symbol | Einheit | Physikalische Größe |
|---|---|---|
| $A$ | $m^2$ | Fläche |
| $A_D$ | $m^2$ | maximaler Öffnungsquerschnitt der Einspritzdüse |
| $A_g$ | $m^2$ | geometrischer Strömungsquerschnitt |
| $A_i$ | $m^2$ | Zylinderflächen |
| $A_K$ | $m^2$ | Kolbenfläche |
| $\underline{a}$ | | Schätzvektor |
| | | |
| $B$ | m | Durchmesser der Zylinderbohrung |
| $b_P$ | m | Breite des Pleuellagers |
| $b_H$ | m | Breite des Hauptlagers |
| | | |
| $c_i$ | N/° | Federrate des Elements $i$ |
| $c_p$ | kJ/kg · K | spezifische Wärmekapazität bei konstantem Druck |
| $c_\vartheta$ | kJ/kg · K | spezifische Wärmekapazität bei konstanter Temperatur |
| $c_V$ | kJ/kg · K | spezifische Wärmekapazität bei konstantem Volumen |
| | | |
| $D$ | m | Kolbendurchmesser |
| $D_{i_{E/A}}$ | m | Ventilsitzdurchmesser Einlass/Auslass |
| $d_i$ | N · m · s/° | Dämpfung des Elements $i$ |
| $dh$ | J | differentielle Enthalpie |
| $d_{m_K}$ | kg | differenzieller Einspritzverlauf |
| $d_P$ | m | Pleuellagerdurchmesser |
| $d_H$ | m | Hauptlagerdurchmesser der Kurbelwelle |
| $d_P$ | m | Zusatzlagerdurchmesser |
| $dp$ | $N/m^2$ | differenzieller Druck |
| $dq$ | J | differenzielle Wärmeenergiezufuhr |
| $du$ | J | differenzielle Änderung der inneren Energie |
| $dV$ | $m^3$ | differenzielles Volumen |
| $dw$ | J | differenzielle mechanische Arbeit |
| $d_{K,eff}$ | m | Effektiver Durchmesser der Kupplungsscheibe |
| $d_{KB}$ | | Deachsierung des Kolbenbolzens |
| $d_{KW}$ | | Deachsierung der Kurbelwelle |
| | | |
| $E_a$ | | die äußere Energie des Systems |
| $e_{ai}$ | | spezifische äußere Energie |
| | | |
| $F_{Gas}$ | N | Gaskraft auf Kolben |
| $F_{K,A}$ | N | Anpresskraft der Kupplungsscheibe |
| $F_{KW,r}$ | N | radial auf Kurbelwelle wirkende Schubstangenkraft |
| $F_{KW,t}$ | N | tangential auf Kurbelwelle wirkende Schubstangenkraft |
| $F_N$ | N | radiale Normalkraft auf Kolben |
| $F_{Rad}$ | N | Kraft auf Reifenlauffläche in Längsrichtung |
| $F_{Reib,Zyl.}$ | N | axiale Kolbenreibkraft im Zylinder |
| $F_S$ | N | Schubstangenkraft |
| $F_{W,i}$ | N | Transferkraft zwischen den Einzelwindungen $i$ der Bogenfeder |
| $F_{WN,i}$ | N | Normalkraftkomponente der Transferkraft $F_{W,i}$ |
| $F_{WR,i}$ | N | Reibkraft an der Haftschale der Einzelwindungen $i$ |

## D.3 Lateinische Variablen und Symbole

| | | |
|---|---|---|
| $F_{WZ}$ | N | Fliehkraft der Einzelwindungen |
| $f$ | Hz | Frequenz |
| $f_{Mot}$ | Hz | Zündfrequenz des Motors |
| $f_{SHS}$ | Hz | Grundfrequenz der subharmonischen Schwingung |
| $f_T$ | Hz | interner Systemtakt |
| | | |
| $g(\varphi)$ | | geometrischer Faktor des Schubkurbelgetriebes |
| | | |
| $H_K$ | J/kg | der Heizbeiwert des Kraftstoffs |
| $h$ | J/kg | spezifische Enthalpie |
| $h_E$ | J/kg | spezifische Enthalpie der Zylindereingangsmasse |
| $h_A$ | J/kg | spezifische Enthalpie der Zylinderausgangsmasse |
| $h_{v_{E/A}}$ | m | Ventilhub Einlass/Auslass |
| | | |
| $i$ | | Zählvariable |
| | | |
| $J_i$ | kg·m² | Trägheitsmasse des Elements $i$ |
| $J_{pri}$ | kg·m² | Trägheitsmasse der primären Schwungmasse des ZMS |
| $J_{sec}$ | kg·m² | Trägheitsmasse der sekundären Schwungmasse des ZMS |
| $j$ | | Zählvariable |
| | | |
| $k$ | | Zählvariable |
| | | |
| $l$ | m | Schubstangenlänge |
| | | |
| $M_{BF}$ | Nm | Bogenfedermoment |
| $M_{DG}$ | Nm | Rückwirkmoment des Differentialgetriebes |
| $M_{DG,Reib}$ | Nm | Verlustmoment des Differentialgetriebes |
| $M_{FW}$ | Nm | Fahrerwunschmoment |
| $M_{GR}$ | Nm | Grundreibung des ZMS |
| $M_{GW}$ | Nm | Rückwirkmoment der Gelenkwelle |
| $M_{Gas}$ | Nm | Gasmoment |
| $M_{Gas,i}$ | Nm | zylinderindividuelles Gasmoment |
| $M_{ID}$ | Nm | ID-Rückwirkmoment |
| $M_K$ | Nm | Rückwirkmoment der Kupplung |
| $M_{K,max}$ | Nm | kritisches Maximalmoment der Kupplung |
| $M_{KW}$ | Nm | Rückwirkmoment der Kardanwelle |
| $M_{K/E}$ | Nm | Kompressions-/Expansionsmoment |
| $M_{K/E,i}$ | Nm | zylinderindividuelles Kompressions-/Expansionsmoment |
| $M_{korr,i}$ | Nm | Korrekturmomente im Motormanagement |
| $M_{L,S}$ | Nm | sekundärseitig am ZMS wirkendes Lastmoment |
| $M_{Mass}$ | Nm | Massenmoment |
| $M_{Mass,i}$ | Nm | zylinderindividuelles Massenmoment |
| $M_{Nutz}$ | Nm | Lastmoment der Kurbelwelle |
| $M_{Mot}$ | Nm | direkt indiziertes Motormoment |
| $M_{Mot,i}$ | Nm | zylinderindividuelles Motormoment |
| $M_{Mot,Reib}$ | Nm | Reibmoment des Motors |
| $M_{Rad}$ | Nm | Rückwirkmoment des Rades |
| $M_{DG,Reib}$ | Nm | Verlustmoment des Rades |
| $M_{RSS}$ | Nm | Verlustmoment an der Kurbelwelle |

| | | |
|---|---|---|
| $M_{SG}$ | Nm | Rückwirkmoment des Schaltgetriebes |
| $M_{SG,Reib}$ | Nm | Verlustmoment des Schaltgetriebes |
| $\overline{M}_{Stat}$ | Nm | stationäres Fahrerwunschmoment |
| $M_{Verb}$ | Nm | direkt indiziertes Verbrennungsmoment |
| $M_{Verb,i}$ | Nm | zylinderindividuelles Verbrennungsmoment |
| $M_{VS}$ | Nm | Vorspannung der Bogenfeder des ZMS |
| $M_{ZMS}$ | Nm | ZMS-Rückwirkmoment |
| $m$ | kg | Masse |
| $m_A$ | kg | ausströmende Gasmasse im Zylinderauslassbereich |
| $m_B$ | kg | bereits verbrannte Kraftstoffmasse |
| $m_E$ | kg | einströmende Gasmasse im Zylindereinlassbereich |
| $m_{E^-}$ | kg | durch Spülvorgang verlorene Luftmasse |
| $m_{Gas}$ | kg | Gasmasse im Kolbenraum |
| $m_K$ | kg | Kraftstoffmasse |
| $m_L$ | kg | Frischluftmenge |
| $m_{Leck}$ | kg | Verlustgasmasse |
| $m_{osz}$ | kg | oszillierende Masse des Zwei-Massen-Modells |
| $m_{rot}$ | kg | rotierende Masse des Zwei-Massen-Modells |
| $mf$ | | Vibe-Formfaktor |
| | | |
| $N(A)$ | | Nichtlineare Beschreibungsfunktion |
| $N_{DMS}$ | | Anzahl der Einzelinkremente pro Drehzahlmittelwert |
| $N_E$ | | Anzahl der Einspritzungen |
| $N_P$ | | Anzahl der Kolben pro Pleuellager |
| $N_V$ | | Anzahl der Ventile pro Zylinder |
| $N_{Ti}$ | | Anzahl der Systemtakte pro Torzeit |
| $N_{Zahn}$ | | Anzahl der Zähne pro Zahnkranz |
| $N_{zyl}$ | | Anzahl der Zylinder |
| $n$ | U/min | Motordrehzahl |
| $n_{Gas}$ | mol | Stoffmenge des Arbeitsgases |
| | | |
| $P_e$ | W | mittlere effektive Leistung des Motors |
| $P_{Mot}$ | W | Leistung des Motors |
| $p$ | Pa | Druck |
| $p_0$ | Pa | Umgebungsdruck |
| $\Delta p_Z$ | Pa | Druckunterschied zwischen Brennkammer und Kurbelgehäuse |
| $p_{inj}$ | Pa | Kraftstoffdruck |
| $p_{EB_i}$ | Pa | Zylinderdruck zu Beginn der i-ten Einspritzung |
| $p_{KWG}$ | Pa | Kurbelgehäusedruck |
| $\overline{p}_{reib}$ | Pa | Reibungsmitteldruck |
| $\overline{p}_{reib,H}$ | Pa | Reibungsmitteldruck der Hilfsaggregate |
| $\overline{p}_{reib,K}$ | Pa | Reibungsmitteldruck der Kolbengruppe |
| $\overline{p}_{reib,L}$ | Pa | Reibungsmitteldruck der Lager |
| $\overline{p}_{reib,s}$ | Pa | stochastischer Reibungsmitteldruck |
| $\overline{p}_{reib,V}$ | Pa | Reibungsmitteldruck der Ventilsteuerung |
| | | |
| $Q$ | | Gütefunktional |
| $Q_B$ | J | freigesetzte thermische Energie durch Kraftstoff |
| $Q_{B_{ges}}$ | J | gesamte freigesetzte thermische Energie durch Kraftstoff |
| $Q_W$ | J | thermische Wandwärmeverluste |

## D.3 Lateinische Variablen und Symbole

| | | |
|---|---|---|
| $q_{th}$ | J | theoretische Wärmeverluste |
| $q_r$ | J | Wärmeverluste durch unvollständige Verbrennung |
| $R_s$ | J/kg·K | spezifische Gaskonstante |
| $r$ | m | Kurbelradius |
| $r_{Rad}$ | m | Radradius |
| $s_{K,P}$ | m | Betätigungsweg des Kupplungspedals |
| $s_{K,AL}$ | m | Betätigungsweg des Ausrücklagers der Kupplung |
| $T$ | K | Temperatur |
| $T_W$ | K | Temperatur der Zylinderinnenwand |
| $t_{EB_i}$ | s | Beginn der i-ten Einspritzung |
| $\Delta t_{ED_i}$ | s | Dauer der i-ten Einspritzung |
| $t$ | s | Zeit |
| $U$ | J | innere Energie |
| $V$ | m³ | Volumen |
| $V_h$ | m³ | Hubvolumen |
| $V_c$ | m³ | Kompressionsvolumen |
| $V_g$ | m³ | Gesamtes Hubvolumen des Motors |
| $v$ | m/s | Geschwindigkeit |
| $W$ | J | mechanische Arbeit |
| $w_{i,j}$ | J/m³ | spezifische mechanische Arbeit von Takt $i$ zu $j$ |
| $w_e$ | J/m³ | effektive spezifische Arbeit des Motors |
| $w_i$ | J/m³ | indizierte spezifische Arbeit des Motors |
| $x$ | m | Kolbenposition |
| $x_j$ | m | zylinderindividuelle Kolbenposition |
| $\underline{x}$ | | Systemzustände |
| $y$ | m | Position, Koordinaten |
| $Z_T$ | | Anzahl der positiven Flanken je Zeittor |
| $Z_{Ti}$ | | Anzahl der internen Systemtakte |
| $z_{2/4}$ | | Formfaktor für Zwei- bzw. Vier-Takt-Motoren |

# D.4 Griechische Variablen und Symbole

| Symbol | Einheit | Physikalische Größe |
|---|---|---|
| $\alpha$ | rad/s² | Winkelbeschleunigung |
| $\alpha_i$ | J/s ·K·m² | Wärmeübergangskoeffizient |
| $\beta$ | ° | Pleuelwinkel zur Zylinderachse |
| $\gamma_{E/A}$ | ° | Ventilsitzwinkel Einlass/Auslass |
| $\Delta\varphi_{FW}$ | ° | Freiwinkel |
| $\Delta\varphi_{VD}$ | ° | Verbrennungsdauer |
| $\Delta\varphi_Z$ | ° | Winkelintervall bei Zahnkranz |
| $\Delta\varphi_{ZMS}$ | ° | Torsion des ZMS |
| $\Delta\varphi_{acq,i}$ | ° | Intervall für Korrektur des Motormoments |
| $\Delta\varphi_n$ | ° | Intervall für Mittelwertbildung bei der Drehzahlerfassung |
| $\Delta n$ | U/min | Drehzahlschwankungen des Motors |
| $\Delta n_G$ | U/min | Drehzahlschwankungen der Getriebeeingangswelle |
| $\varepsilon$ | | Verdichtungsverhältnis |
| $\underline{\Phi}_i$ | | Vektor zur Beschreibung der Kinematik des Elements $i$ |
| $\varphi$ | ° | Kurbelwellenwinkel |
| $\varphi_{EB}$ | ° | Einspritzbeginn |
| $\varphi_{FW}$ | ° | Freiwinkel des ZMS |
| $\varphi_{VB}$ | ° | Beginn der Verbrennung |
| $\varphi_{fin,i}$ | ° | Ende des Intervalls für Motorkorrekturmomente |
| $\varphi_{open,i}$ | ° | Beginn des Intervalls für Motorkorrekturmomente |
| $\kappa$ | | Isentropenexponent |
| $\lambda$ | | Schubstangenverhältnis |
| $\lambda_V$ | | Verbrennungsgasverhältnis |
| $\mu$ | | Zentrumskoordinate |
| $\mu_{K,eff}$ | | effektiver Reibbeiwert der Kupplungsscheibe |
| $\mu_{WR,i}$ | | Haft-, bzw. Gleitreibungskoeffizient der jeweiligen Einzelwindung |
| $\sigma$ | | Varianz |
| $\omega$ | 1/s | Winkelgeschwindigkeit |
| $\rho_K$ | kg / m³ | Dichte des Kraftstoffes |
| $\Theta$ | kg · m² | Massenträgheit der Kurbelwelle |
| $\vartheta$ | K | absolute Temperatur |
| $\tau_{Tz}$ | s | Zeitintervall |
| $\xi_i$ | | Abhängigkeitsparameter des Motorreibmoments |

# Literaturverzeichnis

[1] *Zweimassenschwungrad - Technik & Schadensdiagnose (LuK GmbH & Co. oHG)*. Informationsmaterial - ZMS.

[2] *The control handbook*. CRC Press [u.a.], 1996.

[3] *BMW M3*. Pressebericht - BMW AG, 2000.

[4] *Grundlagen der Berechnung und Gestaltung von Maschinenelementen*. Springer, 6., vollständig neu bearb. Aufl., 2005.

[5] *Taschenbuch der Mathematik*. Deutsch, 6., vollst. überarb. und erg. Aufl., 2005.

[6] *Grundlagen von Maschinenelementen für Antriebsaufgaben*. Springer, 5., vollst. neu bearb. Aufl., 2006.

[7] *Hütte, das Ingenieurwissen*. Springer, 33., aktualisierte Aufl., 2008.

[8] AFFENZELLER, J. und H. GLÄSER: *Lagerung und Schmierung von Verbrennungsmotoren*. Springer, 1996.

[9] ALBERS, A.: *Das Zweimassenschwungrad der dritten Generation - Optimierung der Komforteigenschaften von PkW-Antriebssträngen*. Techn. Ber., TÜV-Rheinland, 1991.

[10] ALBERS, A.: *Fortschritte beim ZMS - Geräuschkomfort für moderne Fahrzeuge*. LuK Kolloquium, 5, 1994.

[11] BAEHR, H. D. und S. KABELAC: *Thermodynamik*. Springer, 13., neu bearb. und erw. Aufl., 2006.

[12] BARGENDE, M.: *Ein Gleichungsansatz zur Berechnung der instationären Wandwärmeverluste im Hochdruckteil von Ottomotoren*. Dissertation, Technische Universität München, 1991.

[13] BASSHUYSEN, R. V.: *Lexikon Motorentechnik*. Vieweg, 2., verb., aktualisierte und erw. Aufl., 2006.

[14] BASSHUYSEN, R. V. (Hrsg.): *Handbuch Verbrennungsmotor*. Vieweg, 4., aktualis. und erw. Aufl., 2007.

[15] BATEMAN, A. und I. PATERSON-STEPHENS: *The DSP handbook.* Prentice Hall, 2002.

[16] BAUER, H.: *Ottomotor-Management.* Robert Bosch GmbH, 2. vollst. überarb. u. erw. Aufl., 2003.

[17] BAUMANN, J.: *Einspritzmengenkorrektur in Common-Rail-Systemen mit Hilfe magnetoelastischer Drucksensoren.* Dissertation, Universität Karlsruhe (TH), 2006.

[18] BÖHNING, R., A. PRZYMUSINSKI und C. STAHL: *Method for regulating the idle-running of a multi-cylinder internal combustion engine and signal conditioning therefor.* Techn. Ber., Siemens AG (US-Patent), 2003.

[19] BIXBY, R. E.: *Implementing the Simplex Method: The Initial Basis.* ORSA Journal on Computing, 4, 1992.

[20] BODE, H.: *MATLAB-SIMULINK.* Teubner, 2., vollst. überarb. Aufl., 2006.

[21] BÖGE, A. (Hrsg.): *Vieweg Handbuch Maschinenbau.* Vieweg, 18., überarbeitete und erweiterte Aufl., 2007.

[22] BRAESS, H.-H. und S. ULLRICH: *Vieweg Handbuch Kraftfahrzeugtechnik; 102 Tab..* Vieweg, 5., überarb. u. erw. Aufl., 2007.

[23] BRUNOTTE, D.: *Einsatzmöglichkeiten eines Fuzzy-Logik-Systems für das Antriebsstrangmanagement eines Traktors.* Shaker, 2005.

[24] BURROWS, J., S. GORETTI und A. RAMOND: *Glühkerzenintegrierter piezokeramischer Brennraumdrucksensor für Dieselmotoren.* MTZ, 11, 2005.

[25] CASSANDRAS, C. G. und S. LAFORTUNE: *Introduction to discrete event systems.* Springer, 2. Aufl., 2008.

[26] CHONG, L.: *LMI approach to analysis and control of Takagi-Sugeno fuzzy systems with time delay.* Springer, 2007.

[27] CONSTIEN, M.: *Bestimmung von Einspritz- und Brennverlauf eines direkteinspritzenden Dieselmotors.* Dissertation, Technische Universität München, 1991.

[28] DEBOTTON, G., E. SHER, E. FRENKEL, B. RIVIN, I. HENIG, B. CUMMING und M. WATTS: *Online Detection of Cylinder-to-Cylinder Variations by a Vibration Analysis System.* SAE World Congress 2002, Detroit, USA, 2006.

[29] DIETSCHE, K.-H. (Hrsg.): *Kraftfahrtechnisches Taschenbuch*. Vieweg, 26., überarb. u. erg. Aufl., 2007.

[30] DIEZ, A., U. MAIER, G. EIFLER und M. SCHNEPF: *Integrierte Drucksensorik in der Zylinderkopfdichtung*. MTZ, 01, 2004.

[31] DOYLE, J. C., K. GLOVER, P. KHARGONEKAR und B. FRANCIS: *State-Space Solutions to Standard $H_2$ and $H_\infty$ Control Problems*. IEEE Transactions on Automatic Control, Vol. 34, Nr. 8, Seite 831-847, 1989.

[32] DRANSFELD, K., P. KIENLE und G. M. KALVIUS (Hrsg.): *Physik I*. Oldenburg, 2005.

[33] DRESIG, H. und F. HOLZWEISSIG: *Maschinendynamik*. Springer, 8., neu bearb. Aufl., 2007.

[34] FEHRENBACH, H.: *Berechnung des Brennraumdruckverlaufes aus der Kurbelwellen-Winkelgeschwindigkeit von Verbrennungsmotoren*. VDI, 1991.

[35] FEHRENBACH, H., C. HOHMANN, T. SCHMIDT, W. SCHULTALBERS und H. RASCHE: *Bestimmung des Motordrehmoments aus dem Drehzahlsignal*. MTZ, 12, 2002.

[36] FIALA, E.: *Mensch und Fahrzeug*. Vieweg, 2006.

[37] FÖLLINGER, O.: *Lineare Abtastsysteme*. Oldenbourg, 5., durchges. Aufl., 1993.

[38] FÖLLINGER, O.: *Nichtlineare Regelungen 2*. Oldenbourg, 7., überarb. und erw. Aufl., 1993.

[39] FÖLLINGER, O.: *Regelungstechnik*. Hüthig, 10., durchges. Aufl., 2008.

[40] FÖLLINGER, O. und M. KLUWE: *Laplace-, Fourier- und z-Transformation*. Hüthig, 9., überarb. Aufl., 2007.

[41] FRANCIS, B.: *A course in $H_\infty$ control theory*. Spinger, 1987.

[42] FRANKLIN, G. F., J. D. POWELL und M. L. WORKMAN: *Digital control of dynamic systems*. Addison-Wesley, 2. Aufl., 1992.

[43] FREDRIKSSON, J., H. WEIEFORS und B. EGARDT: *Powertrain Control for Active Damping of Driveline Oscillations*. Vehicle System Dynamics, 2002.

[44] GAISSERT, R.: *Betriebsanleitung SAPS-RC-Board*. Institut für Industrielle Informationstechnik, Universität Karlsruhe (TH), 2005.

[45] GEERING, H. P.: *Robuste Regelung*. IMRT Press, 3. Aufl., 2004.

[46] GERMANN, S.: *Modellbildung und modellgestützte Regelung der Fahrzeuglängsdynamik*. VDI, 1997.

[47] GERTHSEN, C., D. H. MESCHEDE und H. B. VOGEL: *Gerthsen Physik*. Springer, 23., überarb. Aufl., 2006.

[48] GOSDIN, M.: *Analyse und Optimierung des dynamischen Verhaltens eines Pkw-Antriebsstranges*. VDI, 1985.

[49] GRIMBLE, M.: *Generalised $H_\infty$ multivariable controllers*. IEEE Proceedings-Control Theory and Applications, Nr. 6, 136, 1989.

[50] GROTJAHN, M., L. QUERNHEIM und S. ZEMKE: *Modelling and identification of car driveline dynamics for anti-jerk controller design*. IEEE, 2006.

[51] GUZZELLA, L. und C. H. ONDER: *Introduction to modeling and control of internal combustion engine systems*. Springer, 2004.

[52] HAFNER, K. E. und H. MAASS: *Torsionsschwingungen in der Verbrennungskraftmaschine*. Springer, 1985.

[53] HALFMANN, C. und H. HOLZMANN: *Adaptive Modelle für die Kraftfahrzeugdynamik*. Springer, 2003.

[54] HENN, M.: *On-board-Diagnose der Verbrennung von Ottomotoren*. Dissertation, Universität Karlsruhe (TH), 1995.

[55] HOHENBERG, G.: *Experimentelle Erfassung der Wandwärme in Kolbenmotoren*. Habilitationsschrift, TU Graz, 1980.

[56] HOWELL, M. N. und M. C. BEST: *On line PID tuning for engine idle-speed control using continuous action reinforcement learning automata*. Control Engineering Practice, 8, 2002.

[57] ISERMANN, R.: *Identifikation dynamischer Systeme - Besondere Methoden, Anwendungen*. Springer, 2., neubearb. Aufl., 1992.

[58] ISERMANN, R.: *Identifikation dynamischer Systeme - Grundlegende Methoden*. Springer, 2., neubearb u. erw. Aufl., 1992.

[59] ISERMANN, R., J. SCHAFFNIT und S. SINSEL: *Hardware-in-the-loop simulation for the design and testing of engine control systems.* Control Engineering Practice, 7, 1999.

[60] JUSTI, E. W.: *Spezifische Wärme.* Springer, 1938.

[61] KIENCKE, U. und R. EGER: *Messtechnik.* Springer, 6., durchges. u. korr. Aufl., 2005.

[62] KIENCKE, U. und H. JÄKEL: *Signale und Systeme.* Oldenbourg, 3., überarb. Aufl., 2005.

[63] KIENCKE, U. und L. NIELSEN: *Automotive control systems.* Springer, 2. Aufl., 2005.

[64] KIFFMEIER, U.: *Ein Verfahren zum Entwurf von $H_\infty$ optimalen Folgereglern im Frequenzbereich.* Fortschritt-Berichte VDI: Reihe 8, Meß-, Steuerungs-, und Regelungstechnik; Nr. 408, Düsseldorf: VDI Verlag, 1994.

[65] KÖHLER, E. und R. FLIERL: *Verbrennungsmotoren.* Vieweg, 4., aktualisierte u. erw. Aufl., 2006.

[66] KOSITZA, N.: *Analyse und Regelung von Schwankungen der Leerlaufdrehzahl eines Dieselmotors.* Dissertation, RWTH Aachen, 2004.

[67] KOVACI´C, Z.: *Fuzzy controller design.* CRC/Taylor & Francis, 2006.

[68] KRAEMER, O. und G. JUNGBLUTH: *Bau und Berechnung von Verbrennungsmotoren.* Springer, 5., voellig neubearb. Aufl., 1983.

[69] KWAKERNAAK, H.: *A polynomial approach to minimax frequency domain optimization of multivariable systems.* International Journal on Control, Nr. 1, 44, 1986.

[70] LACKNER, J.: *Dieselmotor-Management.* Vieweg, 4. überarb. und erw. Aufl., 2004.

[71] LAGARIAS, J. C., J. A. REEDS, M. H. WRIGHT und P. E. WRIGHT: *Convergence properties of the Nelder-Mead simplex algorithm in low dimensions.* SIAM Journal on Optimization, 9:112–147, 1998.

[72] LEFEBVRE, D., P. CHEVREL und S. RICHARD: *An H-Infinity-Based Control Design Methodology Dedicated to the Active Control of Vehicle Longitudinal Oscillations.* IEEE Transactions on Control Systems Technology, 2003.

[73] LEIST, S., R. DONIN, R. ROBINSON und T. BURCELL: *Hochleistungs-Doppelkupplungsgetriebe.* VDI-Berichte, 1943, 2006.

[74] LINDEMANN, M. und D. FILBERT: *Methoden der Verbrennungsaussetzer-Erkennung mit Klopfsensoren.* MTZ, Germany, 2002.

[75] LJUNG, L.: *System identification.* Prentice Hall, 2. Aufl., 1999.

[76] LUCKS, M. B. und N. OKI: *A Radial Basis Function Network (RBFN) for Function Approximation.* 42nd Midwest Symposium on Circuits and Systems, 2, 1999.

[77] LUNTZE, J.: *Mehrgrößensysteme, digitale Regelung: 53 Beisp., 91 Übungsaufgaben sowie einer Einführung in das Programmsystem MATLAB.* Springer, 4., neu bearb. Aufl., 2006.

[78] MAASS, H. und H. KLIER: *Kräfte, Momente und deren Ausgleich in der Verbrennungskraftmaschine.* Springer, 1981.

[79] MACKENROTH, U.: *Robust Control Systems.* Springer, 2004.

[80] MAISCH, A.: *Modellbasierte Reifenfülldruckdiagnose.* Dissertation, Universität Karlsruhe (TH), 2000.

[81] MERKER, G. P. und C. SCHWARZ: *Technische Verbrennung: Simulation verbrennungsmotorischer Prozesse.* Teubner, 2001.

[82] MITSCHKE, M. und H. WALLENTOWITZ: *Dynamik der Kraftfahrzeuge.* Springer, 4., neubearb. Aufl., 2004.

[83] MOLLENHAUER, K. (Hrsg.): *Handbuch Dieselmotoren.* Springer, 2., korr. u. neu bearb. Aufl., 2002.

[84] NAUNHEIMER, H., B. BERTSCHE und G. LECHNER: *Fahrzeuggetriebe.* Springer, 2., bearb. und erw. Aufl., 2007.

[85] NELDER, J. und R. MEAD: *A simplex method for function minimization.* The Computer Journal, vol 7, S. 308–313, 1965.

[86] NELLES, O.: *Nonlinear system identification with local linear neuro-fuzzy models.* Shaker, Als Ms. gedr. Aufl., 1999.

[87] NELLES, O.: *Nonlinear system identification.* Springer, 2001.

[88] NIEMANN, G.: *Schraubrad-, Kegelrad-, Schnecken-, Ketten-, Riemen-, Reibradgetriebe, Kupplungen, Bremsen, Freiläufe.* Springer, 2., neubearb. Aufl., 1983.

[89] NIEUWSTADT, M. J. VAN und I. V. KOLMANOVSKY: *Detecting and Correcting Cylinder Imbalance in Direct Injection Engines*. Journal of Dynamic Systems, Measurement and Control, S. 413 – 424, 2001.

[90] OBINATA, G. und B. ANDERSON: *Model Reduction for Control System Design*. Springer, 2001.

[91] ÖSTREICHER, W. F.: *Neue Regelungsstrategien für Antriebsanlagen mit hochaufgeladenen schnellaufenden Viertakt-Dieselmotoren*. VDI, 1995.

[92] PAPAGEORGIOU, M.: *Optimierung*. Oldenbourg, 2. erw. u. verb. Aufl., 1996.

[93] PAPOULIS, A.: *Signal analysis*. Auckland : McGraw-Hill, 1987.

[94] PETTERSSON, M.: *Driveline modeling and control*. Linköping Univ., Dep. of Electrical Eng., 1997.

[95] PISCHINGER, R., M. KLELL und T. SAMS: *Thermodynamik der Verbrennungskraftmaschine*. Springer, 2., überarb. Aufl., 2002.

[96] PISCHINGER, S. (Hrsg.): *Variable Ventilsteuerung*. Shaker, 2007.

[97] REGULATIONS, C. C. OF: *1968.1: Malfunction and Diagnostic System Requirements - 1994 and Subsequent Model-Year Passenger Car, Light Duty Trucks and Medium Duty Vehicles with Feedback Fuel Control Systems*. Proposed new regulations, 1989.

[98] REIK, W.: *Das Zweimassenschwungrad*. Aachener Kolloquium Fahrzeug- und Motorentechnik, 1, 1987.

[99] REIK, W.: *Torsionsschwingungen im Antriebsstrang*. LuK Kolloquium, 1990.

[100] REIK, W., R. SEEBACHER und A. KOOY: *The Dual Mass Flywheel*. 6. LuK Kolloquium, 1998.

[101] ROJAS, R.: *Theorie der neuronalen Netze*. Springer, 4., korr. Aufl., 1996.

[102] ROOKS, O.: *Softwarebasierte Sicherheitsfunktionen in Drive-by-Wire-Fahrzeugrechnern*. Dissertation, Universität Karlsruhe (TH), 2005.

[103] SCHERNEWSKI, R.: *Modellbasierte Regelung ausgewählter Antriebssystemkomponenten im Kraftfahrzeug*. Dissertation, Universität Karlsruhe (TH), 1999.

[104] SCHLACHER, K.: *Moderne Frequenzbereichsmethoden.* Skriptum WS2007/08, 2007.

[105] SCHLOSSER, A.: *Modellbildung und Simulation zur Ladedruck- und Abgasrückführregelung an einem Dieselmotor.* VDI, Als Ms. gedr. Aufl., 2000.

[106] SCHMIDT, F. A. F. und H. H. WOLFER: *Zündverzug und Klopfen im Motor.* VDI, 1938.

[107] SCHULZ, G.: *Regelungstechnik.* Oldenbourg, 2002.

[108] THIEMANN, W.: *Messungen und Rechnungen zur Bestimmung der Abhängigkeit des Verbrennungsablaufs vom Einspritzvorgang im schnellaufenden Dieselmotor mit direkter Kraftstoffeinspritzung.* VDI, 1989.

[109] TIETZE, U. und C. SCHENK: *Halbleiter-Schaltungstechnik.* Springer, 12. Aufl., 2002.

[110] TIPLER, P. A.: *Physics.* Freeman, 4. Aufl., 1999.

[111] TORKZADEH, D. D.: *Echtzeitsimulation der Verbrennung und modellbasierte Reglersynthese am Common-Rail-Dieselmotor.* Dissertation, Universität Karlsruhe (TH), 2003.

[112] TOSHIMICHI, M., O. TATSUYA, K. HIROSHI und L. KANG-ZHI: *Smooth Gear Shift Control Technology for Clutch-To-Clutch Shifting.* SAE Electronic Transmission Controls, PT-79, 2000.

[113] URLAUB, A.: *Verbrennungsmotoren.* Springer, 2., neubearb. Aufl., 1995.

[114] VDI: *Richtlinie 2057: Einwirkungen mechanischer Schwingungen auf den Menschen - Ganzkörperschwingungen.* Techn. Ber., Beuth.

[115] VIBE, I. I.: *Brennverlauf und Kreisprozess von Verbrennungsmotoren.* Technik, 1970.

[116] VILLARINO, R. und J. BÖHME: *Misfire Detection in Spark-Ignition Engines with the EM Algorithm.* In: *Proceedings of the 3rd IEEE International Symposium,* S. 142 – 145, 2003.

[117] WALLENTOWITZ, H.: *Längsdynamik von Kraftfahrzeugen.* IKA Inst. für Kraftfahrwesen, 13. Aufl., 2007.

[118] WHEALS, J., A. TURNER, J. MCMICKING, B. BEHRENROTH und D. R.: *Bestimmung des Motordrehmoments aus dem Drehzahlsignal.* ATZ, 12, 2007.

[119] WHEALS, J. C., A. TURNER, K. RAMSAY, A. O'NEILL, J. BENNETT und H. FANG: *Double Clutch Transmission (DCT) using Multiplexed Linear Actuation Technology and Dry Clutches for High Efficiency and Low Cost.* SAE Transmission & Drivelines Paperbound, SP-2134, 2007.

[120] WOSCHNI, G.: *Die Berechnung der Wandverluste und der thermischen Belastung der Bauteile von Dieselmotoren.* MTZ, 31, 1970.

[121] ZIMA, S.: *Ungewöhnliche Motoren.* Vogel, 2., bearb. Aufl., 2005.

[122] ZIMMERMANN, W. und R. SCHMIDGALL: *Bussysteme in der Fahrzeugtechnik.* Vieweg, 2., aktualisierte u. erw. Aufl., 2007.

## Eigene Veröffentlichungen

[123] BAUMANN, J., A. WALTER und U. KIENCKE: *Modellbasierte prädiktive Regelung von Fahrzeuglängsschwingungen.* VDE Kongress, Berlin, 2004.

[124] BRUMMUND, S., B. MERZ und A. WALTER: *Automated Determination of the Number of Clusters and Consideration of Capacity Restrictions in Case of Multi-Partitioning.* In: KIENCKE, U. und K. DOSTERT (Hrsg.): *Reports on Industrial Information Technology*, Bd. 9, S. 15–21, Aachen, 2006. Shaker.

[125] BRUMMUND, S., B. MERZ und A. WALTER: *Parameter Setting for a Real-Time C-Model of the Diesel-Combustion.* In: KIENCKE, U. und K. DOSTERT (Hrsg.): *Reports on Industrial Information Technology*, Bd. 9, S. 15–21, Aachen, 2006. Shaker.

[126] BRUMMUND, S., B. MERZ, A. WALTER und U. KIENCKE: *Configuration of Standardized Automotive Real-Time Networks by Automated Software Allocation.* European Automotive Congress EAEC, Budapest, 2007.

[127] BRUMMUND, S., A. WALTER und B. MERZ: *Input Data for Geometrical-Based Clustering-Algorithms.* In: KIENCKE, U. und K. DOSTERT (Hrsg.): *Reports on Industrial Information Technology*, Bd. 9, S. 15–21, Aachen, 2006. Shaker.

[128] MERZ, B., S. BRUMMUND, A. WALTER und U. KIENCKE: *Modeling the Energy Flow of Hybrid Propulsion Systems.* European Automotive Congress EAEC, Budapest, 2007.

[129] MERZ, B. und A. WALTER: *A Battery Model for Hybrid Engine Simulations.* In: KIENCKE, U. und K. DOSTERT (Hrsg.): *Reports on Industrial Information Technology*, Bd. 10, S. 15–21, Aachen, 2007. Shaker.

[130] MERZ, B., A. WALTER und J. BAUMANN: *Parameter Setting for a Real-Time C-Model of the Diesel-Combustion.* In: KIENCKE, U. und K. DOSTERT (Hrsg.): *Reports on Industrial Information Technology*, Bd. 9, S. 15–21, Aachen, 2006. Shaker.

[131] NENNINGER, P., A. WALTER und U. KIENCKE: *A Model-Based Comparison of Time-Based Multiplex Access and Network Based Communication Systems for Safety-Relevant Automotive Electronic Architectures.* Proceedings of Fifth IFAC Symposium on Advances in Automotive Control, 2007.

[132] WALTER, A. und M. B.: *State space representation of a drive line model for front and rear wheel drive.* Bd. 10, S. 55–64, Aachen, 2007. Shaker.

[133] WALTER, A., S. BRUMMUND und B. MERZ: *Development of a $H_\infty$-Idle Speed Controler for Automotive Systems.* In: KIENCKE, U. und K. DOSTERT (Hrsg.): *Reports on Industrial Information Technology*, Bd. 9, S. 53–64, Aachen, 2006. Shaker.

[134] WALTER, A., S. BRUMMUND, B. MERZ, U. KIENCKE, S. JONES und T. WINKLER: *Bestimmung des Motordrehmoments aus dem Drehzahlsignal.* Proceedings of Fifth IFAC Symposium on Advances in Automotive Control, 2007.

[135] WALTER, A., K. CHRIST und S. BRUMMUND: *Continuous Estimation of an Imbalance at Rotating Inertias.* In: KIENCKE, U. und K. DOSTERT (Hrsg.): *Reports on Industrial Information Technology*, Bd. 10, S. 45–54, Aachen, 2007. Shaker.

[136] WALTER, A., U. KIENCKE, S. JONES und T. WINKLER: *Echtzeitfähige Rekonstruktion des direkt indizierten Motor und Lastmoments - Das Zweimassenschwungrad als virtueller Sensor.* MTZ, 6, 2007.

[137] WALTER, A., U. KIENCKE, S. JONES und T. WINKLER: *Misfire Detection for Vehicles with Dual Mass Flywheel (DMF) based on Reconstructed Engine Torque.* Proceedings of 14th Asia Pacific SAE Automotive Engineering Conference, 2007.

[138] WALTER, A., U. KIENCKE, S. JONES und T. WINKLER: *Anti-jerk & idle speed control with integrated sub-harmonic vibration compensation for vehicles with dual mass flywheels.* Angenommen zu SAE International Powertrains, Fuels and Lubricants Congress, 2008.

[139] WALTER, A., C. LINGENFELSER, U. KIENCKE, S. JONES und T. WINKLER: *Cylinder Balancing based on Reconstructed Engine Torque for Vehic-*

*les fitted with a Dual Mass Flywheel (DMF).* Angenommen zu SAE World Congress, 2008.

[140] WALTER, A., M. LOEHNING und U. KIENCKE: *Integrated robust H-infinity controller synthesis in respect of automotive engineering applications.* Transactions of SAE World Congress, 2006.

[141] WALTER, A., B. MERZ und S. BRUMMUND: *Development of Engine Models for Driveline Simulation Including a Dual Mass Flywheel (DMF).* In: KIENCKE, U. und K. DOSTERT (Hrsg.): *Reports on Industrial Information Technology*, Bd. 9, S. 43–52, Aachen, 2006. Shaker.

[142] WALTER, A., B. MERZ, U. KIENCKE und S. JONES: *Comparison and Development of Combustion Engine Models for Driveline Simulation.* Proceedings of SAE World Congress, 2006.

[143] WALTER, A., M. MURT, U. KIENCKE, S. JONES und T. WINKLER: *Compensation of Sub-Harmonic Vibrations during Idle By Variable Fuel Injection Control.* Angenommen zu IFAC World Congress, 2008.

# Betreute Diplom- und Studienarbeiten

[144] BURKERT, J.: *Evaluation of the SymTA/S software by analyzing the E37 ECU model.* Studienarbeit, Institut für Industrielle Informationstechnik, Universität Karlsruhe (TH) in Kooperation mit Hitachi America R&D, Detroit, USA, 2006.

[145] CARCAR, A.: *Automation einer Simulationsplattform zur Antriebsstrangmodellierung im Kfz.* Studienarbeit, Institut für Industrielle Informationstechnik, Universität Karlsruhe (TH), 2006.

[146] DAGDAN, A.: *Echtzeitfähige Rekonstruktion des ZMS-Flanschmoments.* Diplomarbeit, Institut für Industrielle Informationstechnik, Universität Karlsruhe (TH), 2008.

[147] DEMIRDELEN, I.: *Untersuchung der Interaktion verschiedener Algorithmen zur Regelung der Kfz-Längsdynamik.* Diplomarbeit, Institut für Industrielle Informationstechnik, Universität Karlsruhe (TH), 2006.

[148] DIEMER, F.: *Modellprädiktive Leerlaufregelung mit Zustandsrekonstruktion für Fahrzeuge mit ZMS.* Diplomarbeit, Institut für Industrielle Informationstechnik, Universität Karlsruhe (TH), 2007.

[149] DING, Y.: *Theoretische Grundlagen und Anwendung von Partikelfiltern im Kfz-Bereich.* Diplomarbeit, Institut für Industrielle Informationstechnik, Universität Karlsruhe (TH), 2007.

[150] ENNADIFFI, H.: *Analyse und Korrektur von Messfehlern bei inkrementeller Drehzahlerfassung.* Studienarbeit, Institut für Industrielle Informationstechnik, Universität Karlsruhe (TH), 2008.

[151] FARSPOUR, A.: *Erweiterung eines Motormodells zur Validierung der Momentenrekonstruktion.* Studienarbeit, Institut für Industrielle Informationstechnik, Universität Karlsruhe (TH), 2008.

[152] FRITSCH, T.: *Automatisierung des Verfahrens zur Rekonstruktion des Motormoments bei Fahrzeugen mit ZMS.* Studienarbeit, Institut für Industrielle Informationstechnik, Universität Karlsruhe (TH), 2007.

[153] FRITSCH, T.: *Online Kalibrierung der Voreinspritzung anhand des rekonstruierten Motormoments.* Diplomarbeit, Institut für Industrielle Informationstechnik, Universität Karlsruhe (TH), 2008.

[154] GÜNCAR, Y.: *Aufbau einer Simulationsplattform zur Untersuchung von Leerlaufregelungen bei Verbrennungsmotoren mit Zweimassenschwungrad.* Diplomarbeit, Institut für Industrielle Informationstechnik, Universität Karlsruhe (TH), 2005.

[155] JIN, Y.: *Untersuchung und Entwicklung verschiedener Methoden zur Kalibrierung der Kraftstoffvoreinspritzung.* Masterarbeit, Institut für Industrielle Informationstechnik, Universität Karlsruhe (TH), 2008.

[156] KESSLER, C.: *Modeling, Simulation and Analysis of a Low-Pressure Fuel Delivery Subsystem.* Diplomarbeit, Institut für Industrielle Informationstechnik, Universität Karlsruhe (TH) in Kooperation mit Hitachi America R&D, Detroit, USA, 2008.

[157] KRÄHLING, C.: *Optimierung des Anfahrverhaltens bei Fahrzeugen mit Zweimassenschwungrad.* Studienarbeit, Institut für Industrielle Informationstechnik, Universität Karlsruhe (TH), 2008.

[158] KUNTZ, D.: *Hardware-in-the-Loop Simulation and Circuit Design of a Motor Controller Board for Hybrid Vehicles.* Studienarbeit, Institut für Industrielle Informationstechnik, Universität Karlsruhe (TH) in Kooperation mit Hitachi America R&D, Detroit, USA, 2006.

[159] KUNTZ, D.: *Entwurf und Optimierung einer Regelung für Kfz-Antriebsstränge mit Zweimassenschwungrad.* Diplomarbeit, Institut für Industrielle Informationstechnik, Universität Karlsruhe (TH), 2007.

[160] LÖHNING, M.: *Entwurf eines Motormodells für die Reglersynthese zu Unterdrückung von Antriebsstrangschwingungen.* Studienarbeit, Institut für Industrielle Informationstechnik, Universität Karlsruhe (TH), 2005.

[161] LÖHNING, M.: *Theoretische Grundlagen robuster $H_2$ und $H_{inf}$ - Regelungen und deren Anwendung im fahrzeugtechnischen Bereich.* Diplomarbeit, Institut für Industrielle Informationstechnik, Universität Karlsruhe (TH), 2005.

[162] LÖHNING, M.: *Robuste $H_\infty$-Regelung eines Antriebsstranges mit Zweimassenschwungrad.* Diplomarbeit, Institut für Industrielle Informationstechnik, Universität Karlsruhe (TH), 2008.

[163] LI, Q.: *Detektion von Subharmonischen Schwingungen bei Fahrzeugen mit ZMS.* Studienarbeit, Institut für Industrielle Informationstechnik, Universität Karlsruhe (TH), 2008.

[164] LINGENFELSER, C.: *Entwurf und Implementierung unterschiedlicher Verfahren zur Zylinderausgleichsregelung für Fahrzeuge mit ZMS.* Diplomarbeit, Institut für Industrielle Informationstechnik, Universität Karlsruhe (TH), 2007.

[165] LISKE, M.: *Erweiterung des Algorithmus zur Rekonstruktion des Motormoments für Fahrzeuge mit Zweimassenschwungrad.* Diplomarbeit, Institut für Industrielle Informationstechnik, Universität Karlsruhe (TH), 2006.

[166] MAO, Y.: *Rekonstruktion des Verbrennungsmoments bei hohen Drehzahlen.* Diplomarbeit, Institut für Industrielle Informationstechnik, Universität Karlsruhe (TH), 2008.

[167] MURT, M.: *Entwicklung einer Regelung zur Kompensation subharmonischer Schwingungen im Kfz-Antriebsstrang mit ZMS.* Diplomarbeit, Institut für Industrielle Informationstechnik, Universität Karlsruhe (TH), 2007.

[168] OPPELLAND, M.: *Optimierung eines Verfahrens zur Rekonstruktion des Motormoments bei Fahrzeugen mit Zweimassenschwungrad.* Diplomarbeit, Institut für Industrielle Informationstechnik, Universität Karlsruhe (TH), 2007.

[169] SACCIANTE, G.: *Analyse und Weiterentwicklung verschiedener Strategien zur Ansteuerung der Zylinderausgleichsregelung für Fahrzeuge mit Zweimassenschwungrad.* Studienarbeit, Institut für Industrielle Informationstechnik, Universität Karlsruhe (TH), 2008.

[170] SCHLICHTMANN, T.: *Implementierung eines Algorithmus zur Rekonstruktion des indizierten Motormoments auf dem SAPS-RC Board*. Studienarbeit, Institut für Industrielle Informationstechnik, Universität Karlsruhe (TH), 2007.

[171] SCHLICHTMANN, T.: *Szenariensuche in Prozessdaten*. Diplomarbeit, Institut für Industrielle Informationstechnik, Universität Karlsruhe (TH) in Kooperation mit BASF, Ludwigshafen, 2008.

[172] SCHMID, D.: *Hardware-in-the-Loop Simulation for the Design and Testing of Engine Control Units*. Studienarbeit, Institut für Industrielle Informationstechnik, Universität Karlsruhe (TH) in Kooperation mit Hitachi America R&D, Detroit, USA, 2007.

[173] SEILER, U.: *Untersuchung von subharmonischen Schwingungen in Kfz-Antriebssträngen mit Zweimassenschwungrad*. Studienarbeit, Institut für Industrielle Informationstechnik, Universität Karlsruhe (TH), 2006.

[174] SOJAT, C.: *Kompensation Subharmonischer Schwingungen im Leerlaufbetrieb*. Studienarbeit, Institut für Industrielle Informationstechnik, Universität Karlsruhe (TH), 2008.

[175] STEGER, M.: *Zylindergleichstellung des Verbrennungsmotors mit ZMS unter Verwendung unterschiedlicher Sensorik*. Diplomarbeit, Institut für Industrielle Informationstechnik, Universität Karlsruhe (TH), 2007.

[176] STEINBACH, S.: *Modellierung von Verbrennungsmotoren basierend auf dem Druckverlauf des Brennraums*. Diplomarbeit, Institut für Industrielle Informationstechnik, Universität Karlsruhe (TH), 2005.

[177] WANG, M.: *Rekonstruktion des direkt indizierten Motormoments für Fahrzeuge mit 6- und 8-Zylindermotoren*. Studienarbeit, Institut für Industrielle Informationstechnik, Universität Karlsruhe (TH), 2008.

[178] WINKLER, T.: *Entwicklung eines Verfahrens zur Zylindergleichstellung bei Verbrennungsmotoren mit Zweimassenschwungrad*. Studienarbeit, Institut für Industrielle Informationstechnik, Universität Karlsruhe (TH), 2005.

[179] WINKLER, T.: *Modellierung des Zweimassenschwungrads durch Neuro-Fuzzy-Modelle zur Zylinderausgleichsregelung und Fehlzündungsdetektion an Verbrennungsmotoren im KFZ*. Diplomarbeit, Institut für Industrielle Informationstechnik, Universität Karlsruhe (TH), 2006.

[180] XIA, Q.: *Implementierung und Automatisierung eines Antriebsstrangmodells für Fahrzeuge mit ZMS*. Diplomarbeit, Institut für Industrielle Informationstechnik, Universität Karlsruhe (TH), 2007.

# Lebenslauf

## Persönliche Daten

| | |
|---|---|
| Name | Andreas Walter |
| Geburtsdatum | 31.10.1977 |
| Geburtsort | Pfullendorf |

## Schulbildung

| | |
|---|---|
| 1984 - 1988 | Grundschule Ostrach |
| 1988 - 1994 | Realschule Ostrach |
| 1994 - 1997 | Technisches Gymnasium, Sigmaringen |
| Juni 1997 | Abitur |

## Zivildienst

| | |
|---|---|
| August 1997 - September 1998 | Krankenhaus Pfullendorf |

## Studium und Beruf

| | |
|---|---|
| Oktober 1998 - Juli 2004 | Studium der Elektrotechnik und Informationstechnik, Universität Karlsruhe (TH), Studienmodell 5: Regelungs- und Steuerungssysteme |
| Mai 2004 | Abschluss als Diplom-Ingenieur |
| seit August 2004 | Wissenschaftlicher Angestellter am Institut für Industrielle Informationstechnik (IIIT) der Universität Karlsruhe (TH) |